OBN Seismic Data Processing Technique And Its Application

海底节点地震资料处理技术及应用

苟　量　王克斌　王　伟　王永明 等◎编著

石油工業出版社

内容提要

本书系统介绍了海底节点地震资料处理技术的基本原理、基本概念、基本流程、关键技术，展示了海底节点地震资料处理技术在提高复杂地质体成像质量、降低海洋油气勘探开发风险方面难以替代的独特优势，同时指出了海底节点地震资料处理技术的最新进展和发展方向。书中的理论和方法对海洋油气地震勘探的研究工作有较强的指导作用。

图书在版编目（CIP）数据

海底节点地震资料处理技术及应用 / 苟量等编著

.—北京：石油工业出版社，2021. 11

ISBN 978-7-5183-5084-1

Ⅰ. ①海… Ⅱ. ①苟… Ⅲ. ①海底-地震资料处理-研究 Ⅳ. ①P315.73

中国版本图书馆CIP数据核字（2021）第251348号

海底节点地震资料处理技术及应用

苟 量 王克斌 王 伟 王永明 等**编著**

出版发行：石油工业出版社

（北京市朝阳区安华里二区 1 号楼 100011）

网 址：www.petropub.com

编 辑 部：(010) 64523714 图书营销中心：(010) 64523633

经 销：全国新华书店

印 刷：北京晨旭印刷厂

2021年11月第1版 2021年11月第1次印刷

787 × 1092 毫米 开本：1/16 印张：17

字数：330千字

定 价：128.00元

（如发现印装质量问题，我社图书营销中心负责调换）

《海底节点地震资料处理技术及应用》

编写人员

苟　量　王克斌　王　伟　王永明　李宏图

胡　鑫　张　苒　陈浩林　钱忠平　汪　策

前言

PREFACE

近年来，海底节点（OBN）地震勘探技术发展迅速，该项技术在国际国内多个复杂海面障碍区和地下复杂地质目标区块中的推广应用大幅度提高了地震成像质量，取得了非常好的油气勘探和开发成效。“十三五”期间，中国石油集团东方地球物理勘探有限责任公司（以下简称东方地球物理公司）准确研判海洋勘探技术发展新趋势，果断实施了从海洋拖缆地震勘探到海底节点地震勘探的战略转型，加大采集和处理技术攻关力度，在多项关键技术上取得突破，形成了具有国际水平的海底节点地震勘探技术。

由于海底节点地震资料具有“高密度、全方位、多分量、宽频、长偏移距”的独特优势，近几年国际海底节点地震资料处理技术发展日新月异，是国际上地震资料处理高新技术研究和应用发展热点领域之一。为了全面总结中国“十三五”海底节点地震资料处理技术研究成果，学习国际先进海底节点地震资料处理技术，促进中国海底节点地震资料处理技术水平的不断提高，我们组织有关技术专家编写了本书。本书系统介绍了海底节点地震资料处理关键技术的基本原理、基本概念、基本流程和海底节点地震资料处理技术在国内外多个盆地的应用实例，展示了海底节点地震资料处理技术在提高复杂地质体成像质量、降低海洋油气勘探开发风险方面难以替代的独特优势，同时指出了海底节点地震资料处理技术的最新进展和发展方向。书中的理论和方法对海洋油气地震勘探的研究工作有较强的指导作用。

全书共有9章，第1章简要介绍了海底节点地震勘探技术的发展历程、海底节点地震资料采集过程和处理基本流程、海底节点地震勘探的主要特点。

第2章介绍了海底节点地震资料预处理阶段的主要工作。该阶段主要是对由激发、接收因素和海洋环境影响所引起的地震记录时间、振幅、相位畸变进行相应的校正处理和质量控制。

第3章介绍了海底节点地震资料叠前去噪技术。详细分析了海底节点四分量地震数据中主要噪声的类型与特点，系统总结了静水压力去噪技术、涌浪噪声压制技术、面波去噪技术、外源干扰压制技术、陆检横波泄漏噪声（以下简称Vz噪声）压制技术及随机干扰衰减等去噪技术的基本原理、应用方法、应用成效。

第4章介绍了海底节点地震资料信号反褶积技术。详细介绍了气枪工作原理及气枪信号形成、气枪震源信号特点、一维信号反褶积和方向性信号反褶积技术原理和实现过程，说明了三维方向性信号反褶积在压制气泡效应和炮点鬼波方面的独特优势。

第5章介绍了海底节点地震资料上下行波场分离技术。首先从水陆检工作原理、波场响应特征分析了水检*P*分量和陆检*Z*分量在振幅、频率、相位、极性等方面的差异，在总结标量法和匹配滤波法两大类水陆检标定技术的基础上，重点阐述了时间域交叉鬼波法、$f\text{-}k$域交叉鬼波法和$\tau\text{-}p$域交叉鬼波法的优缺点，最后利用水陆检对上下行波场响应差异进行波场分离。

第6章介绍了海底节点地震多次波预测和自适应减去技术。多次波预测技术主要介绍了基于模型的浅水多次波预测、SRME与拖缆资料联合多次波预测、波场延拓法多次波预测、上下行波反褶积等方法；在此基础上，介绍了多种自适应减去法，以及多模型联合减等技术。

第7章介绍了海底节点地震资料成像技术。详细介绍了海底节点地震资料成像技术的五大关键环节：共反射点面元叠加技术、OVT道集抽取和偏移前数据规则化技术、叠前时间偏移和方位各向异性校正技术、深度域各向异性速度建模技术、各向异性叠前深度镜像偏移技术和各向异性逆时偏移技术。

第8章介绍了海底节点地震资料在国内外多个勘探开发项目中的应用实例。重点介绍了海底节点P波地震资料在提高低信噪比区的资料品质、弥补复杂海面障碍区地震资料空白和改善复杂构造区成像质量方面的突出效果，同时也介绍了海底节点时移地震资料在油气藏监测中的应用成效。

第9章展望了混采数据分离、全波形反演、多次波偏移成像、最小二乘偏移、转换波处理等新技术在海底节点地震资料处理应用研究中的最新进展和发展方向。

本书由东方地球物理公司党委书记苟量主编，第一章由苟量编写，第二章由王永明编写，第三章由王伟编写，第四章由李宏图编写，第五章由王伟编写，第六章由胡鑫编写，第七章由张苒编写，第八章由王伟编写，第九章由王克斌编写；王波、秦晓华、杨军、岳玉波、郭振波、汪策、浦义涛、郭建卿、严建实、张立彬、宋家文、李翔参与部分章节相关内容的资料提供和编写工作；胡少华专家帮助设计并制作了封面海底节点勘探图片；负责本书审校工作的成员有：苟量、王克斌、陈浩林、钱忠平、李建峰、李道善、高少武、王兆磊、方云峰、岳玉波、方勇等，全书由苟量、王克斌统稿并最终定稿。

海底节点地震资料处理是一个快速发展中的高新技术领域，编写该书克服了许多难以想象的困难，历经一年多锲而不舍的艰苦努力，几易其稿后终于完成了编写任务。在此笔者向参与本书编写、审校工作的全体专家表示深深的谢意！向书中所引用文献和资料的国内外作者表示衷心的感谢！

本书编写过程中得到东方地球物理公司张少华总经理、东方地球物理公司首席专家曹孟起、东方地球物理公司宋强功副总工程师、研究院冯许魁院长和常德双书记的大力支持，东方地球物理公司海洋物探处、研发中心、研究院大港分院、研究院海外业务部、研究院处理中心给予大力的帮助，在此表示诚挚的谢意！

本书系统介绍了海底节点地震资料处理技术，希望能够对从事海洋地震勘探的技术人员具有参考和借鉴作用，更希望本书能够对提高中国海底节点地震资料处理技术水平起到促进作用。由于笔者技术水平和经验所限，书中有关技术的表述可能会存在不足之处，敬请广大读者批评指正！

目录

Contents

1

海底节点地震勘探技术简介

1.1 概述

海洋油气资源十分丰富。目前全球1/3以上的油气储量来自海洋，且全球海洋油气开发项目平均盈亏平衡点约为50$/bbl，具有较好的盈利性（余本善等，2015）。随着陆上常规油气资源勘探与开发难度不断加大，以及资源的日益枯竭，越来越多的石油与天然气公司把海洋油气作为重要战略接替区和技术创新的主攻方向。

研究海洋油气地质的主要方法是海洋地球物理勘探，包括海洋重力、海洋磁测和海洋地震等方法，其中海洋地震勘探又是海洋油气勘查的主要手段。海洋地震勘探工作原理和陆地基本相同，但因工作场地是在海上，其特殊性是地表面覆盖了海水层，因此海上与陆地地球物理勘探表现出众多的不同点：（1）用于激发、接收、导航、定位、补给等各类型船舶成为海上勘探的重要装备；（2）在应用卫星全球定位系统的同时，必须考虑导航的功能与特点，使其适应实时动态作业的各个单元；（3）海水不能传导电磁波信号，因此对浸于海水中的设备进行定位需要考虑声波技术等其他配套方法；（4）随着全球环保要求的不断提高，气枪、电火花、电磁可控震源成为海上勘探的主要激发源，尤其是经过几十年不断发展和应用的空气枪震源，当前还是业内的主流激发装备（相信随着技术不断进步，更为高效、环保、适应性强、性能优异的激发源会逐渐出现）；（5）采集接收装备需要沉放于海水中一定深度或沉放于海底，这就需要配套的释放与回收装备进行作业；（6）海上地球物理勘探的设计技术和实时质量控制与陆地也有许多不同，表现为地表近地表特殊性、装备独特性、采集动态性、数据实时性等特点；（7）海洋地震勘探中有一些特殊的波，如鸣震、鬼波、多次波及与海洋环境有关的其他干扰波，由此发展形成了海洋地震资料处理配套技术。自20世纪60年代以来，海洋地震勘探方法和技术发展迅速，对海洋油气田的发现和开发发挥了不可替代的作用。

1.2 海洋地震勘探方法

海洋地震勘探分为海洋拖缆地震（Towed Streamer，简称 TS）和海底地震（Ocean Bottom Seismic，简称 OBS）两种方式。两者都是利用物探船拖在水中的气枪作为激发震源，只不过海洋拖缆地震的检波器是密封在漂浮于水中一定深度的电缆中，而海底地震是按照一定的方式将检波器布置在海底。如果检波器铠装在电缆或光缆中（缆作为光电信号传输媒介），则一般称为海底电缆（Ocean Bottom Cable，简称 OBC）采集；如果将检波器置于独立的节点仪器中，则一般称为海底节点（Ocean Bottom Node，简称 OBN）采集，如图 1.1 所示是三种采集方式示意图。

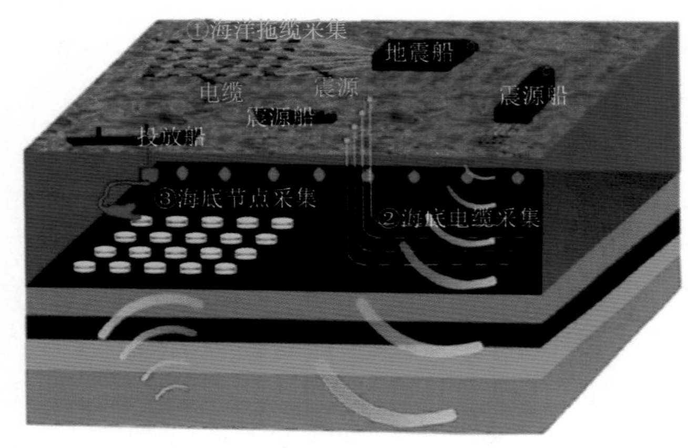

图 1.1 海洋地震采集方式示意图

20 世纪 60 年代人们发明了海洋拖缆反射地震测量方法，它是由地震勘探船拖曳一条由若干压力水听器组成的拖缆，拖缆一般沉放到离水面几米到数十米深度，勘探船在行走过程中连续激发地震波，压力水听器记录来自海底及地下的地震反射波信号，并通过拖缆实时传递到船载地震仪上，实行走航式连续测量。拖缆采集具有成本低、效率高、周期短的特点，长期以来一直占据着海洋油气资源勘探的主导地位，是目前海洋油气勘探的主要方法之一。

近年来拖缆地震勘探技术取得了较大的发展，出现了宽方位角（WAZ）、多方位角（MWAZ）、斜缆和上下缆、上下震源等勘探类型，一定程度上改善了资料品质，但仍存在很多难以克服的不足之处，如外界干扰因素多、鬼波影响难以克服、采集脚印严重、观测方位角窄、无法得到横波信息等，许多区块资料的信噪比、分辨率仍然难以满足复杂油气藏深化勘探开发的需求。

20 世纪 80 年代末期，人们提出了海底电缆地震勘探方法（Timothy，1987），即将记录电缆沉放到海底，电缆与海底沉积物耦合，布设在海底的地震数据接收器得到的数据通过电缆方式实时传输到远程的数据储存设备中。和传统的海洋拖缆地震相比，海底电缆地震不仅可以记录水体中的压力波场，而且可以记录空间三个方向上质点位移速度波场，即所谓 1 个水听器和 3 个检波器组成的四分量（Four Components，4C）道集记录，激发接收方式示意图如图 1.2 所示，它可实现宽方位或全方位采集，成像效果更好，可较好地消除检波点鬼波影响，环境噪声较低，图 1.3 所示的是海底电缆采集资料与原拖缆采集资料成像剖面对比，可以看出海底电缆采集的资料品质明显改善，特别是两个水平方向上质点位移速度记录包含了丰富的横波信息（Thompson 等，2007）。图 1.4 显示了海底电缆记录的 P 波叠加剖面与 PS 波叠加剖面对比，转换横波显著改善了气云区的地震成像质量（Brian H.Hoffe 等，2000）。同时海底电缆还具有观测数据可实时传输、无需电池供电等优点，20 世纪 90 年代以来，海底电缆地震勘探这项高新技术在国际上迅猛发展到产业化阶段，取得了可观的经济效益，但是海底电缆地震测量也存在以下问题：

（1）集中供电式海底电缆勘探受限于仪器船与电缆设备的“硬”链接，灵活性、机动性差，作业难度大。

（2）受海底洋流的影响海底电缆会产生振动，振动产生的噪声降低了地震数据的信噪比。

（3）抗高压的较深水海底电缆在设计、材料选择及制造工艺等方面存在挑战。

（4）受定制的海底电缆配置限制，采集方案的优化与调整存在困难。

海底电缆地震测量技术的发展也有其特殊的需求背景，早期主要是用来填补过渡带地震勘探技术和深海拖缆地震勘探技术在特定区域不能作业的空白区（例如在有一定水深并存在采油平台或钻井平台等障碍物的勘探区域），海底电缆数据采集作业受到海底地形和带道能力的限制，采集操作难度大，作业安全风险高。

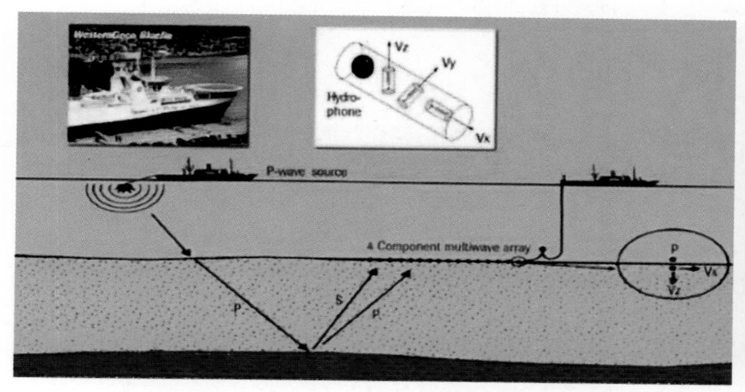

（a）

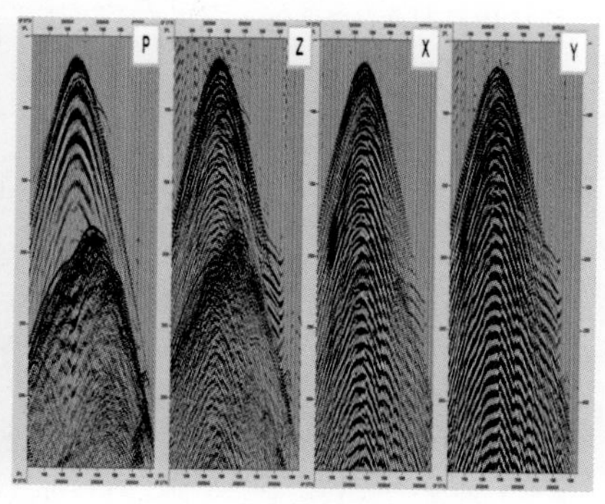

（b）

图 1.2 激发接收方式示意图

（a）海底电缆多分量采集示意图；（b）原始四分量道集记录

（资料来源：图 a 引自石油课堂）

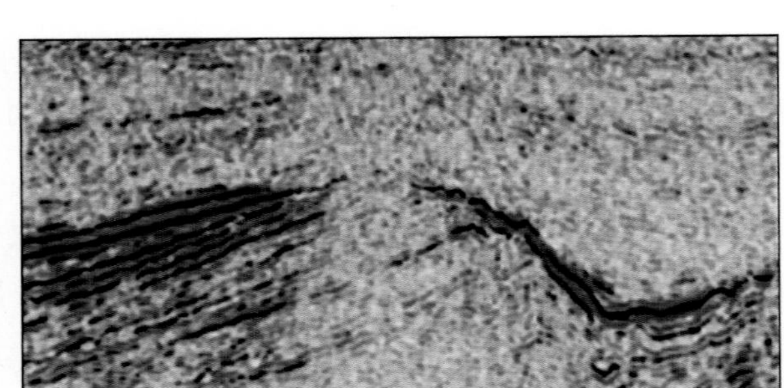

（a）

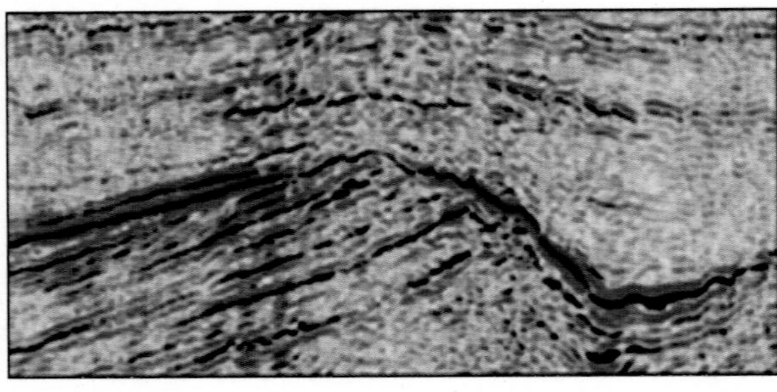

（b）

图 1.3　某区海洋拖缆资料与海底电缆资料 P 波偏移剖面对比（Thompson 等，2007）

（a）1997年采集的三维常规海洋拖缆资料；（b）2002年采集的三维海底电缆P波资料

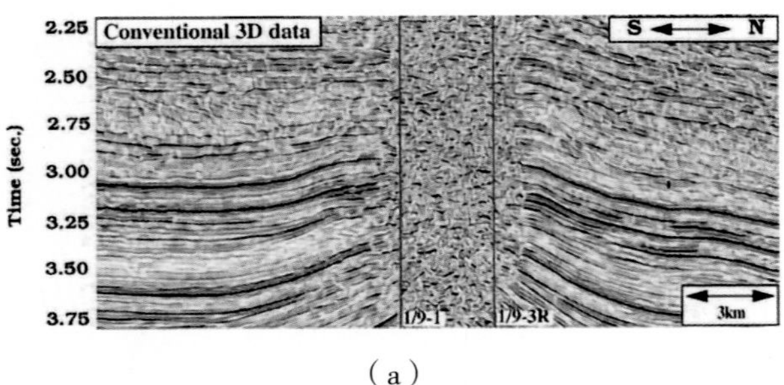

（a）

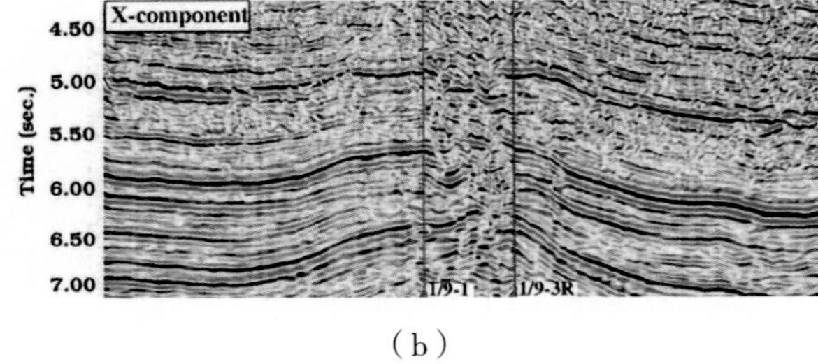

（b）

图 1.4　国外某海洋拖缆资料与海底电缆资料 PS 波剖面对比（Brian H. Hoffe 等，2000）

（a）为拖缆资料P–P CMP叠加；（b）为海底电缆资料PS波叠加剖面

进入 21 世纪以来，随着电信技术、光纤通信、智能水下机器人等领域的进步和发展，海底节点地震勘探技术又迈上了新台阶。

海底节点地震观测方法就是将节点地震仪通过绳索连接模式（Node On a Rope，以下简称 NOAR）模式或水下机器人（Remotely Operated Vehicles，以下简称 ROV）模式直接布放在海底，节点地震仪自备电池供电，震源船单独承担震源激发任务。当震源船完成所有震源点激发后，回收海底地震仪（节点），下载数据并进行处理与解释（杨金华等,2014），如图 1.5 所示，左图为 NOAR 模式，适用于较浅海域（一般 100m 以内），右图为 ROV 模式，适用于较深海域。

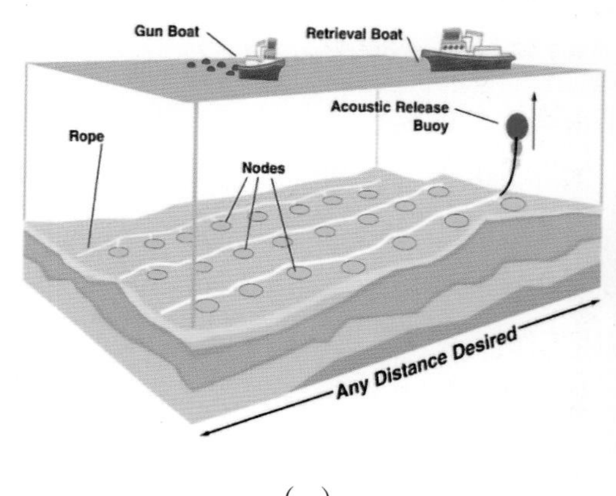

（a）

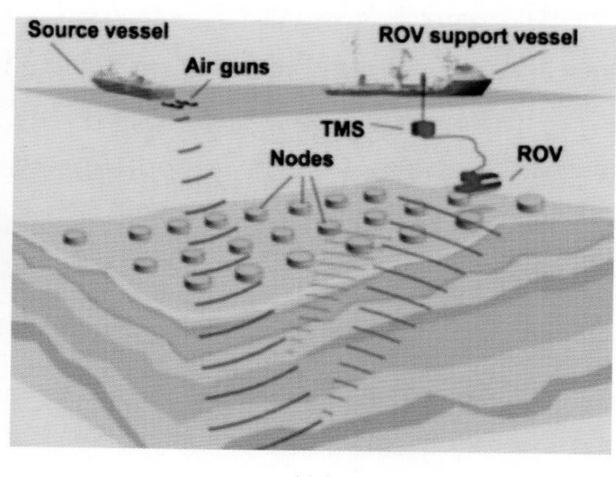

（b）

图 1.5 海底节点地震资料采集模式

（a）为NOAR模式；（b）为ROV模式

海底节点地震具有更高的灵活性、机动性，系统布设回收更加方便，不仅具有海底电缆地震的全部优点，还克服了海底电缆地震本身存在的问题和不足，且海底耦合性好；适应深水压力的性能好；因为不使用电缆，所以无电缆噪声；可实现全方位地震数据采集；通过增加激发震源的办法，只需要少量海底检波器即可达到海面拖缆测量高覆盖成像效果，其高品质、长偏移距、富低频资料更加满足全波形反演应用条件，有利于建立高精度速度模型，提高深度偏移成像质量，特别是在深水区其优势更为明显，近 10 年来，海底节点地震勘探技术逐渐被许多油公司所认可和规模化采用。

1.3 海底节点地震勘探技术发展历程

20 世纪 60 年代初，美国军方为观测海底核试验位置而研制了世界上第一台海底地震仪。20 世纪 60 年代末，西方国家海洋计划开始实施，研究海洋地壳地幔结构、板块俯冲带、海沟海槽演化动力学等课题，研制出功能多样、先进、广泛应用到海洋地球科学研究中的海底地震仪。海底地震仪也用于研究天然地震的地震层析成像及地震活动和地震预报等。随后为解决遥测系统的带宽限制问题，美国 Amoco 石油公司在 1970 年开始研究自主式无缆地震记录方法，拉开了海底地震记录仪的发展序幕。挪威国家石油公司于 20 世纪 80 年代开发出海底地震记录法（SUMIC–subsea seismics）技术专利，它利用置于海底的四分量检波器（4C：压力检波器及三分量速度检波器），通过数传电缆，将由海水中激发、海底接收的纵波和转换波等传输到海面接收船的记录仪上（李斌等，2019），拉开了海底电缆勘探生产应用的序幕。

2000 年，BP 开始了一个为期多年的海底节点系统研发项目，到 2004 年，完成了三个小型样机的海上试验（Ross 等，2006）。从 2003 年开始，法国 CGG Veritas 公司联合 CMT（Carrack Measurement Technology）公司，开发了一种新的海底节点采集系统，2004 年 10 月，壳牌公司在墨西哥 Mars 油田部署了一条 6km 长的 4C Geospace 电缆，且得出结论，放置在海底的节点传感器相比于未埋入的电缆传感器显示了更佳的矢量保真度。由于海底节点具有如前所述的优势，国际著名石油公司壳牌、雪佛龙、道达尔、BP 等和国际著名地球物理公司 CGG、PGS、WesternGeco 以及东方地球物理公司、中石化海洋石油工程有限公司上海物探分公司、中国科学院地质与地球物理研究所纷纷开展了海底节点勘探技术应用试验和生产应用工作。

近年来，海底节点勘探技术在世界各海域的油气田勘探中得到了广泛的应用。2005 年，世界上首个 1628 个节点的商业深水三维海底节点在美国墨西哥湾的 Atlantis 油田实施，并获得了长偏移距、全方位角孔径地震数据（张慕刚等，2019）。2008—2009 年，世界首个大面积海底节点生产项目在安哥拉 Dalia 油田完成，展现了海底节点数据频带宽、高频损失小和低频段能量高的优势，分辨率得到了大幅度的提高，并且可以用于定性与定量的四维勘探。2009 年，BP 在墨西哥湾的 Atlantis 油田实施了世界上第一个商业海底节点四维地震监测项目，采用 ROV 布放海底节点的方法，90% 的节点位置与 2005 年的位置偏差在 5m 以内，表明基于 ROV 的海底节点采集系统是获取广角反射地震信息的首选方法，特别适用于提高油藏四维地震监测的精度，可用于复杂深水油田评估和开发。2010 年，壳牌公司在尼日利亚邦达油田实施了以油气藏开发四维动态监测为目标的海底节点地震资料采集和处理工作，结果证明在海上浮式原油生产储卸平台（Floating Production Storage Offloading，FPSO）和复杂管线存在的拖缆及海底电缆地震勘探难以实施的海域，海底节点能够得到高品质的资料，并能完全满足四维地震监测的需要（吴志强等，2020）。

近 5 年来，海底节点地震采集的自动化程度不断提高，最新发展起来的多船多源同步激发地震采集技术日新月异，为降低海底节点采集成本和提高勘探成效开辟了一条有效的途径。

Li 等（2019）分析了墨西哥湾深水油田各阶段海底节点资料采集技术方法与工作

效率之间的关系，得出结论：技术进步能够带来工作效率的大幅度提升。在Atlantis油田2005年实施的第一次三维海底节点地震资料采集中，采用ROV和吊篮布放、回收海底节点，在400m节点网格间距的情况下，每天最多布放40个海底节点。2009年，在该海域实施了首个四维海底节点时延地震监测，虽然海底节点的电池续航能力增加了一倍（达到60天），但仍采用单ROV进行海底节点布放与回收，采集效率与2005年基本相当。2014—2015年又实施了四维海底节点时延地震监测，海底节点的电池续航能力达到110～180天，由于海底节点数量大幅度增加，不必浪费时间移动海底节点，节点布放和回收采用了多节点传输快速装载系统（High Speed Loader，HSL）和双ROV，效率比2005年提高了一倍。2017—2018年，在Mad Dog油田的四维时延监测中，采用了一系列提高勘探效率的新技术，如更为轻便的海底节点、稀疏海底节点、快速装载系统、有源线缆管理系统（Tether Management System，TMS）和海底节点地震多源多船混合采集技术，与2015年相比，海底节点地震资料采集效率翻了一番，并且大幅度提升了地震成像品质（李斌等，2019）。

由于涉及勘探成本等问题，中国近海油气田的海底节点地震勘探起步较晚。2011年，中国科学院与中国国家海洋局联合在南海西南次盆地与南沙地块进行了中国第一个海底节点探测，布设了南海南部海底地震仪广角反射与折射二维地震测线，最终获得了一条新的地壳结构剖面（丘学林等，2011），填补了在这之前位于南海南部的海底节点地震勘探的空缺。2017年，针对东海复杂构造油气圈闭问题，中石化海洋石油工程有限公司上海物探分公司在秋月探区采用NOAR模式完成了440km的海底节点二维地震数据采集；2020年年初，受中国海洋石油集团有限公司委托，东方地球物理公司在渤海旅大地区完成了国内第一个三维海底节点采集处理一体化项目，获得了高质量的地震剖面。

近年来，东方地球物理公司大力加强海底节点勘探关键技术攻关，取得了突破性的进展和成效，成功打造出海底节点自动收放系统、海底节点数据质量控制系统、Dolphin综合导航系统、海底节点地震资料处理配套技术四大利器，形成了一套完整的海底节点作业船舶模块化设计改造技术，成为国际OBN勘探的主力军。2016年，东方地球物理公司承担沙特阿拉伯国家石油公司S78红海三维深水海底节点地震采集项目，获得了高品质的成像剖面。同年，东方地球物理公司采用海底节点独立同步震源激发混合采集技术成功完成了BP在印度尼西亚Tangguh气田的三维超高密度宽方位三维海底节点项目（196万炮，面积884.93km^2），展示了高效混采的良好成效和高品质成像优势。2018年，东方地球物理公司与阿拉伯联合酋长国阿布扎比国家石油公司（ADNOC）签订了国际勘探史上迄今最大的三维物探服务合同，采用海底节点接收方式，利用4船6源混采作业方法，对阿拉伯联合酋长国的30000km^{2}海上区块实施三维海底节点地震采集，探索出一条大型地震勘探项目的高效优质降本的实施之路（张慕刚等，2019）。2019 年 6 月东方地球物理公司顺利完成雪佛龙尼日利亚三维海底节点项目，作业区水深 3 ~ 25m，是目前为止东方地球物理公司在全球范围内承担的最为复杂的油田区海底节点项目。

2018 年，中国石油新闻中心将海底节点地震勘探技术进展列为国际石油十大科技进展之一，其主要包括:（1）节点采集装备不断完善与进步，适用的最大水深由 3000m 发展到 4000m，开发了用于四维地震勘探的节点系统，维护成本低、可靠性高、采集脚印小、可重复性好;（2）海底节点地震勘探技术取得重大突破，在墨西哥湾复杂海底环境与构造区域，利用 Wolfspar 低频震源进行海底节点超大偏移距低频采集的试验成功，获得的大偏移距、低频地震数据有效用于全波形反演速度模型建立。

1.4 海底节点地震采集工作流程

海底节点地震勘探工作流程由海底节点地震资料采集、海底节点地震资料处理、海底节点地震资料解释三大部分组成。其中海底节点地震资料采集部分又包括海底节点准备、海底节点布置、地震激发接收、海底节点回收、地震数据整理和校正、混采分离处理 6 个环节。

海底节点地震资料采集前，需要对主要采集设备进行必要的测试与检验，其中包括气枪检修测试、气泡周期测试、气枪阵列同步性测试、节点增益测试等。

1.4.1 海底节点准备

海底节点系统主要由海底节点地震信号记录单元和海底节点布放与回收装置组成。目前主流的海底节点系统有 MagSeis-Fairfield 公司设计并制造的 ZMarine® 系统和 MASS 系统、GeoSpace 的 OBX 系列、挪威 Seabed Geosolutions 公司的 Manta 系统和 Trilobit 系统（Beaudoin and Michell，2006）。2019 年 9 月，东方地球物理公司与法国 Sercel 公司宣布推出联合研发的新型海底节点——GPR，它标志着新一代高质量、高性能、高集成化的海底节点技术落地，吸引了业界的广泛关注。与常规节点相比，GPR 具备更轻巧的外观和较传统节点作业时间更长的优势。同时为了满足行业对灵活性采集的需求，GPR 节点可以通过 ROV 或 NOAR 进行布设，其紧凑型的设计把声学定位等海底节点作业核心功能整合于一体。

下面以挪威 Seabed Geosolutions 公司的 Trilobit 节点为例，主要介绍海底节点系统的结构和功能。Trilobit 组成如图 1.6 所示，它由外壳（图 1.6a）、内置检波器、记录器及电池（图 1.6b）和底座（图 1.6c）三部分组成（Beavdoin，2006；吴志强等，2020）。底座设计成低重心对称的沟槽与凸条花纹，以保证与海底良好的耦合，圆盘状设计可以将其方便地放在回收系统中。底座上三角对称排列着三个坚硬的耐压圆筒（图 1.6b），一个圆筒内置记录器，另两个圆筒内置电池；耐压圆筒被设计得尽可能小，以保证以最薄的壳体承受巨大的水体压力。耐压圆筒是密封防水设计，其良好的耐压性能使之可以布放在水深4000m的海底。在圆盘的中心位置安装了水听器（压力检波器）和三分量检波器，最后将其与三角对称在底座上的耐压圆筒组成一个完整的海底节点单元。外壳扣锁在沿圆形底座的边部等间距设置的三个矩形开口中，外罩的顶面设计成流线型，以避免压迫并损坏内部线缆。外罩的中心紧贴一个平整的顶盘，以便ROV能吸住海底节点进行布放和回收。底盘等间距排列着凸条花纹和沟槽（图1.6c）的另一个优点是有助于流沙从底座下方通过，可以使之沉放在海底疏松沉积物中并与质地较硬的沉积物紧密耦合。底座和外罩均开有孔洞，以方便海水在海底节点单元内自由流动，减小水流冲击对地震信号的干扰。

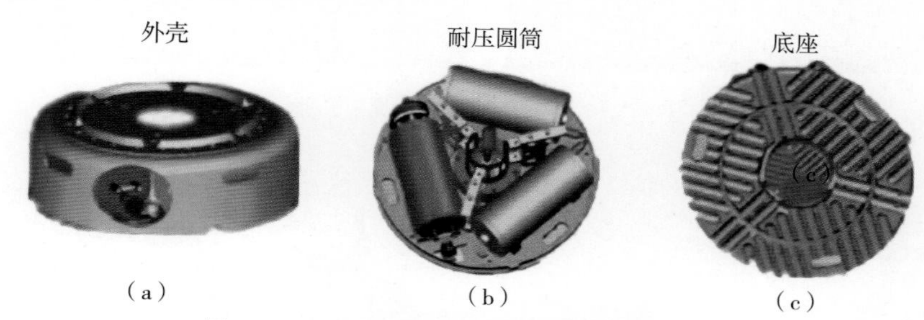

图1.6　海底节点结构图（据Beaudoin，2006）

（a）外壳；（b）耐压圆筒；（c）底座

海底节点系统关键的技术指标还包括电池容量、记录器、计时器、耗电量，大容量电池和更低的耗电量是海底节点系统在海底长时间工作的保障。同时，低耗电的海底节点系统设计使之实现了小体积和轻便化。

有了海底节点后，每个海底节点都要独立编号，然后由运输节点的工作船把节点运输到采集施工海域。

1.4.2　海底节点布置

在深水领域，海底节点的布设与回收一般采用线缆管理系统和ROV模式。布置节点的过程就像海底放风筝，线缆管理系统控制收放线，到达指定位置后，ROV就可以携带节点“下车”了，工作人员远程操控ROV，当第一个节点布置好后，线缆管理系统和ROV会马不停蹄地布置下一个节点。

ROV是一种在水面控制的高技术水下作业系统，能在水下自由航行。通过外挂摄像头、避障声呐或管线跟踪器观察，再结合多功能机械手或其他水下工具，完成一定的水下作业任务。典型的ROV系统是由水面设备（包括操纵控制台、电缆绞车、吊放设备、供电系统等）和水下设备（包括中继器和潜水器本体）组成。ROV本体在水下靠推进器运动，本体上装有观测设备（摄像机、照相机、照明灯等）和作业设备（机械手、切割器、清洗器等）。ROV 系统需安装于动力定位船上，以保证水下作业的稳定性及安全性（刘浩等，2019）。在印度尼西亚某海底节点采集项目中，东方地球物理公司应用 ROV 系统（图 1.7）进行海底节点的布设和回收，通过 ROV 系统左右机械臂（图 1.8）不同功能的配合使用，取得了良好的应用效果。

图 1.7　ROV 系统

图 1.8　ROV 系统中的机械臂

为保证 ROV 系统水下作业安全及稳定，需要将 ROV 系统安装于动力定位船甲板，并在作业时开启动力定位模式跟随 ROV 进行节点收放作业。为提高 ROV 节点收放效率，设计一种节点铺设辅助装置，用于水下存放节点，并在施工过程中随 ROV 移动，便于ROV抓取节点。该装置每次总计可携带16个节点，分别挂置在4个一拖四挂杆上，跟随 ROV 行进（图 1.9），减少 ROV 收放往返次数，提高节点铺设工作效率。但问题是，一台 ROV 最多可携带 16 个节点，往复接送效率低，为了提高海底节点的布置效率，研发了专门运输节点的快速装载系统，当 ROV 搭载的节点即将布置完毕时，快速装载系统就会满载 32 个节点奔赴海底。

ROV 系统可用于水深大于 100m 海域以及陡坡等复杂海底地形区域，以保证节点点位精度和耦合效果，布设步骤如下（刘浩等，2019）：

步骤一：根据海底地形及障碍物情况，设计 ROV 船舶行驶路线。

步骤二：动力定位船沿设计路线到达设计位置，吊装下放海底节点铺设辅助装置

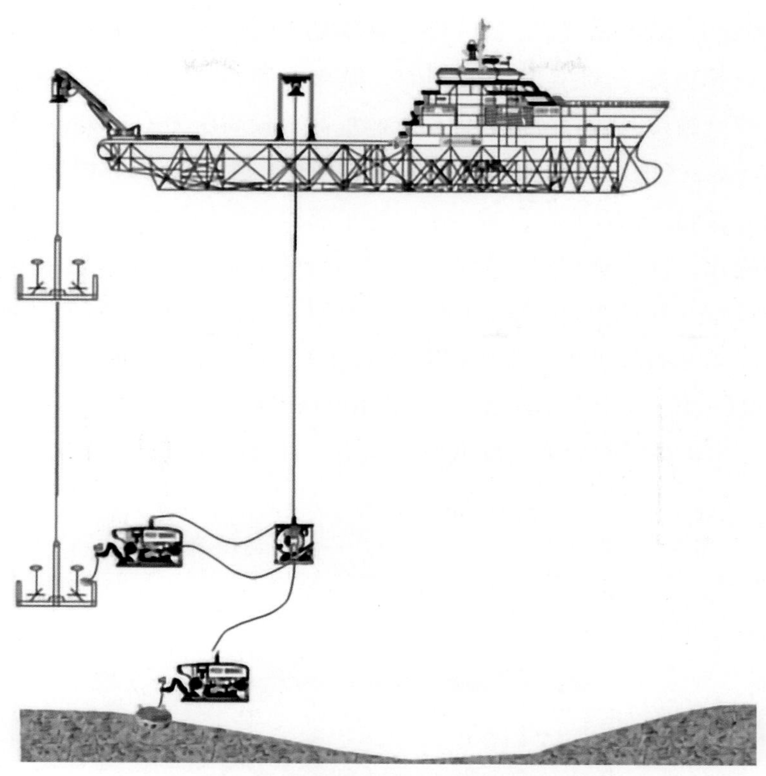

图 1.9 ROV 节点布设示意图

（存放多个节点）。

步骤三：ROV 跟踪海底节点铺设辅助装置（快速装载系统）向海底下放。

步骤四：海底节点铺设辅助装置到达距离海底 10m 位置，ROV 使用机械手从节点辅助装置中抓取挂置多个节点的挂杆。

步骤五：ROV 机械手从挂杆中拿取一个节点，游弋到设计点位，布设节点并稳定 ROV 位置，完成坐标记录。

步骤六：ROV 船航行至下一个布放点，ROV 依次从挂杆中抓取节点进行布放。

步骤七：完成挂杆上的多个节点布设后，ROV 返回海底节点铺设辅助装置位置，重复步骤四至步骤六。

步骤八：当节点铺设辅助装置中的多个节点全部抓取完成后，运输节点的快速装载系统下放海底，将节点分批转移到辅助装置，等待 ROV 继续完成挂杆抓取、布设工作。浅水区的节点布置会简单得多，将节点按顺序直接固定在缆绳上，下放缆绳，即可完成节点铺设（NOAR）。所有节点铺设完成后就可结合震源船进行采集作业了。

1.4.3 气枪激发与数据接收

1964 年美国 Bolt 公司发明了空气枪，并因此在 SEG 年会上被授予 Kaufman 金奖。空气枪以其性能稳定、自动化程度高、成本低等诸多优点逐渐占据海洋地震震源的主导地位。

空气枪震源开始在海上勘探使用时，基本上都采用单个大容量以及较高压力（5000psi①）气枪激发，随着海洋环保要求的提高，较高压力（5000psi）气枪逐渐被较低压力（2000psi）气枪取代，目前生产使用较多的气枪类型有 Bolt 枪、Sleeve 枪和 G 枪。但由于压力的降低，激发能量也减少了，为了获得足够的激发能量以及获得较好的激发子波和信噪比，气枪阵列组合激发开始应用于海洋地震勘探，如图 1.10a 所示，图 1.10b 中下部为一个气枪组合，图 1.10b 中的红色标志为用于接收近场信号的水听器（王学军等，2017）。实际采集时，为了提高采集效率，通常采用一船双源——左舷气枪阵列组合（PORT）和右舷气枪阵列组合（STARBOARD）交替激发。

为了进一步提高采集效率、降低作业成本，目前海底节点地震勘探已开始采用独

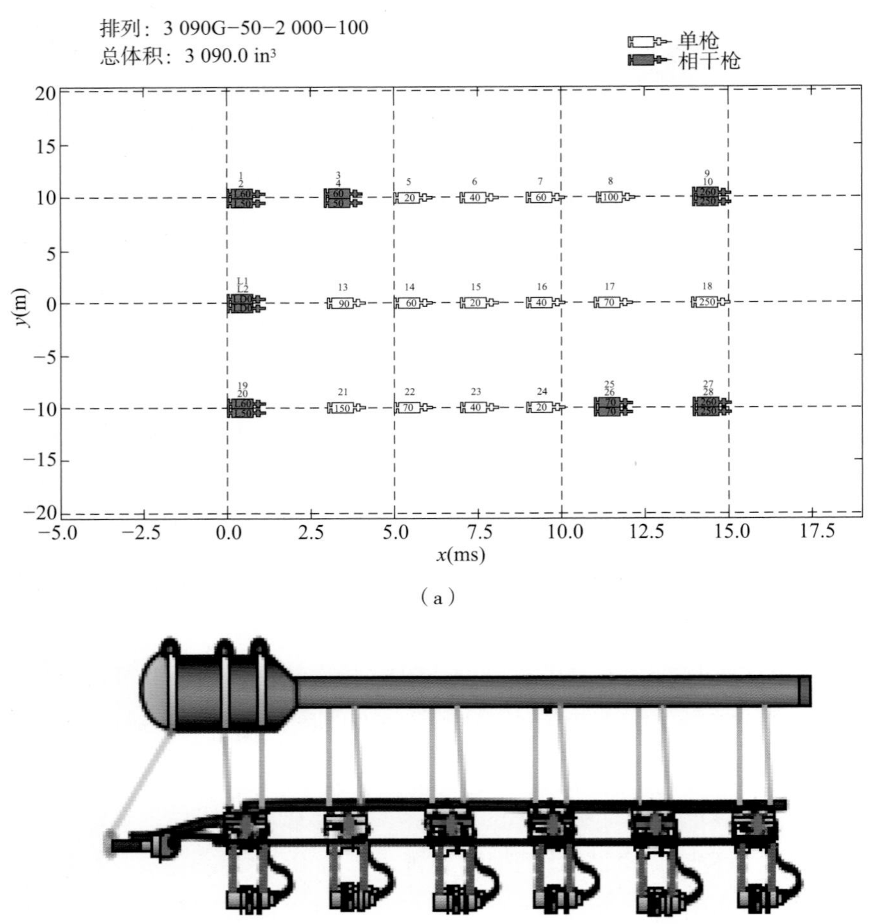

图 1.10　气枪组合阵列（王学军等，2017）

① 1 psi=6.895kPa。

立同步震源激发技术（ISS），它是在一条船上有一个或两个气枪阵列交替激发，由两条或多条震源船在空间位置上分开一定距离独立进行同步激发的海洋地震勘探技术，如图 1.11 所示。独立同步激发震源具有高密度、高效率、低成本的特点，但是由于独立同步震源地震资料为混采记录，所以后续还需要进行混采数据分离处理。2009 年，BP 公司在墨西哥湾进行了最早的独立同步震源海底节点采集试验并取得成功。为了便于对混采地震记录进行数据分离，在同步震源激发时间上加入 −250ms 至 250ms 的随机延迟时。

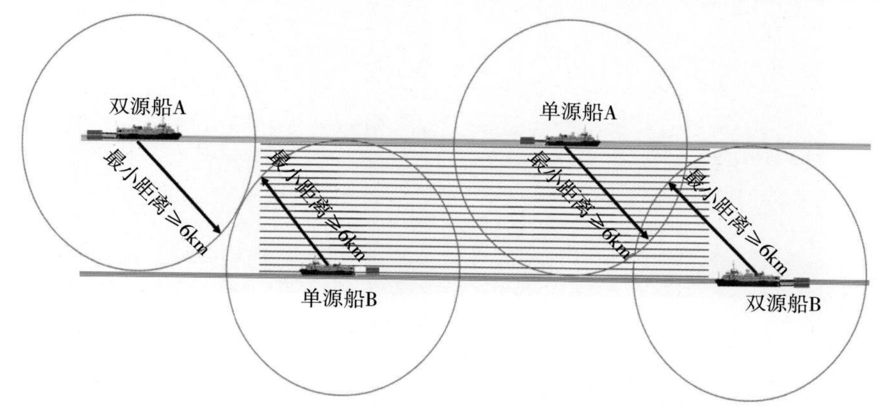

图 1.11　某海洋地震采集项目独立同步激发（ISS）示意图

相对于常规海上地震勘探，海底节点独立同步震源激发技术充分利用了海底节点连续记录的优势，多震源同时作业，极大地提高了采集效率。合理设计的独立同步震源激发模式以及先进的混采数据分离方法，使得海底节点独立同步震源激发技术逐步成熟，逐渐成为海洋三维地震勘探的热点技术，如图 1.12 所示为某海底节点项目独立同步震源激发技术得到的混合采集海底节点记录，可以看出该记录上多条船激发的记录混叠在一起，必须通过混采分离处理技术把相应接收节点记录保真分离出来后才能进行后续处理工作。

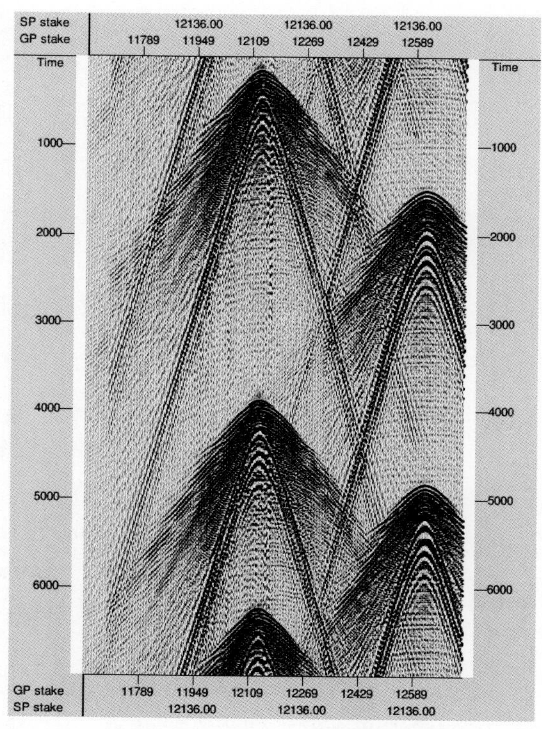

图 1.12　某海底节点项目某节点通过独立同步震源激发技术获得的混合采集记录

1.4.4 海底节点回收

在完成激发、采集工作后，如何保证节点的回收率，对项目成功与否具有决定性的意义。ROV 系统凭借其水下照明及高清摄录功能，能够方便地查看海底情况，并根据所记录的节点坐标，在一定范围内快速完成节点寻找及回收工作（图 1.13）。

图 1.13 海底节点回收示意图

ROV 节点回收步骤如下（刘浩等，2019）：

步骤一：根据海底地形及障碍物情况，设计 ROV 船舶行驶路线。

步骤二：搭载 ROV 的动力定位船沿设计路线到达设计位置，下放空节点存放装置。

步骤三：ROV 下水前，使用机械手预先抓取挂杆，然后在设计位置下放至海底。

步骤四：根据节点布设时所记录的节点坐标，查找、回收节点，并挂在挂杆上。

步骤五：船航行至下一个节点，重复步骤四。

步骤六：在完成若干节点回收后，ROV 移至海底节点存放装置位置，将所回收的节点放置在装置中，并使用机械手抓取新的挂杆，然后继续进行节点回收工作。

快速装载系统提高了节点回收效率，浅水区节点回收可直接由工作船完成。

1.4.5 海底节点地震数据整理和校正

海底节点一般由记录单元、电池组、时钟、三分量检波器、压电检波器、姿态传感器和罗经六部分组成（全海燕等，2017），其独特的采集模式决定了海底节点地震数据采集质量控制的四项内容：数据整理、时钟漂移分析与校正、三分量旋转分析、海底节点工作状态质控。

（1）数据整理。

海底节点地震数据采集是先放炮后整理数据，数据整理一般有如下几个环节：

①完成震源激发，回收海底节点，通过配套仪器下载节点中连续记录的数据。

②匹配采集时准确记录的激发时间与海底节点内部时钟，获取每炮激发对应的连

续记录中的样点位置，生成炮点激发时间文件。

③采集过程中通过声学二次定位方法（或生成数据后用初至波定位方法）获取海底节点（接收点）的位置，生成接收点定位文件。

④激发过程中利用 DGPS、RGPS 等获取炮点的位置，生成炮点定位文件。

⑤利用炮点激发时间文件、接收点及炮点定位文件对连续记录的数据进行切割，生成按一定道序进行排列的共接收点道集文件。

（2）时钟漂移分析与校正。

一般来说，实际采集时间（一般用 GPS 进行测量）与内部时钟记录时间通常具有差值，这个值即为时钟漂移量。时钟漂移量的存在决定了进行数据切割时，仅利用炮点激发时间是无法获得数据上准确的切割时间的，切割时必须要考虑时钟漂移的影响，采取相应的时间校正方法。一般采用线性动校正以及互相关法进行时钟漂移质控，采用线性均值校正方法对各节点总的偏移量进行漂移校正。

（3）三分量旋转分析。

通过利用节点内姿态传感器和罗经（Pitch，Roll 和 Yaw 传感器）的测量值，可直接实现三分量检波器数据的旋转。旋转分析通常会采用对传感器的值或旋转贡献量进行迭代，获取旋转后三分量数据能量最优解的方式进行。当传感器出现问题时，旋转将会出现较大误差，需要通过数据驱动进行迭代获取旋转参数。

（4）海底节点工作状态质控。

对海底节点各传感器的记录值和节点电压电量等能反应海底节点工作状态的数据进行分析，能够有效、快捷地判断海底节点在水下的工作状态，快速识别可能存在问题的海底节点。总体来讲，海底节点数据质量控制包括数据完整性、四分量 RMS 分析、节点姿态检查、点位 LMO、极性质控、节点灵敏度以及耦合性分析检查等。

1.4.6 海底节点地震数据混采分离处理

独立同步震源激发技术缩短了采集时间，极大地提高了地震采集效率，降低了成本。但是由于震源激发时间间隔较短，导致来自不同震源点的地震波发生混叠，严重降低了地震数据信噪比和成像质量。因此，在正式处理前必须对高效混采数据进行信噪分离处理。目前使用的混采数据分离方法主要是基于稀疏反演理论与技术。

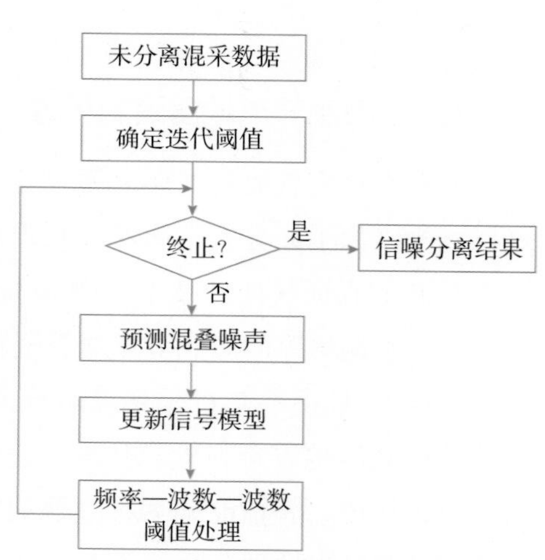

图 1.14 混采数据信噪分离处理流程（宋家文，2019）

图 1.14 所示为混采数据信噪分离处理流程，

图 1.15 为图 1.12 所示的炮记录通过混采分离处理得到的结果，混采分离处理后的地震数据就和常规的数据一样可以进行后续的海底节点全流程处理了。

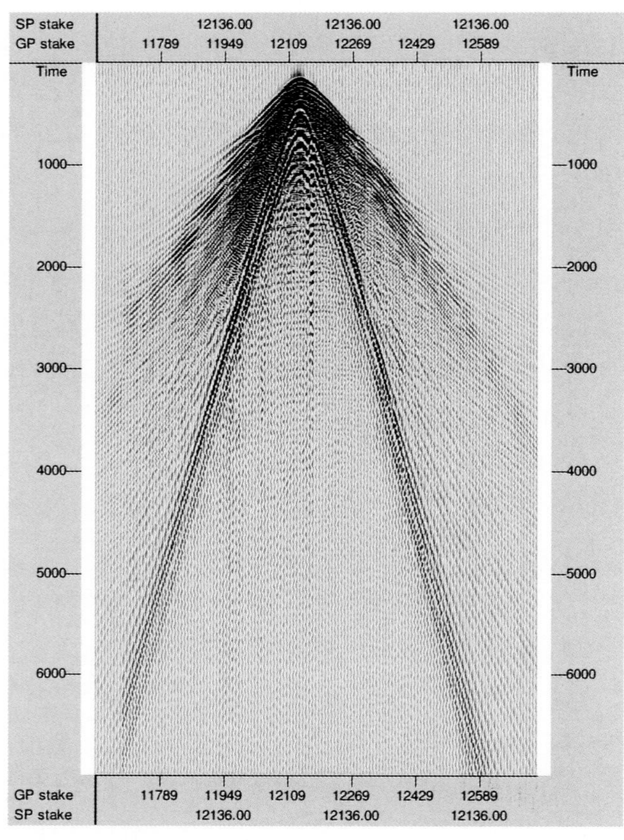

图 1.15　对图 1.12 混采数据进行分离的结果（宋家文，2019）

1.5　海底节点地震资料处理

由于海底节点地震采集得到的是“高密度、宽频带、全方位、多分量、长偏移距”资料，所以为了充分发挥海底节点地震资料的潜力，海底节点地震数据处理技术领域涵盖 P 波地震资料处理技术、PS 波资料处理技术、四维地震处理技术，同时富低频、全方位、长偏移距的海底节点地震资料也为全波形反演（Full waveform inversion，以下简称 FWI）、最小平方 Q 偏移等高新成像处理技术提供良好的应用基础。本书的重点是海底节点 P 波地震资料处理技术，它包括预处理、去噪、信号反褶积、上下行波场分离、去多次波、叠前时间偏移、叠前深度偏移以及偏后道集处理共 8 个主要环节，海底节点 P 波基本处理流程如图 1.16 所示。

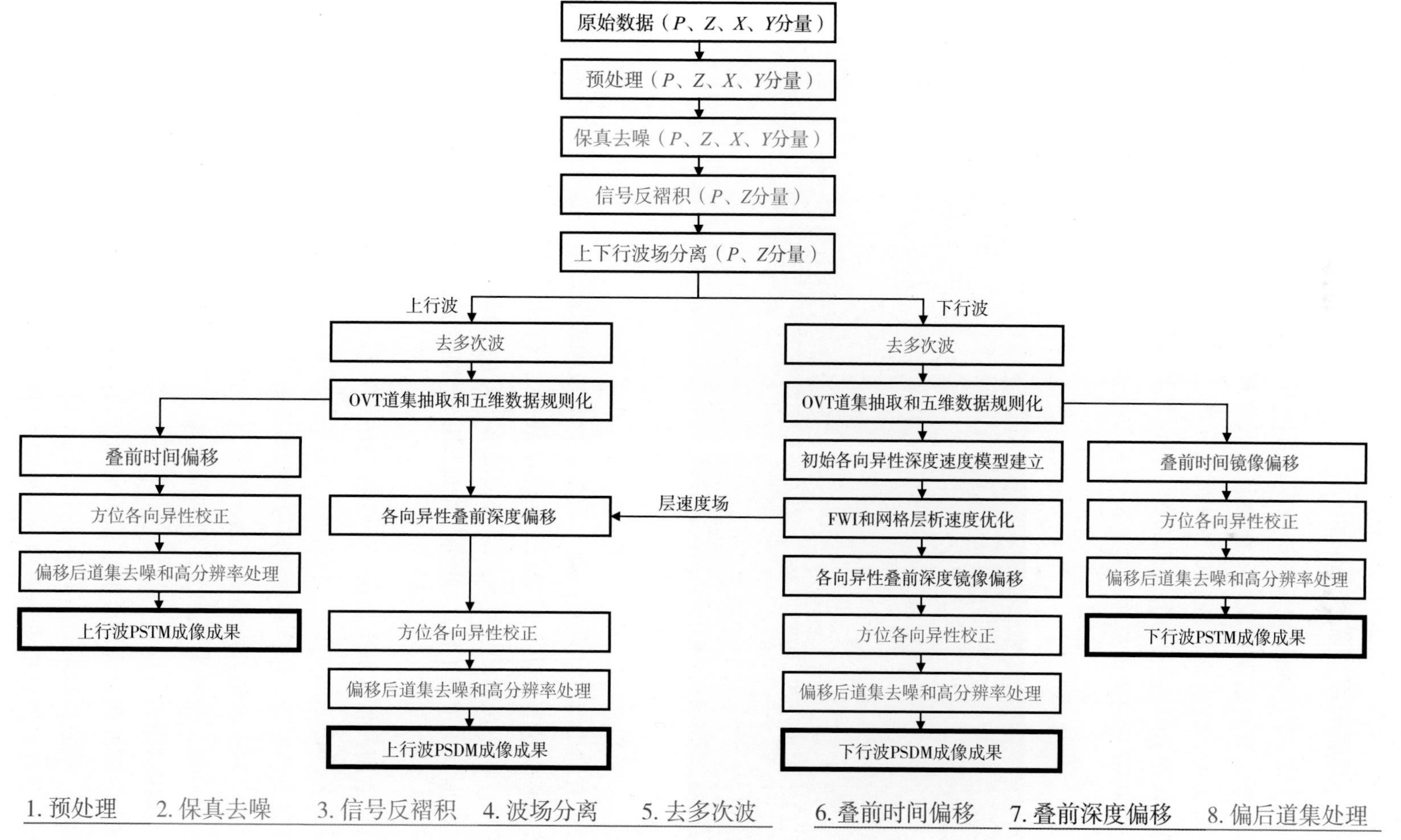

图 1.16　海底节点 P 波地震资料基本处理流程图

1.6 海底节点地震勘探优点

相比于常规海洋拖缆地震勘探技术，海底节点地震勘探具有如下优点：

（1）原始资料信噪比较高。海底节点沉放到一定深度海底进行观测时几乎不受海面噪声的影响，这在深海地震观测中尤为显著，同时节点与海底耦合性好，接收点定位准确，采用ROV进行海底节点布设，可以将其精确地布放在设计点位，避免了接收点位置漂移带来的地震成像误差，同时可作业水深跨度大，最深可达到3000m左右，如图1.17所示。

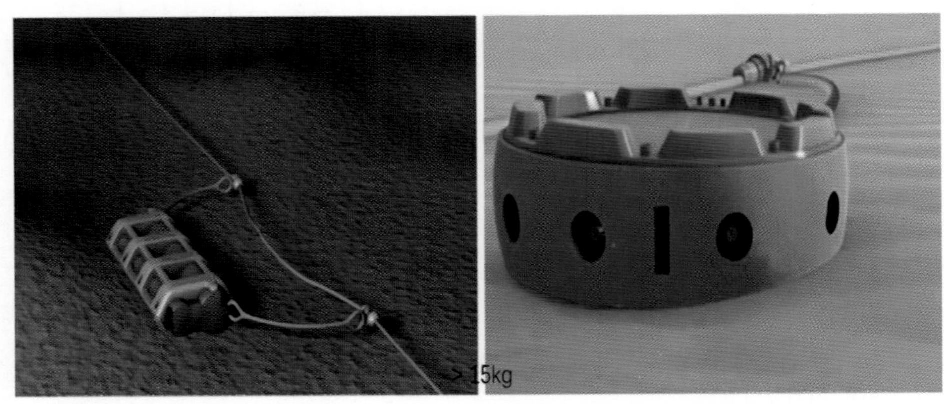

图1.17 海底节点

（2）有利于海洋“两宽一高”实施，提高成像质量。由于海水中拖缆测量震源与记录拖缆相对位置固定，只能记录窄方位数据，而海底节点不受采集电缆和地震船联接的束缚，可以灵活地设计观测系统，能够很好地实现宽频、宽方位（全方位）、高密度地震数据采集（图1.18），改善复杂地质目标体照明均衡度，提高各向异性偏移成像质量。

（3）适用勘探区域广。由于不受拖缆的约束而直接在海底布设节点，地震采集时受海洋中各种设施限制小，可在海上有密集生产平台和其他障碍物等拖缆无法实施的区域开展地震采集工作，有效弥补拖缆和海底电缆的缺陷。

（4）有利于实施油藏动态监测。接收点位置稳定，可以多次重复并准确地布设在同一观测位置，受噪声干扰小，资料品质高，适宜进行油藏时移地震监测，提高四维（时延）地震的精度。

（5）纵横波联合应用能够直接识别岩性与流体。由于横波传播不受岩石中孔隙流体的影响，横波反映的是岩石骨架（岩性）信息，而纵波传播受岩石中孔隙流体的影响较大，通过对海底节点地震多分量处理，可以联合纵横波信息进行岩性与流体的直

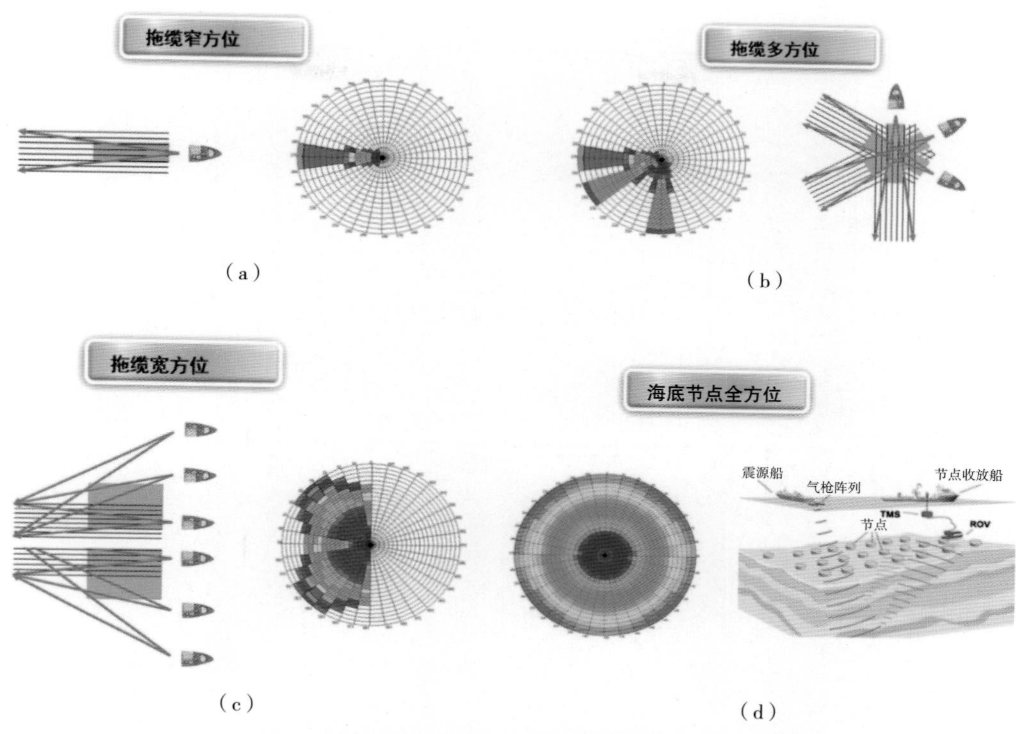

图 1.18　拖缆采集和海底节点采集观测系统玫瑰图对比

（a）常规窄方位拖缆采集；（b）多方位拖缆采集；

（c）宽方位拖缆采集；（d）海底节点全方位采集

接识别，进一步提高油气藏的识别精度，提高特殊目标区（如裂缝区、气云带等）的勘探精度，降低勘探风险。

（6）有利于求取准确的深度速度模型。海底节点地震勘探能够采集到大偏移距资料（图 1.19），有利于发挥全波形反演技术的优势，反演出复杂地质目标较为准确的速度模型，提高复杂构造的成像精度。

图 1.19 说明本区 7km 偏移距潜行波资料只能用于更新深度 2 ~ 2.5km 的速度，而 17km 偏移距潜行波资料可以更新深度 4 ~ 5km 以上地层的层速度，所以超大偏移距潜行波信息有利于 FWI 得到准确的深层层速度模型，提高深层复杂地质体成像精度。

1.7　小结

综上所述，在海洋拖缆、海底电缆和海底节点这三种海洋地震勘探方式中，海底节点无疑是数据品质最好、波场属性最多、勘探开发效果最好的勘探方法，目前主要缺点是单位勘探成本较高，但是从整体效果来看，海洋钻探的高风险和海底节点成像数据的高品质之间权衡又使得海底节点地震勘探是海洋勘探中性价比最好的勘探方式。

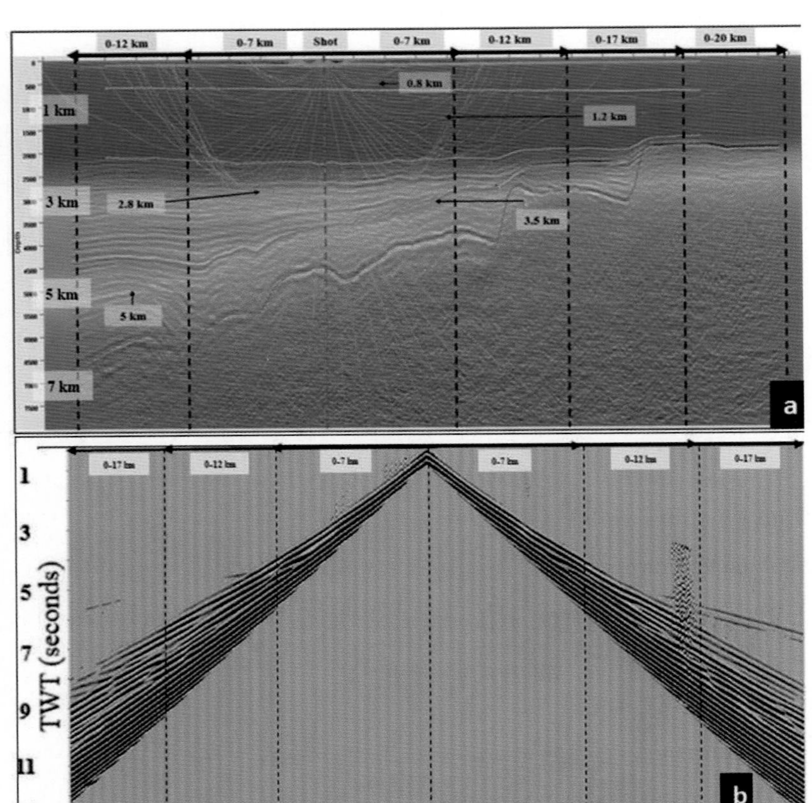

图 1.19　大偏移距地震数据采集（Adriana Citlali Ramirez，2020）

相信随着海底节点采集自动化和高效化乃至智能化的不断推进、海底节点地震资料处理解释技术的不断进步，海底节点地震勘探将在海洋油气勘探开发中发挥越来越重要的作用。

参考文献

陈浩林，全海燕，於国平，等 . 2008. 气枪震源理论与技术综述（上）[J]. 物探装备（4）：211–217.

侯志强，尹文笋，胡伟，等. 2019. 基于 FCT 校正的 OBN 资料弹性波逆时偏移 [J]. 中国海上油气，31（3）：75–83.

李斌，冯奇坤，张异彪，等 . 2019. 海上 OBC–OBN 技术发展与关键问题 [J]. 物探与化探，43（6）.

刘浩，祝杨，余淼，等 . 2019. 水下机器人 ROV 在复杂海域海底节点收放中的应用 [J]. 物探装备（2）：76–79.

丘学林，赵明辉，敖威，等 . 2011. 南海西南次海盆与南沙地块的探测和地壳结构 [J]. 地球物理学报，54（12）: 3117–3128.

全海燕，徐朝红，罗敏学，等 . 2017. 海洋节点地震数据采集技术及应用 [C]// 中国石油学会 2017 年物探技术研讨会 .

宋家文，李培明，王文闯，等. 2019. 基于稀疏反演的高效混采数据分离方法 [J]. 石油地球物理勘探，54（2）: 268–273.

王学军，全海燕，刘军，等 . 2017. 海洋油气地震勘探技术新进展 [M]. 北京：石油工业出版社 .

吴志强，张训华，赵维娜，等. 2021. 海底节点 (OBN) 地震勘探：进展与成果 [J]. 地球物理学进展，36（1）: 412–424.

熊金良，王长春，刘原英，等. 2000. 海上四分量地震勘探综述 [J]. 中国煤田地质（3）: 41–46.

杨金华，朱桂清，张焕芝，等 . 2014. 影响未来油气勘探开发的前沿技术（Ⅰ）[J]. 石油科技论坛，33（2）: 47–55.

余本善，孙乃达 . 2015. 海底地震采集技术发展现状及建议 [J]. 海洋石油（2）: 5–9.

张慕刚，骆飞，魏国伟，等. 2019. 阿联酋超大型地震勘探项目采集技术规划与集成 [J]. 天然气勘探与开发，42（2）: 66–75.

Detomo R，Quadt E，Pirmez C，et al. 2012. Ocean bottom node seismic: Learnings from Bonga, deepwater offshore Nigeria: 82th Annual International Meeting，SEG[J]. Expanded Abstracts, https://doi. org/10.1190/segam2012–0583.1.

Hoffe B H，Lines L R，Cary P W. 2000. Applications of OBC recording[J]. The Leading Edge，19(4): 382–391.

Li B, Feng Q K, Zhang Y B, et a1. 2019. Summary of development and key issues of offshore OBC–OBN technology[J]. Geophysical and Geochemical Exploration(in Chinese), 43(6):1277–1284.

Ross A A，Openshaw G. 2006. The Atlantis OBS project overview[C]//Offshore Technology Conference：17982.

Stone J，Wolfarth S，Prastowo H，et al. 2018. Tangguh ISS® ocean–bottom node program: A step change in data density，cost efficiency，and image quality[C]//2018 SEG International Exposition and Annual Meeting. OnePetro.

Thompson M，Arntsen B，Amundsen L. 2007. Full azimuth imaging through consistent application of ocean bottom seismic[C]//San Antonio:SEG Annual Meeting：936–940.

2

海底节点地震资料预处理技术

2.1 概述

海底节点地震资料预处理主要包括两方面内容：一是对原始地震采集资料进行分析和质控；二是根据原始资料分析结果，对在采集过程中由激发接收因素和海水环境影响所引起的地震资料时间、振幅、相位、频率、炮检点位置变化进行相应的校正处理并做好质控工作。

原始资料分析首先是进行采集参数分析，内容包括海底水深、观测系统、枪阵激发参数、近场子波、激发枪深、节点类型、节点放置状况（水深、倾角和方位角等）以及TB信号延迟时分析等；然后是对经过观测系统定义了的地震原始数据进行分析，内容包括对全工区原始四分量地震数据（P,Z,X,Y）极性、信噪比、噪声特征、能量、频率、相位、虚反射气泡干扰、炮检点位置和多次波等进行点、线、面、体全方位分析，在分析时要特别关注工区地质任务目标和处理要求，为后续的相应校正处理提供依据。

本章重点论述预处理的第二方面内容，即根据原始资料分析结果对原始四分量地震数据（P，Z，X，Y）进行相应的校正处理和质量控制。

2.2 观测系统定义

地震勘探中的观测系统是指地震波的激发点与接收点的相互位置关系。常规陆上地震采集情况下，野外采集得到的原始炮集地震数据记录中只有野外文件号和通道号，无法确定炮点、检波点的位置。因此野外同时需要提供相应的记录炮点、检波点坐标等信息的SPS数据，用来确定激发点和接收点位置。观测系统定义将SPS中炮点、检波点的信息（坐标、高程等）与原始地震数据结合起来，确定出每个地震道是由哪个炮激发、哪个检波点接收的。

海底节点地震采集与常规拖缆采集资料不同，一般情况下，海底节点原始数据为共接收点道集。海底节点地震资料在采集现场数据切割过程中，直接加载了炮检点信息，因此室内处理时收到切割后的原始数据道头中均记载相对较全的炮检点信息，但缺失炮号和道号等信息，并且 FFID（野外文件号）记录的信息是接收点道集的记录号，而非炮点激发文件号。在海底节点地震数据切割过程中，首先导航班组收集整理炮点信息表和检波点信息表，包含炮检点的线点号、索引号、坐标、水深、枪深、潮汐值及激发时间等信息。对节点数据切割时，应用炮点信息表和检波点信息表对节点连续记录数据进行切割，生成共节点道集数据。同时在切割数据生成过程中在数据道头中写了相应炮检点信息，包括炮检点线点号、坐标、水深、枪深、激发时间、节点姿态信息及扭曲校正量等信息。

与此类原始数据对应的 SPS 文件也与常规采集炮集数据的 SPS 不同，关系文件中炮点与接收点相关信息是颠倒的，即原本应该记录炮点线号、点号的位置，实际上存放的是接收点的信息，常规采集数据应该放接收点信息的位置，在海底节点数据中存放的是炮点的信息。

分析清楚数据与 SPS 文件对应关系后，将 SPS 信息加载到实际共节点道集数据道头中，并可选择将颠倒的炮检点信息互换归位。通过炮检点坐标、工区网格，进一步计算出 CMP 面元信息。经过海底节点资料观测系统定义环节，数据道头中增加了炮号、道号及 CMP 面元等信息，道头信息更全，为后续正式处理做好了数据准备。

2.3 扭曲校正

野外采集过程中，节点仪器是连续记录地震数据的。节点回收后，要将节点记录的连续数据按照激发时间切割成单道数据。由于节点记录的地震数据都是离散采样的，采样率为 Δt，然而气枪激发时间不能恰好完全在整样点时间（采样率的整数倍），可能介于两个整样点之间，因此与激发时间最近的样点时间记为该炮的零时间，同时将激发时间与该样点的时间差 dt（扭曲时间）记录在该数据道头字中（图 2.1）。

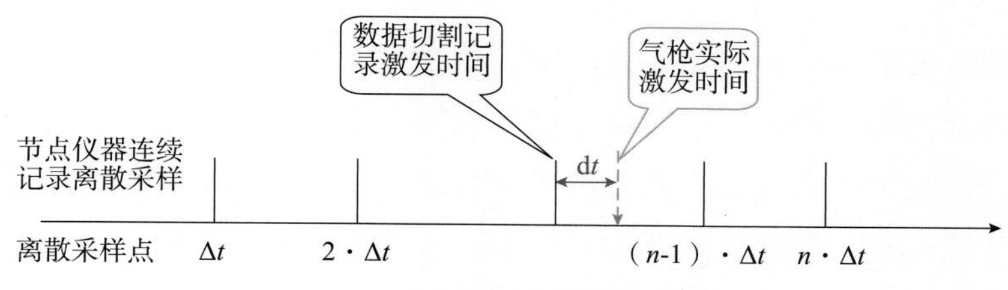

图 2.1 数据切割扭曲时间示意图

在采集现场对地震数据进行时钟漂移等时间校正处理时，采集现场为了减少计算量，一般情况下也仅仅校正样点的整数倍时间，少于一个样点的时差 dt（扭曲时间）也一并记录在数据道头字中。在室内处理时，要将这两种时差 dt（扭曲时间）进行校正处理，称为扭曲校正处理。图 2.2 为扭曲校正应用效果对比，校正后的初至更加光滑，说明扭曲时差得到很好的校正处理。

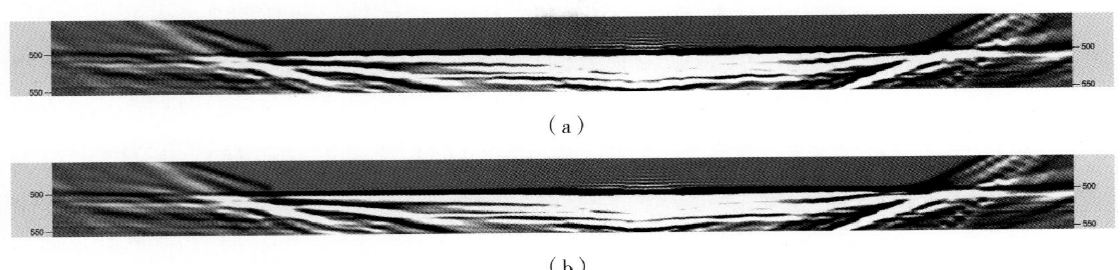

（a）

（b）

图 2.2　扭曲校正共节点道集线性校正初至对比

（a）扭曲校正前；（b）扭曲校正后

2.4　潮汐与水速静校正

2.4.1　潮汐校正

对于海底节点地震数据，节点仪器放置于海底，因此检波点端不受潮汐影响，不需要对检波点端进行潮汐校正处理，仅进行炮点端潮汐校正处理。

常规的潮汐校正是基于潮汐表来进行校正的，但潮汐表通常为预测的潮汐变化规律，并不是实测的潮汐值。由于受海岸、海底地形、水深以及风等自然条件的影响，实际的涨潮落潮时间和幅度都会与潮汐表提供的时间和幅度有较大差异，因此常规的基于潮汐表的潮汐校正很难有效地消除潮汐对地震数据的影响。

陈浩林等（2014）提出了基于星站差分系统实时逐点高程测量的高精度潮汐校正方法。随着野外测量技术和测量精度的提高，星站差分系统可高精度地测量野外施工期间的每一个激发点和接收点处的实时海面高程，实施高精度潮汐校正。但利用星站差分系统实时逐点测量的高程数据进行潮汐校正还需要从高程数据中提取潮汐信息，具体如下：

（1）高程数据平滑。

在野外海面高程实测过程中，由于信号可能存在瞬间的不稳定性，高程值会出现一定的偏差，因此需要对其进行必要的平滑处理。一般可利用低通滤波器对其进行平滑处理。由于潮汐高差的变化主要表现在不同激发炮线之间，所以平滑方向最好选择沿炮线方向，平滑半径可根据实际情况通过试验获取。

（2）潮汐值计算。

潮汐信息包含在星站差分系统测量的高程信息中，潮汐值的求取就是求解高程异常。假设星站差分系统测量的某第 j 号炮点高程为 h_j，该点对应的潮汐值 h_{tj} 可通过以下两步完成：第一步求取高程异常基准面 h_{dj}，其中 $h_{dj}=\dfrac{1}{n}\sum_{i=1}^{n}h_i$，$n$ 为求取第 j 号炮点高程异常基准面所用到的周边星站差分系统测量高程点的个数；第二步求取第 j 号炮点潮汐值 $h_{tj}=h_j-h_{dj}$。

如果定义高程异常基准面为零海平面，即 $h_{dj}=0$，此时潮汐值为星站差分系统测量的高程，即 $h_{tj}=h_j$。

（3）潮汐校正。

假定第 j 炮地震原始记录各道时间为 t_i，i 为 1、2、3，...，N，N 为每炮的最大道数。经潮汐校正后的各道记录时间为 t_{ci}，炮点的潮汐校正量为 $\mathrm{d}t_j=\dfrac{h_{tj}}{v_w}$，则 $t_{ci}=t_i-\mathrm{d}t_j$，v_w 为地震波在海水中的传播速度，h_{tj} 为第 j 个炮点的潮汐值。图 2.3 为潮汐校正前后叠加剖面对比图，由该图可看出，基于星站差分系统实时逐点高程测量的潮汐校正后剖面同相轴更为连续，由潮汐引起的道与道之间错动问题得到了较好的解决。

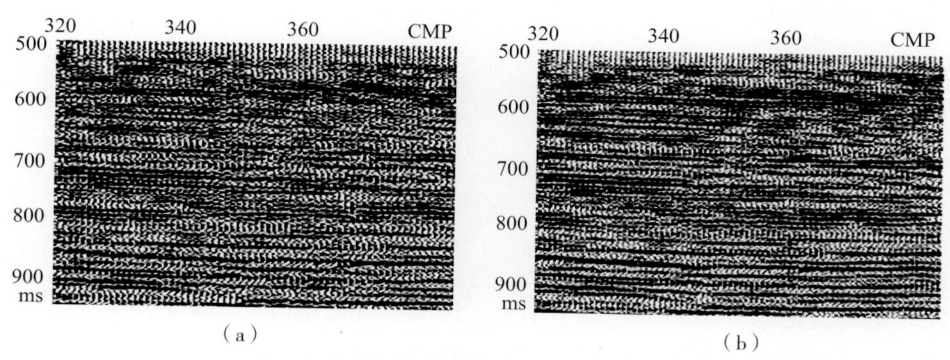

图 2.3 不同潮汐校正方法叠加剖面对比（陈浩林等，2014）

（a）基于潮汐表校正结果；（b）基于星站差分系统实时逐点测量的校正结果

2.4.2 水速校正

海洋地球物理学相关研究成果表明，海水速度与海水深度、温度和盐度等诸多因素有关。在浅水区中（水深为 0 ~ 300m），海水的速度变化较小，因此可以假定海水的声波速度为常数。然而，在深水区（水深 300m 以上）海水的速度沿着垂直方向有较大的变化，因此在深水油气勘探中必须要考虑海水速度随深度等诸多因素的变化。关于深海中海水速度变化有多种经验公式，也有学者从水声学的基本原理出发，研究由温度、盐度以及海水深度等因素变化所形成的海水速度模型对深水勘探和实时油藏监测的影响。

海水中的声速 v_w 是海水温度 T_p、盐度 S_a 以及深度 H_d（静压力）的递增函数，它们之间具有复杂的关系，Del Grosso 于 1974 年提出的经验公式为

$$v_w=1449.2+4.6T_p-0.055T_p^2+0.00029T_p^3+(1.34-0.01T_p)(S_a-35)+0.016H_d \tag{2-1}$$

在深水海底节点地震勘探中，一方面，水深变化大，水速随着海底深度变化而有较大的差异；另一方面，地震采集作业时间长，有时甚至要几个月时间才能完成采集任务，实施跨季节作业，不同季节环境温度存在差异，因此也会引起水速随着采集时间的变化，图 2.4 展示了沿两条测线海水速度在一个月时间内的变化。

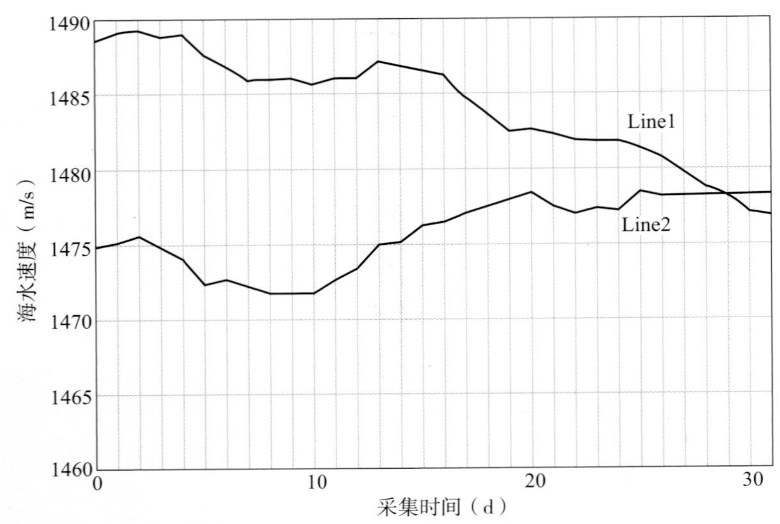

图 2.4　沿两条测线在一个月时间内的海水速度变化

同时由地震记录分析发现，由于深水工区海水速度的变化，对地震波走时带来较大的影响，且这种影响是不可忽略的，因此在地震数据处理时必须考虑海水速度变化的影响。如果在深水反射地震勘探中仍使用 1500m/s 的经验海水速度进行成像处理，必然造成地震波走时和射线路径偏离真实情况，并影响最终偏移成像的质量。因此在室内地震资料处理时，必须对水速进行校正处理，消除其影响。

在海洋地震现场采集时，在某一时间，对工区内不同水深的位置点连续测量海水速度，可以计算出不同海水深度的海水速度，并拟合出海水速度与深度的速度关系，并构建全区该时间的海水速度场。一般情况下对海水速度随着海底深度变化的影响，在时间域处理中可不做校正处理，这个速度变化特征可用于叠前深度偏移表层水速模型中，通过叠前深度偏移来解决。

海水速度随着季节变化而变化，这种变化是非空间一致性的，即同一位置点，不同采集时间所对应的水速是不一样的。对于施工时间较长的跨季节地震采集工区，这种现象更为明显。因此需要根据地震采集时间构建水速模型，消除不同采集时间海水速度变化对地震信号的影响，称之为水速校正。

对于海底节点地震数据，水速仅对炮点端产生影响。水速校正的基本思路是计算不同采集时间炮点位置的水速，获得全工区不同炮点位置（不同激发时间）的水速场，再用替换速度进行水速校正处理，从而消除不同采集时间水速对地震波旅行时的影响，但核心问题是求取不同采集时间的水速。

第一种方法是借用水速测量成果。在海底节点采集时，在工区不同位置连续测量水速，测量时间贯穿整个海底节点采集时间，那么就可以得到不同采集时间的水速，拟合出水速 v_w 对应不同采集时间 T 的函数关系 v_w（T）。原始记录中每炮数据均记载激发时间，根据函数 v_w（T）可计算不同激发时间炮点位置的水速。

第二种方法利用海底节点直达波信息计算水速。炮点、节点空间位置已知，即炮检距已知，并可从实际数据中拾取海底直达波旅行时，即可计算该炮点位置处水速。一般情况下，直达波旅行时仅利用近道直达波数据，避开远炮检距的折射波信息。为减小计算误差，在共炮点道集计算出多个近炮检距节点的水速，再进行平均处理，获得该炮点位置的水速。对全区所有炮集数据进行处理，可获得整个工区每个炮点位置（不同采集时间）的水速。

上述两种方法都是确定性处理技术，即首先计算水速模型，再利用常速度进行替换校正处理，与陆地基准面静校正方法相似。

第三种方法是利用反射波剩余静校正方法进行处理。水速差异仅仅影响炮点端的水层旅行时，可以近似为地表一致性静校正问题，应用反射波地表一致性剩余静校正技术计算出炮点静校正量，即为水速校正量，实现水速校正的目的。

图 2.5 是水速校正前后共节点道集初至线性校正对比，水速校正后的初至抖动现象减弱，变得更光滑，说明不同采集时间的水速差异所引起的炮点端时差得到较好的解决。

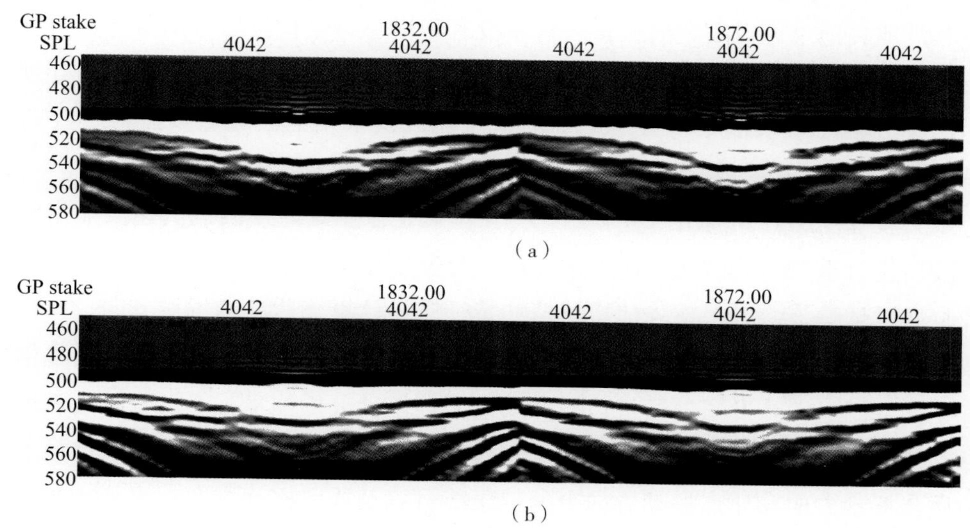

图 2.5　水速校正共节点道集初至线性校正对比

（a）水速校正前；（b）水速校正后

2.5 节点倾斜校正与重定向

2.5.1 必要性

在水平层状介质条件下，常规单分量地震记录的地震响应与炮检方位无关。但多分量节点仪器接收到的是矢量波场，X 和 Y 两个水平分量记录的地震响应极性和振幅随炮检方位变化而变化，因此三分量检波器放置的真实方向对多分量数据处理来说是极其重要的信息。但是在多分量地震数据采集时，特别是海底地震数据采集时，由于施工条件的不确定性，我们不能直接控制海底节点的方向，很难保证完全按照采集设计的要求将每个三分量检波器的 Z 分量都置于垂直方向，并将 X 分量都置于平行于测线方向。在这种情况下，采集的多分量地震数据，不同分量的地震波在每个分量上都有能量投影，也就是在 Z 分量上有横波能量，在水平分量上有纵波能量。这为后续的波场分离、成像及反演等处理带来严重的影响。因此，获得三分量检波器的真实放置方向并将记录的三分量数据旋转到设计的方向上，以及对三分量定向数据进行有效质控与分析是三分量地震数据处理的关键基础步骤。

2.5.2 基本原理

对于节点仪器三分量数据重定向问题，通常有两种解决方法。一种方法是直接利用数据采集时由倾斜仪、陀螺仪或罗盘记录的三分量检波器方向或三个分量在空间方向上的贡献系数，通过三分量旋转实现三分量数据进行重定向校正。这种方法便捷高效，重定向效果也较好；另一种方法是基于三分量数据分析的重定向角度估算方法，就是根据地震波的偏振特性，利用三分量地震记录估算三分量检波器的方向，然后再对三分量地震记录进行重定向校正。对于没有记录三分量检波器方向或记录的三分量检波器方向不可靠的地震数据，可以利用这种方法对三分量数据进行重定向处理或验证。这种方法的效果依赖三分量地震的信噪比以及采用的三分量检波器重定向分析算法。

张文波等（2017）提出一种利用三分量地震记录给定时窗内的直达波能量对三分量检波器进行重定向的方法。该方法利用三分量地震记录给定时窗内振幅构造协方差矩阵，通过计算该协方差矩阵的特征值和特征向量计算直达波的偏振方向，再根据直达波的偏振方向和传播方向的偏离计算三分量检波器与设计方向的水平和垂直偏离角度。在此基础上，开发了三分量数据多属性质点振动分析技术，不仅能够直观地显示炮点和接收点的相对位置，并且可根据直线段的方向、长度、和颜色直观地显示接收点的质点振动方向和质点振动方向上的记录能量以及质点振动方向在水平方向与炮检连线方向的夹角。

根据弹性波理论，在各向同性介质中，P 波的质点振动方向在炮检连线所在的垂向平面内，并且与地震波传播方向一致。设 $S_i(t)$ 为三分量地震记录，i 为三分量地震记录的分量序号，i=1,2,3，如图 2.6 所示，则可以构造给定直达波时窗内的协方差矩阵 $\boldsymbol{E}$，该协方差矩阵的元素 e_{ij} 为

$$e_{ij}=\frac{1}{n}\sum_{t=t_1}^{t_2}S_i(t)S_j(t),\ 其中\ i,\ j=1,\ 2,\ 3 \tag{2-2}$$

式中，t_1 和 t_2 是给定的直达波时窗的起始和终止样点；n 为直达波时窗内的样点数。由于协方差矩阵 $\boldsymbol{E}$ 为实对称矩阵，利用 Jacobi 方法可以计算得到该协方差矩阵的特征值和特征向量。根据地震波偏振分析理论可知，最大特征值对应的主特征向量 $\boldsymbol{V}$ 可用来表征给定时窗内直达波的偏振方向，如图 2.7 所示。对于海底节点小炮检距数据（一般情况下，炮检距小于接收点海水深度），利用炮点和接收点的坐标可计算得到直达波的射线传播方向。利用计算的直达波偏振方向和射线传播方向之间的差异，可以分析得到三分量检波器的重定向角度 Ψ 和 Φ，如图 2.7 所示，Ψ 为三分量检波器的水平偏离角度，也就是 X 分量在水平面上的投影与 x 方向（测线方向）的夹角；Φ 为三分量检波器的垂直偏离角度，也就是 Z 分量与垂直方向的夹角。为了得到可靠的重定向角度，可以先利用接收点周围多个炮点的三分量地震记录计算出该接收点对应的多个三分量检波器重定向角度，再对所计算的多个重定向角度做均方差统计，得到最优的重定向角度。

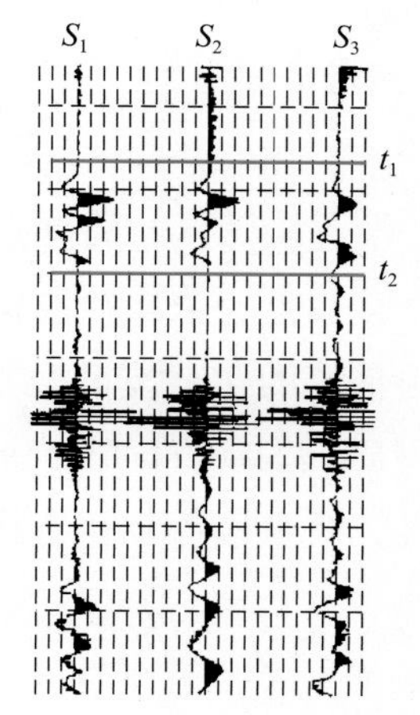

图 2.6　三分量地震记录图

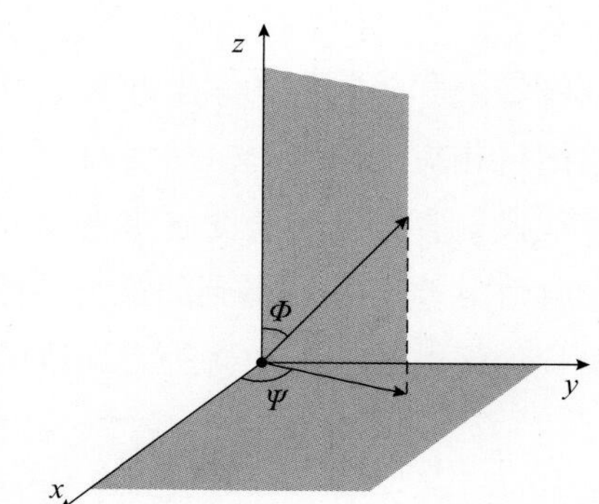

2.7　三分量检波器重定向角度示意图

利用估算的三分量检波器重定向角度 Ψ 和 Φ，通过三分量旋转对记录的三分量地震记录（X'，Y'，Z'）进行重定向校正，采用的三分量旋转公式为

$$\begin{bmatrix} X(t) \\ Y(t) \\ Z(t) \end{bmatrix}=\begin{bmatrix} \cos\Phi\cos\Psi & \cos\Phi\sin\Psi & -\sin\Phi \\ -\sin\Psi & \cos\Psi & 0 \\ \sin\Phi\cos\Psi & \sin\Phi\sin\Psi & \cos\Phi\sin\Psi \end{bmatrix}\begin{bmatrix} X'(t) \\ Y'(t) \\ Z'(t) \end{bmatrix} \tag{2-3}$$

式中，X、Y、Z 为重定向校正后的三分量地震记录。由于消除了三分量检波器放置方向对波场的影响，三分量地震记录上不同类型的波场互相耦合问题能够得到有效改善。

为了直观地了解三分量地震记录重定向的效果，开发了一种利用多属性质点振动图对估算的三分量检波器重定向角度进行监控的方法。对描述直达波偏振方向的主特征向量 $\boldsymbol{V}$ 进行规则化处理，即

$$\boldsymbol{W}_i=\frac{\boldsymbol{V}_i}{\sum_{j=1}^{3}\boldsymbol{V}_j^2},\ i=1,\ 2,\ 3 \tag{2-4}$$

式中，$\boldsymbol{W}_i$ 是规则化后的主特征向量，i=1，2，3。则当前接收点的质点振动方向在水平方向上的投影方向为

$$\varphi=a\tan 2\left(\frac{\boldsymbol{W}_2}{\boldsymbol{W}_1}\right) \tag{2-5}$$

同时，根据炮点和接收点的坐标，可以计算出当前接收点的炮检连线方位角 θ，即

$$\theta=a\tan 2\left(\frac{y_R-y_S}{x_R-x_S}\right) \tag{2-6}$$

式中，x_s 激发点 x 坐标，y_s 激发点 y 坐标，x_R 接收点 x 坐标，y_R 接收点 y 坐标。则当前接收点质点振动方向在水平方向上的投影方向与炮检连线方向的夹角为

$$\alpha=\varphi-\theta \tag{2-7}$$

然后根据炮点和接收点的 x 坐标和 y 坐标范围，设置绘图区，将炮点和所有接收点映射到绘图区相应的位置上。然后对于绘图区每个接收点，依次绘制以接收点位置为中点的直线段，直线段与绘图区水平方向的夹角为估算的初至波偏振方向，直线段的长度为求解协方差矩阵 $\boldsymbol{C}$ 得到的最大特征值，并将质点振动方向在水平方向上的投影方向与炮检连线方向的夹角置为直线段的颜色属性，就可以得到所有接收点的质点振动图。

图 2.8a 所示为某海洋三维海底节点原始三分量单炮记录，可以看出，即使在 Z 分量上，也存在初至波极性反转的现象，说明该数据存在严重的三分量检波器定向问题。利用本方法，对该数据进行了三分量检波器定向分析，并利用定向分析的结果对三分量数据进行了重定向处理。图 2.8b 为三分量检波器重定向后的三分量地震共炮点道集，不难看出，在重定向后的三分量记录上，初至波和反射波的一致性都有了明显改善。图 2.9 为三分量检波器重定向前后的 Z 分量共接收点叠加初至波极性对比图，如图中的蓝色三角形所示，在原始数据上许多接收点的 Z 分量数据的初至波极性是异常的。

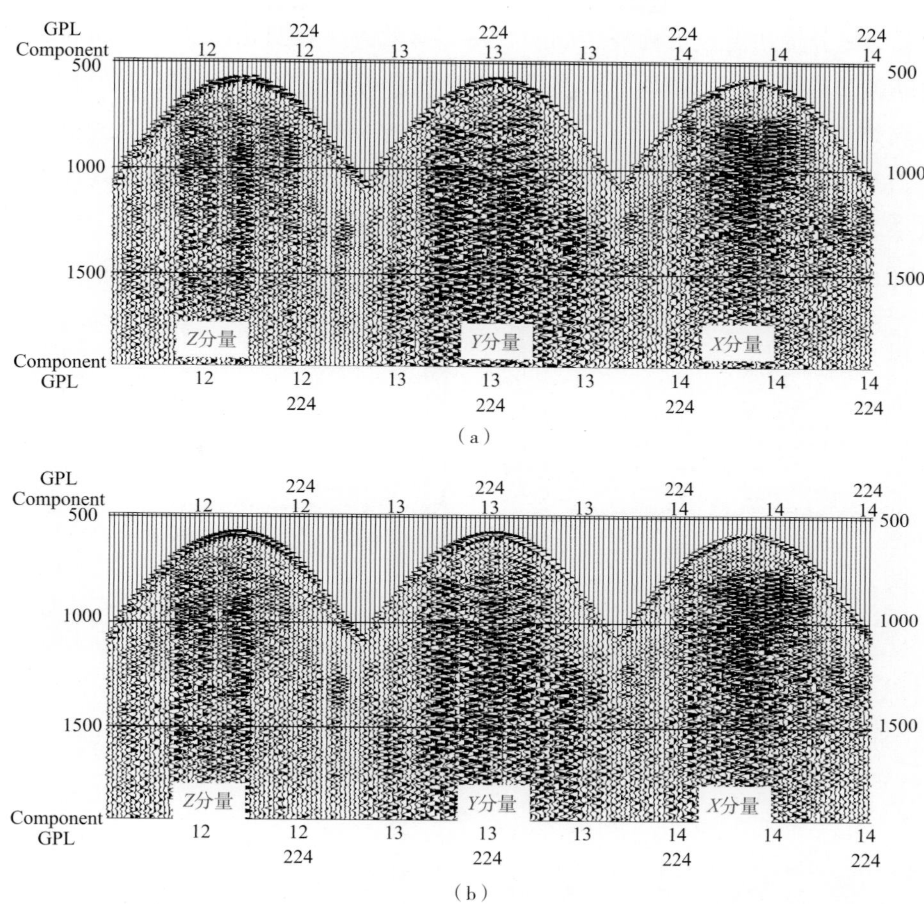

图 2.8　三分量检波器重定向前后的单炮记录

（a）重定向前；（b）重定向后

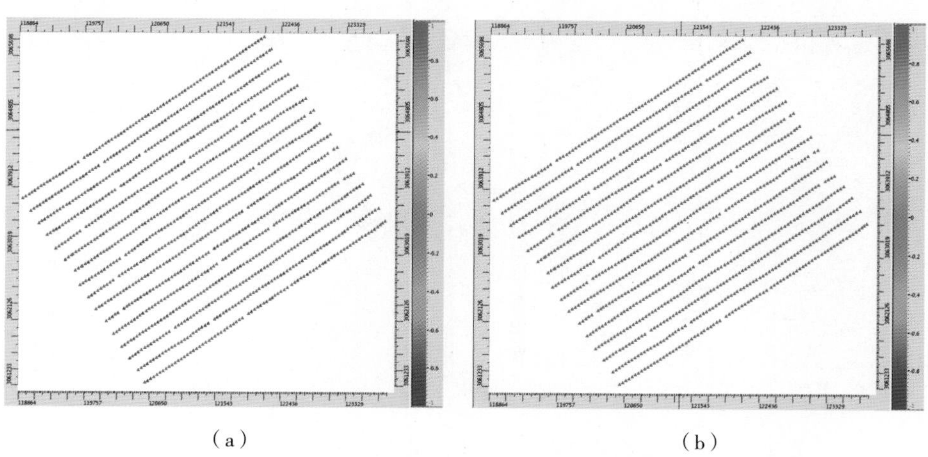

（a）　　（b）

图 2.9　三分量检波器重定向 Z 分量共接收点叠加初至波极性对比

（a）重定向前；（b）重定向后

重定向后，Z 分量初至波极性反转的问题得到有效解决。图 2.10 为重定向前后的水平分量直达波质点振动图，很明显，直达波杂乱的偏振方向经过重定向后变得非常规则，基本都与炮检连线方向一致。三分量倾斜校正与重定向后切向分量初至能量得到很好的校正，基本减小到零（图 2.11）。上述应用实例说明了三分量检波器重定向取得了明显的效果。

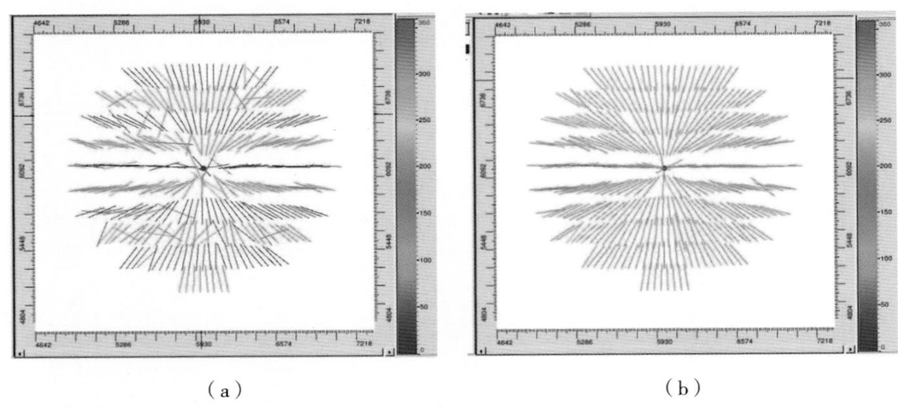

（a）　　（b）

图 2.10　三分量检波器重定向水平分量共炮点偏振图对比

（a）重定向前；（b）重定向后

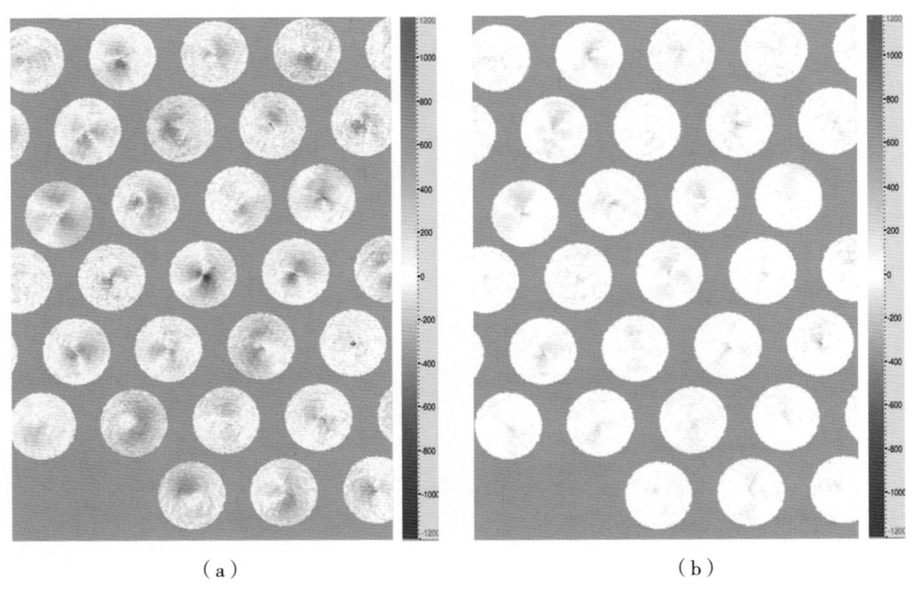

（a）　　（b）

图 2.11　三分量检波器重定向共节点道集切向分量初至能量对比

（a）重定向前；（b）重定向后

2.6 炮点与节点二次定位

2.6.1 炮点二次定位

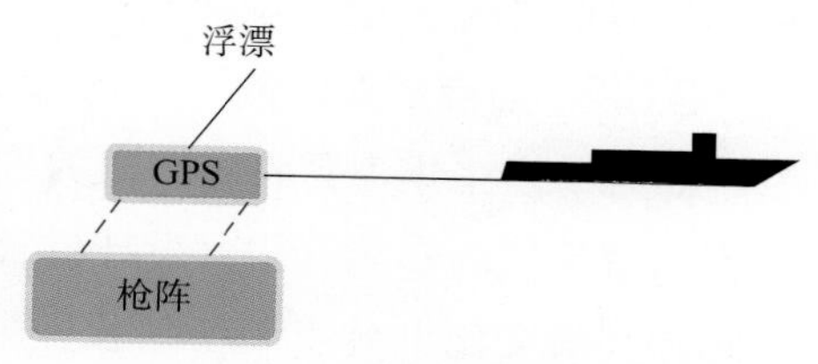

图 2.12 炮点位置偏移示意图

由于激发枪阵与浮筒（GPS 位置）之间是软链接（图 2.12），当船只运动时，激发枪阵实际位置与 GPS 记录位置存在一定偏差。另外，该偏差还受到船只航行方向的影响，枪阵的实际位置会向船的后方偏移。偏差大小与枪阵链接 GPS 的链锁长度相关。一般情况下，链锁长度不变，船航行速度相对稳定，因此炮点位置的偏移量可近似为一个常值，量值不大，偏移方向与船只航行方向相反。计算出枪阵位置与 GPS 位置的偏移量，从而计算出枪阵的实际空间位置，称为炮点二次定位。

炮点二次定位处理，由于炮点位置的偏移量可近似为一个常值，常用方法是通过偏移量扫描法。选取不同的炮点偏移量，模拟计算理论直达波初至时间，将实际直达波初至时间与模拟计算理论时间进行拟合，计算二者的误差，误差最小值所对应的炮点偏移量，即为真实的炮点偏移量。具体步骤如下：

（1）以 GPS 位置为中心，将炮点偏移量以 Δx 为增量沿着船只航行方向连续扫描。

（2）重新移动炮点后，分别计算炮检距，利用水速和炮检距重新计算理论直达波初至时间。

（3）计算理论直达波初至时间与实际拾取直达波初至时间的差，计算每个炮点偏移量的误差。

（4）绘制炮点偏移量与直达波旅行时误差的散点图，并拟合关系曲线，如图 2.13 所示。

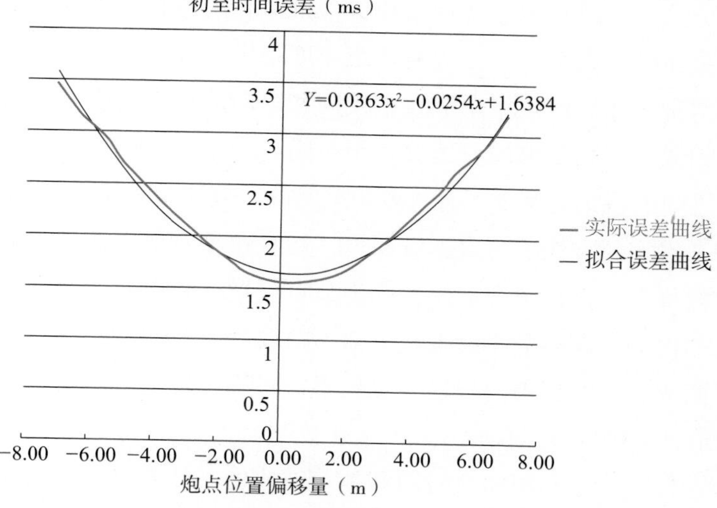

图 2.13 同炮点偏移距离与直达波实际初至时间误差曲线

（5）对拟合函数计算一阶导数，可求出误差最小点，即为炮点偏移距离，将该距离作为炮点二次定位的偏移量。

2.6.2 节点二次定位

海底节点采集中需将节点沉放到海底，而节点由于受到海流、潮汐、船体速度及海上风浪天气的影响会偏离设计位置。前期即使放到了指定位置，在勘探工期中渔船及海洋气候变化也会使节点在水中发生偏移。这种位置偏移会影响节点地震数据采集质量，也会给后期的资料处理工作带来问题。因此，海底节点的二次定位工作是非常必要的。

总体上，海底节点二次定位方法可分为声波定位和地震初至波定位两种，地震初至波定位又可分为地震初至直达波定位和地震初至折射波定位。这些方法不仅可以对节点横向位置进行二次定位校正，还可以对节点的放置深度误差进行校正处理。

（1）声波定位。

声波定位系统是一种测距定位系统。在地震采集作业时，每个节点上安装一个声波接收器，当从地震船上发射的声波经海水传播，再被声波接收器接收到时，定位系统将记录下包括炮点坐标、开始发射的时间和接收到声波信号的时间等数据。每个节点通常都可接收来自周边所有炮点的声波数据，可记录激发炮点到节点的声波传播时间。在所有炮点激发作业完成后，得到了所有节点接收到不同激发位置的声波传播时间。对某个节点来讲，炮点位置已知，声波传播时间已知，利用多炮信息即可计算出该节点的空间坐标值。对所有节点进行计算，即可实现全区节点的二次定位。

（2）地震初至直达波定位。

地震初至直达波定位的过程，就是利用已知的直达波初至信息，推算最有可能的节点位置。该方法与声波定位方法基本相似，只是利用地震直达波信息，而不是声波定位系统。约束条件有两个，一是近偏移距速度稳定、线性校正初至平直；二是节点两侧初至时间对称分布，这决定了节点在横向和纵向的点位精度。在已知的数据信息中，地震资料记录（包括拾取的直达波初至时间）为时间域信息，偏移距信息为空间域信息，二者之间的桥梁为速度。直达波初至时间、偏移距和速度三类信息综合利用，演变出来多种二次定位方法。对直达波而言，如水速相对恒定，当初至信息拾取准确时，以计算的偏移距画圆，圆交点位置即为节点位置，利用冗余数据计算，会降低初至精度所引起的误差，获得最小二乘解。当不拾取初至时间时，可以简单地利用炮检距变化，在平面或者空间范围内扫描节点位置，将线性校正后的初至时间进行排齐叠加，求取极大值，来确定节点位置。

圆圆相交定位方法是利用初至时间和地震波速度，计算出每个激发点到节点的距离，再以激发点为圆心，以激发点到节点的距离为半径画圆，多个圆的共同交点就是节点的真实空间位置。由于初至时间、激发点位置等观测值存在误差，需要进行多点交会，冗余计算，再通过拟合计算确定节点在海底的实际位置。如图 2.14 所示，N 为要求取的节点的实际位置；S_1、S_2、S_3 是激发点位置；t_1、t_2、t_3 是激发点初至时间；v_1、v_2、v_3 是地震波速度。分别以 S_1、S_2、S_3 为圆心，以速度（v_1、v_2、v_3）乘以初至时间（t_1、t_2、t_3）为半径画圆，三圆相交的点就是节点的实际位置。

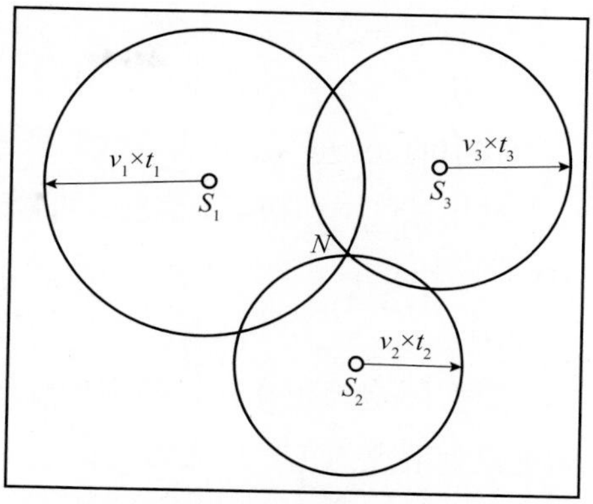

图 2.14　圆圆相交定位方法示意图

（3）地震初至折射波定位。

上述方法只能适用于初至直达波的情况，不适应浅水海底节点资料。对折射波发育资料，丁冠东（2020）提出了基于偏移距矢量叠加的方法，利用初至折射波信息，求取不同偏移距范围段内的视速度，建立横向变化速度场，进行矢量叠加校正，迭代逼近得到较为准确的点位信息。

偏移距矢量，定义为沿着炮检方向上炮检距的大小。当实际点位与测量点位有偏差时，根据实际的偏移距矢量和测量坐标信息得到的偏移距矢量之间就存在矢量差。图 2.15 中，节点 N 位于海底，测量的点位如果不准确，那么对位于海面的炮点 S_1 和 S_2，沿着 S_1N 和 S_2N 方向，可分别得出炮检距矢量差 $\boldsymbol{D}_1$ 和 $\boldsymbol{D}_2$，两者的矢量和方向指向 $\boldsymbol{D}$，即表明实际点位相对测量点位而言，要更靠近 S_2。当炮点存在多个时，将不同炮检对的偏移距矢量差进行叠加，即可得到点位的优化位置，反复计算迭代，得出精度较高的二次定位坐标。初始炮检距可以由毕达哥拉斯定理（Pythagorean theorem）得出：

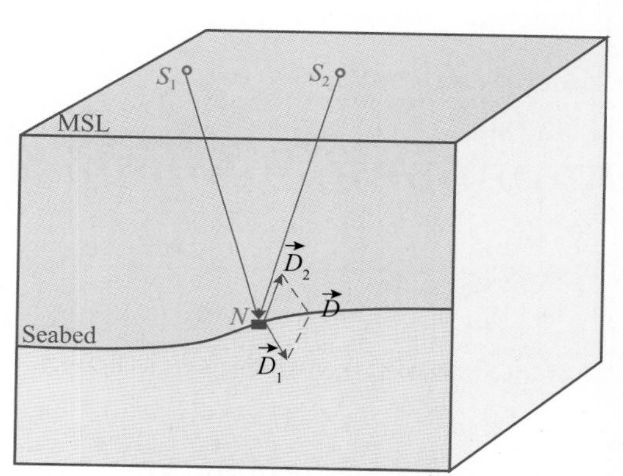

图 2.15　偏移距矢量叠加示意图
（丁冠东，2020）

$$D_i=\sqrt{(x_0-x_i)^2+(y_0-y_i)^2+(z_0-z_i)^2} \tag{2-8}$$

其中 i=1，2，3，…，n，为激发点序号，节点 N 理论坐标为（x_0，y_0，z_0）。各炮点位置（x_i，y_i，z_i），初至拾取时间为 t_i。

将 n 个偏移距时间对 x–t 数据进行曲线拟合，三次多项式可以表示为：

$$t(x)=ax^3+bx^2+cx+d \tag{2-9}$$

其中的 a、b、c、d 为系数。拟合后，对应的斜率值给出速度信息。

利用速度 v 和初至 t 信息，可以得到真实的炮检距 x_{si}：

$$x_{si}=t_i \times v \tag{2-10}$$

对实际炮检距和初始的炮检距进行差值运算，可得到偏移距矢量差，其方向定义为炮点到节点为正，反之为负：

$$\overrightarrow{D_i}=x_{si}-D_i \tag{2-11}$$

矢量叠加运算即将（2–11）进行总的求和，得出节点应该运动的矢量方向和大小：

$$\overrightarrow{D}=\frac{1}{n}\sum_{i=1}^{n}\overrightarrow{D_i} \tag{2-12}$$

当精度满足要求时，迭代停止。

图 2.16 为节点重定位前后道集初至线性校正对比。节点重定位后，初至更加光滑，同时直达波初至时间与理论时间差平面图更接近于零，说明节点位置校正到正确的位置。

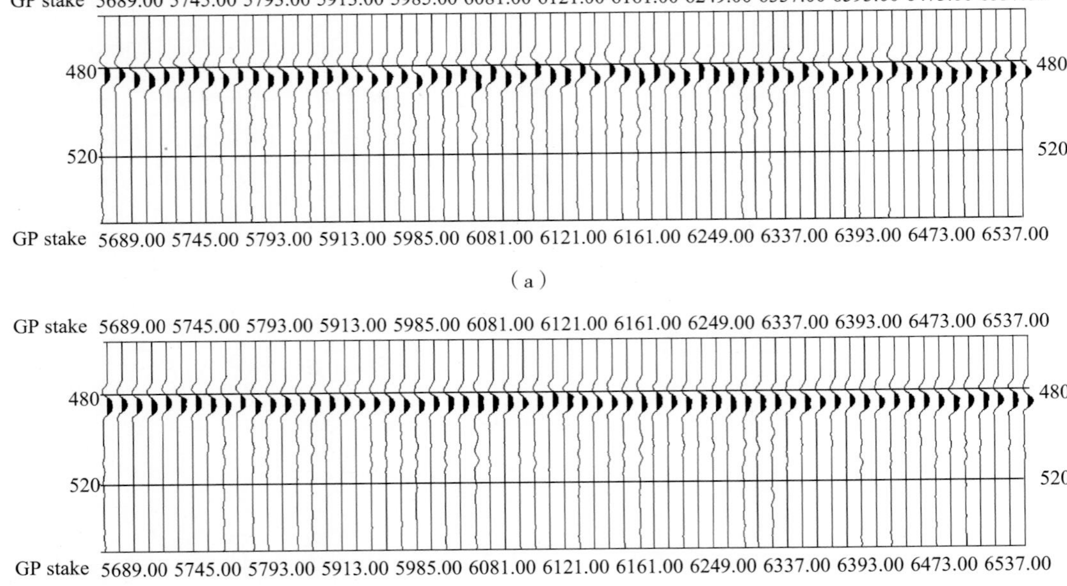

图 2.16 节点重定位共炮点道集线性校正效果对比

（a）节点重定位前；（b）节点重定位后

2.7 时钟漂移校正

时钟精度是地震采集最重要的参数之一，需要通过卫星授时信号来保障。海底节点仪器位于海底，无法接收到卫星信号实时校正时钟，虽然海底节点仪器采用的原子钟精度较高，但长时间放置于海底记录地震数据，有可能存在时钟误差。准确的时钟对地震成像至关重要，因此时钟漂移分析与校正处理是重要的基础工作。

时钟漂移是节点采集站内部时钟的时间与标准 GPS 时间的差异，也就是节点采集站原子钟比对功能计算的内部信号与外部参考信号的差值。

在节点采集站与充电系统断开之前，其内部时钟与主 GPS 时钟是同步的。节点采集站在启动后，时钟开始漂移。因为这时候节点采集站是一个独立的采集单元，直到回收，此时时钟要与 GPS 时钟进行对比，两者的差即为野外时钟漂移。每个节点采集站的野外时钟漂移都是不同的（图 2.17），尤其是在海底布设节点期间，由于环境不同等都可以引起变化，因此特定的布设节点采集设备期间，每个节点采集站都有各自的漂移时间。野外时钟漂移量级取决于节点采集站从充电下载系统断开后，至下一次充电下载期间的时间长短。也就是说在海底的时间越长，野外时钟漂移量就越大。

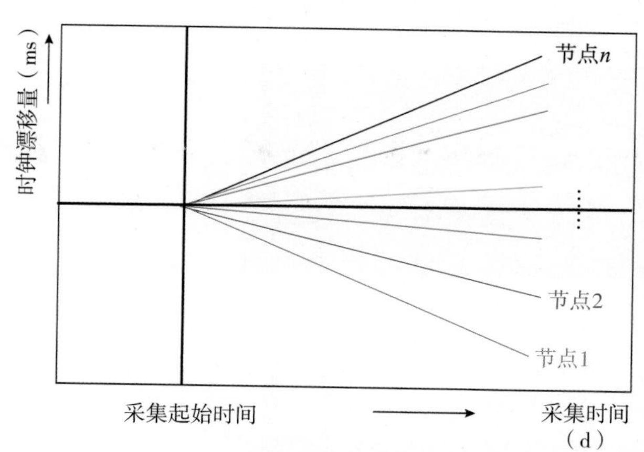

图 2.17　节点时钟漂移与采集时间变化示意图

节点的原子钟为节点采集站采集过程提供精准的时间。在每次节点采集站布设之前，都要对原子钟的频率进行校正，使节点内部的时钟与地震记录的数据时间相匹配。校正之后，连续采集 30 天的时钟漂移量通常控制在 2ms 以内。

在地震采集过程中，对节点的时钟进行监控。在节点回收之后、数据切割之前对节点的时钟漂移情况进行分析，同时进行校正处理。

（1）在节点放置海底时，海底节点时钟时间与精确主时钟（通常是 GPS 时钟）之间进行标定。

（2）在海底节点回收之后，再次与精确的主时钟进行标定。

（3）两次标定的时间差即为此次采集时间累计时钟漂移时差。

（4）利用累计时钟漂移时差和采集时间对节点记录地震数据进行线性校正。

在野外线性时钟漂移校正之后，有时个别节点可能存在剩余时钟漂移。这些剩余的漂移值很小，室内处理时要对野外现场时钟漂移进行监控分析，同时对于个别节点需要进行剩余时钟漂移校正处理。目前成熟的技术为利用直达波初至时间来分析和校正剩余时钟漂移量。具体流程如下：

（1）精准拾取全区节点（共节点）道集直达波初至时间。

（2）计算直达波初至拾取的时间与理论直达波初至时间的误差。

（3）分析直达波初至时间误差与采集时间的关系，并拟合出二者的函数曲线，根据该函数曲线计算每个采集时间点的剩余时钟漂移量。

（4）将该采集时间的剩余时钟漂移量应用到相应的地震数据上。

图 2.18 是共节点道集剩余时钟漂移应用效果，原始初至存在高频锯齿现象，说明该节点记录不同时间激发的炮集数据存在时差问题。剩余时钟漂移校正后初至更加光

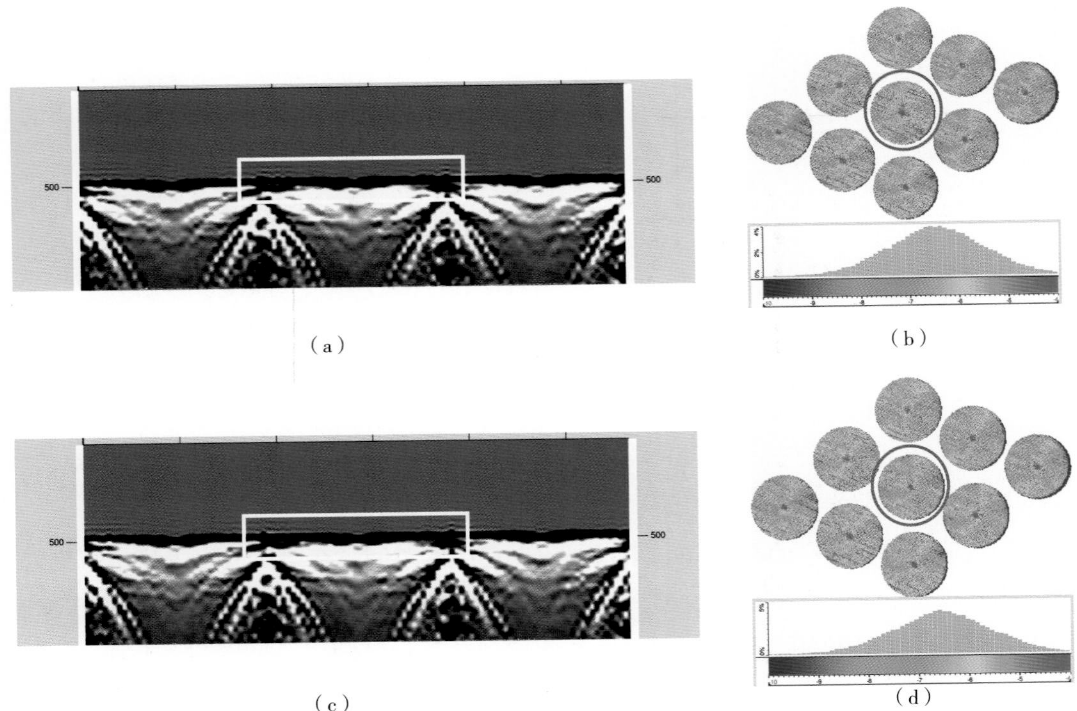

图 2.18　剩余时钟漂移校正应用效果

（a）剩余时钟漂移校正前共节点道集直达波初至；（b）剩余时钟漂移校正前共节点道集直达波理论与实际初至时间误差平面图；（c）剩余时钟漂移校正后共节点道集直达波初至；（d）剩余时钟漂移校正后共节点道集直达波理论与实际初至时间误差平面图

滑，说明这种时钟漂移时差问题得到很好的解决。从共节点道集直达波理论与实际初至时间误差平面图分析，紫色圆圈的节点存在剩余时钟漂移问题，校正前的时差比较大，且与周边节点的时差平面图差异比较大。校正后该节点的时差变得比较小，而且与周边节点比较相似。

2.8 一维水检 *P* 分量和陆检 *Z* 分量标定及检波器响应校正

2.8.1 一维水检 *P* 分量和陆检 *Z* 分量标定

节点仪器水检和陆检地震记录原理不同，地震记录水检数据的单位是 μBar，而陆检数据单位是 μm/s。因此记录的地震信号也存在差异。尤其是振幅能量差异较大，在室内处理时，通用做法是利用一维标量因子将陆检三分量数据的振幅能量标定到水检记录能量，这样水陆检地震记录能量在相同的级别上，便于后续处理分析。

一维陆检到水检标定比例因子是根据水的声阻抗推导出来的，压力与速度记录的地震信号比值是水速和密度的乘积（王学军等，2017）。假设海水密度是 $1000kg/m^3$，海水速度是 1500m/s，那么得到一维水检 *P* 分量和陆检 *Z* 分量标定比例因子是 15。图 2.19 是一维水检 *P* 分量和陆检 *Z* 分量标定的结果，陆检 *Z* 分量标定后，振幅能量级别基本与水检 *P* 分量一致。

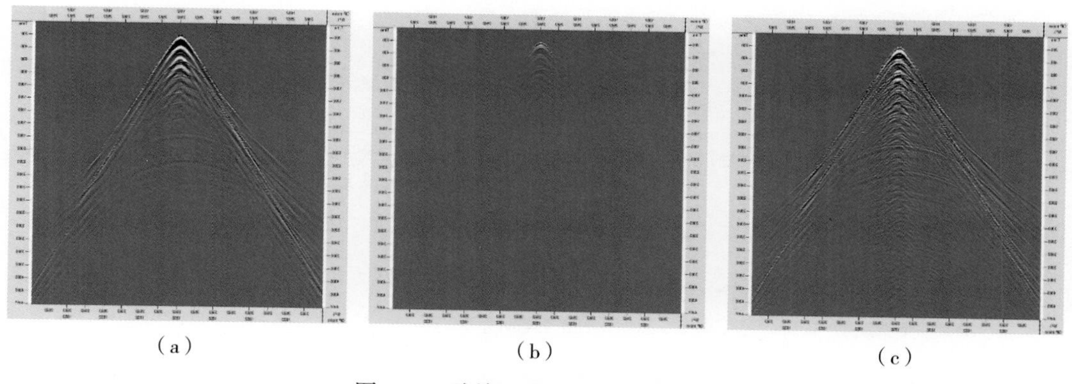

（a） （b） （c）

图 2.19 陆检 *Z* 分量一维标定效果

（a）原始水检*P*分量记录；（b）原始陆检*Z*分量记录；（c）一维水检*P*分量和陆检*Z*分量标定后陆检*Z*分量记录

2.8.2 节点仪器响应校正

地震信号由检波器记录，存在检波器响应的影响，近似为宽频滤波的影响，对地震信号振幅、相位和频率方面均存在影响，相当于对地震信号进行了宽频滤波。一般情况下检波器厂商提供检波器响应函数，海底节点仪器是由水检和陆检两种检波器组成，图 2.20a 和图 2.20b 是某海底节点仪器厂商提供的陆检和水检的检波器响应函数，很明显两种检波器的响应函数是不同的，因此对地震信号的影响也不同。在室内处理时首先要将这两种检波器响应的影响消除掉，即反仪器响应校正处理。这样既消除了检波器的响应对地震信号滤波的影响，同时也消除了水检检波器和陆检检波器的不同对记录的地震信号所产生差异的影响。

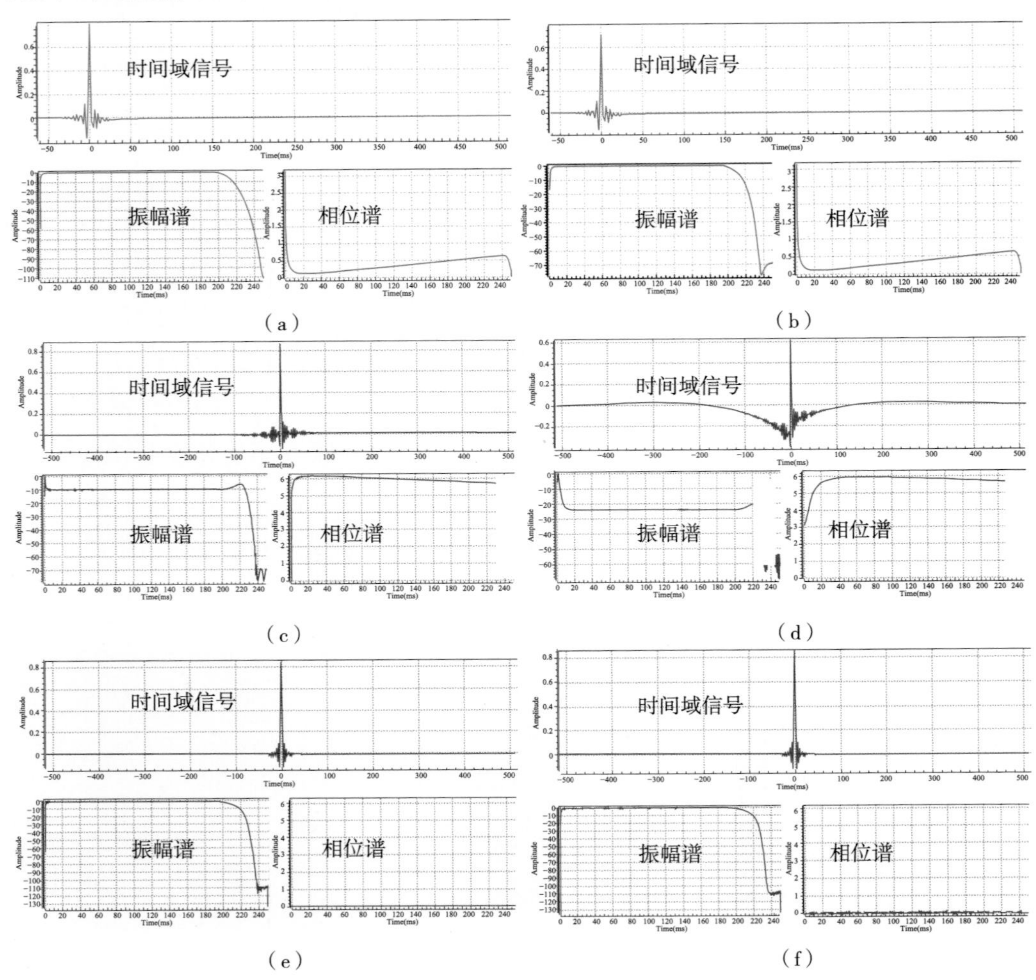

图 2.20　水陆检仪器响应及反仪器响应算子

（a）水检仪器响应；（b）陆检仪器响应；（c）水检反仪器响应算子；（d）陆检反仪器响应算子；（e）水检反仪器响应后期望输出；（f）水检反仪器响应后期望输出

若地震记录信号为 $s(t)$，假设海底未经过检波器的地震信号为 $u(t)$，检波器响应函数为 $g(t)$，则有：

$$s(t)=u(t)*g(t) \tag{2-13}$$

式中，符号“*”表示褶积运算。检波器响应函数 $g(t)$ 已知，可得到反仪器响应函数 $f(t)$

$$f(t)=g^{-1}(t) \tag{2-14}$$

则反仪器响应后的输出地震记录信号 $p(t)$ 为：

$$p(t)=s(t)*f(t)=u(t) \tag{2-15}$$

这样反仪器响应的结果即为实际的海底地震信号 $u(t)$，它消除了检波器响应。对水检、陆检地震数据分别进行各自的反仪器响应处理后，也消除了两种检波器差异对地震信号的影响（图 2.20）。

图 2.21 是实际地震数据应用效果，消除了检波器响应对地震信号的滤波影响，频带得到展宽，尤其低频端信号能量得到了很好的恢复，*P*、*Z* 分量的振幅谱相似性更好。

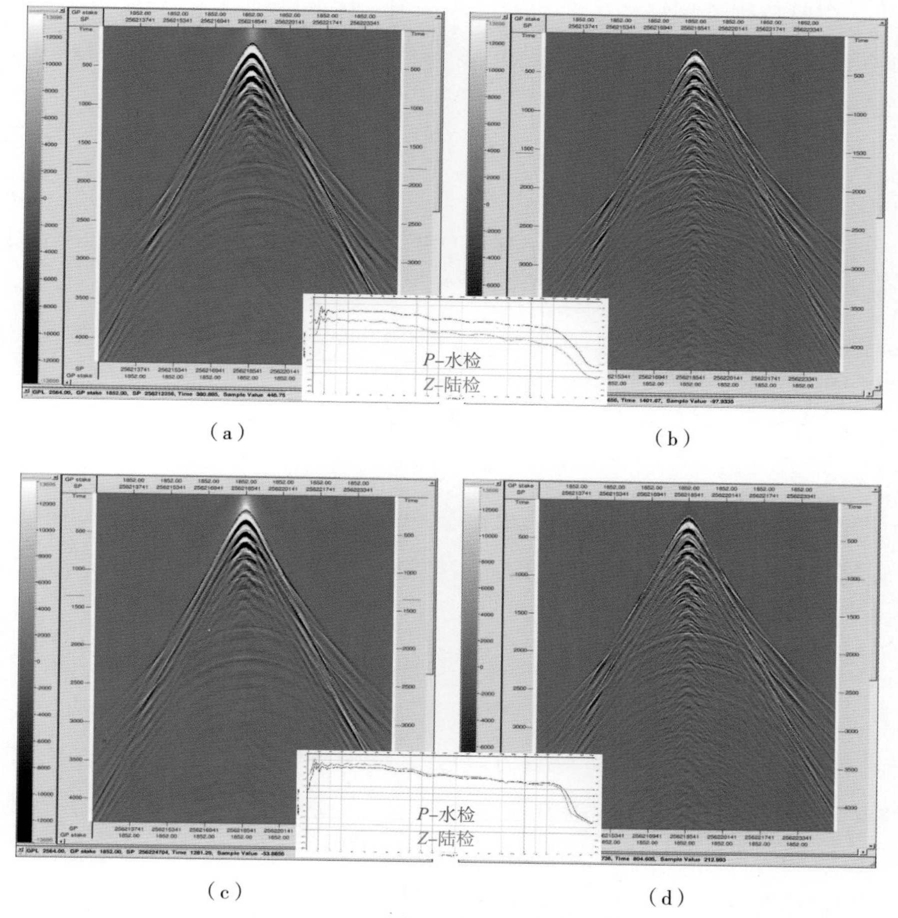

图 2.21　*P*、*Z* 分量反仪器响应应用效果

（a）反仪器响应前水检记录；（b）反仪器响应前陆检*Z*分量记录；

（c）反仪器响应后水检记录；（d）反仪器响应后陆检*Z*分量记录

2.9　小结

本章论述了海底节点地震资料数据预处理技术及质量控制方法，包括采集观测系统定义，以及激发点端炮点、接收点段节点仪器及周边环境因素的校正处理。其中激发点端炮点预处理主要是炮点二次定位；接收点段节点仪器预处理包括扭曲校正、节点仪器倾斜校正与重定向、节点二次定位、时钟漂移、水陆检一维水检 P 分量和陆检 Z 分量标定及仪器响应校正；环境因素预处理主要是水速校正和潮汐校正。通过上述预处理，消除了海底节点地震资料采集过程中激发和接收因素及周边环境差异对地震资料的影响。

海底节点地震数据（P，Z，X，Y）的预处理工作是整个海底节点地震资料处理的基础工作，对整体项目成败至关重要。在该阶段处理过程中，不仅要利用各种显示分析工具做好全面细致的资料分析工作，而且要根据分析结果运用好针对性的精细校正处理方法，同时特别要做好校正前后点、线、面、体的精细质量控制工作，为后续海底节点地震数据噪声衰减、信号反褶积、上下行波场分离、多次波压制和偏移成像等处理工作奠定坚实的数据基础。

参考文献

陈浩林，张保庆，秦学彬，等 . 2014. 海上 OBC 地震勘探高精度潮汐校正方法 [J]. 石油地球物理勘探，49（s1）：1–4.

丁冠东，宫同举，杨海申，等 . 2020. 基于折射波的矢量合成节点定位技术及应用 [C]//SPG/SEG 国际会议 .

韩复兴，孙建国，王坤 . 2014. 深海声道对波场传播的影响 [J]. 石油地球物理勘探，49(3)：445–467.

刘伯胜，雷家煜. 1997. 水声学原理 [M]. 哈尔滨：哈尔滨工程大学出版社.

宋洋，宋海滨，陈林，等. 2010. 利用地震数据反演海水温盐结构 [J]. 地球物理学报，53（11）：2696–2702.

王学军，全海燕，刘军，等 . 2017. 海洋油气地震勘探技术新进展 [M]. 北京：石油工业出版社 .

张宝华，赵梅 . 2013. 海水声速测量方法及其应用声学技术 [J]. 声学技术，32（1）：24–28.

张文波，李建峰，孙鹏远，等 . 2017. 基于直达波偏振分析的三分量检波器定向方法 [J]. 石油地球物理勘探，52（s2）：19–25.

Clay C S，Medwin H. 1997. Fundamentals of Acoustical Oceanography [M]. San Diego: Academic press.

Del Grosso V A. 1974. New equation for the speed of sound in natural waters (with comparisons to other equations)[J]. The Journal of the Acoustical Society of America，56(4): 1084–1091.

3

海底节点地震资料叠前去噪技术

3.1 概述

叠前去噪处理是地震资料处理中提高信噪比的关键步骤之一，由于海底节点地震勘探噪声产生的机制不同，类型多样，处理中需要针对噪声的具体特征采用科学、合理、有效的方法，才能取得好的压制效果。随着地震勘探精度不断深入和提高，对保真去噪的要求也越来越高，高保真叠前去噪已经成为影响成像品质的关键因素之一。如何进行高保真去噪是海底节点地震资料处理的重要基础工作。

3.2 海底节点地震资料噪声分类

海底节点地震勘探野外施工方法与海洋拖缆采集施工有相同也有不同，导致其噪声发育类型与拖缆采集有相同也有不同。根据噪声特征及产生原因，将海底节点资料噪声分为规则噪声和非规则噪声。震源或者次生震源是产生规则干扰的源头，直达波、多次波、气泡效应、固定点源的外源干扰及陆检横波泄漏 Vz 噪声等则是规则噪声的重要组成部分；海浪、洋流、机械振动、船舶动力以及海洋生物干扰等则是造成非规则干扰的罪魁祸首。为了有效压制这些噪声，首先要对这些噪声产生的机理、特征进行分析，然后针对不同的噪声选取针对性的去噪方法。

3.2.1 静水压力噪声

静水压力是均质流体作用于一个物体上的压力，这是一种全方位的力，并且均匀地作用于物体表面的各个部位，静水压力噪声主要是由于潮汐和海面波浪引起海洋内部静压力变化引起的（Thomas Elboth，2009），也就是常说的直流分量，主要在水检 P 分量数据中存在。该类噪声能量非常强，频率比较低，一般在 0 ~ 2Hz 左右，图 3.1 展示了水检野外原始记录及频谱分析，可以看出受低频强能量静水压力噪声的影响，有效信号基本被完全掩盖，因此对海底节点地震资料进行处理必须首先对静水压力噪声进行去除。

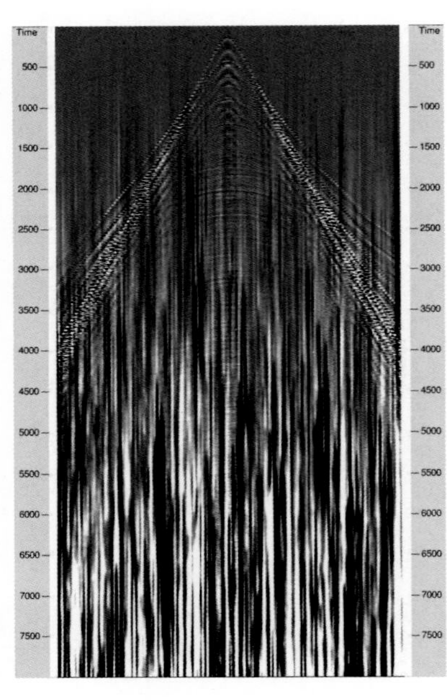

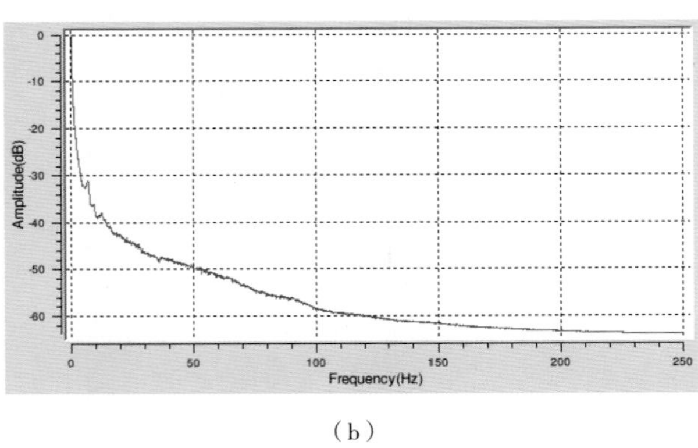

（a）　　　　　　　　　　（b）

图 3.1　静水压力噪声分析（水检记录）

（a）水检野外原始记录；（b）全时窗频谱分析

3.2.2　涌浪噪声

海洋地震资料采集是在海水里进行的，然而海上并不总是风平浪静，较大的风浪及海水洋流势必产生涌浪。而涌浪在传播过程中，由于海水内摩擦与空气阻力的影响，能量不断地消耗，进而使得周期拉长，因此涌浪的波形较为圆滑，周期大，波长长，有时可达几百米。涌浪也可以视为由许多频率不同、振幅不等、传播方向各异且初相位呈随机分布的正弦波分量叠加而成。在传播过程中，这些波分量的能量随传播距离的增加而减小，但是，高频成分衰减快，低频成分衰减慢，随着传播时间与距离的增加，高频成分占有的能量比例不断减小，而低频成分占有的能量则慢慢占据主导地位，所以随着时间的推移，涌浪周期将不断增大，其波长也随之增加。除此之外，由于高频成分会使波面变得粗糙，所以随着高频成分能量比例不断减小，涌浪波面将会显得更为平滑（廖仪，2014）。

涌浪噪声具有高振幅、低频率、窄频带的特点，一般情况下，在浅水区，随着大风的停止，海流冲击逐渐减小，涌浪噪声也会很快消失；而在深水海域，风浪过后，会有较长时间海涌的持续时间，仍然对地震资料产生较大的干扰和影响（张卫平，2011）。如图 3.2 所示，在地震记录上，涌浪噪声比较明显，由于其衰减很慢，所以在记录上涌浪噪声的振幅几乎不随时间衰减。

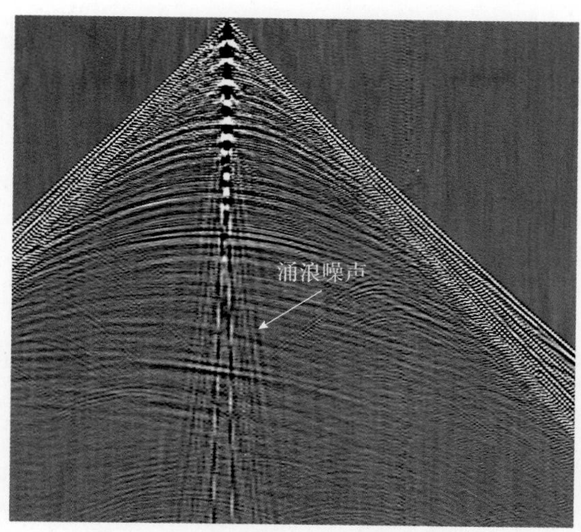

图 3.2 含有涌浪噪声的海底节点记录

3.2.3 面波干扰

陆上面波主要是沿着地表传播产生的瑞利面波。海洋面波主要是沿着海底传播产生的斯通利面波，其特征与陆上面波类似，速度比较慢、强度大、频率低，且振动延续时间长，地震记录上呈扫帚状，在水检 P 分量和陆检 Z 分量都能接收到。图 3.3 展示了海底节点资料共检波点道集上面波的分布及特征。

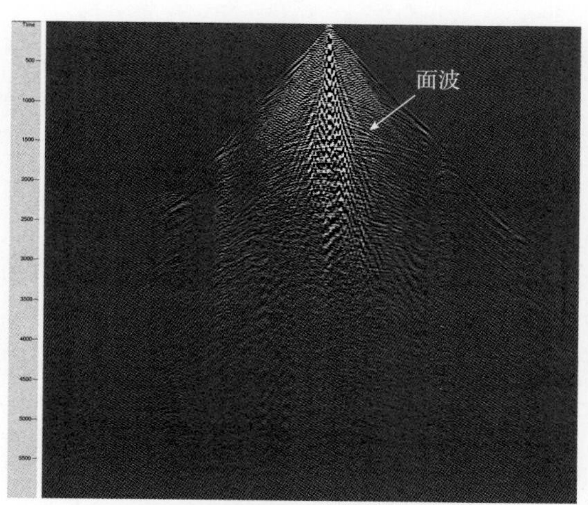

图 3.3 海底节点共检波点道集中的面波

3.2.4 外源干扰

所谓外源干扰，指的是震源之外物体产生的信号，又可以分为主动外源干扰和被动外源干扰。其中主动外源干扰是由外源自身产生信号，例如打桩机、作业船只等；被动外源干扰指的是自己不会产生信号，通过对信号产生反射或者绕射产生的干扰波，类似二次震源，例如钻井平台、礁石、停靠的船只等。从产生机理来看，主动外源干扰的频率或波速与有效信号存在一定差异；而被动外源绕射干扰与有效波信号频率完全一致，形态也较为类似，处理起来比较棘手。从形态来看，外源干扰主要有线性、抛物线和双曲线型等几类（王兴宇，2014）。图 3.4 展示了几种典型的外源干扰，其中图 3.4a 记录上表现的干扰为邻队干扰，可以看到有线性干扰和抛物线型干扰，图 3.4b 记录上表现为侧面反射干扰，主要表现为双曲线型干扰。

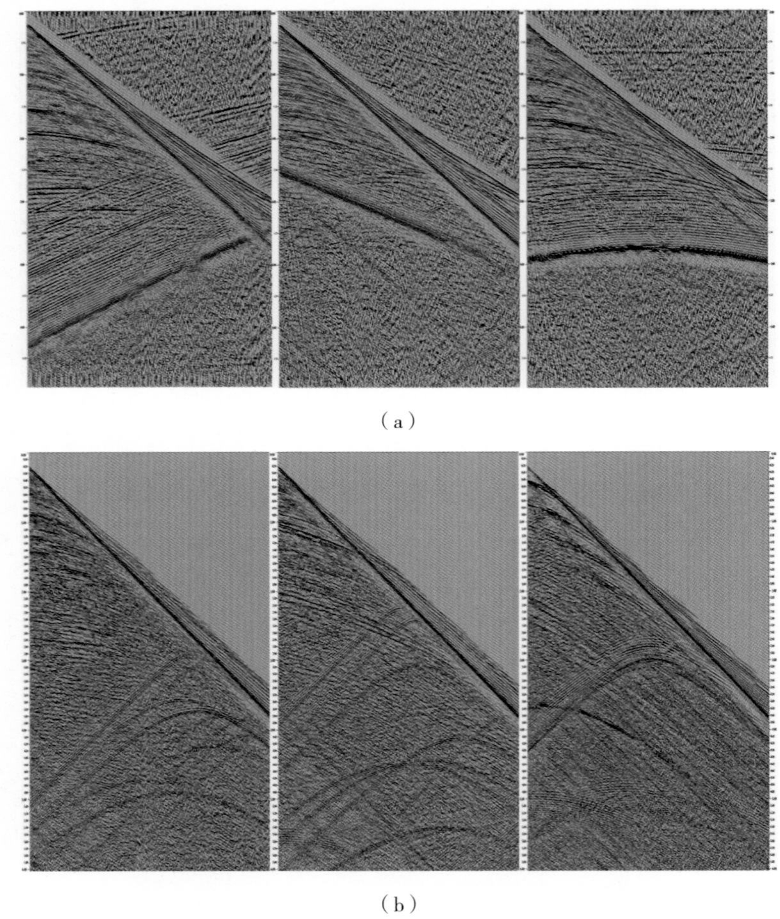

（a）

（b）

图 3.4　外源干扰分析（王兴宇，2014）

（a）邻队干扰分析（主动源）；（b）侧面反射干扰分析（被动源）

3.2.5　陆检横波泄漏（Vz）噪声

在海底地震采集中，海底电缆和海底节点采集中将水检和陆检三分量检波器埋置海洋底部来记录压力和速度分量数据，水检 P 分量的检波器为压力检波器，没有方向性；陆检三分量数据由速度检波器记录，包括 X、Y、Z 分量，具有方向性。对于水平海底，X分量和Y分量平行于海底接收转换横波信号，而Z分量垂直于海底接收纵波信号，这样就可以记录全部波场，通过波场分离可以分为上行波和下行波（Amundsen，1993；Schalkwijk，1999）。然而实际施工过程中，由于海底崎岖多变，一方面影响节点与海底之间的耦合，另一方面很难保证节点在海底完全水平放置，即节点与水平面存在一定的角度（图3.5），进而导致陆检垂直Z分量也会接收到来自X、Y分量上的转换横波信号，一般将其称为“横波泄漏噪声”或“Vz噪声”（Paffenholz，2006），这种噪声在共检波点道集是相干噪声，而在共炮点道集不是相干噪声，主要表现为低速，其强度取决于传感器与海底耦合情况，与海水深度关系不大。

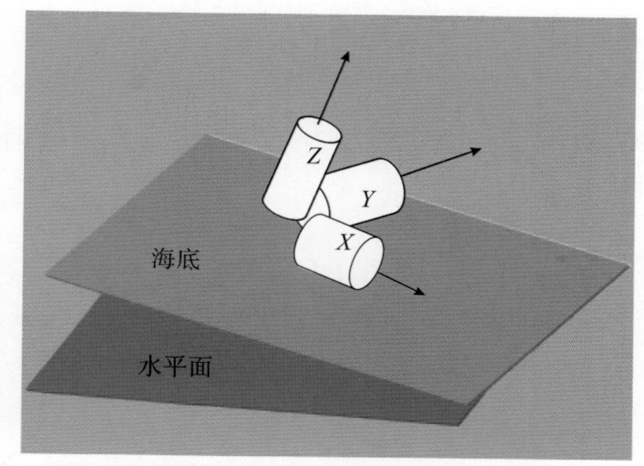

图3.5　陆检三分量分布示意图

图3.6为某工区海底节点原始采集的P、X、Y、Z四分量共检波点道集，仔细对比可见水检P分量和陆检三分量差异非常大。水检P分量可以清晰识别有效反射和海底一阶多次波等纵波信号，而陆检Z分量纵波能量非常微弱，基本淹没在横波能量中。此外陆检Z分量与P分量相似性非常低，反而横波能量非常强，与X分量和Y分量相当且相似性极高，可见陆检Z分量Vz噪声非常发育，后续必须对其进行处理。

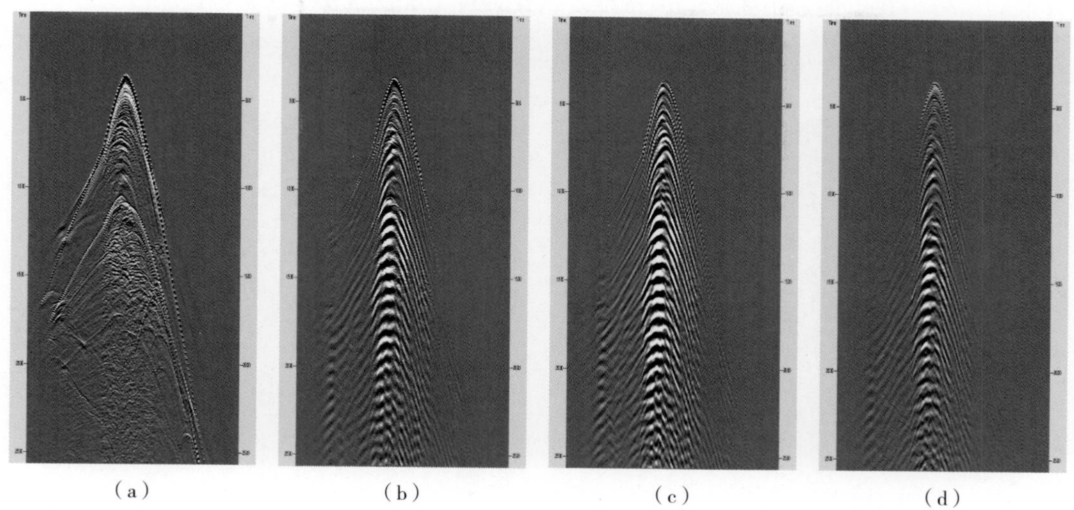

图3.6　某工区海底节点共检波点道集上Vz噪声特征分析

（a）水检P分量；（b）陆检Z分量；（c）陆检X分量；（d）陆检Y分量

3.2.6 随机噪声

随机噪声主要与海浪、洋流、机械振动、船舶动力以及海洋生物等相关，其干扰在地震记录上常表现为杂乱无章、噪声频谱较宽、不同地震道的空间随机噪声互不相关，如图 3.7 所示。

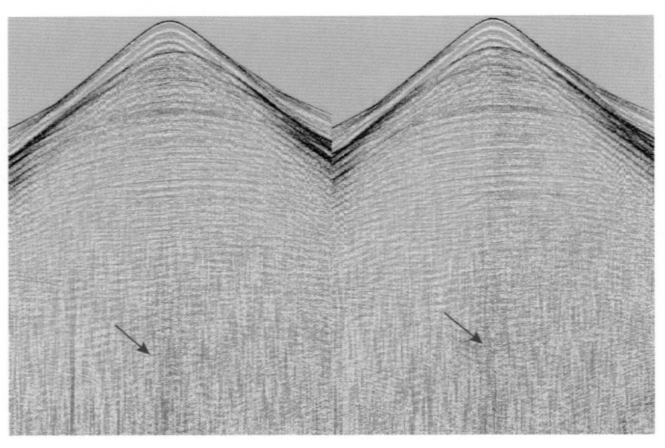

图 3.7 随机噪声分析（海底节点共检波点道集）

3.3 静水压力噪声压制

关于静水压力噪声，处理中主要通过低截滤波进行处理，但对于超低频处理（一般小于 2Hz），不能进行常规滤波，要进行非稳态滤波，采用反泄漏傅里叶变换方法，在低频信号内找出最强正弦波，进行反复迭代处理，如图 3.8 所示为常规滤波与非稳态滤波对比，图中的黑色曲线是由 0.85Hz 的正弦信号组成的 8s 道长的记录，红线表示低

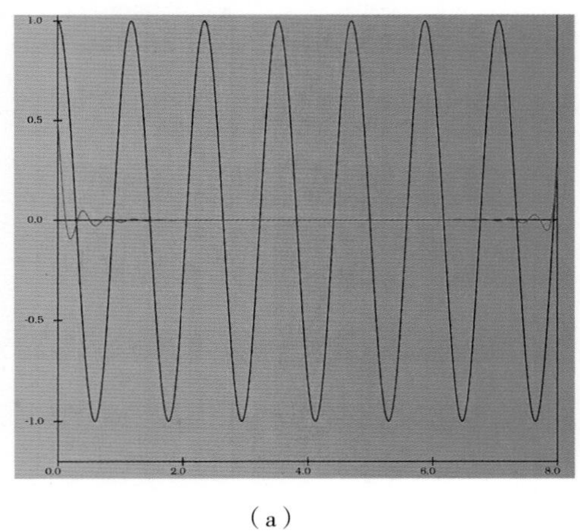

（a）

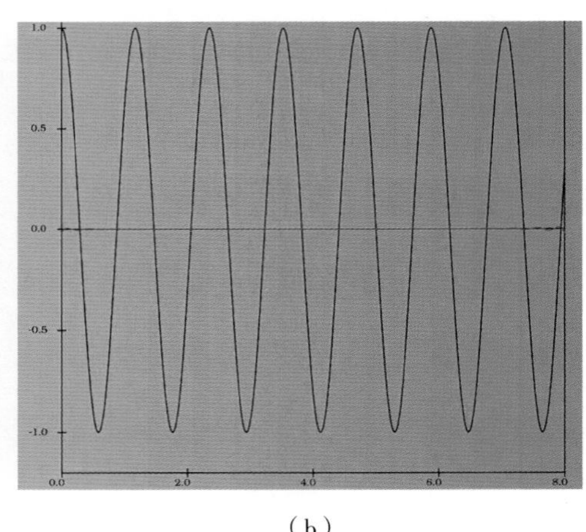

（b）

图 3.8 常规滤波与非稳态滤波对比

（a）常规滤波对于超低频滤波效果；（b）非稳态滤波对于超低频信号滤波效果

截滤波输出的结果，可以看到常规滤波在起始位置和结束位置产生异常，而非稳态滤波则能取得较好的效果。图 3.9 为实际资料静水压力去噪前后道集及频谱对比，可见利用非稳态低截滤波后有效信号得以恢复，静水压力噪声得到有效衰减。

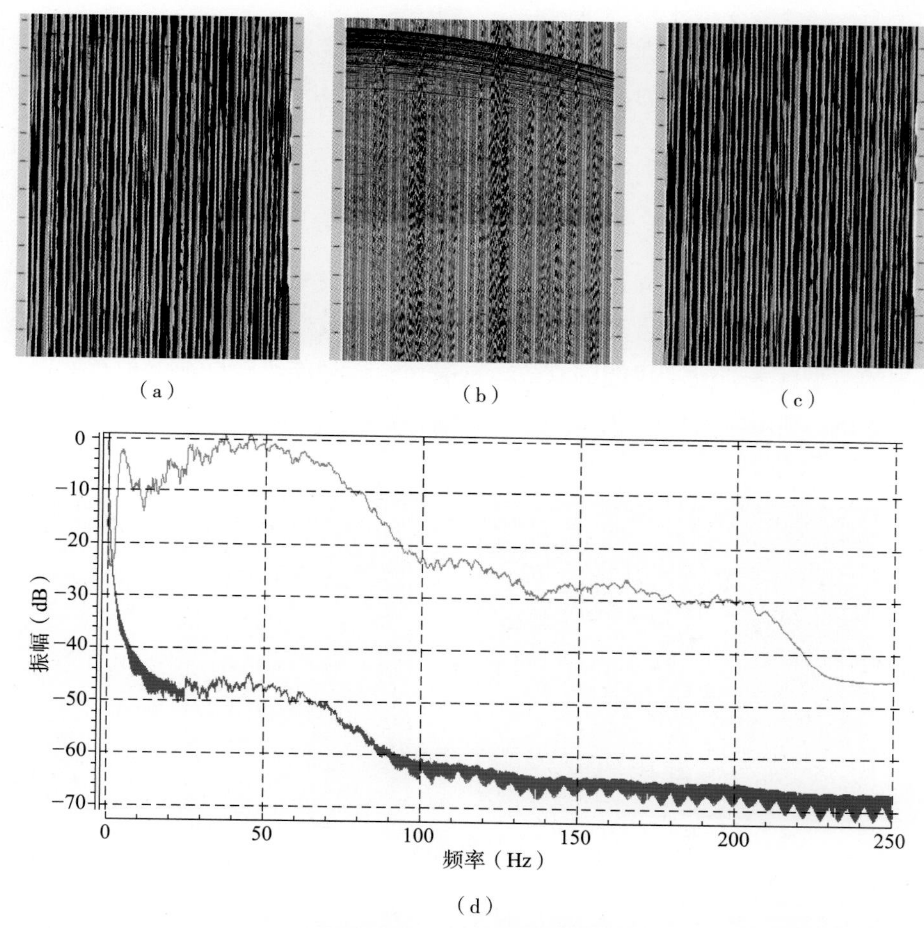

图 3.9 静水压力噪声去噪效果

（a）原始道集；（b）低截滤波后道集；（c）滤除的静水压力噪声；（d）低截滤波前后频谱对比，其中蓝色曲线为低截滤波前频谱，红色曲线为低截滤波后频谱

3.4 涌浪噪声压制

涌浪噪声是海洋地震资料中常见的噪声类型，处理中针对该类噪声特点，主要通过中值滤波方法、概率统计检测方法和分频异常振幅压制等技术进行处理。

3.4.1 中值滤波

20 世纪 70 年代，Tukey 提出了中值滤波算法，并将其成功地应用于一维时间序列的滤波处理。随着计算机技术的不断完善和发展，许多学者将中值滤波算法引入地震资料处理中，可以有效地去除非平稳信号中的突变噪声。该算法的主要思想是，对于给定的地震道 $s(t)$，按时间取振幅值，然后对时间窗 N（奇数）内振幅值按大小排列，以中间的振幅值作为该时间窗中间位置道的输出值，然后滑动时间窗完成该地震道处理。

该方法很容易扩展到二维空间，对于多道地震记录 $s(x_i, t_j)$，其中 i 表示道号，j 表示时间，给定空间窗 M 和时间窗 N 内的中值滤波输出为

$$s(x_i, t_j)_{\text{median}} = \text{median}\left[s(x_{i-\frac{M-1}{2}}, t_{j-\frac{N-1}{2}}), \ldots, s(x_i, t_j), \ldots, s(x_{i+\frac{M-1}{2}}, t_{j+\frac{N-1}{2}})\right] \tag{3-1}$$

常规的中值滤波器采用固定长度的窗口，它在压制噪声的同时也会损伤部分有效信息。针对该问题，许多学者进行研究并提出相应的改进方法，而自适应中值滤波器则是其中的典型代表，它不仅能够有效压制噪声，而且能够较好地保护有效信息，董烈乾等（2018）利用模型数据验证了该方法的优势（图 3.10）。

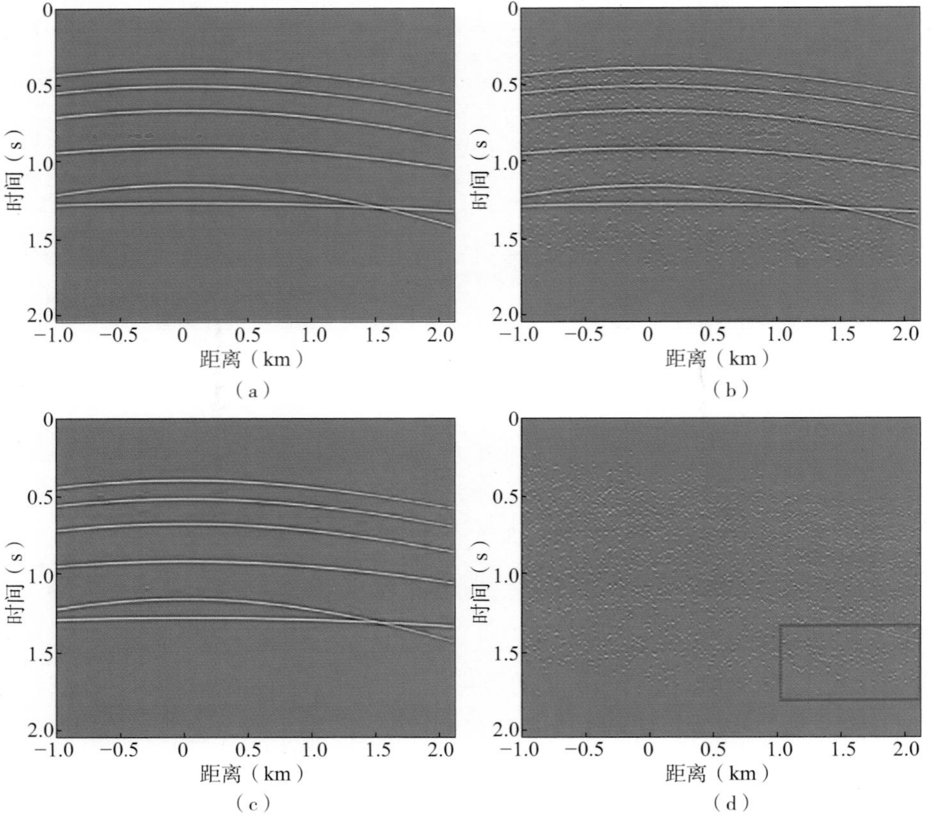

图 3.10　模型数据中值滤波对比（董烈乾，2018）

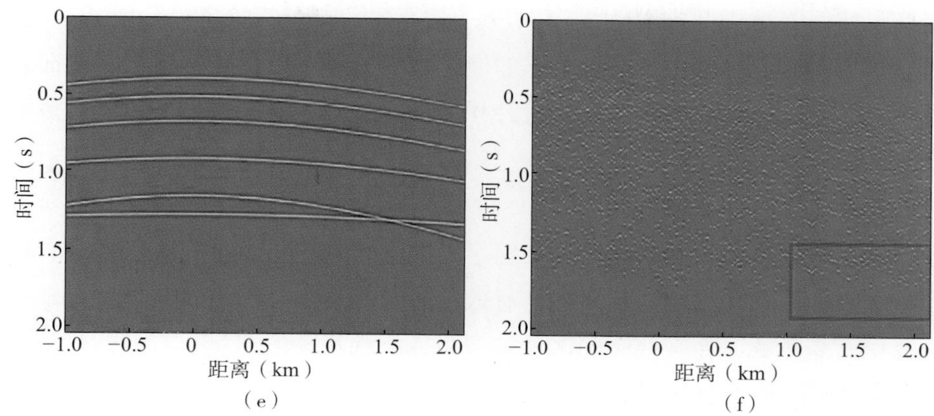

图 3.10　模型数据中值滤波对比（续）

（a）无噪声数据；（b）加入噪声后的数据；（c）常规中值滤波后的结果；（d）常规中值滤波滤掉的噪声；（e）自适应中值滤波后的结果；（f）自适应中值滤波滤掉的噪声

3.4.2　概率统计检测

针对涌浪噪声特点，处理中通常采用概率统计检测的方法对其进行处理。首先在空间方向上根据振幅值大小做概率统计，获得概率门槛系数值；然后定义门槛系数值，将大于给定概率门槛系数值的振幅值视为涌浪噪声，对其进行衰减处理。衰减处理有两种方式，一种是对检测出涌浪噪声振幅值直接置零，另一种是在检测出涌浪噪声振幅值点附近取一定时间窗，用该时间窗内振幅值的中值替换涌浪噪声振幅值。图 3.11 为某工区海底节点水检 P 分量共检波点道集涌浪噪声压制效果对比，可见概率统计检测方法可以有效去除涌浪噪声，进而提高资料信噪比。

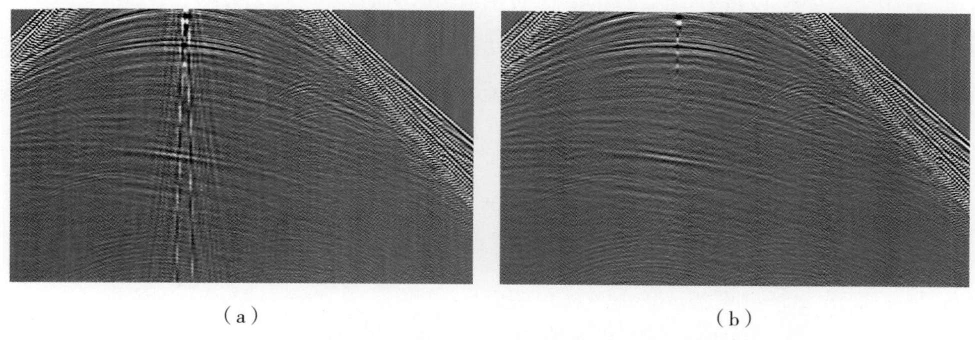

图 3.11　海底节点水检 P 分量共检波点涌浪噪声压制效果分析

（a）去噪前道集；（b）去噪后道集

3.4.3　分频异常振幅压制

考虑到涌浪噪声随机分布，振幅与相邻道存在明显差异，处理中也可以采用分频异常振幅压制技术对其进行处理，该技术是在给定的时空窗内对多道地震数据进行傅里叶变换，然后将地震数据分为多个频段，在各频段内对各频率成分能量进行统计，并与相邻时空窗进行对比，当某一频率的能量大于相邻时空窗给定的门槛值时，通过判断该频率的空间位置和振幅能量，设计相应的门槛值及衰减系数，进而对该频率的噪声进行压制，达到高保真去噪的目的。该方法的基本原理及具体实现方法如下：

（1）频段划分。

分频异常振幅衰减技术首先需要在给定的时空窗内对数据进行频段划分，将数据划分成多个频段。在地震数据信号中，有效信号与噪声二者间的能量之比是随着时间区域的变化而变化的，在某些时间区域范围内，有些噪声的能量比有效信号的能量更强，因此通过不同频段划分可以有效识别噪声。

（2）噪声检测。

通过对地震数据振幅能量强度进行检测，可以确定噪声所存在的异常值区域。估算地震数据振幅能量强度有四种常用的方法：均方根振幅估算法、平均绝对振幅估算法、最大绝对振幅估算法和频率项振幅估算法。

振幅估算方法不同，处理精度和效率会有所不同，当噪声与周围的有效波振幅能量级差别较大时，一般采用平均绝对振幅估算法来进行振幅估算；当噪声的振幅与周围有效波的振幅能量级差别不大时，更适合采用均方根振幅估算法；针对尖脉冲类型的强能量噪声可采用最大绝对振幅估算法和频率项估算法。

（3）噪声衰减。

地震数据信号在经过频段划分和噪声检测后，在各个频段内分别进行噪声衰减。根据各频段的振幅强度分别设计门槛值，计算出各自的衰减因子进行噪声衰减。

牛华伟等（2013）利用该方法进行涌浪噪声压制取得较好效果，图 3.12 展示了涌浪噪声压制前后效果对比，可以看出通过分频异常振幅压制，涌浪噪声得到有效去除，提高了资料信噪比，同时也证明该方法的有效性。

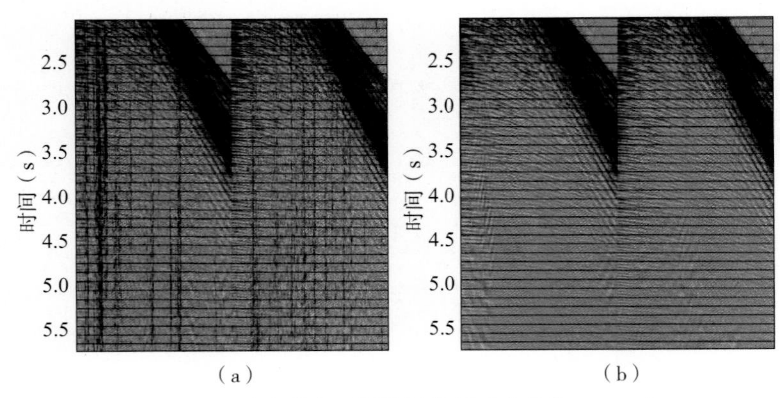

图 3.12　涌浪噪声压制效果分析（牛华伟，2013）

（a）去噪前道集；（b）去噪后道集

3.5 面波压制

从前面噪声分析知道面波与有效波在速度、频率以及能量等方面有着明显的区别，处理中可以根据这些特征差异，选择其中一个或者几个来进行面波压制。围绕不同的面波特征差异，大量学者进行深入研究，并发展了许多相关技术，比如频率域滤波、*f–k* 滤波、*f–x* 滤波、自适应面波压制、KL 变换、小波变换、Curvelet 变换、S 变换、模型正演技术等，下面重点介绍几种海底节点地震资料处理中比较常用的方法。

3.5.1 自适应面波压制

自适应面波压制技术利用时频分析的方法，综合面波与反射波在频率、空间分布、能量等方面的差异，检测出面波的分布范围，再根据其固有特征对确定的面波进行压制，具体实现如下：

（1）首先在地震数据上分析面波的视速度范围，对面波分布范围内的地震数据进行压制，而面波分布范围外的地震数据则不受影响。

（2）依据面波的主频分布对地震数据进行分频处理，在保护有效信号的前提下最大程度地压制面波。

（3）在确定的面波覆盖区域内，在给定时间窗范围内，计算平均振幅值，然后用面波的平均振幅值计算平均振幅比值。

（4）设置门槛值和压制系数，对于每个时窗内平均振幅比值大于给定门槛值就认为有面波存在，这时可以根据压制系数在频率域内，把分布在面波主频范围内的所有频率点的振幅都乘以这个衰减系数，即达到了面波衰减的目的。

图 3.13 为某工区海底节点采集资料自适应面波去噪前后共检波点道集对比，仔细分析可见面波得到有效去除。

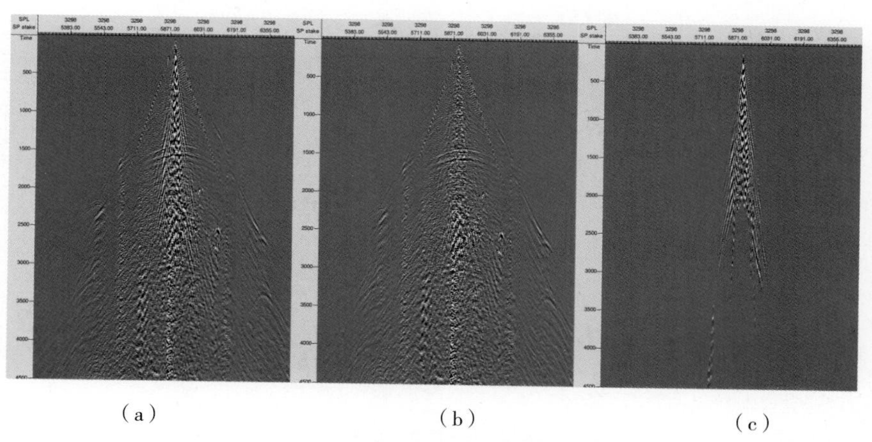

（a）　　（b）　　（c）

图 3–13　自适应面波去噪效果对比

（a）去噪前共检波点道集；（b）去噪后共检波点道集；（c）去掉的面波噪声

3.5.2 KL 变换面波压制

KL（Karhunen–Loeve）变换可以称为特征向量变换或霍特林（Hotelling）变换，也叫做主分量分解，是一种正交变换。KL 变换最早用于遥测多光谱图像资料的处理，1978 年，Hemon 首次将 KL 变换引入地震资料处理中，用来提高地震资料的信噪比。地震数据经 KL 变换后，有效信号、线性干扰、随机噪声等在变换域中具有不同的主成分分量，进而可以根据不同处理目的，选取相应的主成分分量，最终达到信噪分离、信号提取或者压制噪声的目的。

对于一个由 M 个地震道组成的地震记录 $s(x, t)$，假设每道地震记录的采样点有 N 个，那么，地震记录的信号数据可以用一个二维矩阵 $\boldsymbol{S}$ 来表示，其元素为 S_{ij}，其中，i 表示为道序号，j 表示为时间采样序号，则：

$$\boldsymbol{S}=\begin{bmatrix} S_{11} & \cdots & S_{1j} & \cdots & S_{1N} \\ \vdots & & & & \vdots \\ S_{I1} & \cdots & S_{Ij} & \cdots & S_{IN} \\ \vdots & & & & \vdots \\ S_{M1} & \cdots & S_{Mj} & \cdots & S_{MN} \end{bmatrix} \tag{3-2}$$

进而构建协方差矩阵 $\boldsymbol{C}_x$：

$$\boldsymbol{C}_x=\boldsymbol{S}\boldsymbol{S}^{\mathrm{T}} \tag{3-3}$$

由于 $\boldsymbol{C}_x$ 是实对称正定矩阵，也就是说会存在一个正交矩阵 $\boldsymbol{B}$，使得

$$\boldsymbol{B}^{\mathrm{T}}\boldsymbol{C}_x\boldsymbol{B}=\begin{bmatrix} \lambda_1 & & & \\ & \lambda_2 & & \\ & & \ddots & \\ & & & \lambda_L \end{bmatrix}=\boldsymbol{\Lambda} \tag{3-4}$$

式中，λ_i 是矩阵 $\boldsymbol{C}_x$ 的特征值；$\boldsymbol{\Lambda}$ 是按照特征值递减顺序排列的对角矩阵；b_i 是特征值 λ_i 所对应的特征向量，则：

$$\boldsymbol{C}_x b_i=\lambda_i b_i \tag{3-5}$$

令

$$\boldsymbol{O}=\boldsymbol{B}^{\mathrm{T}}\boldsymbol{S}=\begin{bmatrix} O_1 \\ \vdots \\ O_L \end{bmatrix} \tag{3-6}$$

式中，$\boldsymbol{O}_i$ 是 $\boldsymbol{S}$ 的主分量，各主分量是互不相关的，且第 i 个主分量的方差也等于 $\boldsymbol{B}$ 的第 i 个特征值。其反变换为

$$\boldsymbol{S}=\boldsymbol{B}^{-1}\boldsymbol{O}=\boldsymbol{B}^{\mathrm{T}}\boldsymbol{O} \tag{3-7}$$

KL 变换的实质是对地震记录按照其协方差矩阵的归一化特征向量进行正交分解，每个特征向量称为主分量，每个主分量的能量是由相应的特征值大小来度量的。通过这种变换可把地震道的相干能量集中在有限几个主分量上，尤其是第一个主分量，而不相干的随机噪声分布在其他的主分量上，进而可以根据信号相关特征对不同分量进行提取，可以直接提取有效信号进行后续处理，也可以提取噪声信号建立噪声模型，再通过自适应相减法达到高保真去噪目的，KL 面波衰减则主要是通过后者进行处理。

图 3.14 展示了某工区海底节点地震资料共检波点道集 KL 变换面波去噪效果，其中图 3.14a 为去噪前共检波点道集，图 3.14b 为 KL 变换提取的面波模型，图 3.14c 展示了面波衰减后的效果，对比分析可见面波得到有效去除，资料信噪比得到提高。

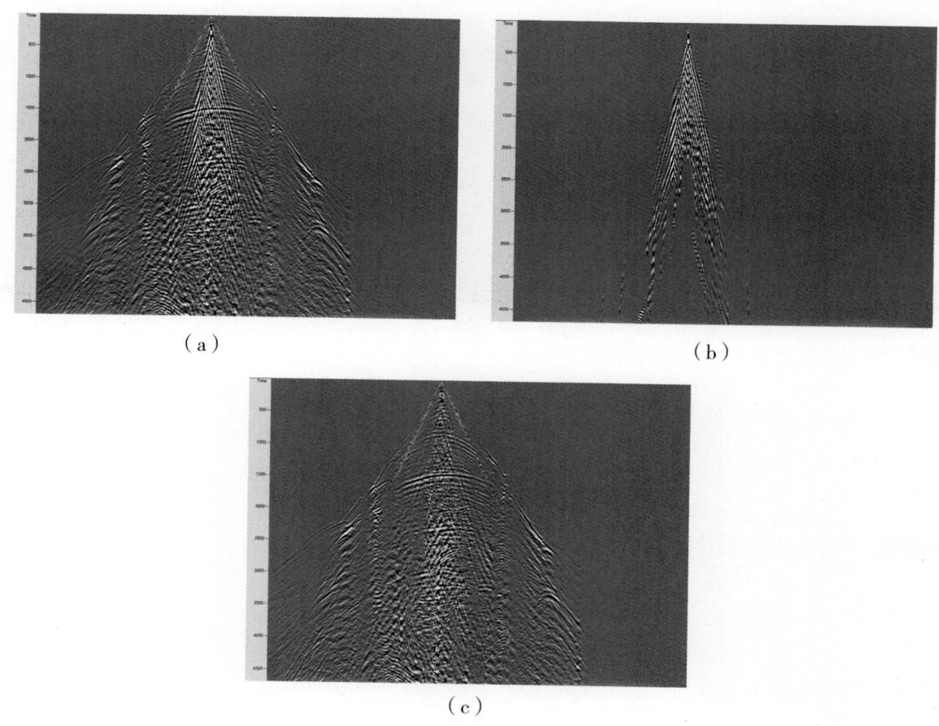

图 3.14　KL 变换面波衰减效果

（a）去噪前共检波点道集；（b）KL变换提取的面波模型；（c）去噪后共检波点道集

3.5.3　三维 *f–k* 滤波

三维 f–k 滤波技术是将三维地震数据在时空域通过三维傅里叶变换为频率波数域，

并设计相应的三维 f–k 滤波函数将面波进行消除，该方法能够在不损害有效信号的基础上有效去除面波，提高资料的信噪比。其基本原理如下（龚莉，2014）：

首先对三维地震数据 s（x，y，t）进行三维傅里叶变换，即：

$$S(k_x,k_y,\omega)=\iiint s(x,y,\mathrm{t})\,\mathrm{e}^{(\mathrm{i}k_x x+\mathrm{j}k_y y-k\omega t)}\mathrm{d}x\mathrm{d}y\mathrm{d}t \tag{3-8}$$

设滤波函数为 f（x，y，t），那么原始地震数据在经过滤波后所得的数据信号函数 h（x，y，t）在时间域可表示为：

$$h(x,y,t)=s(x,y,t)*f(x,y,t) \tag{3-9}$$

在频率波数域，则可以表示：

$$H(k_x,k_y,\omega)=S(k_x,k_y,\omega)\,F(k_x,k_y,\omega) \tag{3-10}$$

然后通过合理设计滤波器就可以进行处理。下式为频率域高通滤波器：

$$F_{\mathrm{High}}(k,\omega)=\frac{\dfrac{k^2}{-\mathrm{i}\omega}}{a+\dfrac{k^2}{-\mathrm{i}\omega}} \tag{3-11}$$

式中，k^2=k_x^2+k_y^2，a=$\dfrac{\omega}{v}$，k 表示信号的视波数，x 方向的视波数用 k_x 表示，y 方向的视波数用 k_y 表示，v^* 表示信号的视速度，也可用频率 f 与视波数 k 之比表示，具体如下式：

$$\omega=2\pi f,\ k=\frac{1}{\lambda},\ v^*=\frac{f}{k} \tag{3-12}$$

则，频率域高通滤波后的结果为

$$H_{\mathrm{High}}(k_x,k_y,\omega)=\frac{\dfrac{k^2}{-\mathrm{i}\omega}}{a+\dfrac{k^2}{-\mathrm{i}\omega}}S(k_x,k_y,\omega) \tag{3-13}$$

同理，可以设计频率域低通滤波器：

$$F_{\mathrm{Low}}(k,\omega)=\frac{a}{a+\dfrac{k^2}{-\mathrm{i}\omega}} \tag{3-14}$$

进而可获得频率域低通滤波结果；

$$H_{\mathrm{Low}}(k_x,k_y,\omega)=\frac{a}{a+\dfrac{k^2}{-\mathrm{i}\omega}}S(k_x,k_y,\omega) \tag{3-15}$$

最后通过傅里叶反变换即可获得时间域去噪结果。

对于面波，一般都有一定视速度范围，如图 3.15 所示，将二维扇形滤波的 k 轴

延伸为一个 kx–ky 的平面，由此将二维的扇形延展为一个三维的锥体，面波的有效范围用图中的阴影部分表示，v_1 和 v_2 表示面波速度范围，通过滤波就可以去除面波。在实际去噪过程中，为了提高去噪保真度，通常增加一个斜坡来防止吉布斯截断效应。

图 3.16 展示了某工区海底节点地震资料共检波点道集三维锥形滤波压制面波噪声的效果，对比分析可以看出面波得到有效去除，资料信噪比得到明显提高。

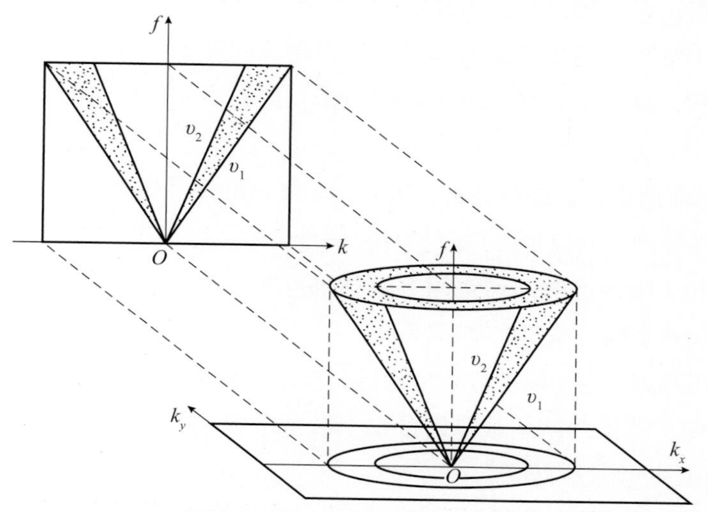

图 3.15　三维锥形滤波器 f–kx–ky 以及在二维 f–k 域投影图（龚莉，2014）

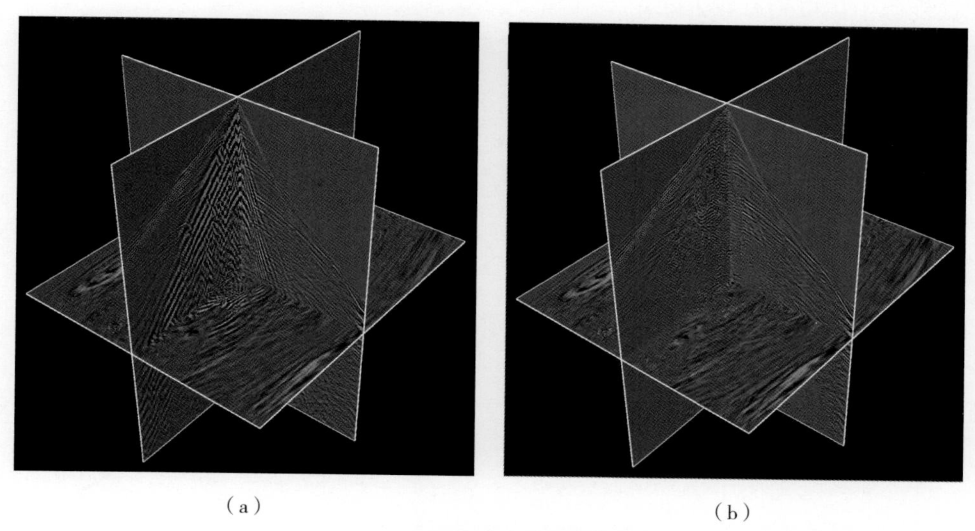

图 3.16　三维锥形滤波去噪效果分析

（a）去噪前共检波点道集；（b）去噪后共检波点道集

3.6 外源干扰压制

3.6.1 *f*–*x* 域线性干扰压制

当地震记录信号是线性或者近似线性时，即斜率一定，道间距也一定时，相干信号同相轴在频率—空间域上具有空间可预测性。因此可以用之前一道地震记录近似表示后面一道地震记录，也就是后一道地震记录可以由前一道预测出来。同理，也可以通过后一道地震记录预测出前一道地震记录，前后方向的地震道都可以进行预测。这样可以求出每个频率上的预测滤波算子，把预测滤波算子与对应频率的空间方向上地震数据进行褶积，这样就把相干信号预测出来，进而对其进行去噪处理。具体实现方法如下：

（1）对去噪前地震数据进行分析，确认相干噪声频率范围及倾角（或者速度）范围，以便进行针对性处理，同时更好地保护有效信号。

（2）根据相干噪声在时间和空间上的分布范围，利用最大、最小炮检距及其对应的时间，在时间和空间上确定去噪范围。

（3）对地震数据在 *f*–*x* 域进行倾角能量扫描，找到最大能量对应的倾角，根据给出倾角（或者速度）范围判断是否要进行相干噪声压制，如果最大能量对应的倾角在给出的噪声倾角范围内则进行处理。

（4）对检测出的相干噪声通过预测滤波或者中值滤波的方法进行压制。

图 3.17 为利用该方法对某工区海底节点共检波点道集外源干扰进行压制，对比可见线性外源干扰得到有效去除。

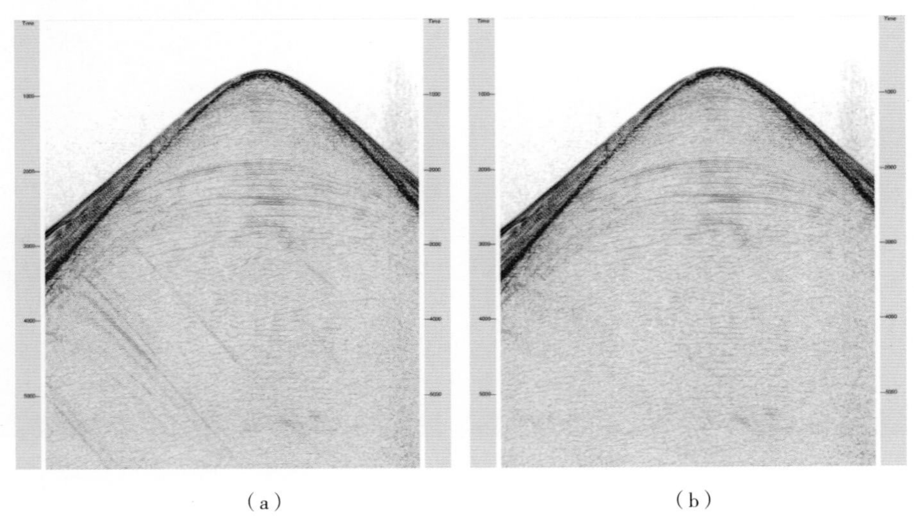

（a）　　　（b）

图 3.17　*f*–*x* 域外源干扰压制效果分析

（a）去噪前共检波点道集；（b）去噪后共检波点道集

3.6.2 τ–p 变换去噪

τ–p 变换是信号分析中常用的一种变换，其基本原理是将时空域的地震记录经过线性拉东变换得到时间—慢度谱（即 τ–p 谱），然后在 τ–p 域进行信噪分离。

对于给定的地震信号 $s(x, t)$，其 τ–p 变换为

$$S(\tau, p) = \int_{-\infty}^{\infty} s(x, \tau + px)\mathrm{d}x \tag{3–16}$$

式中：

$$\tau = t - px \tag{3–17}$$

$$p = \frac{\mathrm{d}t}{\mathrm{d}x} = \frac{1}{v^*} = \frac{\sin\theta}{v} \tag{3–18}$$

式中，v^* 表示视速度；θ 表示地震波射线的入射角；v 表示介质中的波速。

由于实际测量的地震记录是离散的，因此需要离散化处理，即

$$S(\tau, p) = \sum_{x} s(x, \tau + px) \tag{3–19}$$

其反变换公式为

$$s(x, t) = \sum_{p} S(t - px, p) \tag{3–20}$$

如图 3.18 所示，t–x 域信号经过 τ–p 正变换后，在时间—空间域的线性同相轴、双曲线形态的反射同相轴分别被映射成 τ–p 域的点和椭圆弧。这样在 τ–p 域就容易对有效波和线性干扰进行分离，进而对线性干扰进行去噪处理，然后通过 τ–p 反变换就可得到去噪后结果。

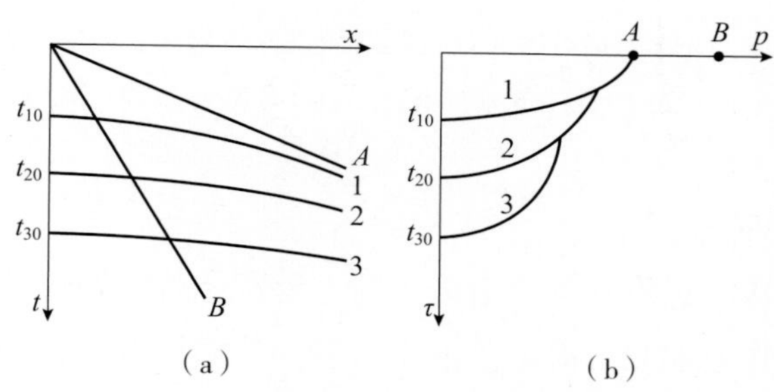

图 3.18 t–x 域信号与 τ–p 域信号分析

（a）t–x域3组反射波（1、2、3）、直达波A和面波B；

（b）对应τ–p域的3组椭圆弧（1、2、3）及2个分开点（A、B）

图 3.19 和图 3.20 为 τ–p 域外源干扰压制前后道集及剖面对比，分析可见线性的外源干扰噪声得到有效压制，资料信噪比得到提高（王兴宇，2014）。

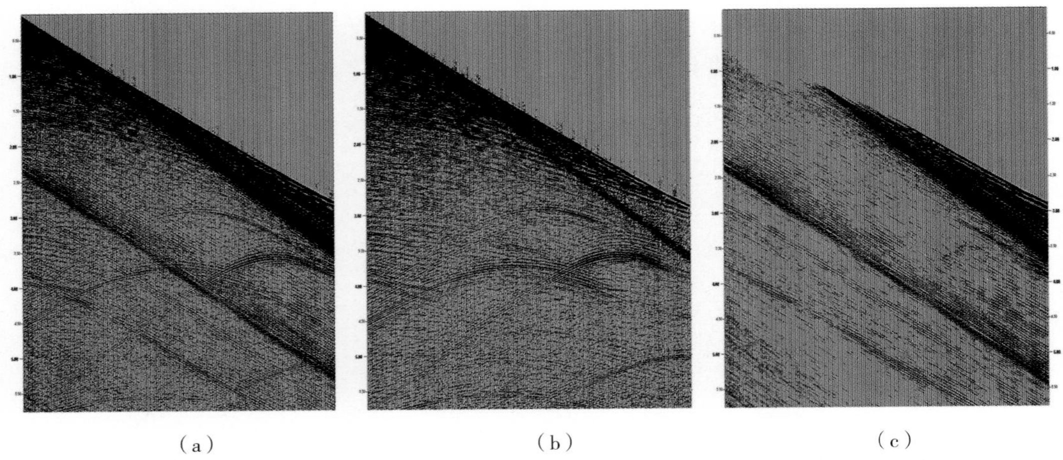

（a） （b） （c）

图 3.19 $\tau-p$ 域外源干扰压制前后道集效果（王兴宇，2014）

（a）去噪前道集；（b）去噪后道集；（c）去掉的噪声

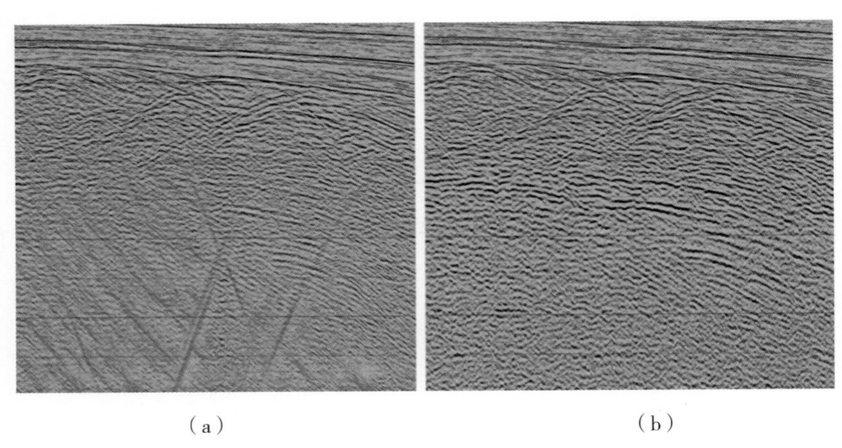

（a） （b）

图 3.20 $\tau-p$ 域外源干扰压制前后剖面效果（王兴宇，2014）

（a）外源干扰压制前叠加剖面；（b）外源干扰压制后叠加剖面

3.6.3 点源扫描法

当干扰点源与接收点不在同一直线上时，外源干扰时距曲线为双曲线。比如海上的作业船只、打桩作业船只、海上采油平台等。这类点源干扰噪声的出现时间与传播特征主要取决于点源位置，如果确定了点源的位置，可根据时距曲线传播方程模拟点源干扰。因此，对于双曲线型点源干扰可以通过点源位置预测与匹配相减的方法进行压制。点源位置预测采用扫描方法，根据炮点位置和实际地震数据记录时间，确定影响该炮记录点源位置的有限范围，对影响范围进行网格化处理，在假定网格上的每一点都为点源干扰的条件下，基于双曲线型点源干扰时距曲线方程模拟干扰波，然后与实际地震资料进行对比分析，通过相似系数分析确定干扰源位置。

相似系数 C 可用下式计算：

$$C=\frac{1}{M}\frac{\sum_{t}\left(\sum_{i=1}^{M}A_{i,t(i)}\right)^{2}}{\sum_{t}\sum_{i=1}^{M}A_{i,t(i)}^{2}} \tag{3-21}$$

式中，$A_{i,\ t(i)}$ 为第 i 道上双程时间为 t（i）的振幅值，M 为求和叠加的道数；t 是相干时窗的长度，相似性值范围为 $0<C<1$。相似系数最大的点源即可为实际外源干扰位置。

确定干扰点源坐标后，就可以模拟外源干扰，但模拟的干扰波与实际地震数据记录中的干扰波在相位、振幅以及到达时间上都存在一定差异，因此，需要采用匹配滤波技术把实际记录和预测干扰波匹配后，才能进行去噪处理。图 3.21 展示了该方法在实际资料中应用效果，对比可见双曲线型外源干扰得到有效去除，资料信噪比大幅提升（NecatiGulunay，2005）。

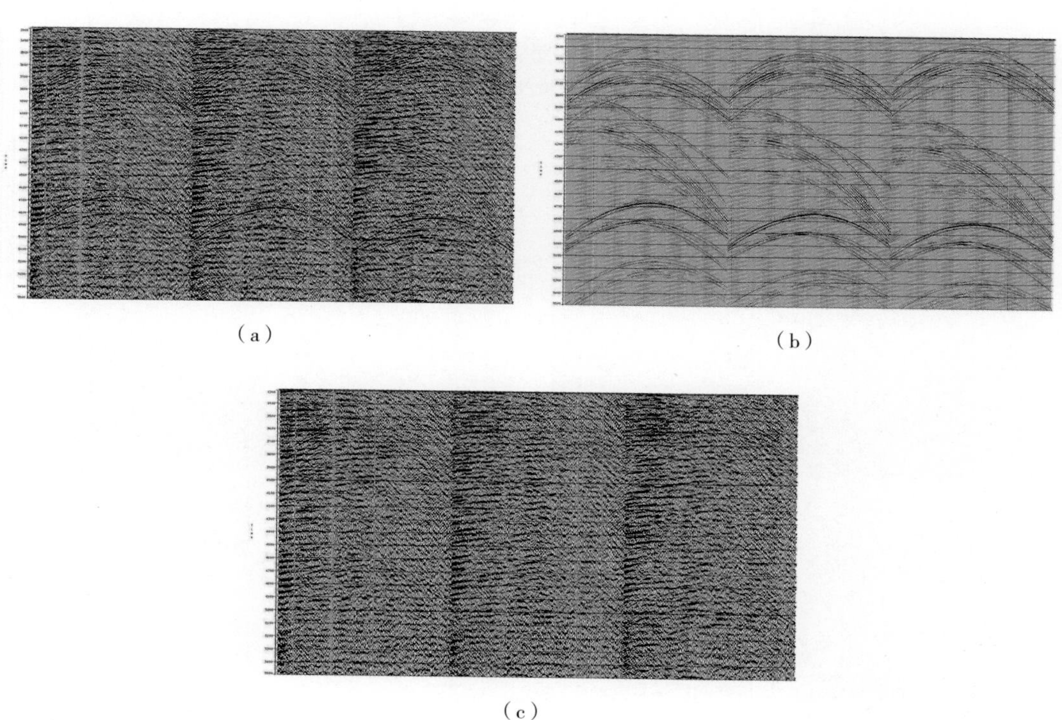

（a）

（b）

（c）

图 3.21　双曲线型外源干扰压制效果对比（NecatiGulunay，2005）

（a）去噪前道集；（b）模拟的外源干扰；（c）去噪后的道集

3.6.4 多域分频去噪

对于固定干扰点源产生的双曲线型干扰可通过点源扫描法进行去除，但实际资料还会遇到非固定点源产生的外源干扰，很难与有效波分开。通过仔细分析发现该类外源干扰在不同数据集（包括共炮点道集、共检波点道集以及共炮检距道集等）的表现特征不同。如图 3.22a 所示道集在共炮点道集表现为相干噪声，然而分选到共检波道集则表现为随机噪声（图 3.22b），因此处理中通过变换不同数据域后采用分频去噪技术进行处理。图 3.22 展示了该方法去噪过程效果分析，图 3.23 为外源干扰压制前后剖面对比，可以看到外源干扰得到有效去除，目的层信噪比得到大幅提高。

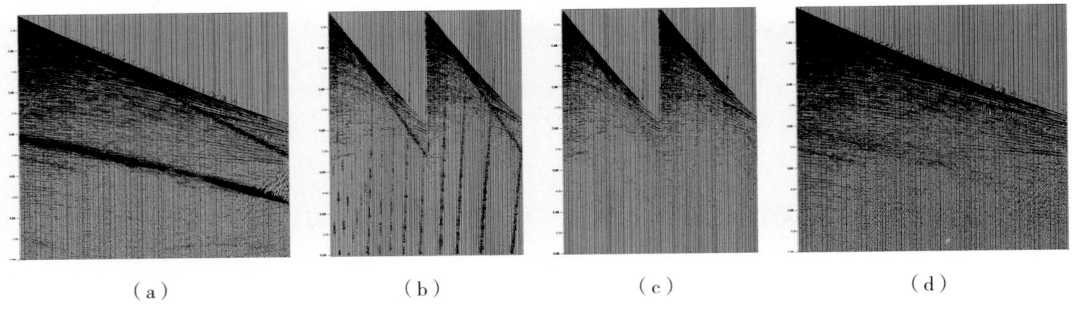

图 3.22 外源干扰压制效果分选（王兴宇，2014）

（a）共炮点道集；（b）分选到共检波域；（c）共检波域分频去噪效果；（d）重新分选到共炮点道集后效果

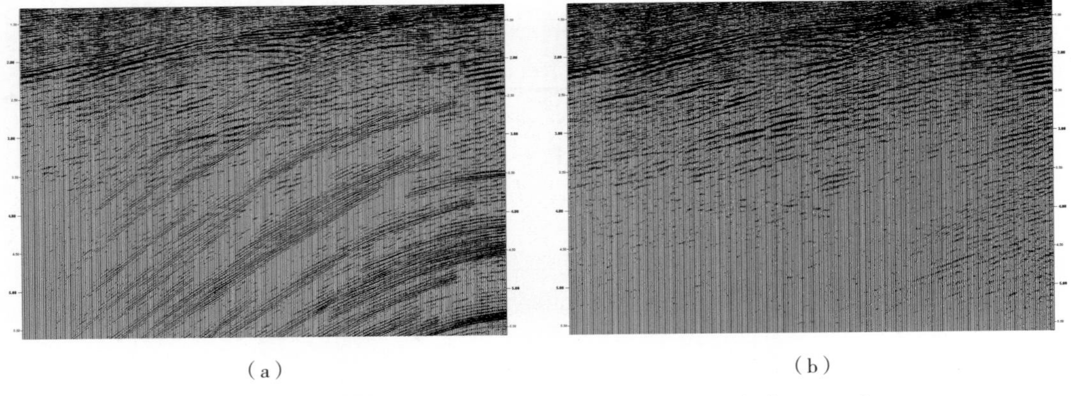

图 3.23 外源干扰压制前后叠加剖面效果分选（王兴宇，2014）

（a）去噪前叠加剖面；（b）去噪后叠加剖面；

3.7 陆检横波泄漏噪声压制

3.7.1 自适应 Vz 噪声压制

鉴于垂直分量上的 Vz 噪声主要来源于转换横波，处理中利用水平分量 X 和 Y 分量构建 Vz 噪声模型，然后利用自适应减法技术从 Z 分量中将噪声去除，详细流程见图

3.24。图 3.25 展示了该方法效果分析，仔细对比可见 Vz 噪声压制后，陆检 Z 分量信噪比得到提高，此外 Z 分量与水检 P 分量的相似性更高。

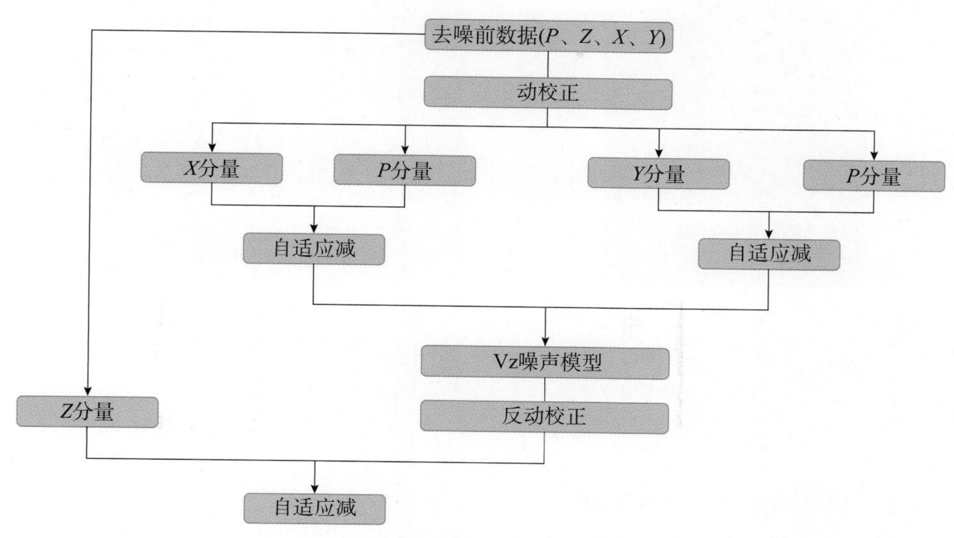

图 3.24　自适应 Vz 噪声压制流程

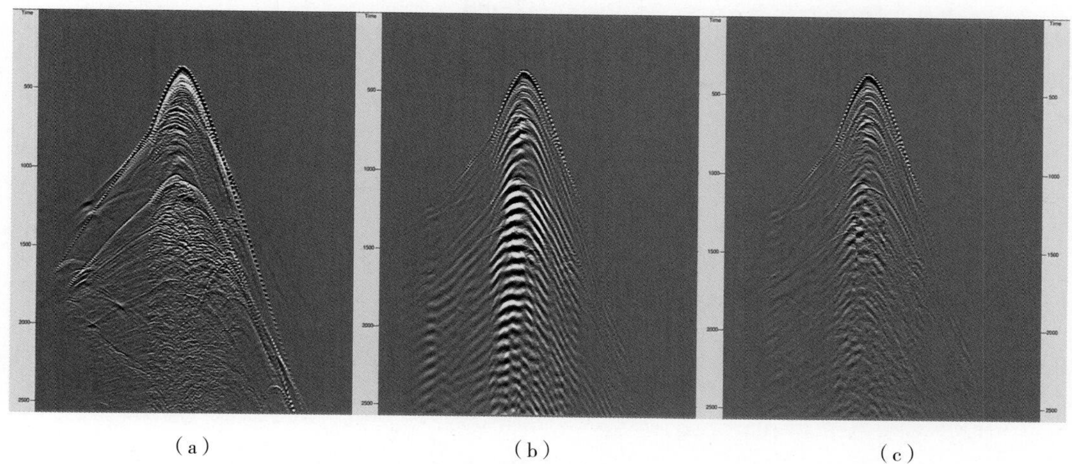

图 3.25　自适应 Vz 噪声压制效果分析（海底节点共检波点道集）

（a）水检P分量记录；（b）Vz噪声压制前Z分量记录；（c）Vz噪声压制后Z分量记录

在此基础上，不同学者进行深入研究，周家雄等（2020）通过将多分量检波器采集到的水平分量中记录的横波作为原始的横波模型，在 Curvelet 域用阈值控制方法将水平分量中的部分纵波进行剔除，然后与原始垂直分量进行自适应匹配得到横波模型，最后从垂直分量中将其减去，从而达到横波噪声压制的效果，如图 3.26 所示 Vz 噪声得到有效去除。

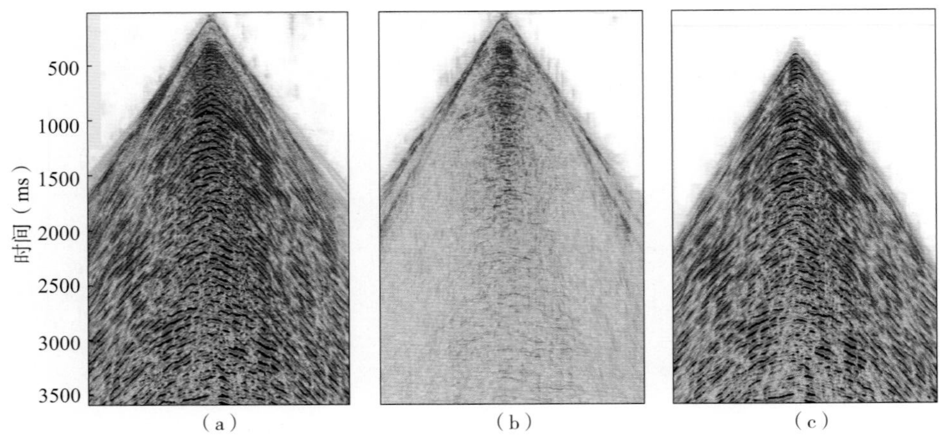

图 3.26 Curvelet 域自适应 Vz 噪声压制效果（周家雄，2020）

（a）去噪前Z分量；（b）去噪后Z分量；（c）去掉的噪声

3.7.2 模式识别 Vz 噪声压制

为了提高 Vz 去噪效果的精度，地球物理学家尝试不同方法进行处理，Shatilo 等试图利用速度滤波来消除这种噪声，Craf 尝试相干方法进行去噪，这些方法仅利用陆检分量进行处理，没有有效利用 *P* 分量。针对这一问题，Gordon Poole 仔细分析 *P* 分量和 *Z* 分量差异，提出模式识别 Vz 噪声压制方法，其原理如下：

P 分量和 *Z* 分量之间的关系可以用下式表示，即：

$$\frac{\mathrm{d}P}{\mathrm{d}z}=-\frac{\mathrm{d}Z}{\mathrm{d}t} \tag{3-22}$$

这个方程表明，地震信号在 *P* 分量和 *Z* 分量上具有不同的振幅和极性，因此可以利用该特性差异进行 Vz 噪声模型提取，具体流程见图 3.27。为了有效进行信噪分离，在三维 τ–p 域实现该过程。图 3.28 分别展示了该方法示意图，首先对水检 *P* 分量和陆检 *Z* 分量进行三维稀疏 τ–p 变换，然后进行 τ–p 域上下行波场分离，进而在 τ–p 域通过模式识别技术对 *P* 分量振幅包络和下行波振幅包络进行对比分析提取 Vz 噪声模型，利用三维 τ–p 反变换即可获得时间域 Vz 噪声模型，最后采用自适应减法对陆检 *Z* 分量数据进行 Vz 噪声衰减，达到高保真去噪效果。

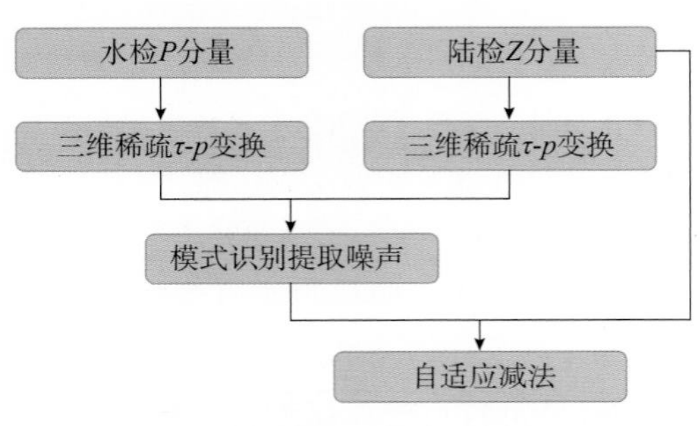

图 3.27 τ–p 域模式识别 Vz 去噪流程

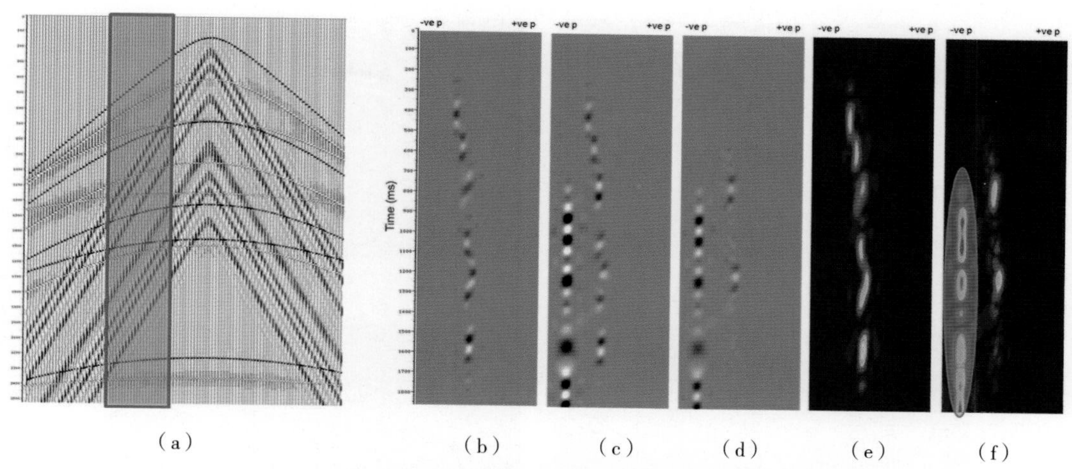

（a）（b）（c）（d）（e）（f）

图 3.28　τ–p 域模式识别 Vz 去噪示意图

（a）含Vz噪声的Z分量模型；（b）P分量τ–p域结果；（c）Z分量τ–p域结果；
（d）τ–p分离后的下行波结果；（e）τ–p域P分量振幅包络；（f）τ–p域下行波振幅包络（椭圆标识了Vz噪声）

Gordon Poole 利用该方法在西非深海海底节点地震资料处理中应用，取得满意的效果，图 3.29 和 3.30 分别展示了 Vz 噪声压制前后共检波点道集和剖面对比，可见 Vz 噪声得到有效去除，资料信噪比得到提升。

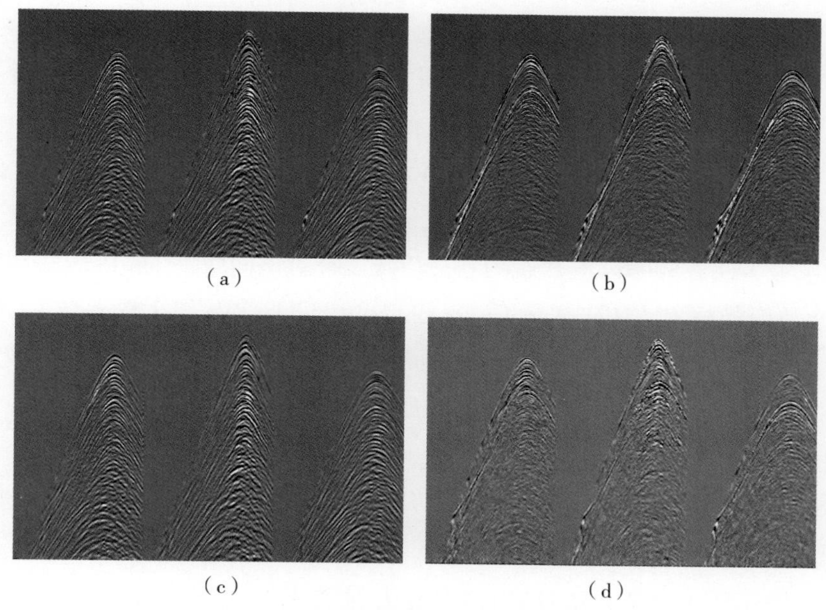
（a）（b）（c）（d）

图 3.29　模式识别 Vz 去噪前后共检波点道集对比（Gordon Poole，2012）

（a）去噪前Z分量共检波点道集；（b）水检P分量共检波点道集；
（c）模式识别提取Vz噪声模型；（d）去噪后Z分量共检波点道集

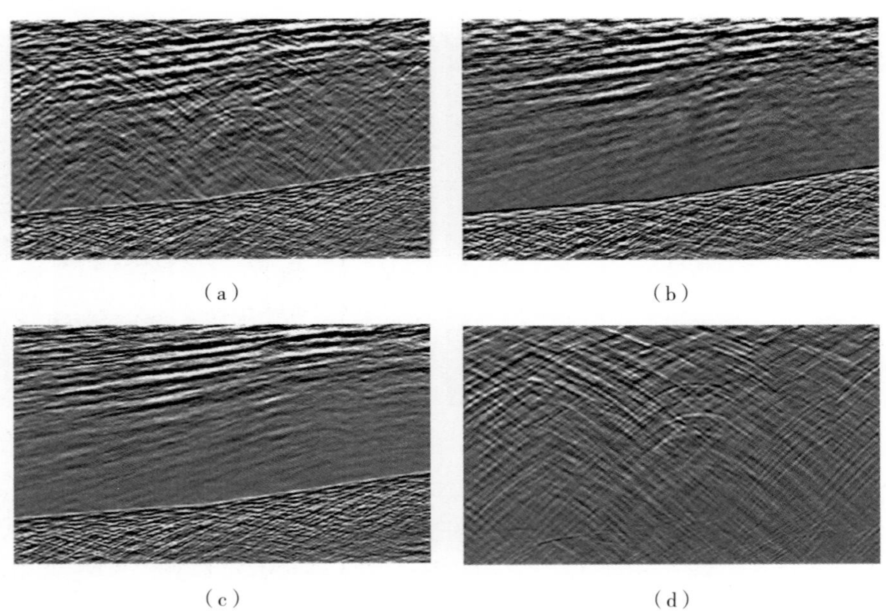

图 3.30　模式识别 Vz 去噪前后叠加剖面对比（Gordon Poole，2012）

（a）去噪前Z分量叠加剖面；（b）水检P分量叠加剖面；

（c）去噪后Z分量叠加剖面；（d）Vz噪声剖面

3.7.3　高精度复小波剩余 Vz 噪声压制

关于 Vz 去噪，任何一种方法都很难将其去除干净，为此地球物理学者不断进行新方法探索研究。Selesnick 和 Yu 等将双树复小波变换（Dual-Tree Complex Wavelet Transform，以下简称 DTCWT）方法引入 Vz 去噪中，并取得一定效果，但该方法只对低频率、低波数成分进行递归频带分解，而对中高频率和波数成分的分解不足，图 3.31a 展示了该方法在频率—波数域的划分情况。针对该问题，Can Peng 等提出了高精度双树复小波变换技术（High Angular Resolution Complex Wavelet Transform，以下简称 HARCWT），该方法保持了与 DTCWT 中相同的小波基，不仅对低频率、低波数成分进行递归频带分解，同时对中高频率和波数成分进行分解，如图 3.31c 所示，HARCWT 方法的角度分辨率由常规 DTCWT 的 6 个（图 3.31b）增加至图 3.31d 的 18 个，显著提高了中高频率和波数成分的角度分辨率，从而有效解决该问题，提高了 Vz 去噪精度，改善资料品质。

图 3.32 展示了 DTCWT 和 HARCWT 的去噪效果，仔细对比可见，HARCWT 方法具有明显的优势，尤其是对于中深层高频 Vz 噪声，可以有效提高剩余 Vz 去噪的精度。

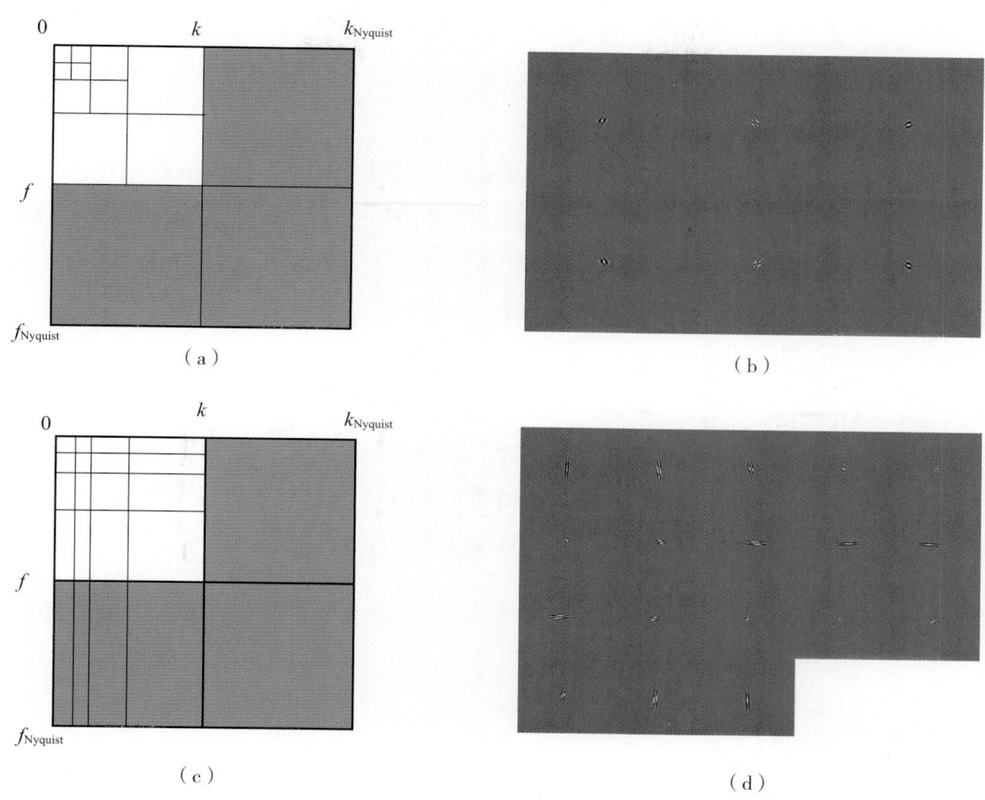

图 3.31 *f–k* 划分区域及角度分辨能力对比（Can Peng，2013）

（a）DTCWT方法*f–k*区域划分；（b）DTCWT方法角度划分；
（c）HARCWT方法*f–k*区域划分；（d）HARCWT方法角度划分

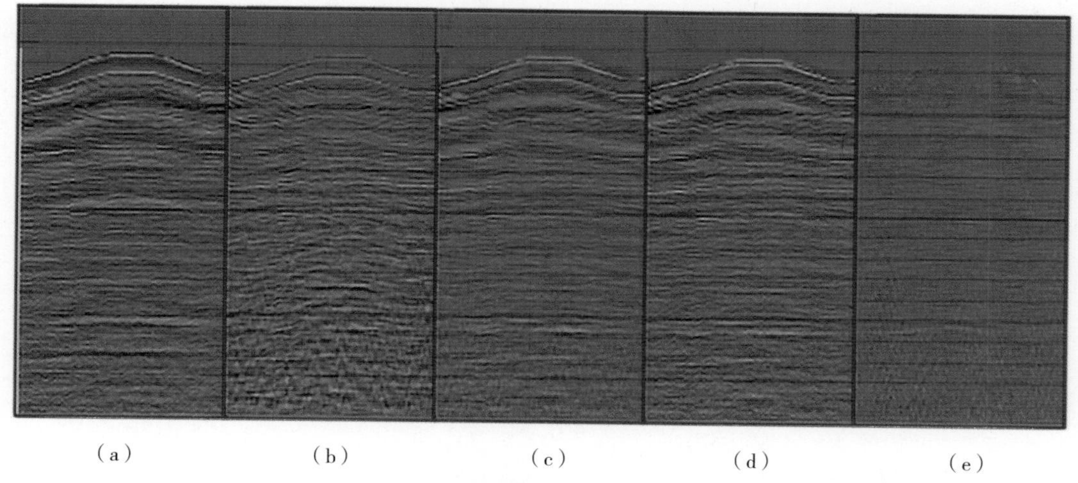

图 3.32 Vz 去噪效果对比（Can Peng，2013）

（a）为*P*分量叠加剖面；（b）为去噪前*Z*分量叠加剖面：（c）DTCWT去噪后*Z*分量叠加剖面；（d）HARCWT去噪后*Z*分量叠加剖面；（e）两种方法去噪后剖面残差

3.8 随机噪声衰减

3.8.1 叠前 *f–x–y* 域随机噪声衰减

叠前 *f–x–y* 域随机噪声衰减是将三维叠前地震数据视为一个四维数据体，即由线号、点号、道号或炮检距和记录时间组成。相干信号在频率、空间域是可以预测的，而随机噪声无法预测，叠前 *f–x–y* 域随机噪声衰减法正是利用了这一特性，采用最小平方原理来求取每一个频率成分的三维预测算子，然后将所求取的预测算子对该频率成分的数据体进行滤波，并对滤波后的所有频率进行反傅里叶变换到时间域，便能得到去噪后的结果。

以二维数据为例，假设一组道间时差为 Δt_1 的线性同向轴地震记录为 $S_N(t)$，第一道的傅里叶变换为 $S_0(m\Delta f)$，则第二道的傅里叶变换为 $S_0(m\Delta f)\cdot \mathrm{e}^{-\mathrm{i}2\pi\Delta t_1 m\Delta f}$，于是对于某一频率 $m\Delta f$，在频率空间域上就构成一个复数序列：

$$S_0(m\Delta f), S_0(m\Delta f)\cdot \mathrm{e}^{-\mathrm{i}2\pi\Delta t_1 m\Delta f}, \cdots, S_0(m\Delta f)\cdot \mathrm{e}^{-\mathrm{i}2\pi\Delta t_1(N-1)m\Delta f} \tag{3-23}$$

式中，m=1，2，…，M，为频率个数。

对其进行 Z 变换：

$$S(Z)=\sum_{n=0}^{N-1} S_n(m\Delta f)Z^n=\frac{S_0(m\Delta f)}{1-\mathrm{e}^{-\mathrm{i}2\pi\Delta t_1 m\Delta f}\cdot Z} \tag{3-24}$$

将上述公式写成褶积形式为

$$S_{n+1}(m\Delta f)-\mathrm{e}^{-\mathrm{i}2\pi\Delta t_1 m\Delta f}\cdot S_n(m\Delta f)=0, n=0,1,2,\cdots,N \tag{3-25}$$

从上式可以看出预测算子为 $\mathrm{e}^{-\mathrm{i}2\pi\Delta t_1 m\Delta f}$，即前一道乘上预测算子后，就可得到下一道，若有 J 组不同道间时差为 Δt_j（j=1，2，…J）的线性同相轴记录，则公式变为

$$S(Z)=\sum_{n=0}^{N-1} S_n(Z)Z^n=S_0(m\Delta f)\sum_{j=1}^{J}\sum_{n=0}^{N-1}\mathrm{e}^{-\mathrm{i}2\pi\Delta t_j m\Delta f\cdot n}\cdot Z^n \tag{3-26}$$

写成褶积形式为

$$\sum_{j=1}^{J} S_{n+J-j}(m\Delta f)\cdot F_j - S_{n+J}(m\Delta f)=0, n=1,2,\ldots,N \tag{3-27}$$

式中，F_j 为预测算子，可用最小二乘法求取，即

$$\sum_n \left|\sum_{j=1}^{J} S_{n-j}(m\Delta f)\,F_j - S_n(m\Delta f)\right|^2 \to \mathrm{Min} \tag{3-28}$$

该方法很容易扩展到三维，利用最小二乘法求取三维滤波算子 $F_{j,l,q}$：

$$\sum_{n}\sum_{k}\sum_{r}\left|\sum_{j=1}^{J}\sum_{l=1}^{L}\sum_{q=1}^{Q}S_{n-j,\,k-l,\,r-q}(m\Delta f)\cdot F_{j,\,l,\,q}-S_{n,\,k,\,r}(m\Delta f)\right|^{2}\to \mathrm{Min} \tag{3-29}$$

式中，n，k，r 分别表示沿主测线、联络线和炮检距方向的道数；J，L，Q 分别表示沿主测线、联络线及炮检距方向存在的不同倾角的同向轴个数。

然后利用该算子进行空间域滤波，当所有的频率计算完之后进行反傅里叶变换即得到去噪后结果。

图 3.33 展示了某工区海底节点共检波点道集随机噪声压制前后对比，分析可见道集中随机噪声得到有效压制，资料信噪比得到明显提高。

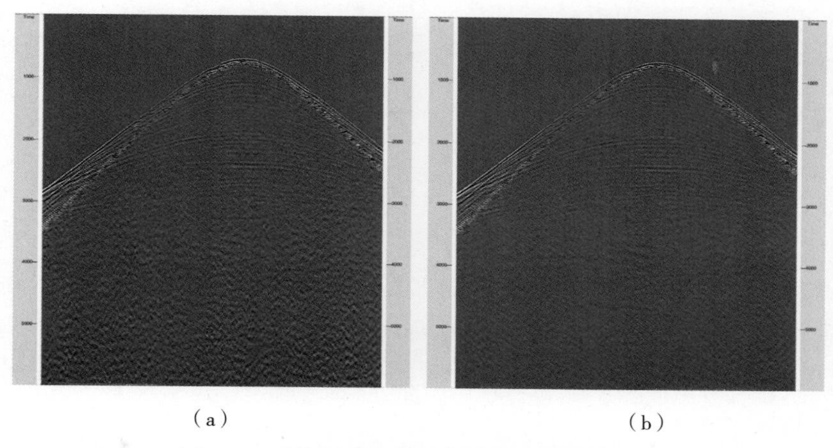

（a）　　　　（b）

图 3.33　随机噪声压制前后共检波点道集对比

（a）去噪前共检波点道集；（b）去噪后共检波点道集

3.8.2　叠前 Cadzow 滤波

Cadzow 滤波法由 Cadzow J.A. 于 1988 年提出，是一种基于奇异值分解的方法。该法可以处理高维空间数据，且滤波能力更强，但需要空间上的等距分布，而奇异值分解方法允许使用非一致空间分布，因此结合这两种滤波法的各自优势，对复数矩阵采用高维折叠组合的方法，进一步增强有效信号的相干性。Trickett 将该方法应用于地震噪声压制。其原理及实现过程如下：

（1）对于给定 N_x 道地震信号 $s(x，t)$，每道数据采样点数为 N_t，按照空间、时间方向形成矩阵：

$$\boldsymbol{S}=\begin{bmatrix} s(1,1) & s(1,2) & \dots & s(1,N_x) \\ s(2,1) & s(2,2) & \dots & s(2,N_x) \\ \vdots & \vdots & & \vdots \\ s(N_t,1) & s(N_t,2) & \dots & s(N_t,N_x) \end{bmatrix} \tag{3-30}$$

式中，$s(i，j)$ 为地震数据第 i 道第 j 时刻的样点值。

（2）利用上述矩阵构造 Hankel 矩阵：

$$\boldsymbol{H}=\begin{bmatrix} B_1 & B_2 & \cdots & B_{N_t-W_t+1} \\ B_2 & B_3 & \cdots & B_{N_t-W_t+2} \\ \vdots & \vdots & & \vdots \\ B_{W_t} & B_{W_t+1} & \cdots & B_{N_t} \end{bmatrix} \tag{3-31}$$

其中：

$$\boldsymbol{B}_i=\begin{bmatrix} S(i,1) & S(i,2) & \cdots & S(i,N_x-W_x+1) \\ S(i,2) & S(i,3) & \cdots & S(i,N_x-W_x+2) \\ \vdots & \vdots & & \vdots \\ S(i,W_x) & S(i,W_x+1) & \cdots & S(i,N_x) \end{bmatrix} \tag{3-32}$$

一般选择 $W_t=N_t/2$，$W_x=N_x/2$。

（3）对 Hankel 矩阵 $\boldsymbol{H}$ 进行 SVD 分解，有

$$\boldsymbol{H}=\boldsymbol{U\Lambda V}^{\mathrm{T}} \tag{3-33}$$

式中，$\boldsymbol{\Lambda}$=diag（λ_1，λ_2，…，λ_m），是由特征值按照递减顺序组成的对角矩阵，m 为矩阵的秩；$\boldsymbol{U}$ 是 $\boldsymbol{HH}^{\mathrm{T}}$ 的特征值对应的特征向量矩阵；$\boldsymbol{V}$ 是 $\boldsymbol{H}^{\mathrm{T}}\boldsymbol{H}$ 的特征值对应的特征向量矩阵。

（4）通过减少秩的个数达到去噪的效果，至于减少多少个秩要根据资料情况通过试验确定，一般水平同向轴主要分布在前面几个秩上，而其他信号则分布在后边。

图 3.34 展示了叠前 Cadzow 滤波前后共检波点道集对比，仔细分析可以看出随机噪声得到有效去除，深层资料信噪比得到明显提高，此外去掉的噪声并不含有效信息，与 f–x–y 域随机噪声衰减方法相比，Cadzow 滤波方法保真度更高，不会破坏原始信号相对振幅关系。

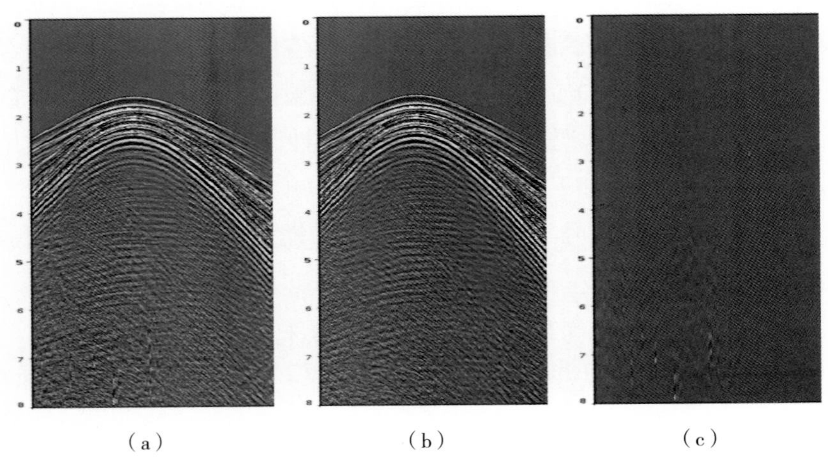

（a）　　（b）　　（c）

图 3.34　叠前 Cadzow 滤波去噪效果分析

（a）去噪前共检波点道集；（b）去噪后共检波点道集；（c）去掉的随机噪声

3.9 小结

综上所述，海底节点地震资料的叠前去噪处理是提高成像精度和保真度的基础性工程。在去噪前，首先要进行细致的噪声分析，了解工区噪声类型和特点，然后针对不同区域的噪声类型和特点做好方法选取、参数试验，遵循分区、分型、分频、分域、分时、分偏移距的“六分法”去噪思路，选择最佳方法流程组合。此外由于海底节点施工环境的复杂性，噪声类型多种多样，特别是海底节点地震资料特有的 Vz 噪声，在去噪过程中要做好点、线、面、体等四方面质量控制工作，QC 图件包括：去噪前后共检波点道集、叠加剖面、差剖面以及频谱和 f–k 谱，偏移剖面及差剖面对比等，必要时还要展示去噪前后应用于目的层的 AVO 特征曲线，确保做到既把噪声去除干净，又不损伤有效信号，同时不破坏振幅相对关系，为后续处理提供高质量道集。

参考文献

曹中林，李振，陈爱萍，等 . 2015. 基于 Cadzow 滤波法压制线性干扰 [J]. 物探与化探，39（4）:842–847.

曹中林，陈浩凡，何光明，等 . 2018. 三维 Eigenimage–Cadzow 杂交滤波方法及在随机噪声压制中的应用 [C]//2017 年全国天然气学术年会论文集 .

董烈乾，汪长辉，李长芬，等 . 2018. 利用自适应中值滤波方法压制混叠噪声 [J]. 地球物理学进展，33（4）：1475–1479.

龚莉 . 2014. 辽河外围陆西凹陷地区地震资料去噪技术研究 [D]. 成都：成都理工大学 .

李晓晨 . 2013. 地震资料叠前去噪方法研究及应用 [D]. 成都：成都理工大学 .

廖仪 . 2014. 南黄海 OBS 地震资料应用研究 [D]. 青岛：中国海洋大学 .

牛华伟，吴春红 . 2013. 海洋地震资料中强能量噪声压制的分频振幅衰减法应用研究 [J]. 石油物探，52：394–401.

王兴宇 . 2014. 海洋地震资料处理外源干扰压制方法研究 [D]. 北京：中国地质大学（北京）.

张军华 . 2011. 地震资料去噪方法——原理、算法、编程及应用 [M]. 青岛：中国石油大学出版社 .

张军华，藏胜涛，周振晓，等 . 2009. 地震资料信噪比定量计算及方法比较 [J]. 石油地球物理勘探，44（4）：481–486.

张卫平，杨志国，陈昌旭，等 . 2011. 海上原始地震资料干扰波的形成与识别 [J]. 中国石油勘探（4）：65–69.

周家雄，马光克，隋波，等 . 2020. 基于 Curvelet 域多分量阈值控制的 OBC 垂直分量横

波噪声压制方法 [J]. 中国海上油气，32（3）：51–58.

Amundsen L. 1993. Wavenumber–based filtering of marine point–source data[J]. Geophysics, 58(9)：1335–1348.

Cadzow J A. 1988. Signal Enhancement–A Comjxjsite Property Mapping Algorithm [J]. IEEE Trans On Acoustics, Speech, and Signal Processing,36 (1) :49–62.

Elboth T，Geoteam F，Hermansen D. 2009. Attenuation of noise in marine seismic data[C]//2009 SEG Annual Meeting. OnePetro.

Gulunay N，Magesan M, Connor J. 2005. Diffracted noise attenuation in shallow water 3D marine surveys[M]//SEG Technical Program Expanded Abstracts 2005. Society of Exploration Geophysicists，2138–2141.

Hemon C H，Mace D. 1978. Use of the Karhunen–Loeve transformation in seismic dataprocessing[J]. Geophysical Prospecting，26：600–626.

Naeini E Z, Baboulaz L, Grion S. 2011. Enhanced wavefield separation of OBS data[C]//73rd EAGE Conference and Exhibition incorporating SPE EUROPEC 2011. European Association of Geoscientists & Engineers, cp–238–00031.

Paffenholz J，Docherty P，Shurtleff R，et al. 2006. Shear wave noise on OBC Vz data: Part I & II: 68th EAGE Conference & Exhibition[J]. B046–B047.

Peng C, Huang R, Asmerom B. 2013. Shear noise attenuation and PZ matching for OBN data with a new scheme of complex wavelet transform[C]//75th EAGE Conference & Exhibition incorporating SPE EUROPEC 2013. European Association of Geoscientists & Engineers, cp–348–00911.

Poole G, Casasanta L, Grion S. 2012. Sparse τ–p Z–noise attenuation for ocean–bottom data[C]//2012 SEG Annual Meeting. OnePetro.

Schalkwijk K M, Wapenaar C P A, Verschuur D J. 1999. Application of two–step decomposition to multicomponent ocean–bottom data: Theory and case study[J]. Journal of Seismic Exploration, 8(3)：261–278.

Selesnick I W, Baraniuk R G, Kingsbury N C. 2005. The dual–tree complex wavelet transform[J]. IEEE signal processing magazine，22(6): 123–151.

Shatilo A，Duren R，Rape T. 2004. Effect of noise suppression on quality of 2C OBC image[M]//SEG Technical Program Expanded Abstracts 2004. Society of Exploration Geophysicists，917–920.

Stewart T. 2003. Prestack F–xy eigenimage noise suppression [C]. Expanded Abstracts of the 73rd SEG Annual International Meeting, 1901–1903.

Stewart T, Trickett S R, et al. 2009. Prestack rank-reducing noise suppression: theory [C]. Expanded Abstracts of the 79th SEG Annual International Meeting, 3332–3335.

Tewart T. 2002. F–x eigenimage noise suppression [C].Expanded Abstracts of the 72nd SEG Annual International Meeting, 2166–2169.

Trad D, Ulrych T, Sacchi M. 2003. Latest views of the sparse Radon transform[J]. Geophysics,68(1): 386–399.

Tukey J W. 1974. Nonlinear (nonsuperposable) methods for smoothing data[J]. Proc. CongRec. EASCOM' 74, 673–681.

Yu Z, Kumar C, Ahmed I. 2011. Ocean bottom seismic noise attenuation using local attribute matching filter[C]//2011 SEG Annual Meeting. OnePetro.

4

海底节点地震资料信号反褶积技术

4.1　概述

海底节点地震勘探采用气枪震源在海水中激发，会产生炮点虚反射和低频强能量的气泡效应，受虚反射和气泡效应的影响，海底节点地震资料子波的续至相位很多、低频规则干扰严重，使剖面波组特征变差，严重影响资料的分辨率。有效识别和消除虚反射和气泡效应的影响是海底节点地震资料处理中的关键环节，人们研究了利用多种信号反褶积方法（如一维近场子波法、一维数据驱动法等）压制虚反射和气泡效应，并使信号反褶积后的地震子波成为分辨率较高的零相位子波。近年来生产中，主要使用一维近场子波（Near Field Hydrophone，即 NFH）的信号反褶积和一维数据驱动的信号反褶积方法。由于气枪组合阵列的广泛使用，使得震源子波不满足点震源垂直入射的基本假设，导致远场子波的振幅和频率随入射角和方位角而变化，这种明显的方向性特征对地震资料的分辨率及 AVO 分析都会产生不利影响，因此三维信号反褶积技术或方向性信号反褶积技术应运而生，其目的是克服原来一维信号反褶积的缺点，消除由于气枪组合阵列激发的方向性造成的子波振幅和频率差异，更有效地压制炮点虚反射和气泡效应，提高地震资料的分辨率。

4.2　气枪工作原理及气枪信号

海洋油气勘探所使用的激发震源经过多年的实践，炸药和电火花等激发方式逐步淡出，气枪组合阵列激发以其在激发可控、环保、成本低等方面的优势占据了海洋地震勘探的激发震源方式的主导地位。现在的主流气枪类型有 Bolt 公司的 Bolt 枪、ION 公司的 Sleeve 枪和 Sercel 公司的 G 枪。气枪激发由最初的高压单枪激发逐步发展为满足环保要求的低压多枪组合激发，气枪组合激发要在操作上确保可实施性，技术上满足子波特征及能量等的需求，在作业上满足环保的要求，气枪组合阵列设计及性能评价也需考虑诸多方面的技术。

4.2.1 气枪工作原理

下面以 Bolt 枪为例介绍气枪激发的原理（图 4.1）。如图 4.1a 所示，气枪充气时，顶部的电磁阀关闭，空压机将高压空气从进气口注入下贮气室和弹簧气室，弹簧气室牢牢地把活塞压住，使空气密封在下贮气室中。点火激发时，电磁阀自动打开，下贮气室内的高压空气迅速推动活塞向上运动，高压空气由出气口瞬间释放到海水中。完成一次点火激发之后，电磁阀自动关闭，活塞失去了向上的推力，高压空气继续向贮气室中注入，等待下一次点火激发，高压空气在海水中瞬间释放形成强大的冲击力。图 4.1b 展示了激发后 7 ~ 30ms 的气泡在水下扩展照片。

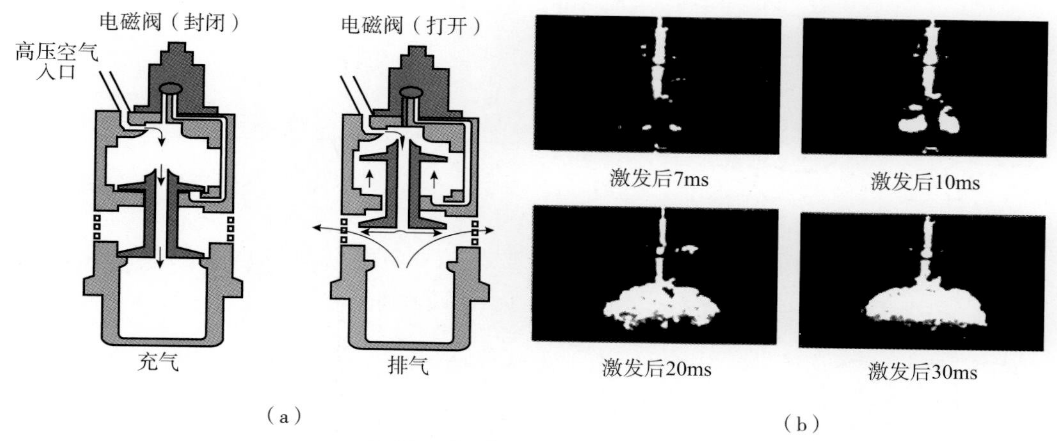

图 4.1 梭阀枪工作原理（王学军等，2017）

（a）气枪充气与激发；（b）激发后7 ~ 30ms的气泡状态

4.2.2 气枪信号形成

气枪子波的基础性理论研究在国外起步较早，其中以齐奥科斯基（Ziolkowski A., 1970）为代表的理论模型已经较为成熟，而这些理论模型无一例外地参照了 1956 年美国人 Keller J.B. 和 Kolodner I.I. 先生的“自由气泡振荡”基础理论。

如图 4.2a 所示，气枪高压空气进入海水中，迅速形成一个“球形”气泡，由于气泡内的压力远远大于周围海水的静水压，气泡迅速扩张，瞬间产生第一个正的压力脉冲，随后气泡不断扩张，气泡内的压力也随之逐渐减小，当气泡内压力减小到与周围海水静水压相等时，即达到平衡状态，但由于惯性作用气泡会继续扩张增大，直到气泡内的压力远远小于周围静水压时，即达到临界状态，此时气泡开始缩小，内部压力也随着气泡的变小而逐渐增大，达到等于周围静水压时，再次达到平衡状态，由于惯性作用，气泡继续减小，气泡小到内部压力远远大于周围静水压时，气泡再次迅速扩张，产生第二个压力脉冲，如此类推，将继续产生第三个压力脉冲、第四个压力脉冲……（第二个以后是气泡脉冲，是干扰波，对于地震勘探来讲，需要设法加以压制），随着气泡的反复振荡，产生吸收衰减作用，气泡也逐渐消失殆尽。另外，在气枪子波脉冲与后续的气泡脉冲形成的同时，所有这些脉冲的虚反射也相继产生，成为后续相应的一系列负脉冲，这些正负脉冲的集合最终形成了如图 4.2b 所示的气枪单枪的子波形态。

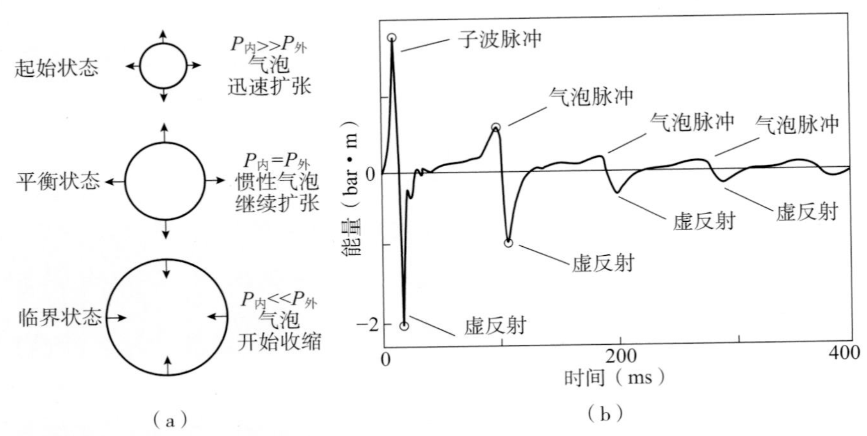

图 4.2　气泡震荡及单枪子波形态（王学军等，2017）

（a）气泡震荡；（b）单枪子波形态

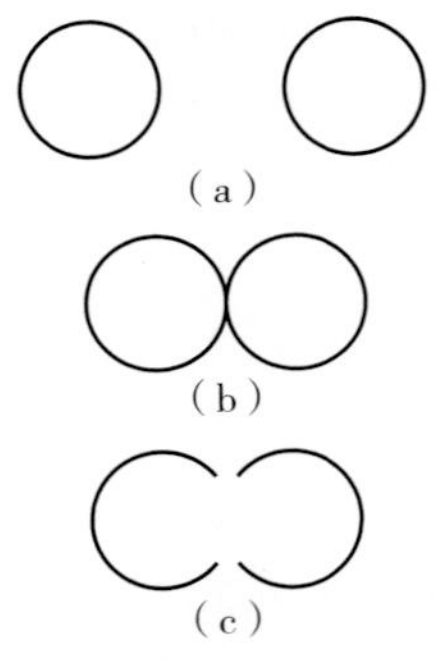

图 4.3　两枪间距关系示意图（王学军等，2017）

为了压制二次脉冲的干扰，20 世纪 70 年代初，人们提出了相干枪（Cluster Gun）的概念。它利用气枪相干来提高压力输出及压制气泡脉冲，收到了较为理想的效果，气枪相干原理开始应用于气枪阵列设计，如图 4.3 所示。

假设气体释放到水中为球状，当两枪距离较大，两个气泡达到最大时，气泡之间不相干，为传统的组合或称为调谐关系，子波形态与单枪的相同，只是幅值为二者的调谐叠加。当两枪气泡距离较小，接近于气泡半径的 2 倍时（经验上，两枪距离接近气泡半径的 2.35 倍，初泡比提高到最大），两个气泡相切，产生抑制作用，延长气泡周期，也就因此制约了气泡的振荡，从而达到压制气泡效应的目的，同时子波又可以得到相干加强，成为相干枪；而当两气枪间距过于接近时，气泡形成连通，失去了相干的意义。据上所述，两气枪间距和气枪容量决定了组合是否相干，相干枪主要优点包括去气泡能力强、能量大、枪阵短等。相干枪阵对高分辨率地震勘探起到了较大作用。

同等工作容积，不同气枪数量的能量对比如图 4.4a 为一支 600in^3 单枪的能量输出，图 4.4b 为 2 支 300in^3 单枪组成的相干枪组合，图 4.4c 为 3 支 200in^3 单枪组成的相干枪组合。从图 4.4c 中可以看出，3 支 200in^3 单枪组成的相干枪组合输出的能量最大，二次震荡的气泡小。在相同工作容积下，为了提高使用效率，通常用许多小容积气枪，而不是大容积气枪。用几个小容积的气枪要比一个大容积气枪所产生的激发效果好，主脉冲值大，震源的能量大。但枪数过多，故障率会高，容易给施工带来一定的影响。

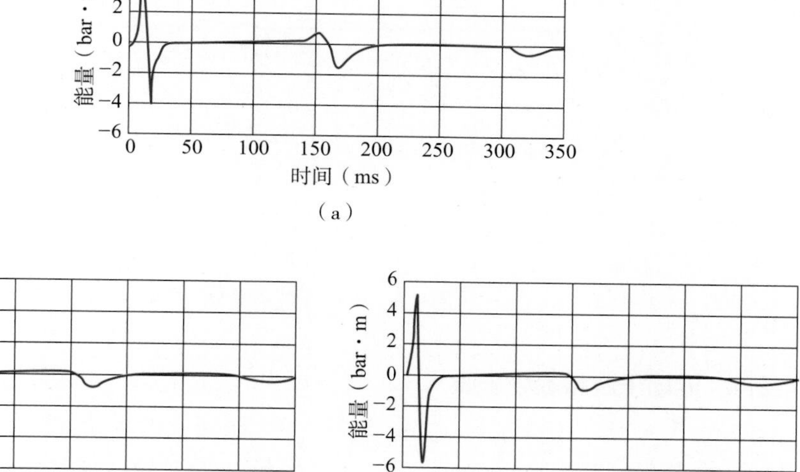

图 4.4 气枪总容积相同时气枪数量不同的能量对比（王学军等，2017）

（a）1支600in^3单枪的能量输出；（b）2支300in^3单枪组成的相干枪组合；（c）3支200in^3单枪组成的相干枪组合

4.2.3 气枪信号参数及含义

描述气枪信号的主要参数有：主脉冲（Primary）、峰 – 峰值（Peak–Peak）、初泡比（P/B Ratio）、气泡周期（Period）以及子波的频谱，如图 4.5 所示。

（1）主脉冲（Primary）。

主脉冲为气枪激发时释放高压气体后生成的第一个正压力脉冲（即子波脉冲）的振幅值，如图 4.5 中，A 点的振幅值，其单位为巴·米（bar·m，1bar=0.1MPa）。

（2）峰—峰值（Peak–Peak）。

峰—峰值为气枪激发后第一个正压力脉冲（A）与第一个负压力脉冲（B）的值之间的差。单位也为 bar·m。峰 – 峰值和主脉冲均与气枪激发的能量成正比。

（3）初泡比（P/B Ratio）。

初泡比为气枪激发后产生的第一个正压力脉冲（A）与第一个气泡脉冲（C）的振

幅之比。初泡比一般情况下不能低于 10。

（4）气泡周期（Period）。

气泡周期指主脉冲（A）的时间与第一个气泡脉冲（C）时间之间的间隔。

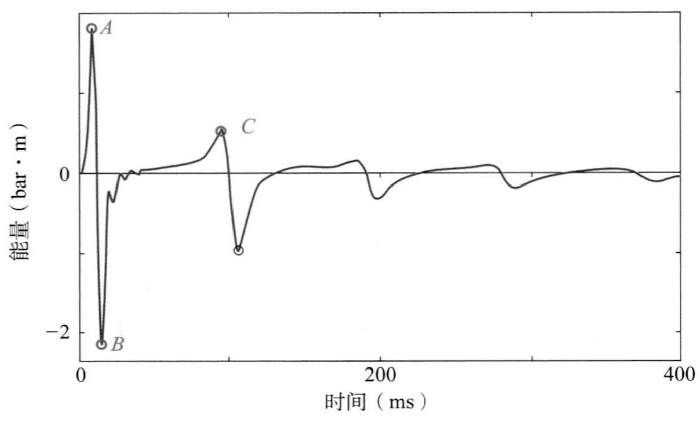

图 4.5　单枪子波示意图

4.2.4　近场子波和远场子波

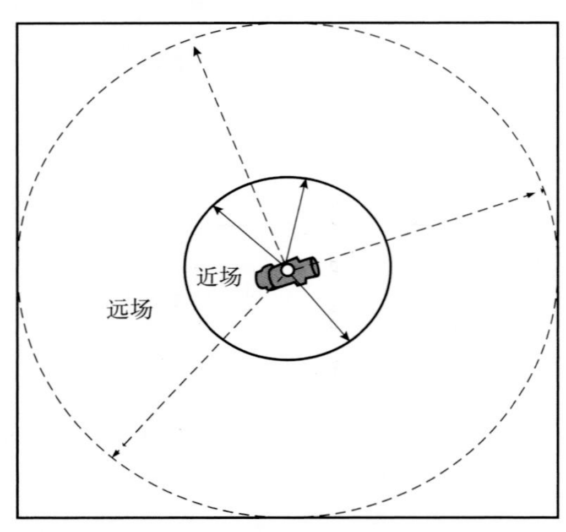

图 4.6　远场与近场关系示意图（陈浩林，2008）

谈到气枪组合阵列子波时，我们一般指的是阵列的“远场子波”，那么远场和近场的概念有何区别呢？如图 4.6 中，假定同心圆的中心为单枪或气枪阵列，在内心圆范围内气枪压力子波在各点上会随其所处位置的不同而不同，即使在圆周上（意味距离相等），其子波包络形态以及压力值也会发生变化。换句话说，在内心圆的范围内气枪子波会受到气枪本身的影响而使子波随位置不同而发生变化，一般将这一范围称为近场，在近场记录的子波称为近场子波；相反在内心圆以外的区域（甚至到无限远），各点的子波形态趋于稳定而不再发生变化，仅仅是压力值随着距离的增大而衰减，如在同一圆周上，子波形态及压力值都应该相同，我们一般将这一区域称为远场，在远场记录的子波称为远场子波（陈浩林，2008）。

远场距离 r 的计算一般采用经验公式：

$$r > \frac{B^2}{\lambda_{\min}} = f\frac{B^2}{v_{\mathrm{w}}} \tag{4-1}$$

式中，f为激发子波频率；λ_{min}为激发子波最小波长；B为气枪阵列空间最大尺寸；v_w为水中声波速度。

从式（4–1）可以看出，远场距离是频率、气枪（或阵列）空间尺寸的函数（陈浩林，2008），图 4.7 描述了远场距离与激发子波频率的关系，即激发子波频率越高，远场距离越大，二者为正比关系。对于地震勘探来讲，一般的气枪阵列最大空间尺寸在 20 ~ 30m 之间，假定声波在水中的速度为 1560m/s，则对于最大频率 250Hz 的子波，其远场距离约在 60 ~ 150m 之间。我们提及的气枪阵列子波一般指的是远场子波，因为阵列近场子波没有太大的实际意义。

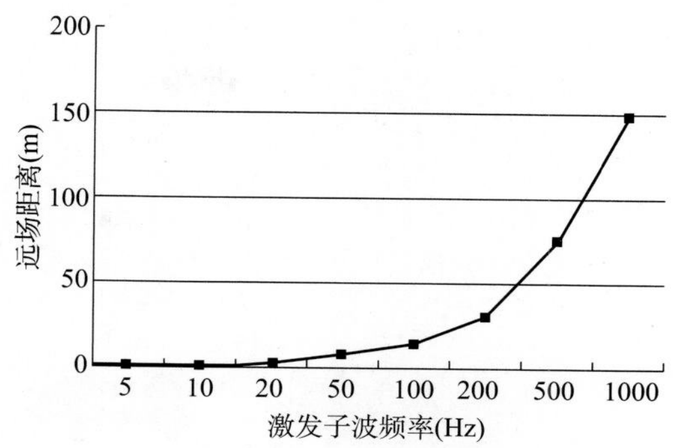

图 4.7 远场距离与激发子波频率关系示意图（陈浩林，2008）

4.3 气枪震源信号特点

气枪在水面以下激发，气枪子波有以下几个方面的特点：第一，震源激发的地震波会对水产生作用，形成气泡；第二，震源激发时产生的地震波不仅仅向下传播，也向上传播，向上传播的地震波在海面发生了反射，极性发生了反转，接着由海面向下传播，由海面反射回来的地震波紧紧跟在一次波之后向下传播，称为虚反射；第三，震源激发的子波是混合相位的，相位随着频带的变化会产生漂移，直接影响了资料的高分辨率处理。另外，由于非零相位反射波的峰值并不代表地层波阻抗界面，在进行地震资料解释时，存在地震层位标定误差，进而造成储层深度、厚度和圈闭面积的计算误差，而获得零相位化的地震资料是解决这一问题的最佳途径。

4.3.1 气泡问题

气枪激发过程中会对水产生膨胀和压缩作用，导致气泡产生（图 4.8），气枪震源所产生的气泡，在水中反复震荡直至浮出水面破裂，第一次震荡所产生的压力脉冲为震源子波主脉冲，其后的震荡产生气泡脉冲（图 4.9a），气泡效应在子波上表现为主脉冲后相对频率较低、振幅较小的脉冲，在频谱上表现为低频端的局部强振幅抖动（图 4.9b），在海底节点道集上表现为直达初至波同相轴后续周期性低频同相轴，气泡的存在会影响数据信噪比和分辨率。图 4.10 是某深海区域采集的海底节点道集，从图中箭头位置可以看到，低频强能量气泡效应严重干扰了有效信号，增加了有效反射同相轴正确识别的难度。

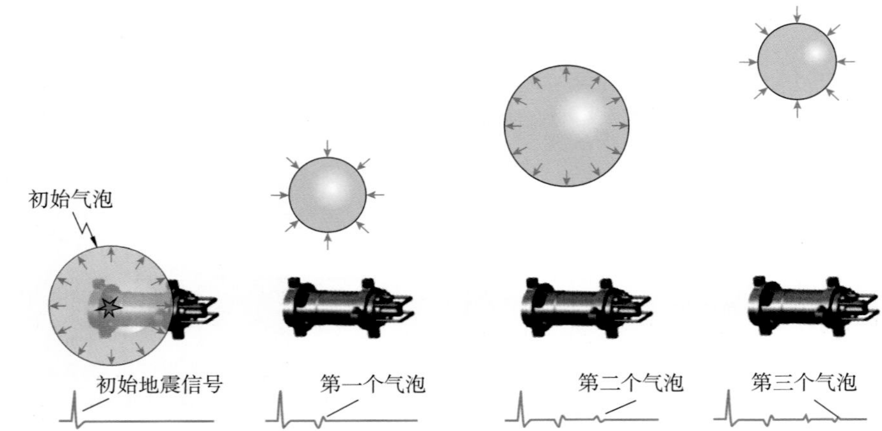

图 4.8 气泡生成过程（Derman Dondurur，2018）

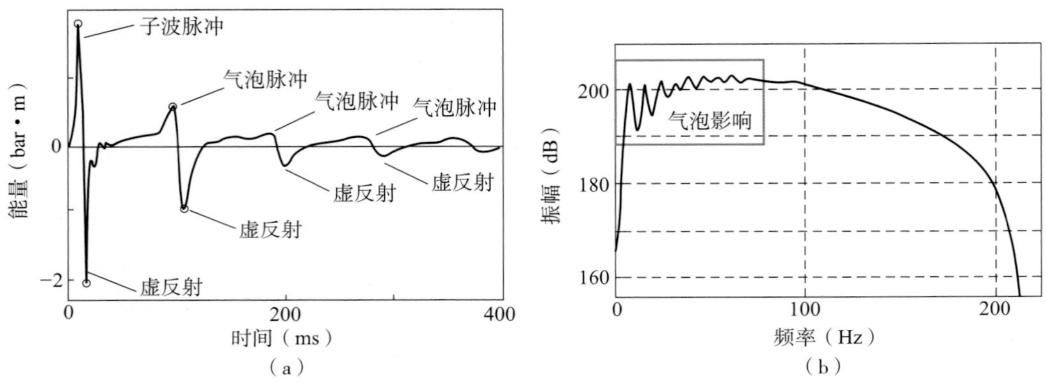

图 4.9 气泡效应对低频信息的影响（陈浩林，2008）

（a）气枪近场子波的气泡效应；（b）气枪近场子波的频谱

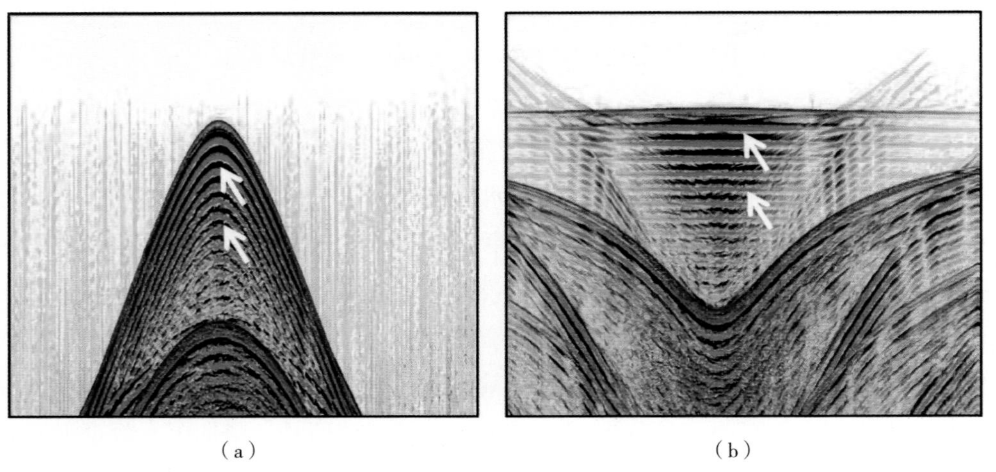

图 4.10 某海域海底节点 *P* 分量道集（Kristiansen P.，2015）

（a）海底节点*P*分量道集；（b）直达波拉平后的海底节点*P*分量道集

4.3.2 虚反射问题

海底节点地震勘探的震源沉放在海面以下，节点检波器放在海底，而海面是一个很强的反射面，所以节点检波器在接收到一次反射波（图 4.11a）的同时还会接收到从海面反射回来的波，我们通常称这种从海面反射回来的波为虚反射（鬼波）。虚反射的类型有三种（如图 4.11）：

（1）炮点端虚反射。

当气枪激发后，产生的地震波在向下传播的同时也向上传播，到达水面后发生反射，产生向下反射波，该反射波称为炮点端虚反射，如图 4.11b 所示。炮点虚反射将和气枪激发直接向下传播的地震波叠加在一起，作为入射波继续向地下传播。

（2）检波点端虚反射。

从地下反射回来的反射波，有一种反射波继续传播到水面，再由海平面反射下传到节点检波器，称为检波点端虚反射，如图 4.11c 所示。

（3）炮点端虚反射加检波点端虚反射。

实际采集时，往往会在炮点端和接收点端同时共同产生虚反射，称为炮点端虚反射加检波点端虚反射，如图 4.11d 所示。

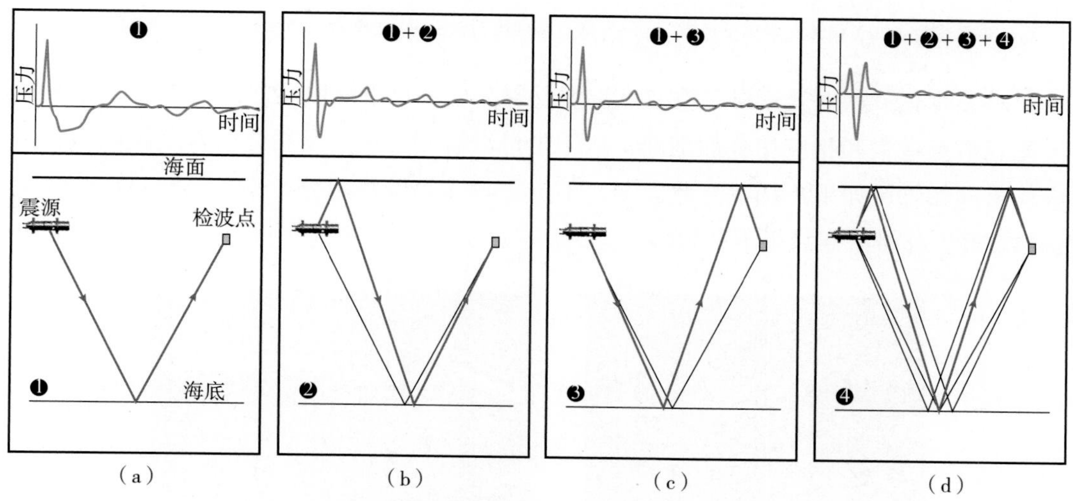

图 4.11 虚反射传播路径和子波（Derman Dondurur，2018）

（a）一次反射波；（b）炮点端虚反射；（c）检波点端虚反射；（d）炮点端虚反射加检波点端虚反射

虚反射有 3 个显著特点：第一，因为海水面的反射系数近似等于 −1，虚反射和一次反射波极性正好相反；第二，虚反射比一次反射波晚一段时间 t，t 与震源或电缆沉放深度，以及海水的速度有关，t 值往往是比较小的，因而会造成虚反射紧随在一次反射波之后；第三，虚反射在频谱上表现为陷波效应（图 4.12）。其陷波点出现的位置在频率 f_n：

$$f_n = v_w n / 2d \qquad (4\text{–}2)$$

式中，f_n 为陷波频率；v_w 是地震波在海水中的传播速度，一般为 1500m/s；d 为激发点或接收点的沉放深度，n=0，1，2，3，……。

虚反射和一次反射波的波形是一样的，这两种波混叠在一起，造成频率域的陷波效应，降低地震数据的分辨率。

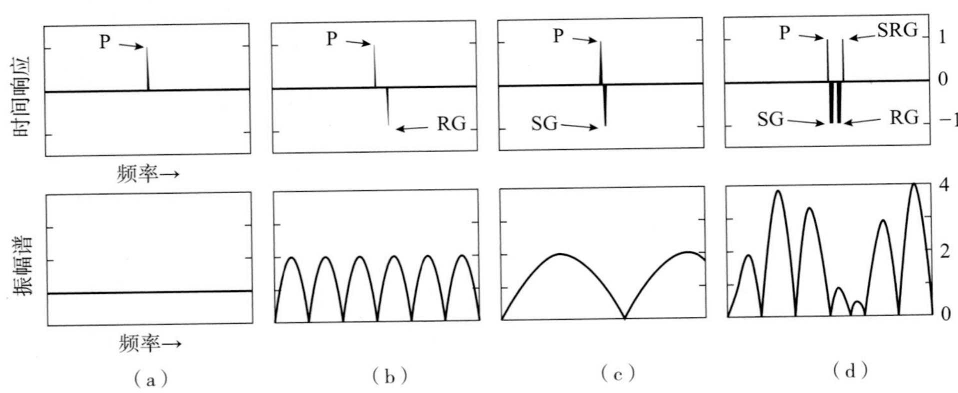

图 4.12　不同远场子波及频谱（Maximilian Georg Schuberth，2015）

（a）一次波P；（b）检波点端虚反射RG；（c）炮点端虚反射SG；（d）炮点端虚反射加检波点端虚反射SRG

对于海底节点地震资料，检波点端虚反射为检波点端一阶多次波，图 4.13 是某海域海底节点道集和相应初叠加剖面，从图中可以看到，一次反射之后都紧跟强负相位虚反射同相轴，如果不加以有效压制，不仅影响成果资料的分辨率，还会对后续地震资料解释工作带来误导等不利影响。

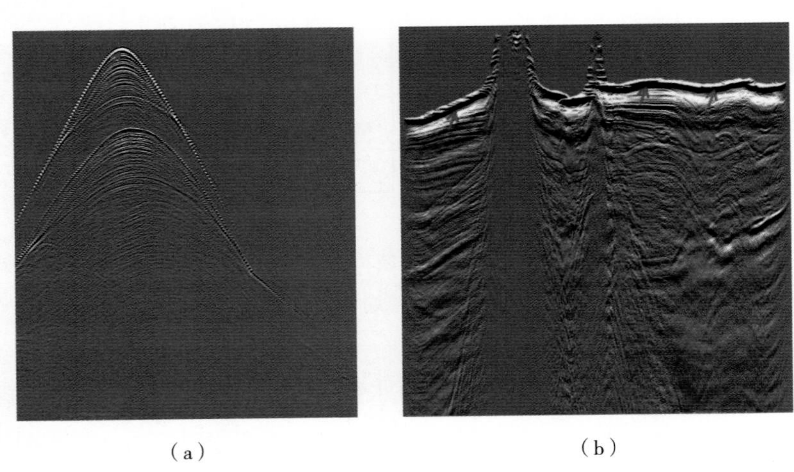

图 4.13　某区含有炮点端虚反射的海底节点记录和对应初叠加记录

（a）海底节点道集；（b）对应初叠加剖面

4.3.3 相位问题

气枪震源激发的地震子波为混合相位，并且随着不同出射方向的变化，地震子波的相位也会发生变化（郭祥辉，2019），如图 4.14 所示。

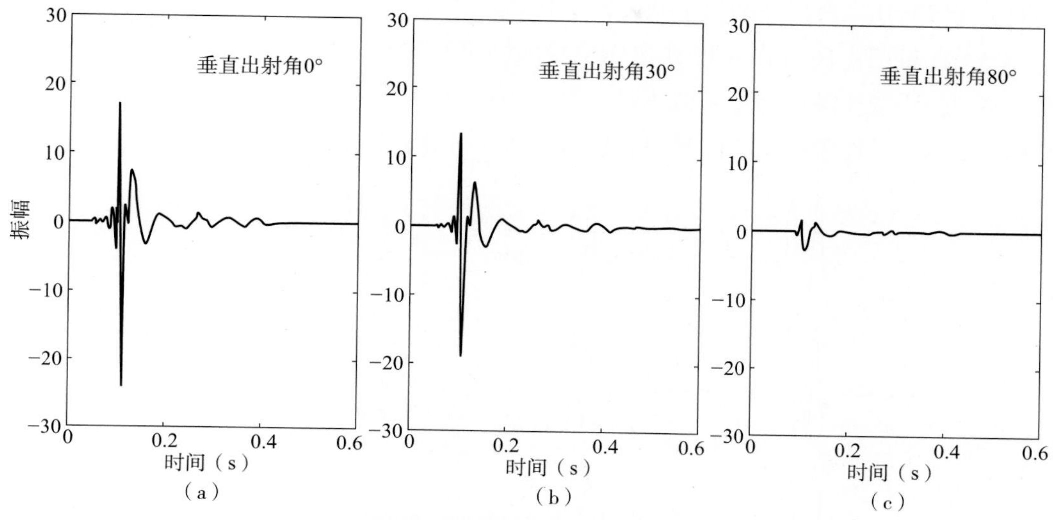

图 4.14 不同出射方向地震子波变化（郭祥辉，2019）

（a）出射角为0°；（b）出射角为30°；（c）出射角为80°

地震资料解释希望最终处理成果的子波为零相位，因为零相位地震子波具有几点优势（王希萍，2008）：

（1）在相同带宽条件下，零相位子波的旁瓣比最小相位子波的小，也可以理解为能量集中在较窄的时间范围内，所以分辨率高；如图 4.15 所示的最小相位子波和零相位子波，其带宽都是 0 ~ 50Hz，延续时间都是 300ms，但零相位子波从极大到零值只有 150ms，旁瓣的幅度也较小；而最小相位子波从极大到零值却用 300ms 时间，而且旁瓣的幅度也大，如果在 150ms 的地层情况下，零相位子波就可以分辨该地层，而最小相位子波却不能分辨。

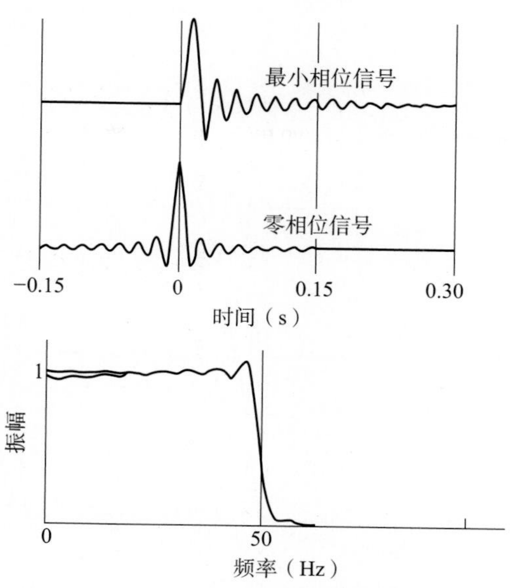

图 4.15 频带宽度 0 ~ 50Hz 的零相位子波和最小相位子波（王希萍，2008）

（2）图 4.16 是用三种零相位子波与一对相距 40ms、20ms 和 16ms 的幅度相等的尖脉冲褶积的结果；图 4.17 是用三种最小相位子波与同样三组尖脉冲褶积的结果，分析比较这些结果可以看出：零相位子波的脉冲反射时间出现在零相位子波峰值处，而最小相位子波的脉冲反射时间出现在子波起跳处，后者的计时极不准确，因为在实际地震记录上，由于存在干扰背景，不可能准确读出初至时间，我们在地震解释中也比较习惯于相位对比，所以零相位子波更便于解释。

（3）比较图 4.16 和图 4.17 还可以检验两种子波对薄层的分辨能力，从实际结果看出：零相位子波比最小相位子波优越，对于相距 16ms 的两个尖脉冲，三个最小相位子波都显示不出，而零相位子波却仍能显示出两个明显分开的极值。

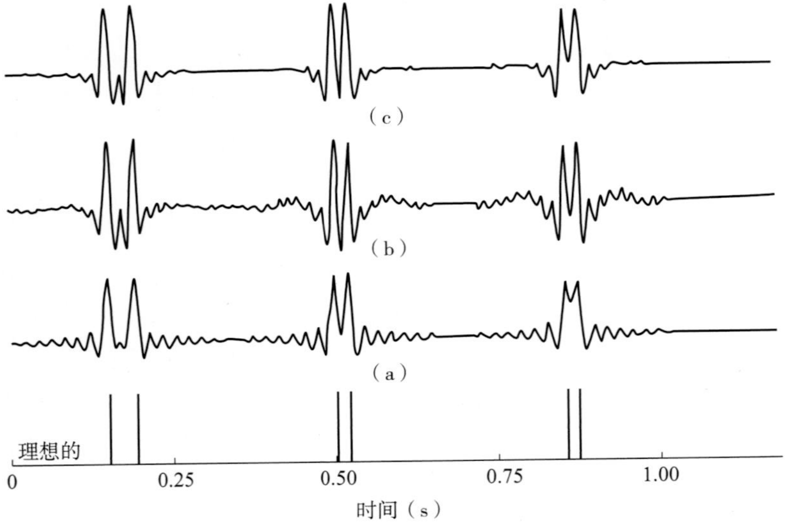

图 4.16　三种零相位子波与三对相距时差不同的脉冲褶积的结果（王希萍，2008）

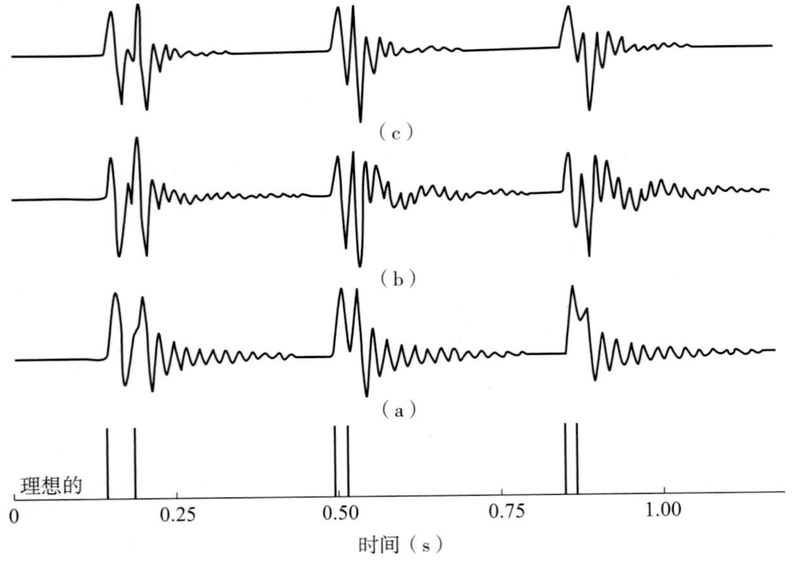

图 4.17　三种最小相位子波与三对相距时差不同的脉冲褶积结果（王希萍，2008）

在各种子波中，零相位子波分辨率最高，如果子波是零相位化的，那么实际波形中的波峰或者波谷位置与反射系数是重合的，在解释过程中连续追踪波峰就可以准确的识别界面。但是实际海底节点地震资料子波通常不是零相位的，而是混合相位的，为了提高海底节点地震资料的分辨能力，需要对子波进行零相位化处理。

4.4 一维信号反褶积

4.4.1 基本原理

在海底节点地震资料处理中，信号反褶积是非常重要的一个环节，信号反褶积可达到三个方面作用或目的：一是压制低频气泡效应；二是压制炮点端虚反射；三是将地震子波调整成零相位子波。信号反褶积是利用已知的气枪信号或地震数据求取远场子波，再将远场子波向期望子波求整形算子，最后将整形算子与地震数据进行褶积应用的方法。海底节点地震勘探一般使用气枪阵列作为震源，但是由于气枪组合阵列的尺寸与其激发的子波波长相比无法忽略，使得气枪震源无法看成点震源，导致震源子波传播随方向变化。在信号反褶积方法中，如果假设震源子波垂直向下传播而不考虑震源子波传播随方向变化的影响，称为一维信号反褶积，如果在求取远场子波时考虑震源子波传播随三维方向变化的影响，称为三维信号反褶积（方向性信号反褶积）。本节重点介绍一维信号反褶积原理和处理流程，下节将分析震源子波传播随三维方向变化的影响，然后介绍三维信号反褶积原理和处理流程。

从数学上讲，信号反褶积利用了褶积模型的概念，褶积模型表达式为

$$s(t) = w(t) * R(t) + n(t) \tag{4-3}$$

式中，$s(t)$ 表示地震记录，$w(t)$ 表示地震子波或气枪信号，$R(t)$ 表示地下反射系数，$n(t)$ 表示噪声。

实际上，$w(t)$ 本身是包括主信号、气泡、炮点和检波点鬼波等在内的多种因素的褶积响应的合成。对于海洋资料而言，$w(t)$ 基本是可以求取出来的，因此可以通过确定性方法实现信号反褶积。如前面所说，如果已知 $w(t)$，根据设计的零相位期望子波 $u(t)$，就可以求取整形滤波器 $f(t)$，如下式

$$u(t) = w(t) * f(t) \tag{4-4}$$

将求取出的整形滤波器 $f(t)$ 与公式 4–3 的 $s(t)$ 进行褶积，即可消除气枪信号中气泡和虚反射的影响，同时实现子波的零相位化。

$$\mathrm{s}(t) * f(t) = w(t) * f(t) * R(t) + n(t) \tag{4-5}$$

4.4.2 期望子波设计

当获取远场地震子波之后，可利用预测反褶积或者直接截断的方法得到一个消除气泡和炮点虚反射的震源子波，然后将该子波转成零相位子波，即可得到期望输出子波，图 4.18 为期望子波设计的主要环节。

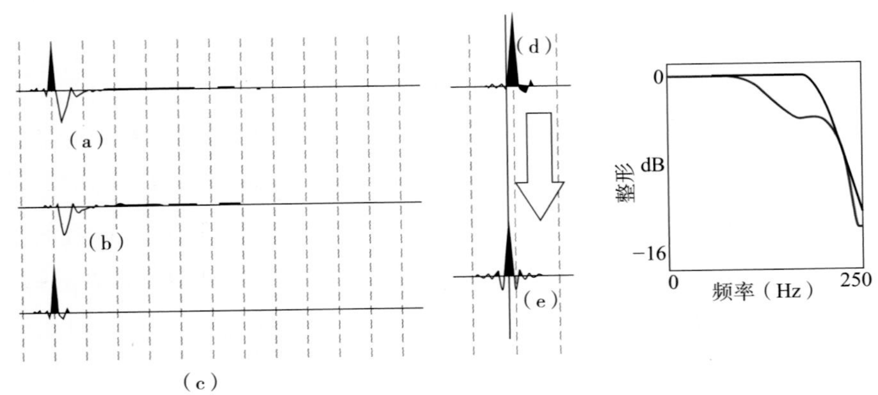

图 4.18 期望子波设计（G. Poole，2015）

（a）带有气泡和炮点虚反射的震源子波；（b）气泡和炮点虚反射；（c）消除气泡和炮点虚反射的震源子波；（d）截断的无虚反射的远场子波；（e）零相位子波（期望子波）

实现一维信号反褶积方法是对提取的远场子波（一维远场信号），通过预测反褶积或其他方法进行气泡和炮点虚反射压制，然后进行零相位化处理，最后求取远场子波（一维远场信号）到零相位化后子波的反算子，如图 4.19 所示，并将反算子应用到地震数据中，最终实现气泡压制、虚反射压制和零相位化的目标。

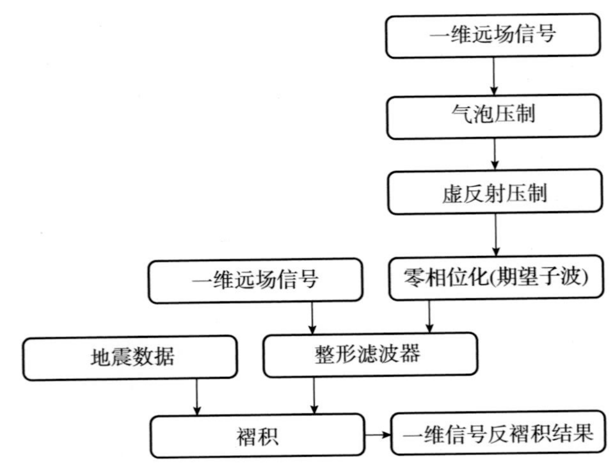

图 4.19 一维信号反褶积实现流程

4.4.3 一维远场子波计算

对于信号反褶积处理，最关键的一个环节就是获得远场子波，获得远场子波方法有很多种，下面主要介绍 3 种方法。

4.4.3.1 利用记录的近场子波计算远场子波

通过前面的论述我们知道，海底节点地震勘探一般使用气枪组合阵列作为震源，但是由于气枪阵列的尺寸相对于其激发的子波波长无法忽略，使得气枪震源无法看成点震源，由此产生了两个问题：第一，子波随方向变化，即子波的方向性；第二，在近场范围内，子波随距离变化，就是说即使在用一个方向，子波的相位谱受距离影响，所以对于气枪子波的研究需要在波形更加稳定的远场进行。但是由于没有足够的水深以防止测量受到海底反射的干扰，一个气枪的远场测量无法在大陆架上进行。所以，远场子波的测量必须在深水域进行，但这很难确定接收点和激发点的相对位置。因此，远场子波的实际测量困难重重，由近场测量的数据来计算远场子波逐渐受到重视。

（1）非相干情况下远场子波的合成。

若多枪同时激发，其相互间距离足够远的话，各枪之间没有相互的干涉作用，则远场任一点的子波，就等于各枪子波在远场进行简单的线性叠加（倪成洲，2008）（即只考虑按距离比例缩放及时间延迟，而不必考虑子波形态的改变）。

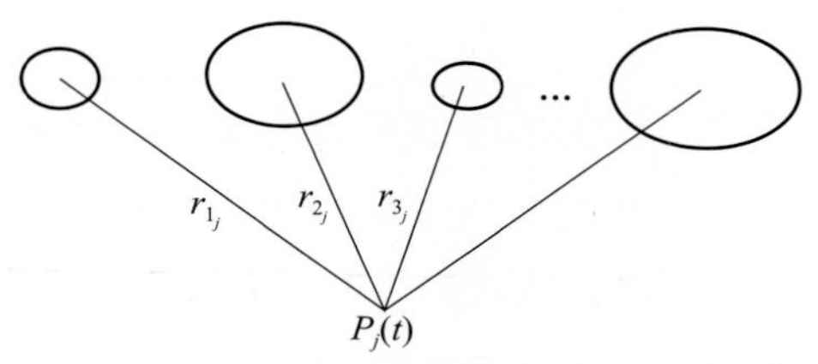

图 4.20 多枪远场子波叠加示意图（倪成洲，2008）

如图 4.20 所示，已知第 i 支气枪的子波 $w_{n_i}(t)$ 为，则位置 j 处的远场子波 $w_{f_j}(t)$ 为 n 支枪子波的线性叠加，其方程为

$$w_{f_j}(t)=\Sigma_{i=1}^{n}\frac{w_{n_i}\left[t_j-\frac{r_{i_j}}{v_{\mathrm{w}}}\right]}{r_{i_j}} \tag{4-6}$$

式中，v_{w} 为水中的声波速度；t 为初至时间；r_{i_j} 为第 i 支气枪的子波到 j 处远场子波的距离。

式（4-6）的含义为各个已知子波在远场任一点进行距离比例缩放、时间延迟处理之后的叠加，而不必考虑子波形态的变化。

（2）相干情况下远场子波的合成。

如图 4.21 所示，如果各支气枪之间互相干涉，则无法按照式（4-6）进行简单叠加处理来求取远场任一点的子波，因为在这种情况下，第 i 支气枪的子波不再是 $w_{n_i}(t)$，而是一个受到其他枪干涉的未知数，则位置 j 处的远场子波 $w_{f_i}(t)$ 也就不能将 $w_{n_i}(t)$ 进行线性叠加而求取远场子波。如果利用式（4–6）求取远场子波则结果与实测的结果将产生较大的误差。然而可以假设存在 n 个假想的震源 $w_i'(t)$，这些假想的震源之间不存在干涉作用，那么就可以按照式（4–6）进行远场子波的合成计算。假设实测的近场子波 $w_{n_i}(t)$ 是由 n 个不相干的假想子波 $w_i'(t)$ 合成的，可以得到方程组（陈浩林，2005）：

$$
\begin{aligned}
w_{n_1}(t) &= \sum_{i=1}^{n} \frac{w_i'\left[t_1 - \frac{r_{i_1}}{v_w}\right]}{r_{i_1}} \\
w_{n_2}(t) &= \sum_{i=1}^{n} \frac{w_i'\left[t_2 - \frac{r_{i_2}}{v_w}\right]}{r_{i_2}} \\
&\vdots \\
w_{n_n}(t) &= \Sigma_{i=1}^{n} \frac{w_i'\left[t_n - \frac{r_{i_n}}{v_w}\right]}{r_{i_n}}
\end{aligned}
\tag{4–7}
$$

式中，v_w 为水中的声波速度，$i=1, 2, \cdots, n$。通过上述方程组求出假想震源 $w_i'(t)$，就可以按照式（4–6）进行远场子波的计算。所以，基于近场测量进行阵列远场子波模拟的基本原理（图 4.21）：由实测子波计算出假想子波，再由假想子波合成远场子波。

经过分析发现，要用近场子波模拟远场子波必须解决下面 3 个技术难题（倪成洲，2008）。

①去除近场子波的虚反射。

气枪激发后，地震波向各个方向传播，当地震波传播到水面和海底时，地震波会发生反射，反射波与原地震波叠加后被近场检波器接收，也就是说，近场检波器接收的近场子波中包含有虚反射成分，在计算前应该去除掉。如何去除子波中的虚反射是要解决的一个技术难题。

②计算假想子波。

假设实测的子波是由近场检波器下方的多个不相干子波叠加而成的，要计算这些假想的不相干子波，利用这些不相干子波可以合成远场子波。如何求得假想子波是基于近场测量进行阵列远场子波模拟技术的最关键问题。根据不相干子波的叠加算法，可以列出多个方程，这些方程组成方程组，通过解方程组可以求得假想震源子波，但是，由于多个假想子波叠加过程中存在时差，使得方程数很大方程组的参数矩阵很复杂，因此，如何高效准确地解方程组是个难题。

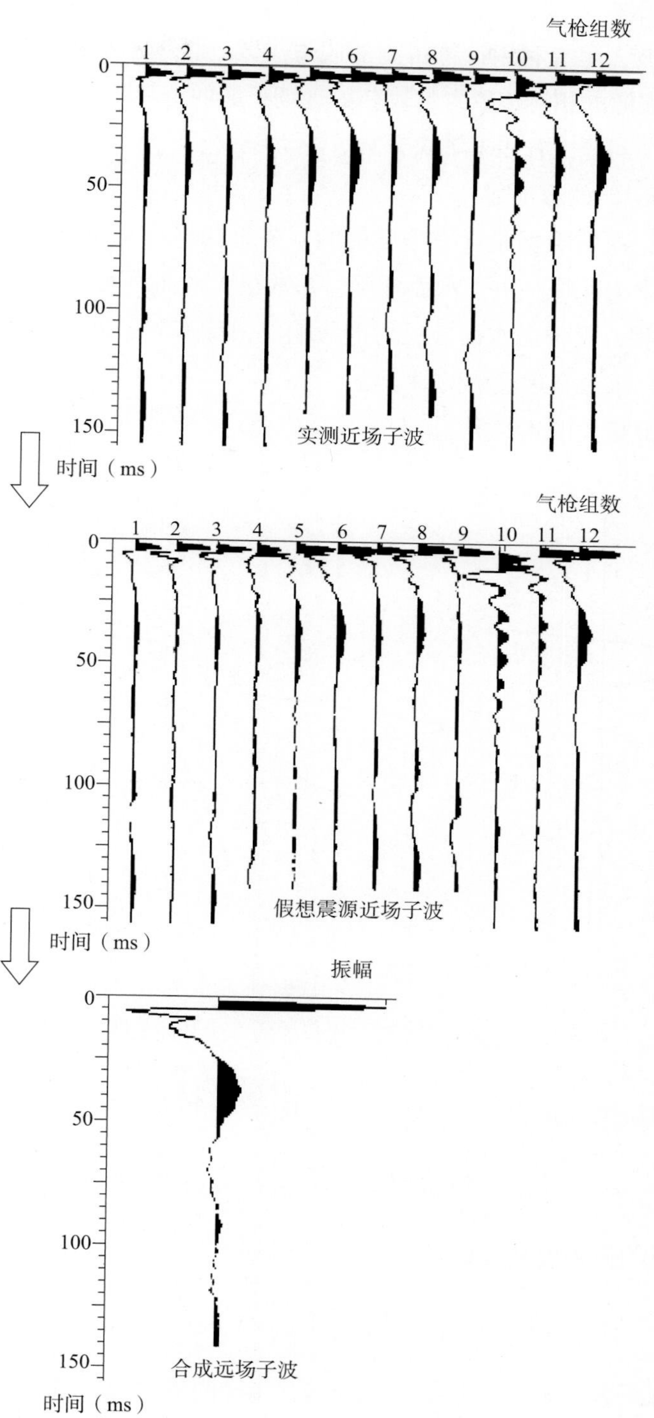

图 4.21 基于近场测量进行阵列远场子波模拟的基本原理（倪成洲，2008）

③合成远场子波。

合成远场子波，是指利用计算得到的假想子波，根据不相干子波的叠加算法及远场点与各个假想震源的相对位置，计算获得远场子波的过程。

针对以上几个问题，有如下解决方案。

a）去除近场子波的虚反射。

近场检波器记录的数据是含有虚反射的，要想获得真实的近场子波，就必须将虚反射信息从记录中去除掉。由于水面虚反射系数很大，而海底虚反射相对较小，所以，为了简化计算过程，仅考虑水面虚反射的影响。去除实测子波中的虚反射成分，也就是已知实测结果，求没有虚反射的原子波。

现在做如下分析（图 4.22）：

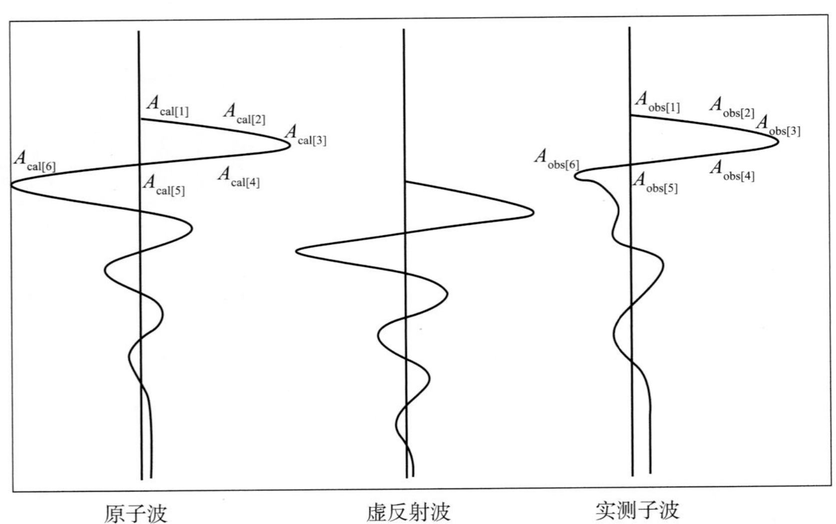

图 4.22　去除实测子波中虚反射的方法（倪成洲，2008）

实测子波的振幅分别为：

$$A_{obs[1]}, A_{obs[2]}, A_{obs[3]}, A_{obs[4]}, A_{obs[5]}, \cdots, A_{obs[N]}$$

假设原子波的振幅分别为：

$$A_{cal[1]}, A_{cal[2]}, A_{cal[3]}, A_{cal[4]}, A_{cal[5]}, \cdots, A_{cal[N]}$$

虚反射衰减系数为 γ；虚反射时差为 $\mathrm{d}t$，采样间隔为 Δt，则虚反射波与原子波相差 $\mathrm{d}t/\Delta t$ 个采样点；

那么，对于第 i 个采样点，可以得到下列方程：

$$A_{obs[i]} = A_{cal[i]} \quad i \leqslant m$$
$$A_{obs[i]} = A_{cal[i]} + \gamma \cdot A_{cal[i-m]} \quad i > m \tag{4-8}$$

式中，$i = 0, 1, 2, \cdots$；N是采样点数。

这样，就可以列出N个方程组成N元一次方程组，通过解方程组可以求得原子波$x_{[i]}$。

将方程组写成用矩阵表示的标准格式：

$$\boldsymbol{LW}'=\boldsymbol{W} \tag{4-9}$$

式中，$\boldsymbol{W}$是实测子波；$\boldsymbol{W}'$是要求的原子波；$\boldsymbol{L}$是方程组的参数矩阵。

我们设计了解标准方程组的通用函数，在此，只要能生成参数矩阵，就可以用通用函数求得原子波。

b）求取假想震源子波的方法。

假设存在n个假想的震源子波$w_i'(t)$，这些假想的震源子波之间不存在干涉作用，那么就可以按照式（4–6）进行远场子波的合成计算。

假设存在12个假想震源子波，那么得到这些假想震源子波的方法就是：实际记录气枪阵列中各个单元的近场子波$w_{n_i}(t)$，而利用下面的方程组（4–10）求取各个假想震源$w_i'(t)$。

$$w_{n_1} = \sum_{i=1}^{12} \frac{w_i'\left[t_1 - \frac{r_{i_1}}{v_w}\right]}{r_{i_1}}$$
$$w_{n_2} = \sum_{i=1}^{12} \frac{w_i'\left[t_1 - \frac{r_{i_2}}{v_w}\right]}{r_{i_2}}$$
$$\vdots$$
$$w_{n_{12}} = \sum_{i=1}^{12} \frac{w_i'\left[t_1 - \frac{r_{i_{12}}}{v_w}\right]}{r_{i_{12}}} \tag{4-10}$$

式中，w_{n_1}，w_{n_2}，w_{n_3}，…，$w_{n_{12}}$是第1，第2，…，第12个近场检波器实测子波去除虚反射后的子波；t_1，t_2，t_3，…，t_{12}分别是第1，第2，…，第12个近场子波的初至时间；r_{i_1}，r_{i_2}，r_{i_3}，…，$r_{i_{12}}$分别是第i个假想震源到第1，第2，…，第12个近场检波器的距离；v_w是地震波在海水中的传播速度；w_i'是第i个假想子波，未知。

c）合成远场子波。

如前所述，假设存在12个假想的震源$w_i'(t)$，这些假想的震源之间不存在干涉作用，那么就可以按照式（4–11）进行远场子波的合成计算。

$$w_f=\Sigma_{i=1}^{12}\frac{w_i'\left[t-\frac{r_i}{v_{\mathrm{w}}}\right]}{r_i} \tag{4–11}$$

式中，w_f是远场子波；t是远场子波初至时间（假想震源中，最快传播到远场子波位置的时间）；r_i是第i个假想震源到远场子波位置的距离；v_{w}是地震波在海水中的传播速度；w_i'是第i个假想子波，已知它有多个采样点，在此使用时差（$t-r_i/v_{\mathrm{w}}$）后相应采样点数值参加计算。通过计算可得到合成后的远场子波。

4.4.3.2 利用气枪阵列优化设计模拟软件模拟远场子波

气枪阵列的设计、制造以及实际应用中的优化与改造都是基于气枪阵列优化设计模拟软件系统，下面就目前业内普遍应用的模拟软件系统 Gundalf 及 Nucleus 作一些简单的介绍。

Gundalf 气枪阵列优化设计模拟软件系统是美国 Oakwood 公司研制的。该系统基于 Windows 或 Linux 平台，用户操作相对简单，但其主要功能局限于气枪阵列的理论模拟设计，而在地震采集方案整体优化方面，包括结合地质建模、正演、观测系统设计等方面相对薄弱。

相比而言，美国 PGS 公司的气枪阵列优化设计模拟软件系统 Nucleus 的功能要强大得多。它主要包括三大模块：地震勘探设计（Survey Design）、正演模型（Seismic Modeling）、工具模块（Utilities）。

其中，地震勘探设计主要包括四大子模块：

· 气枪震源模型（Marine Source Modeling）；

· 海洋地震勘探设计（Marine Survey Planning）；

· 子波分析（Wavelet Analysis）；

· 噪声分析（Noise Analysis）。

Nucleus 软件模拟远场子波的原理本质上也是通过枪阵近场子波模拟远场子波的。

图 4.23 为一实测地震资料的野外震源系统，该系统是由一排气枪阵列组成，总容量达 570in³，工作气压为 2000psi，沉放深度为水面以下 5m，其中阵列长度为 15m。图 4.24 为利用 Nucleus 软件，输入气枪震源参数模

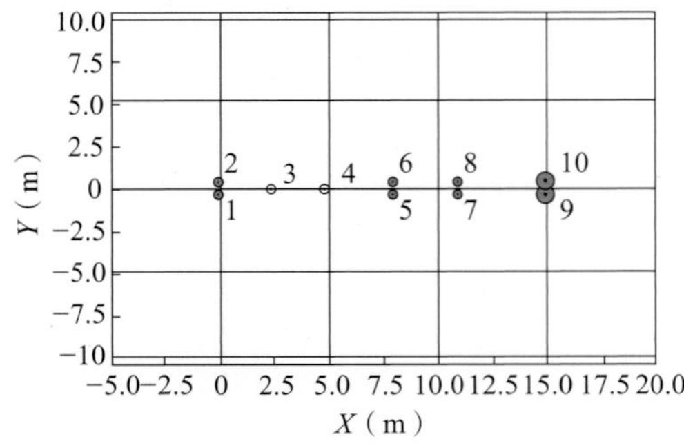

图 4.23 野外气枪震源阵列组合图（杨振等，2019）

拟的远场子波。

除此之外，Seamap 软件也能进行远场子波的模拟，该软件可以利用近场子波计算远场子波，可以产生每炮的远场子波。

4.4.3.3 利用实际地震数据求取远场子波

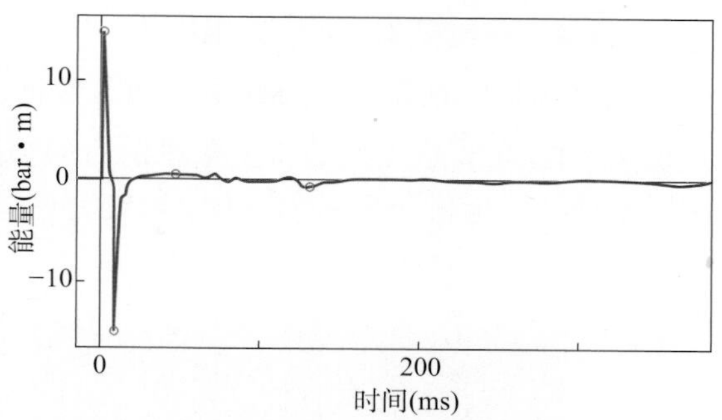

图 4.24 Nucleus 软件模拟的远场子波（杨振等，2019）

对于海洋深水海底节点地震资料，在没有近场记录子波和模拟子波的情况下，从地震资料的直达波中提取子波压制鬼波和气泡效应也可以取得较好的效果。深水情况下，可以看到完整的气泡缩胀过程，也能较好地识别气泡效应。由于直达波中真实记录了气泡周期、初泡比等信息，是真实子波的反映，相对于模拟子波而言，用直达波提取的子波通过确定性信号反褶积可以更好地压制气泡。

具体过程，首先对原始道集做高通滤波以滤除低频干扰，抽取尽可能多的近炮检距道集，以保证突出直达波信号和气泡，同时使直达波下的地层信息得到抵消，对近炮检距道集进行动校正，使选取的数据的直达波校平，让主脉冲处在同一时间线上，这样确保海底能够同相叠加，如图 4.25 所示。从该道集上，可清楚地看到严重的与直达波平行的气泡效应，具体表现为低频强能量在时间上的周期性重复出现，该现象类似于多次波。从直达波中抽取的子波（图 4.26）形态上可看到子波气泡效应严重，初泡比较低，且二级气泡能量仍然很强。

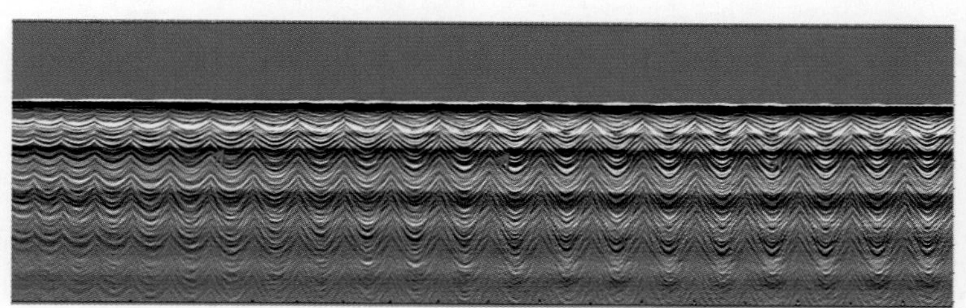
图 4.25 近炮检距道集

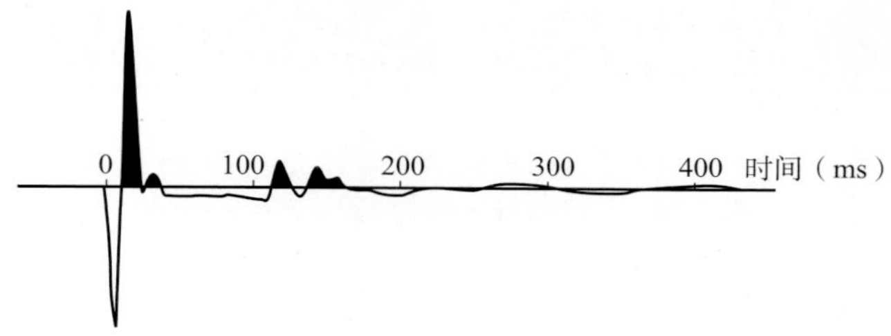

图 4.26 从直达波中提取的地震子波

4.4.4 一维信号反褶积应用分析

该实例是在某海域的海底节点地震数据，图 4.27 为一维信号反褶积前后的共检波点道集，图 4.28 是一维信号反褶积前后的叠加剖面，可以看到，一维信号反褶积压制了大量的气泡能量，但是仍有部分气泡残留。

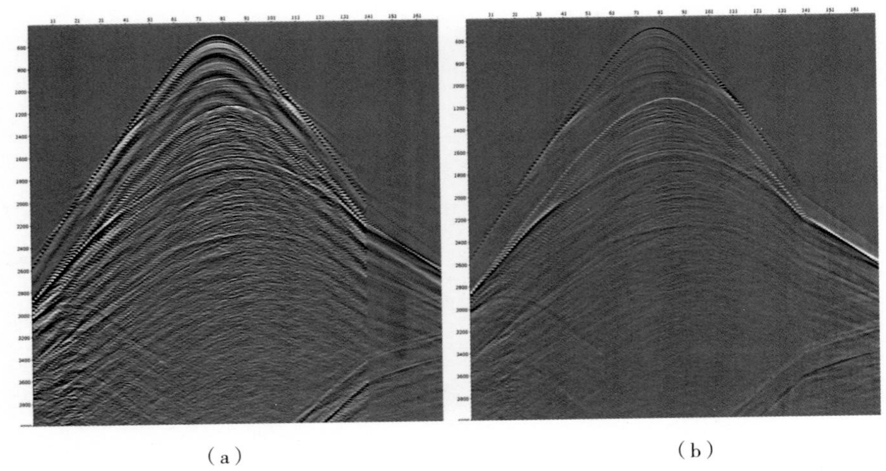

（a）（b）

图 4.27 一维信号反褶积前后的共检波点道集

（a）一维信号反褶积前；（b）一维信号反褶积后

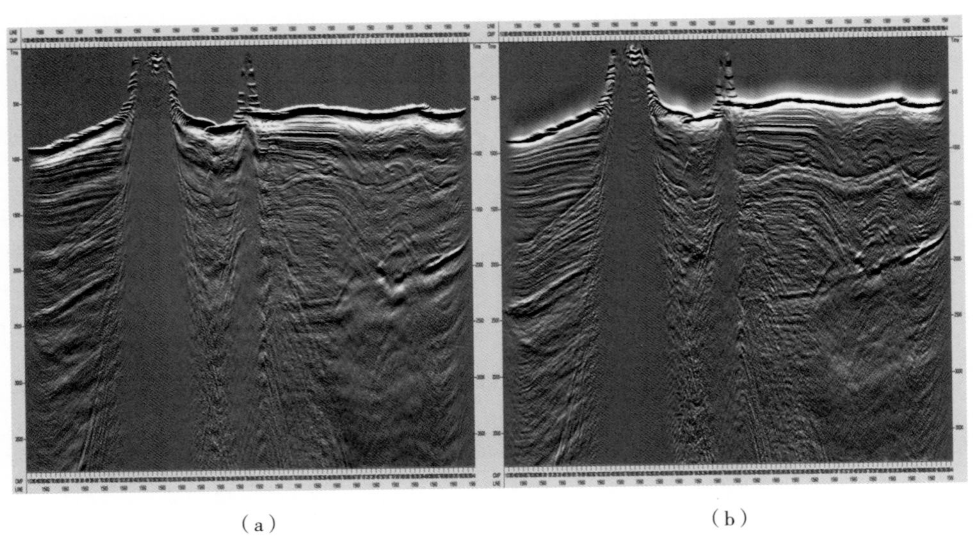

（a）（b）

图 4.28 一维信号反褶积前后的叠加剖面

（a）一维信号反褶积前；（b）一维信号反褶积后

4.5 方向性信号反褶积

海上地震勘探中多使用气枪阵列作为震源，由于气枪阵列具有一定的长度和宽度，不满足点震源的基本假设，气枪阵列具有明显的方向性特征（殷小龙，2016）。气枪阵列的方向性使地震子波在地震记录上呈现复杂的时空分布特征，气枪子波的波形和频谱随入射角和方位角而变化，这种变化表现不仅在海底节点道集或共反射点道集上，不同地震道之间具有不同的地震子波，即使在同一个地震道上，不同反射时间所接收的地震子波也存在差异。因此，在处理时应该考虑气枪阵列的方向性影响以消除其对地震资料处理和地震反演等的影响。

本节首先分析了气枪阵列的方向性及其对地震数据的影响。然后介绍几种消除气枪阵列方向性的方法，这里统称方向性信号反褶积方法，也称为三维方向性信号反褶积。方向性信号反褶积的目的是将不同方向入射的子波变为垂直方向入射的子波，来消除由气枪阵列子波传播的方向性对地震数据振幅和频带宽度上的影响。这里主要介绍三类方法：第一种是基于近场记录（NFH）的方向性信号反褶积方法，该方法利用气枪组合枪阵近场记录求取远场子波，然后计算反算子，最终实现方向性信号反褶积的方法；第二种是基于左右舷地震数据的逐炮方向性信号反褶积，该方法是对震源船左右舷气枪组合枪阵激发的海底节点地震数据分别求取远场子波，然后各自计算反算子，最终应用到各自数据上来实现方向性信号反褶积的方法；第三种是三维数据驱动的方向性信号反褶积方法，它通过将海底节点地震数据变换到三维 τ–p 域来求取激发子波在三维空间不同方位角和出射角的远场子波，最终实现三维信号反褶积的方法。

4.5.1 气枪组合阵列方向性及影响

前面介绍可知，气枪组合阵列具有一定的长度和宽度，不同方向激发的信号具有不同的特征。图 4.29a 为气枪组合阵列震源激发的方位角和出射角示意图，90° 和 270° 方位平行于炮线方向，0° 和 180° 垂直于炮线方向，出射角范围为 –90° ~ 90°。图 4.29b 和图 4.29c 显示了 0° 方位角和 90° 方位角不同出射角度下的震源方向性图。对于 0° 方位角，当出射角大于 60° 时，不同方向震源激发的子波能量开始发生变化；对于 90° 方位角，当出射角大于 75° 时，不同方向震源激发的子波能量开始发生变化。

震源方向性影响着不同方位和出射方向远场地震子波的变化，图 4.30a 是同一方位（方位角为 0°）不同出射角远场地震子波的变化，图 4.30b 是同一出射角（出射角为 30°）不同方位远场地震子波的变化，可以看到子波特征在不同方位和不同出射方向都存在差异，特别是当激发子波方位角相同而出射角不同时远场地震子波的变化要比出射角相同而方位角不同时要大。

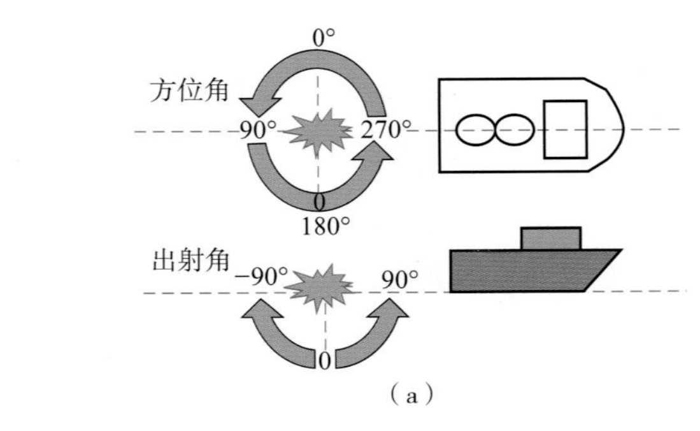

（a）

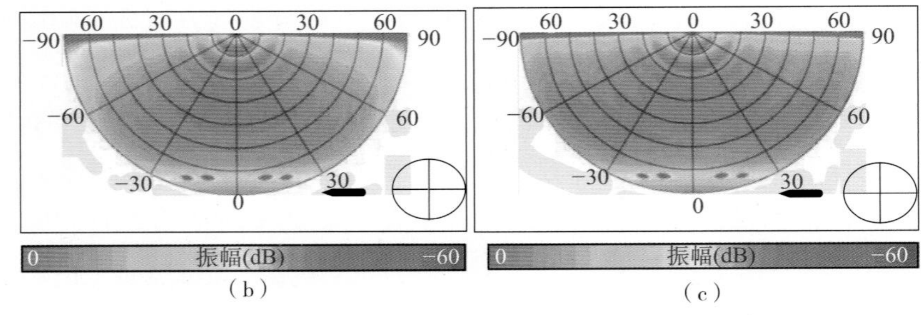

（b）　　（c）

图 4.29　三维震源方向示意图（Xu Li，2015）

（a）采集方位角和出射角定义，90° 和–90° 方位为平行于炮线方向，0° 和180° 为垂直于炮线方向，出射角范围为–90° ~ 90° ；（b）在90° /–90° 的情况下，不同出射角震源激发的子波能量变化；（c）在0° /180° 的情况下，不同出射角震源激发的子波能量变化

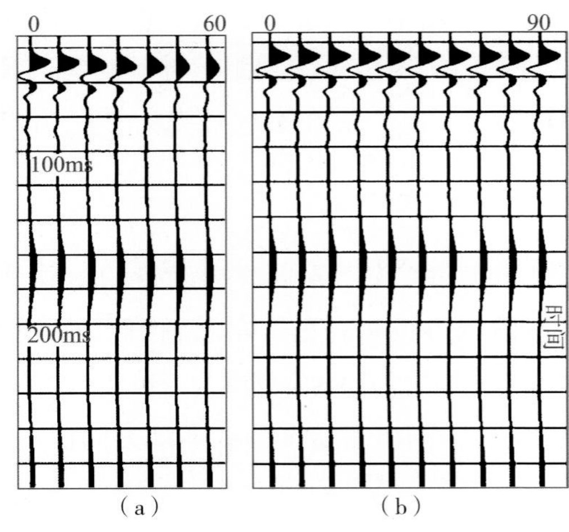

（a）　　（b）

图 4–30　远场子波随激发方位角和出射角变化（Xu Li，2015）

(a) 方位角为0° 时，方向性远场子波随出射角的变化；(b) 出射角为30° 时，方向性远场子波随方位角的变化

为了消除震源方向性对地震子波的影响，处理过程中应该采用方向性信号反褶积方法。图 4.31 很好地说明了震源方向性对地震子波的影响和应用方向性信号反褶积的必要性。如图 4.31a 为记录的垂直方向远场子波，图 4.31b 为经过一维信号反褶积处理后的远场子波，可以看到地震子波已转换为零相位子波，图 4.31c 为 10 个来自不同方向的远场子波，可以看出不同方向记录的远场子波存在明显差异，图 4.31d 为图 4.31c 所示不同方向记录的远场子波经过一维信号反褶积处理后的结果，可以看到经过一维信号反褶积后，中间近似垂直入射的远场子波接近于零相位子波，两侧偏离垂直入射角的远场子波逐渐偏离零相位特征，出现了明显振幅和相位畸变，这说明中间远场子波接近于垂直入射方向，而两侧远场子波

偏离垂直入射方向，常规一维信号反褶积无法对不同出射角的地震信号进行有效处理。因此在信号反褶积处理过程中不能忽略震源信号的方向性影响，必须应用方向性信号反褶积处理技术。

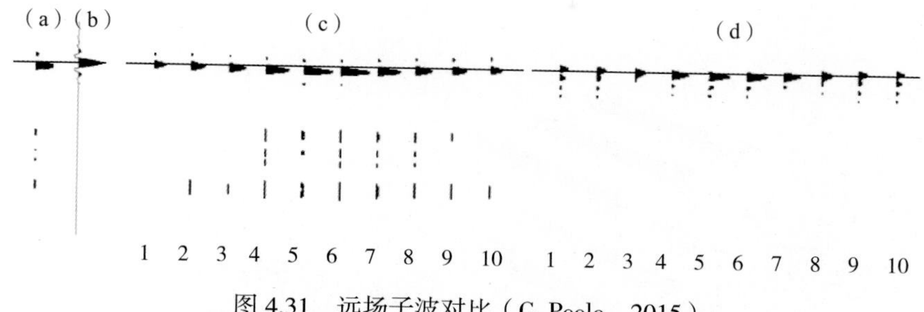

图 4.31　远场子波对比（G. Poole，2015）

（a）垂直方向的远场子波；（b）一维信号反褶积后的远场子波

（c）不同方向记录的远场子波；（d）一维信号反褶积后的远场子波

4.5.2　三维 τ–p 变换与三维地震信号的方向性

在 t–x–y 域内，地震波的传播方向不能很容易表达，因此，可以对海底地震数据进行三维 τ–p 变换，离散时间—空间域的三维 τ–p 正、反变换的计算公式分别为

$$u(p_x, p_y, \tau) = \sum_x \sum_y s(x, y, t = \tau + p_x x + p_y y)$$

$$s'(x, y, t) = \Sigma_{p_x} \Sigma_{p_y} u(p_x, p_y, \tau = t - p_x x - p_y y) \qquad (4\text{–}12)$$

式中，$s(x, y, t)$ 为时间—偏移距域数据；$u(p_x, p_y, \tau)$ 为三维 τ–p 变换的结果；$s'(x, y, t)$ 为三维 τ–p 反变换的地震记录；t 为双程旅行时，τ 为与截距双程旅行时；x、y 分别为 x、y 方向的偏移距；p_x、p_y 分别为 x、y 方向的射线参数（水平慢度）。

对于震源不同出射角方向发射的数据，该变换能够在 τ–p_x–p_y 域内产生不同 p 值的道，每个 p 值表示地震信号的不同传播方向，即出射角方向，如图 4.32 所示的 θ，并且是唯一的。

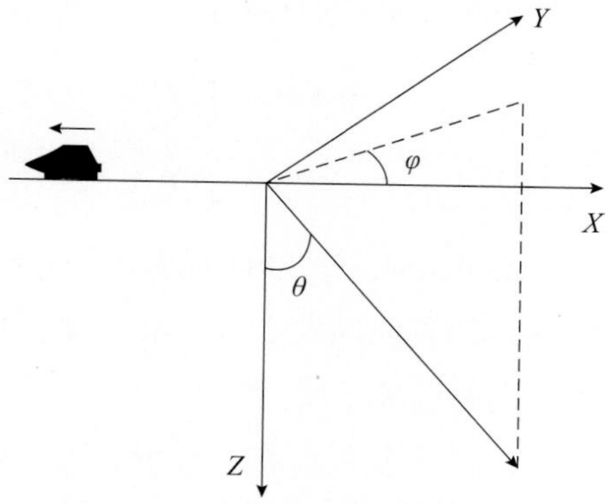

图 4.32　地震波传播的出射角

在三维 τ–p_x–p_y 数据中，地震波传播的方位角和出射角 p_x–p_y 的关系为

$$\tan\varphi = \frac{p_y}{p_x}$$

$$\sin\theta = p v_{\mathrm{w}} \qquad (4\text{–}13)$$

式中，φ 为方位角，θ 为出射角，p_x 和 p_y 为慢度，v_w 为速度。

4.5.3 基于近场记录（NFH）的方向性信号反褶积

近场子波由安装在气枪阵列的每个气枪上方或下方 1m 附近的水听器所记录，如图 4.33 所示。

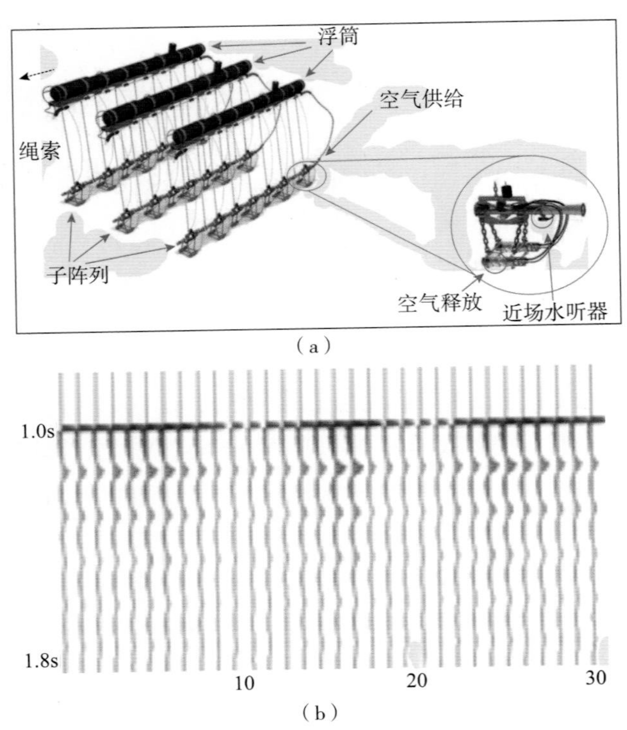

图 4.33 气枪阵列的近场水听器及记录的近场子波（P. Wang，2015）

（a）近场水听器；（b）近场子波

Ziolkowski 等 1982 年提出了近场子波推导远场子波的方法。通过近场子波可以得到假定的各向同性点源子波，即假想子波，然后通过一定方式叠加假想子波得到在各个方向的远场子波。

远场子波可以在（τ，p_x，p_y）域表示。信号反褶积算子 q 可以由远场子波向期望子波匹配求取。基于近场记录（NFH）的方向性信号反褶积可以在 τ–p 内实现。

如果应用最小平方 τ–p 变换，那么对于每个频率来说就是一个反演问题：

$$\boldsymbol{s}=\boldsymbol{L}\boldsymbol{p} \tag{4–14}$$

式中，$\boldsymbol{s}$ 为长度为 N 的共检波点地震数据向量，$\boldsymbol{p}$ 为长度为 M 的慢度域模型向量，$\boldsymbol{L}$ 为 $N*M$ 的包含反 f–p 变换算子的矩阵，$\boldsymbol{L}$ 为

$$L(n, m) = e^{2\pi i f X_{\text{offset}_n} \text{slowness}_m} \tag{4-15}$$

式中，f为时间频率，X_{offset_n}为检波点道集的第n道的偏移距，slowness_m为第m个p道的慢度。

然而，Gordon Poole（2013）指出平面波分解是对不同炮点的道集加权求和，这种方法只对不同炮间的方向性信号不变的情况下有效，它假设方向性信号在整个测量中不变。

原始的τ–p变换没有考虑各炮间信号的变化，在新方法中修改了最小平方τ–p变换使之包含了信号重整算子$\boldsymbol{r}$，信号重整算子为信号反褶积算子的倒数，即$\boldsymbol{r}=1/\boldsymbol{g}$，这样在反变换时利用重整算子使得数据与输入数据在最小平方下差异最小。新的变换公式为

$$\boldsymbol{s} = \boldsymbol{L}_r \boldsymbol{p}_d \tag{4-16}$$

$$\boldsymbol{L}_r(n, m) = \boldsymbol{r}(n, m)\boldsymbol{L}(n, m) \tag{4-17}$$

式中，$\boldsymbol{r}(n,m)$是在共接收点道集上对于频率f的第m个慢度第n炮的重整算子。通过最小平方反演得到的模型，p_d是没有震源方向效应的数据τ–p模型的频率切片。图4.34表明，一个脉冲的常规τ–p反变换在检波点域是一个线性同相轴。对于修正后的公式，同相轴同重整算子进行褶积，显示了炮与炮和慢度的变化。通过实验显示该方法对低频的成分和剩余气泡能量有着更好的处理效果。

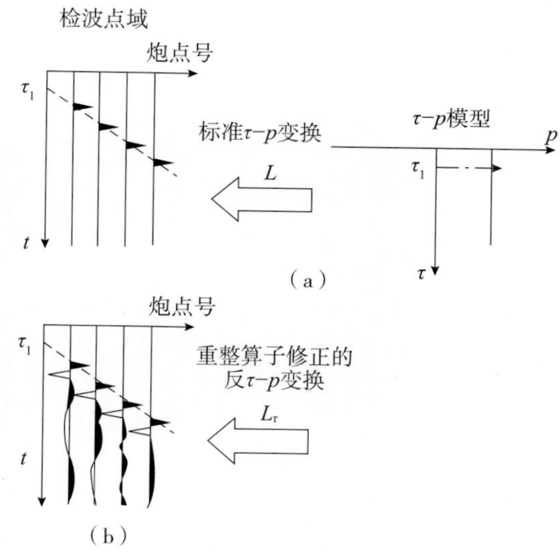

图 4.34　常规τ–p反变换与重整算子修正后τ–p反变换对比

脉冲（右）的常规τ–p反变换在检波点域是一个线性同相轴（左上），经过重整算子修正后的新公式显示炮与炮和慢度的变化（左下）

下面介绍一个实例，气枪阵列由28支气枪组成，总容积为4980in^3。该实例进行了两种激发方式的一维和三维信号反褶积效果对比，一种为气枪阵列的所有气枪都使用，一种是关掉部分气枪（正常震源代表所有气枪都使用，关枪代表关掉部分气枪）。图4.35是信号反褶积前、一维信号反褶积和基于近场记录（NFH）的方向性信号反褶积后的海底节点道集。可以看到，基于近场记录（NFH）的方向性信号反褶积明显改善了低频能量。在图4.36中，可以看到压制检波点虚反射后一维信号反褶积和基于近场记录（NFH）的方向性信号反褶积的共道剖面，可以看到，基于近场记录（NFH）的

方向性信号反褶积更好地解决了剩余气泡能量。结果表明，基于近场记录（NFH）的方向性信号反褶积对于宽频带数据有很好的提升，对于四维地震重复性也有明显的好处。

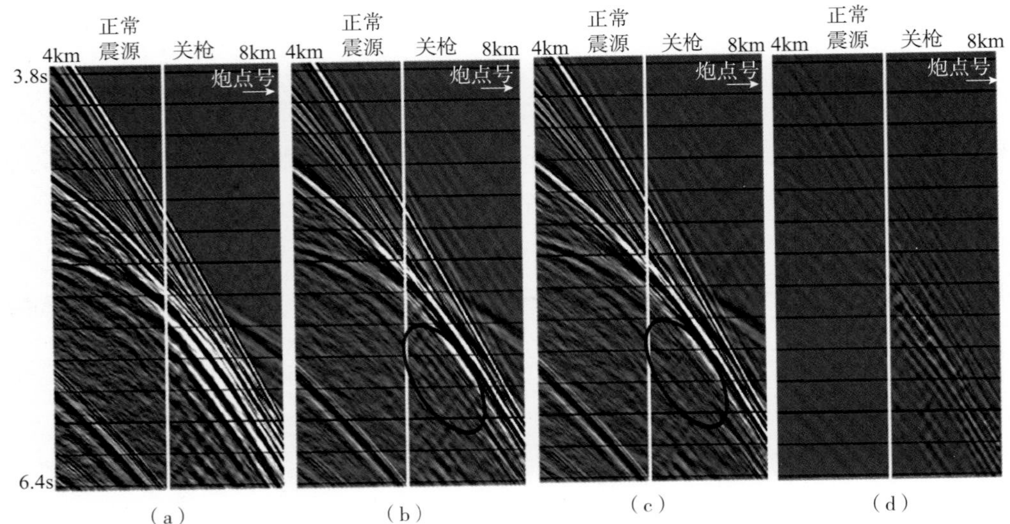

图 4.35　海底节点道集应用不同信号反褶积方法对比（G. Poole，2013）

（a）原始数据；（b）一维信号反褶积；（c）方向性信号反褶积；（d）b−c差值

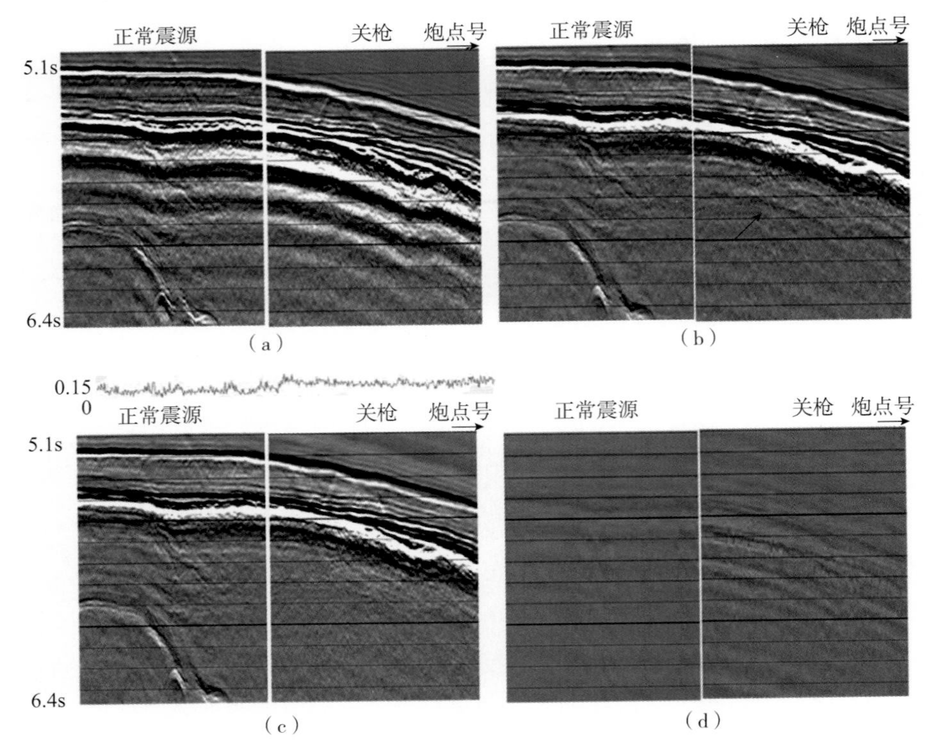

图 4.36　检波点虚反射压制后的共道剖面（G. Poole，2013）

（a）原始数据；（b）一维信号反褶积；（c）方向性信号反褶积；（d）b−c差

4.5.4 基于左右舷地震数据的逐炮方向性信号反褶积

考虑到不同方位和出射角子波的变化，Paal Kristiansen（2014）提出了基于左右舷地震数据的逐炮方向性信号反褶积方法，该方法对气枪阵列左舷和右舷气枪激发的信号分别进行处理。图 4.37 为不同节点内的多个炮提取的信号。每个航线内的信号都相当稳定，每条炮线之间仅有微小的变化。然而，最大的不同是左舷（图 4.37b）和右舷（图 4.37a）阵列之间的差异比较大，它们之间一致性较差。因此，在求取方向性远场子波时，可以把不同气枪阵列分别进行，实现过程如图 4.38 所示。

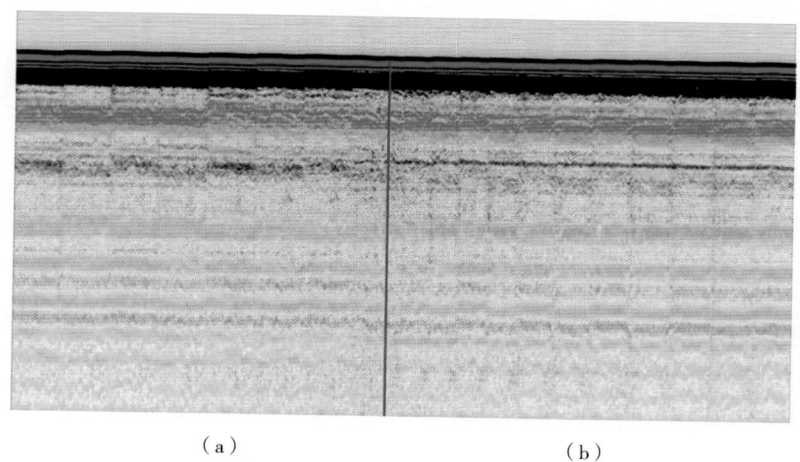

（a）　　（b）

图 4.37　不同气枪阵列对应的远场子波（Paal Kristiansen，2014）

（a）右舷炮线地震子波；（b）左舷炮线地震子波

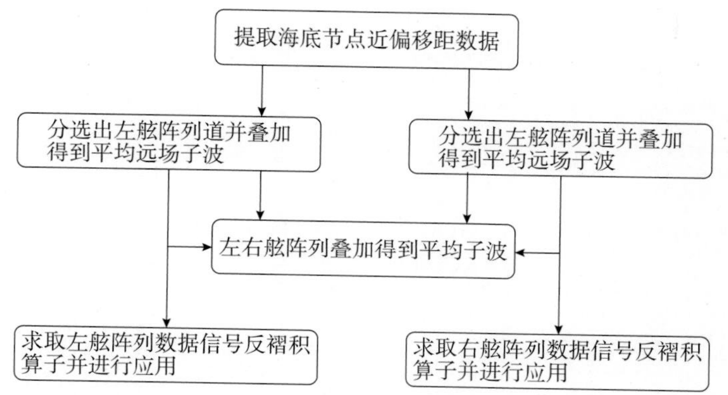

图 4.38　震源船左右舷不同气枪阵列数据分别求取方向性远场子波流程

图 4.39 为信号反褶积前后的 P 分量道集，图 4.39a 为信号反褶积前 P 分量道集，图 4.39b 为一维信号反褶积后 P 分量道集，图 4.39c 为方向性信号反褶积后 P 分量道集，可以看到，与一维信号反褶积相比，方向性信号反褶积对气泡压制更为干净。

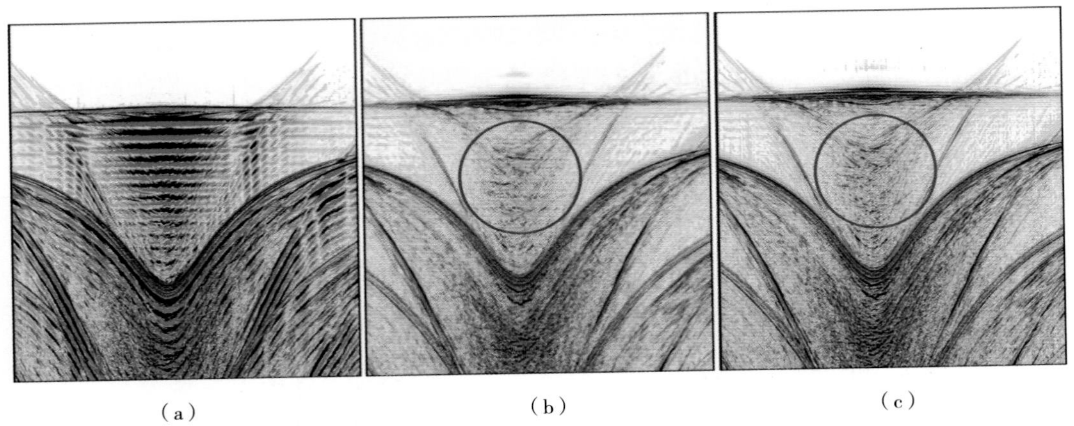

图 4.39　信号反褶积前后 *P* 分量道集对比（P. Kristiansen，2015）
（a）信号反褶积前；（b）一维信号反褶积后；（c）方向性信号反褶积后

通过计算 *P* 分量数据与 *Z* 分量数据差值的归一化均方根值，可以展示每个节点在应用方向性信号反褶积后道集的改进程度。如图 4.40 所示，如果应用一维信号反褶积，海底节点间的子波能量差异仍然很大（图 4.40a），在应用方向性信号反褶积后，本区块内海底节点间的子波能量一致性大幅度改善（图 4.40b）。

图 4.41 为一维信号反褶积和方向性信号反褶积后的上行波偏移后的浅层剖面，可以看到，方向性信号反褶积相比一维信号反褶积有一定改进。

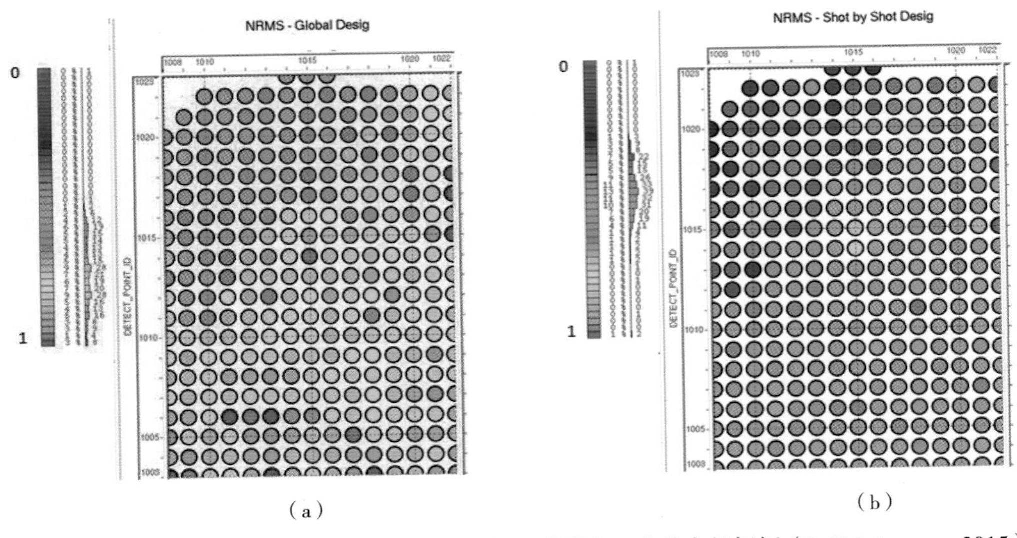

图 4.40　信号反褶积后 *P* 分量数据和 *Z* 分量数据差值的归一化均方根振幅（P. Kristiansen，2015）
（a）一维信号反褶积后；（b）方向性信号反褶积后

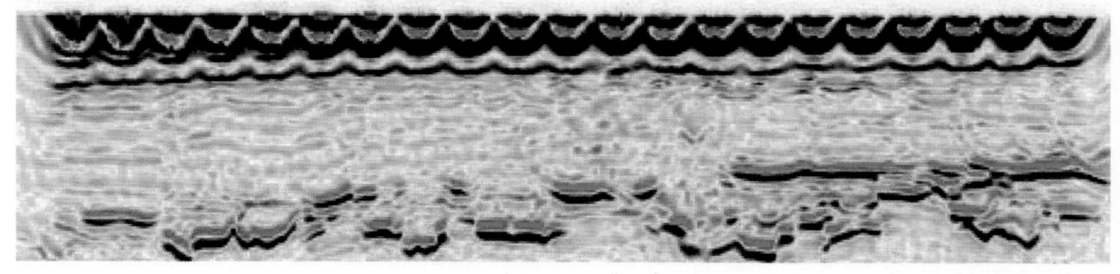

（a）

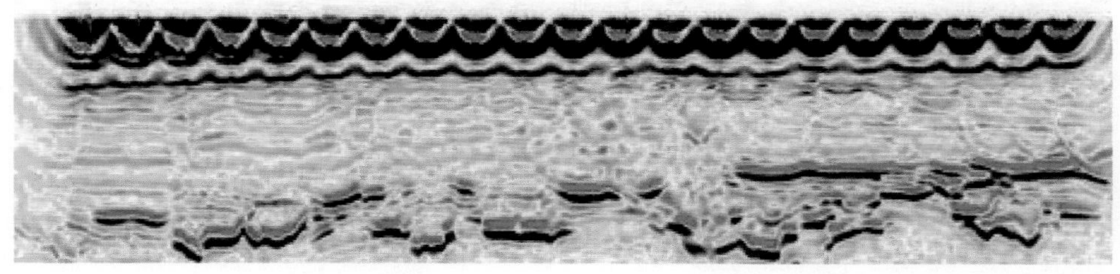

（b）

图 4.41　一维信号反褶积和方向性信号反褶积剖面对比（P. Kristiansen，2015）

（a）一维信号反褶积后；（b）方向性信号反褶积后

4.5.5　三维数据驱动的方向性信号反褶积

依据前述 4.5.2 节的分析，选取部分品质高的海底节点数据，将这些节点数据进行三维 $\tau\text{–}p$ 正变换，变换到三维 $\tau\text{–}p_x\text{–}p_y$ 域，在三维 $\tau\text{–}p_x\text{–}p_y$ 域首先对地震数据按方位角和出射角信息进行划分；其次，将划分后的数据按方位角和出射角进行求和，得到每个方位角和出射角相关的平均子波，即为与震源方向相关的三维远场子波；然后，将三维远场子波和 4.4.2 节设计的期望子波相匹配，得到一组用于各种方位角 / 出射角的算子，即三维信号反褶积算子，将三维信号反褶积算子分别应用于三维 $\tau\text{–}p$ 正变换后的 P 分量和 Z 分量上，最后，再对三维信号反褶积算子后的 P 分量和 Z 分量进行三维 $\tau\text{–}p$ 反变换，完成三维数据驱动的方向性信号反褶积的处理。

这里展示由东方地球物理公司处理的某海域深水海底节点地震数据应用三维数据驱动的方向性信号反褶积的实例。通过应用三维数据驱动的方向性信号反褶积前后的三维子波、应用一维信号反褶积和三维数据驱动的方向性信号反褶积前后的拉平海底节点道集及频谱对比说明三维数据驱动的方向性信号反褶积的优势。图 4.42 和图 4.43 为三维数据驱动的方向性信号反褶积前后的三维子波和海底节点道集，可以看到气泡得到了明显压制。

图 4.44 为三维数据驱动的方向性信号反褶积前后的海底节点道集对比，图 4.44a

为信号反褶积前的共检波道集，图 4.44b 和图 4.44c 为一维信号反褶积和三维数据驱动的方向性信号反褶积后的海底节点道集，可以看到与一维信号反褶积相比，应用三维数据驱动的方向性信号反褶积后，气泡和炮点端虚反射都明显得到了更好的压制。图 4.45 为一维和三维数据驱动的方向性信号反褶积后的地震子波，三维数据驱动的方向性信号反褶积后，子波旁瓣更小，主峰值更尖锐，说明宽频处理效果更好。图 4.46 为应用一维信号反褶积和三维数据驱动的方向性信号反褶积前后频谱对比，从图中可以看出应用三维数据驱动的方向性信号反褶积后，更好地消除了炮点虚反射和气泡效应，低频信息得到了有效拓展。

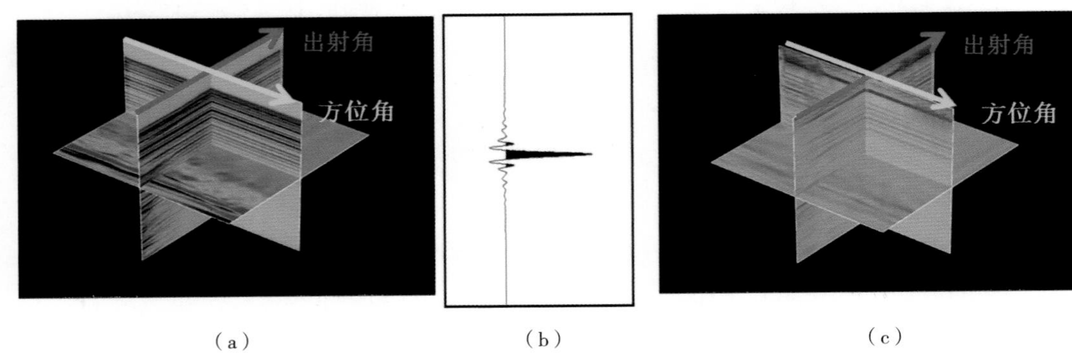

（a）　（b）　（c）

图 4.42　三维数据驱动的方向性信号反褶积前后的三维子波

（a）三维方向性信号反褶积前的三维子波；（b）目标子波；（c）三维方向性信号反褶积后的三维子波

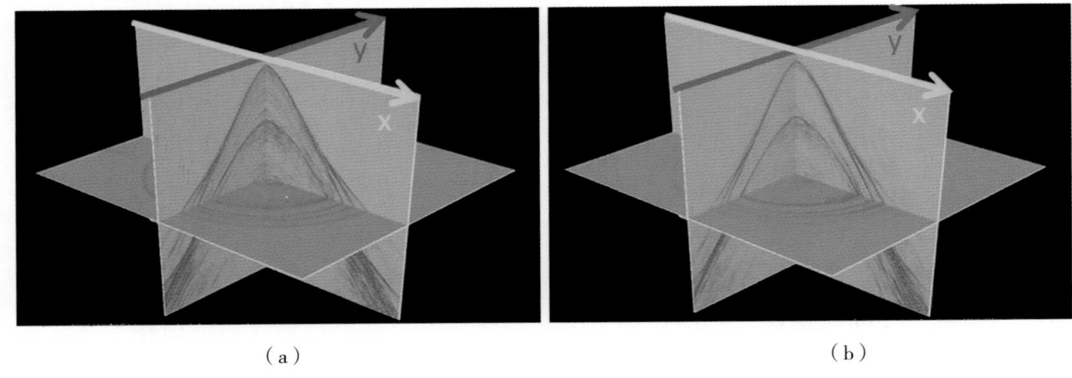

（a）　（b）

图 4.43　海底节点道集三维数据驱动的方向性信号反褶积前后对比

（a）信号反褶积前；（b）三维信号反褶积后

图 4.45 为三维数据驱动的方向性信号反褶积前后的剖面对比，图 4.45a 为信号反褶积前的剖面，图 4.45b 为一维信号反褶积后的剖面，图 4.45c 为三维数据驱动的方向性信号反褶积后的剖面。图 4.45a 显示输入子波是横向不一致的，因为单一震源的假

设，一维信号反褶积难以合理校正子波的不一致性（图 4.45b），三维数据驱动的方向性信号反褶积能够很好地改善子波的一致性（图 4.45c）。因此，方向性的远场子波更好地代表了震源信号。

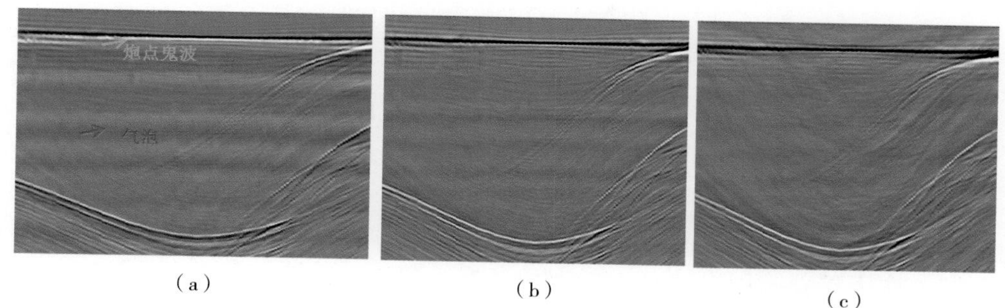

图 4.44 海底节点道集信号反褶积方法对比

（a）信号反褶积前；（b）一维信号反褶积；（c）三维数据驱动的方向性信号反褶积

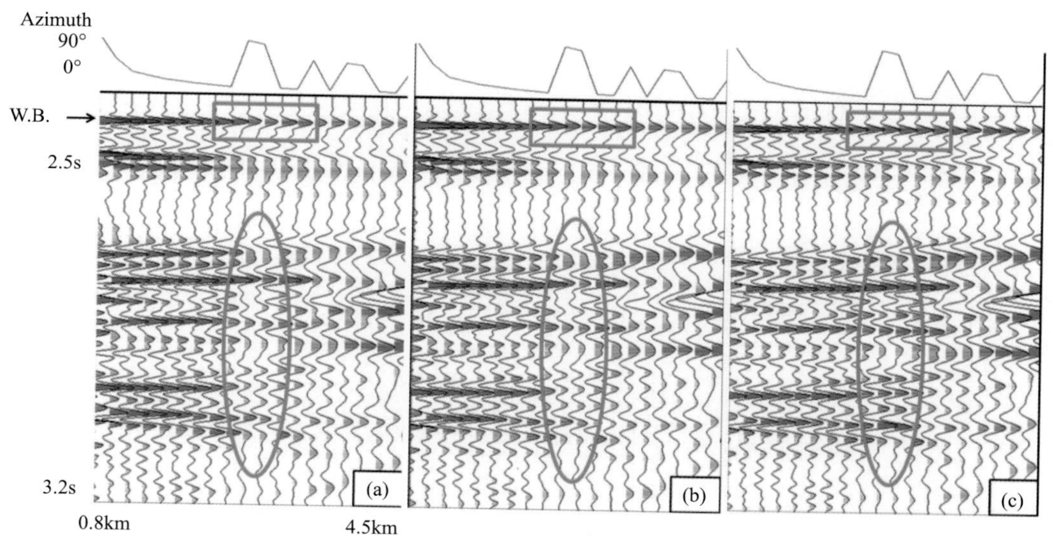

图 4.45 海底节点地震资料不同方法信号反褶积叠加剖面对比（Chang-Chun Lee，2014）

（a）信号反褶积前；（b）一维信号反褶积；（c）三维数据驱动的方向性信号反褶积

图 4.46 为一维和三维数据驱动的方向性信号反褶积后的地震子波，三维数据驱动的方向性信号反褶积后，子波旁瓣更小，主峰值更尖锐，说明宽频处理效果更好。图 4.47 为应用一维信号反褶积和三维数据驱动的方向性信号反褶积前后频谱对比，从图中可以看出应用三维数据驱动的方向性信号反褶积后，更好地消除了炮点虚反射和气泡效应，低频信息得到了有效拓展。

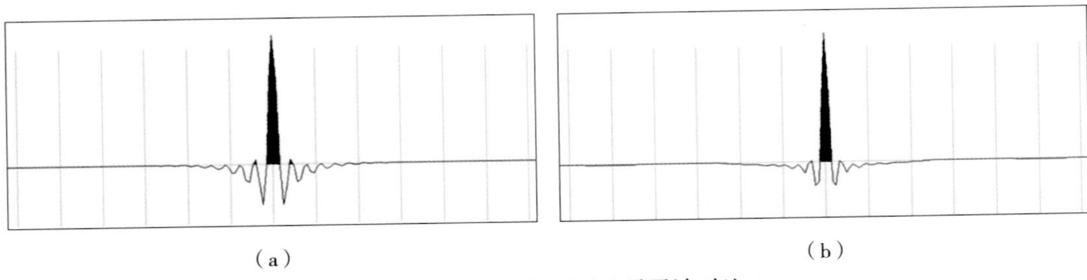

图 4.46　信号反褶积后地震子波对比

（a）一维信号反褶积；（b）三维数据驱动的方向性信号反褶积

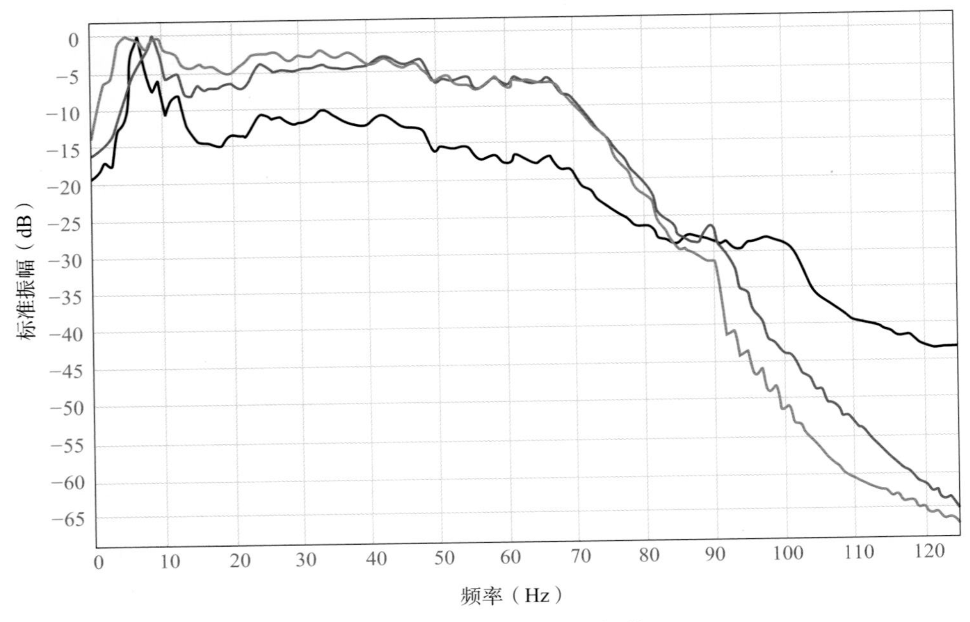

图 4.47　信号反褶积前后频谱

黑–信号反褶积前，蓝–一维信号反褶积，红–三维数据驱动的方向性信号反褶积

从以上分析可见，较一维信号反褶积而言，考虑了震源方向的三维数据驱动的方向性信号反褶积在气泡压制和虚反射压制处理等方面效果更好。

4.6　小结

信号反褶积是海底节点地震资料处理中的关键环节，效果好坏直接影响地震资料成果数据的频宽和保真度，根据上述分析可以看出，在海底节点地震资料处理中，为了有效补偿相对于零相位垂直入射子波的方向性子波引起的振幅和频带变化，必须应用方向性信号反褶积技术。在介绍的三种方向性信号反褶积方法中，对于浅水海底节点地震资料处理，一般可采用第一种基于近场记录（NFH）的方向性信号反褶积方法，对于深水海底节点地震资料处理，应做好三种方法对比试验，通常采用第二或第三种方向性信号反褶积方法更好，做好方向性信号反褶积是一项极为精细的系统工程，在处理中除了要做好方法对比和参数试验外，还需做好去噪、去多次波、数据规则化工作，同时处理过程的质量控制也至关重要。

参考文献

王希萍 . 2008. 深层信号相位一致性处理方法研究 [D]. 青岛：中国石油大学（华东）.

殷小龙 . 2016. 气枪子波方向性信号反褶积方法研究 [D]. 北京 : 中国石油大学（北京）.

郭祥辉 . 2019. 频率波数域气枪阵列子波方向性信号反褶积方法研究 [D]. 北京 : 中国石油大学（北京）.

杨振，顾元，邓桂林 . 2019. 基于 PGS-Nucleus 模拟远场子波压制气泡技术 [J]. 海洋地质前沿，35（7）：68–72.

陈浩林，宁书年，熊金良，等 . 2003. 气枪阵列子波数值模拟 [J]. 石油地球物理勘探，38（4）：363–368.

陈浩林，全海燕，於国平，等. 2008. 气枪震源理论与技术综述（上）[J]. 物探装备，18（4）：211–217.

陈浩林，全海燕，於国平，等. 2008. 气枪震源理论与技术综述（下）[J]. 物探装备，18（5）：300–308.

陈浩林，全海燕，刘军，等 . 2005. 基于近场测量的气枪阵列模拟远场子波 [J]. 石油地球物理勘探，40（6）：703–707.

倪成洲，陈浩林，牛宏轩 . 2008. 基于近场测量气枪阵列远场子波模拟软件研发 [J]. 物探装备，18（1）：11–17.

王学军，全海燕，刘军，等 . 2017. 海洋油气地震勘探技术新进展 [M]. 北京：石油工业出版社 .

Brummitt J G. 1988. Source directivity and its effects on resolution and signature deconvolution[J]. Exploration Geophysics, 19 (2):237–240.

Fokkema J T, Baeten G J M, Vaage S. 1990. Directional deconvolution in the F–X domain[C]//60th SEG Annual Meeting, San Francisco, 1673–1676.

Hargreaves N, Telling R, Grion S. 2016. Source de–ghosting and directional designature using near–field derived airgun signatures[C]//78th EAGE Conference and Exhibition 2016. European Association of Geoscientists & Engineers(1): 1–5.

Kristiansen P, Dangle D, Andren E P, et al. 2015. Deepwater OBN and Source Designature–Using the Information in the Data and Improving the Processing[C]//77th EAGE Conference and Exhibition 2015. European Association of Geoscientists & Engineers(1): 1–5.

Keller J B, Kolodner I I. 1956. Damping of underwater explosion bubble oscillations[J]. Journal of applied physics, 27(10): 1152–1161.

Kristiansen P, Ogunsakin A, Esotu M, et al. 2014. Deepwater OBN—Exploiting data-processing possibilities[C]//2014 SEG Annual Meeting. OnePetro.

Lee C–C, Li Y, Ray S, et al. 2014. Directional designature using a bootstrap approach[C]//84th Annual International Meeting, SEG, Expanded Abstracts.

Li X, Yang J, Chen H, et al. 2015. Application of 3D source deghosting and designature to deep-water ocean bottom node data[C]//85th Annual International Meeting, SEG, Expanded Abstracts, 4631–4635.

Parkes G E, Ziolkowski A, Hatton L, et al. 1984. The signature of an air gun array: Computation from near-field measurements including interactions—Practical considerations[J]. Geophysics, 49(2): 105–111.

Poole G, Davison C, Deeds J, et al. 2013. Shot-to-shot directional designature using near-field hydrophone data[C]//83rd SEG Annual International Meeting, Expanded Abstracts, 4236–4240.

Poole G. 2013. Pre-migration receiver de-ghosting and re-datuming for variable depth streamer data[M]//SEG Technical Program Expanded Abstracts 2013. Society of Exploration Geophysicists, 4216–4220.

Poole G, Cooper J, King S, et al. 2015. 3D source designature using source-receiver symmetry in the shot tau-px-py domain[C]//77th EAGE Conference and Exhibition 2015. European Association of Geoscientists & Engineers(1): cp-451-00642.

Schuberth M G. 2015. Adaptive deghosting of seismic data: A power-minimization approach[D]. Delft：Delft University of Technology.

Van der Schans C A, Ziolkowski, A M. 1983. Angular-dependent signature deconvolutionC]//53rdSEG Annual International Meeting, Expanded Abstracts, 433–435.

Wang P, Nimsaila K, Zhuang D, et al. 2015. Joint 3D source-side deghosting and designature for modern air-gun arrays[C]//77th EAGE Conference and Exhibition 2015. European Association of Geoscientists & Engineers(1): 1–5.

Wang P, Ray S, Peng C, et al. 2013. Premigrationdeghosting for marine streamer datausing a bootstrap approach in tau-p domain[C]//75th EAGE Conference & Exhibition, Extended Abstracts,4221–4225.

Ziolkowski A, Parkes G E, Hatton L, et al. 1982. The signature of an air gun array:Computation from near-field measurements including interactions[J]. Geophysics, 47, 1413–1421.

5

海底节点地震资料上下行波场分离技术

5.1 概述

众所周知，海底节点为四分量采集，水检 P 分量为压力检波器接收到的压力波场；陆检为速度检波器，包括 X、Y、Z 三个分量，接收质点运动速度波场，假设海底为水平面，X、Y 分量平行于地面接收质点水平运动速度波场，而 Z 分量垂直于海底接收质点垂直运动速度波场。当地下反射波向上传播被海底节点所接收，称之为上行波；而对于那些从地下传播到海底的地震反射波，继续向上传播到达海面经过海面反射接着向下传播再被海底节点接收，称为下行波，图 5.1 展示了海底节点采集接收上下行波场示意图。

水检 P 分量和陆检 Z 分量都包含上行波和下行波，由于压力检波器和速度检波器的物理机制不同，对接收的地震波场有不同的响应。如图 5.2 所示，当受到上行波场作用时，陆检记录的是波场垂向速度变化，它是矢量，即当垂直速度检波器附近地震波场发生膨胀时，质点向下运动，会产生正极性感应，发生压缩时，质点向上运动，产生负极性感应；而压力检波器接收到的信号是标量，与方向无关，其附近地震波场发生膨胀时，产生正向脉冲，压缩情况下则产生负向脉冲。因此对上行波场，垂直速度检波器和压力检波器接收到的信号极性相同。当受到下行波场作用时，压力检波器对下行波场与上行波场的响应完全一致；而垂直速度检波器却相反，垂直速度检波器附近地震波场发生膨胀时产生负极性，压缩时产生正极性；因此对下行波场，垂直速度检波器与压力检波器的响应极性正好相反（陈露，2017；张齐，2017；陶建，2019）。利用两类检波器对上、下行波场响应的不同将上行波和下行波分离，一方面消除检波点端虚反射，另一方面通过镜像

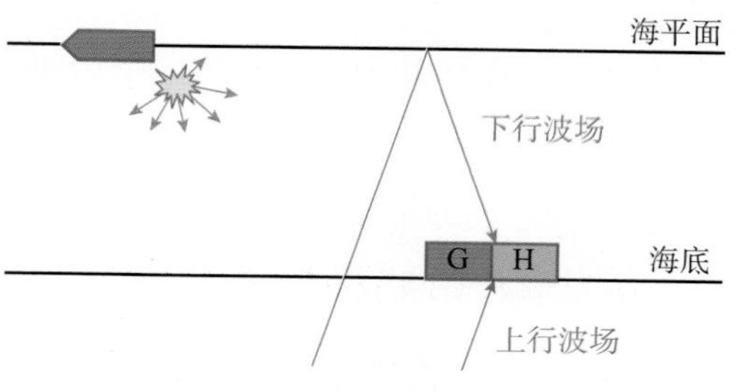

图 5.1　海底节点采集上下行波场示意图

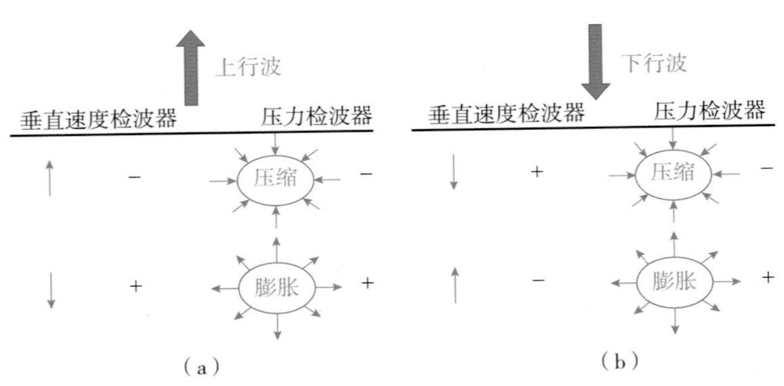

（a）　　（b）

图 5.2　垂直速度检波器和压力检波器对上、下行波的响应

（a）上行波响应；（b）下行波响应

偏移成像技术，有效增加地下介质反射照明度，提高成像质量。

为了有效进行上、下行波场分离，下面从水陆双检检波器物理机理入手，分析两种检波器响应相位、频率以及海底耦合效应等方面的差异，在此基础上对水陆检数据之间在相位、能量、频率、耦合效应等方面的差异进行校正，改善水陆检数据间能量、频率、相位的一致性关系，为上、下行波场分离打下坚实基础。

5.2　水陆检波器工作机理及波场响应特征

5.2.1　垂直速度检波器工作机理

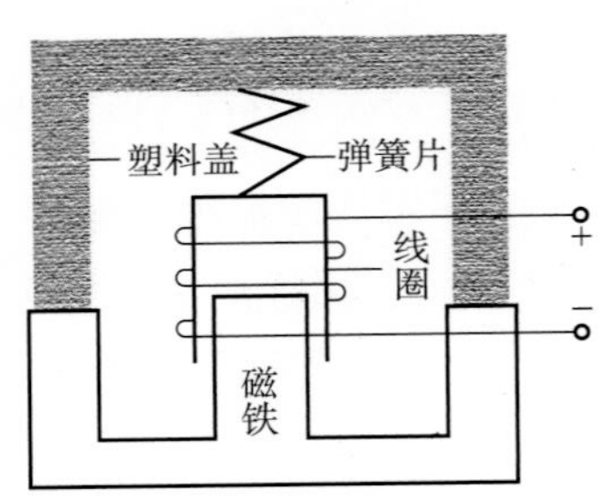

图 5.3　垂直速度检波器结构示意图（张保庆，2016）

垂直速度检波器又称为陆检检波器，是将接收到的振动信号转化为电压信号的装置，其组成结构如图 5.3 所示，主要由磁钢（也称作永久磁铁）、线圈、阻尼器、弹簧片和壳体等部分组成。其中线圈缠绕在线圈支架上，通过弹簧片与外部塑料盖相连，线圈套在永久磁铁上，通过外壳与地面保持良好耦合。当震源激发地震波引起振动时，检波器开始震动，线圈和永久磁铁间产生相对运动，进而产生电压，电压大小由线圈和磁铁的相对运动速度决定，若垂直速度检波器只受到水平作用力，而无垂向作用力，则线圈和永久磁铁之间不存在相对运动，不会产生电压，垂直速度检波器输出信号为零（张保庆，2016）。

5.2.2　压力检波器工作机理

压力检波器的结构如图 5.4 所示，由底座、压电元件和质量体三部分构成，其中压电元件一般由锆钛酸铅陶瓷、钛酸钡陶瓷、酒石酸钾钠晶体等制成的压电陶瓷所组成，内部的检波器底座和质量体通过压电元件联系在一起。当气枪激发地震波后会引起水体压力变化，该压力的变化造成底座和质量体的运动，但由于底座的质量比质量体的质量大，惯性也大，在惯性力的作用下产生一个相反的力作用于压电元件上，此时，压电元件通过压电效应感应到水体压力的变化，并将其转化为对应的电信号，电信号电压的大小与地震波震动所引起的水体运动加速度成正比，因此通常把其称作加速度检波器。

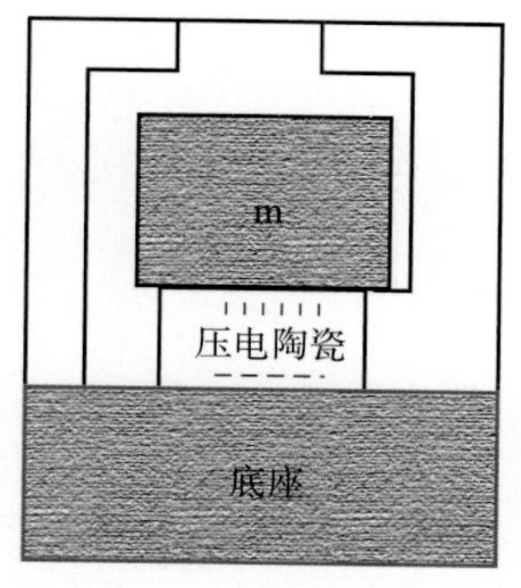

图 5.4 压力检波器结构示意图（张保庆，2016）

5.2.3 水陆检波器力学原理及特性分析

地震勘探中使用的检波器均属于振动传感器，因此，速度检波器和压力检波器都可用一个单自由度振动系统来表示，其简易力学模型如图 5.5 所示（杨晓明，2019）。

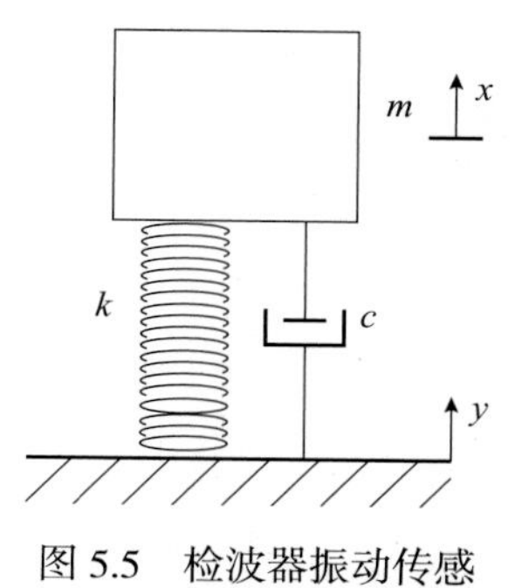

图 5.5 检波器振动传感器模型（杨晓明，2019）

图中 m 代表检波器内部质量体惯性质量，k 代表弹簧刚度系数，c 代表阻尼系数，x 表示质量体相对传感器外壳位移量，y 为传感器相对周围位移。

根据检波器力学原理，当系统受到外部震动位移函数 $y=y_m\sin\omega t$（ω 代表振动频率，t 代表时间，y_m 为位移最大值）作用时，运动方程可表示为（吕公河，2009；单刚义，2009；杜克相，2009）：

$$m\frac{d^2x}{dt^2}+c\frac{dx}{dt}+kx=m\frac{d^2y}{dt^2} \tag{5-1}$$

式中 m 表示惯性质量；x 表示质量体相对于基座的位移；y 表示基座的振幅；c 表示阻尼系数；k 表示弹性系数。且：

$$\frac{d^2y}{dt^2}=-y_m\omega^2\sin\omega t \tag{5-2}$$

式（5-1）的通解为：

$$x(t)=e^{-\omega_0\xi t}(C_1\cos\omega_d t+C_2\sin\omega_d t)+A\sin(\omega t+\varphi) \tag{5-3}$$

式中，ω_0 为传感器无阻尼固有频率；ω_d 为传感器有阻尼时的固有频率；ξ 为传感器阻尼比；C_1，C_2 为常数，由初始条件决定。公式等号右边第一项成为暂态项，呈指数衰减，随时间的增加趋于零；等号右边第二项为稳态项，反映传感器固有响应特性，随激励振动的持续作用产生。如果忽略暂态项，只考虑稳态项，则：

$$x(t)=x_m\sin(\omega t+\varphi) \tag{5-4}$$

式中，x_m 代表振动的最大振幅值，具体为

$$x_{\mathrm{m}}=\frac{\lambda^2 y_{\mathrm{m}}}{\sqrt{(1-\lambda^2)^2+(2\xi\lambda)^2}} \tag{5-5}$$

令

$$A=\frac{x_{\mathrm{m}}}{y_{\mathrm{m}}}=\frac{\lambda^2}{\sqrt{(1-\lambda^2)^2+(2\xi\lambda)^2}} \tag{5-6}$$

$$\varphi=\arctan\frac{2\xi\lambda}{\lambda^2-1} \tag{5-7}$$

其中：

$$\lambda=\frac{\omega}{\omega_0}\quad \xi=\frac{c}{2m\omega_0}\quad \omega_0=\sqrt{\frac{k}{m}} \tag{5-8}$$

式中，A 为检波器动态放大系数，代表传感器振幅响应特性；φ 为传感器初始相位，表征传感器相位响应特性；λ 为振动频率与自然频率之比；ξ 为阻尼比；ω_0 为自然频率。

5.2.3.1　水陆检波器振幅—频率响应特性分析

速度检波器感知速度信号，而压力检波器感知加速度信号，根据式（5–6）可推导出陆检、水检的振幅响应特性：

$$\begin{aligned}A_{\mathrm{G}}&=\frac{\lambda}{\omega_0\sqrt{(1-\lambda^2)^2+(2\xi\lambda)^2}}\\A_{\mathrm{H}}&=\frac{1}{\omega_0^2\sqrt{(1-\lambda^2)^2+(2\xi\lambda)^2}}\end{aligned} \tag{5-9}$$

利用上式可得到陆检和水检的振幅—频率响应特性曲线，如图 5.6 所示。从图 5.6a 可以看出：垂直速度检波器在不同阻尼比时的振幅—频率响应特性不同，当物体的振动频率远离传感器的固有频率时，传感器的灵敏度随频率而明显变化；当物体的振动频率接近传感器的固有频率时，传感器的灵敏度接近为常数，在这一频段测量振动速度的效果最好，同时随着阻尼比增大，振幅比减小，灵敏度降低。从图 5.6b 可以看出压力检波器在不同阻尼比时的振幅—频率响应的变化，当物体的振动频率远小于传感器的固有频率时，压力检波器传感器的灵敏度近似为常数；当物体的振动频率接近传感器的固有频率时会发生共振。只有选择远小于检波器固有频率频宽范围进行加速度检测，才能测得到信号，一般压电检波器的固有频率高（大于 1000Hz），所以测量频率范围宽。从双检振幅响应特性曲线可以看出，对于完全相同的地震子波信号，双检振幅的响应是不一致的。

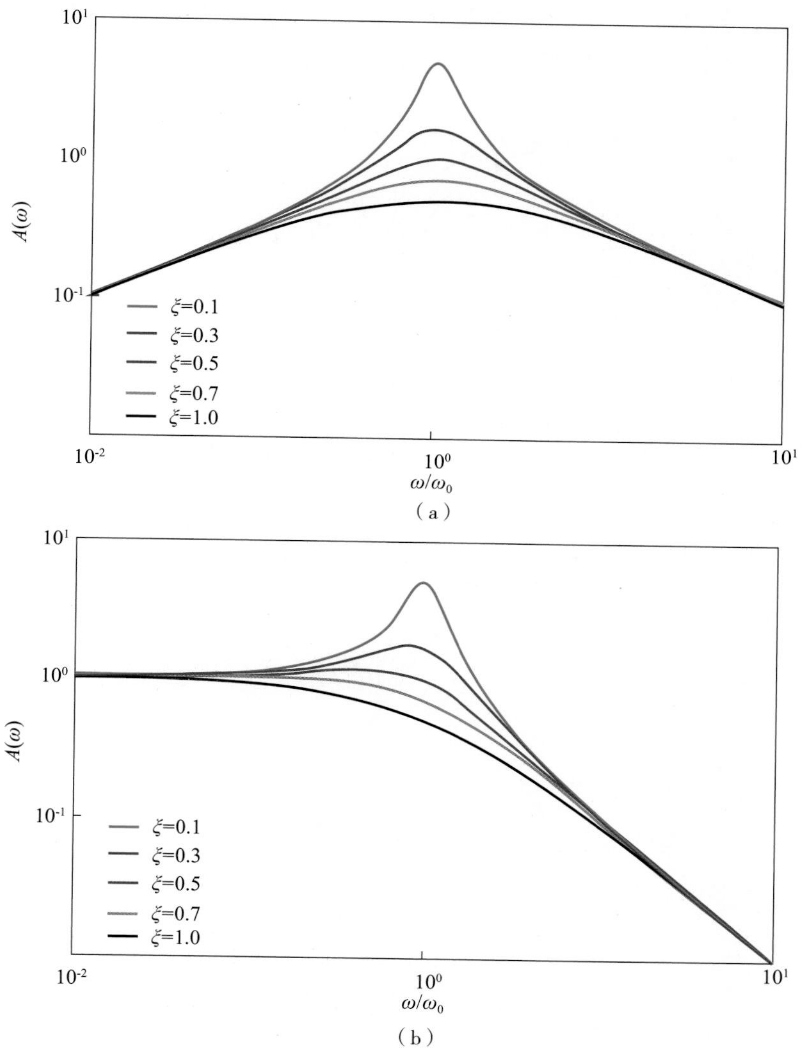

（a）

（b）

图 5.6 水陆检波器振幅—频率响应特性曲线

（a）陆检；（b）水检

5.2.3.2 水陆检波器相位—频率响应特性分析

通过上述分析，位移检波器的运动学方程为：

$$x(t) = x_{\mathrm{m}} \sin(\omega t + \varphi) \tag{5-10}$$

速度与位移之间是微分关系，加速度与速度之间也是微分关系。进而可推导陆检速度信号和水检加速度信号：

$$\begin{aligned} X_{\mathrm{G}} &= x' = \omega x_{\mathrm{m}} \sin(\omega t + \varphi + \pi/2) \\ X_{\mathrm{H}} &= x'' = \omega^2 x_{\mathrm{m}} \sin(\omega t + \varphi + \pi) \end{aligned} \tag{5-11}$$

从上述公式可以看出，对于单频信号，水、陆检资料的相位响应特性在函数形式上是一致的，但在相位上相差 90° ，即水检比陆检信号延迟 90° ，如图 5.7 所示。

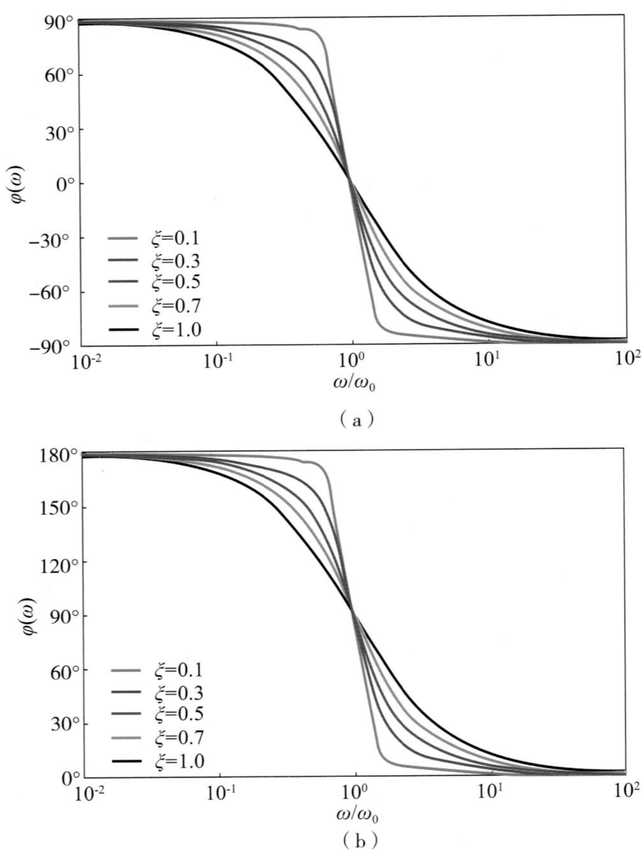

图 5.7　水陆检波器相位—频率响应特性曲线

（a）陆检；（b）水检

5.2.4　水陆检波场响应特征分析

上一节简单分析了水陆检波器波场响应的差异，下边从声波波动方程入手，从理论上分析水陆检波器对波场的响应。设 P 为压力，ρ 表示介质的密度，k 表示介质的压缩系数，v_w 表示地震波在海水中传播速度，且$v_w=\sqrt{\dfrac{k}{\rho}}$，则压力波场可以表示为：

$$\frac{\partial^2 P}{\partial z^2}=\frac{1}{v_w^2}\frac{\partial^2 P}{\partial t^2} \tag{5-12}$$

该式的达朗贝尔解为

$$P = P^{+}f(z - v_{w}t) + P^{-}f(z + v_{w}t) \tag{5-13}$$

根据解的物理意义，可以得到，$P^{-}f(z+v_{w}t)$ 为上行波场 U，$P^{+}f(z-v_{w}t)$ 为下行波场 D，即

$$P = U + D \tag{5-14}$$

设 Z 表示垂直方向上的质点振动速度，由牛顿第二定律和胡克定律可知（张文波，2005）：

$$\begin{aligned} \rho\frac{\partial Z}{\partial t} &= -\frac{\partial P}{\partial z} \\ \frac{\partial P}{\partial t} &= -k\frac{\partial Z}{\partial z} \end{aligned} \tag{5-15}$$

若取 z 轴向下为正方向，则由式 5–13 和 5–15 可得

$$\frac{\partial Z}{\partial t} = \frac{1}{\rho}P^{+}f'(z - v_{w}t) + \frac{1}{\rho}P^{-}f'(z + v_{w}t) \tag{5-16}$$

两边同时对时间积分可得

$$Z = -\frac{1}{\rho v_{w}}P^{+}f(z - v_{w}t) + \frac{1}{\rho v_{W}}P^{-}f(z + v_{w}t) = \frac{1}{\rho v_{w}}(U - D) \tag{5-17}$$

在理想状态下，水陆检数据对上下行波场的响应为

$$\begin{aligned} P &= U + D \\ Z &= \frac{1}{\rho v_{w}}(U - D) \end{aligned} \tag{5-18}$$

可见水检信号为上下行波场之和，而陆检信号为上行波场减下行波场再乘以$\frac{1}{\rho v_{w}}$。当只有上行波场时，$P=U$，$Z=\frac{U}{\rho v_{w}}$，则水检信号与陆检信号比值为$\frac{P}{Z}=\rho v_{w}$；当只有下行波时，$P=D$，$Z=-\frac{D}{\rho v_{w}}$，则水检信号与陆检信号比值为$\frac{P}{Z}=-\rho v_{w}$；由此可见上行波场在水陆检记录上的极性是相同的，下行波场在水陆检记录上的极性是相反的。

综上所述，可以看出，同一地震波场经过垂直速度检波器和压力检波器会得到不同的输出结果，造成水、陆检数据在相位、频率、能量等方面存在差异，因此上下行波场分离前必须对水陆检进行标定。

5.3 水陆检数据标定方法

水陆检标定方法主要有两大类，一是标量标定法，只对振幅进行标定；二是匹配滤波法，对振幅、频率和相位等全方面标定。前者主要是基于能量最小法，即对水陆

检资料进行振幅匹配，利用波场分离后下行波场中上行波能量最小或者上行波场中下行波能量最小原则（Schalkwijk，1999；Melbo，2002；Yi Wang，2008）；后者主要是基于匹配滤波技术，设计最佳匹配滤波器，消除陆检与水检在振幅、相位、频率等方面的差异。

5.3.1 标量法

5.3.1.1 常规振幅标定法

从上节分析可知，水陆检数据采集的机理不同，上下行波场分离前必须对数据进行处理。针对水陆检波器仪器响应差异，预处理部分已经对其进行相应校正，因此这里讨论振幅标定技术。

常规振幅标定，主要基于能量最小法，即波场分离后下行波场中上行波能量最小原则或者上行波场中下行波能量最小原则。首先对水检 P 分量和陆检垂直分量 Z 进行分析，选取仅包含上行波或者下行波的时窗，然后求取时窗内 P、Z 分量振幅比即获得标定因子。

图 5.8 展示了某工区海底节点地震数据常规振幅标定法上下行波场分离效果，图中蓝色箭头指示上行有效反射，红色箭头指示下行一阶多次波，绿色箭头指示下行二阶多次波，仔细分析可见上下行波场分离效果较好，波场分离前图 5.8a 水检 P 分量和图 5.8b 陆检 Z 分量中既有上行波，又有下行波，而波场分离后上行波场中基本看不到下行波，下行波场中基本看不到上行波。

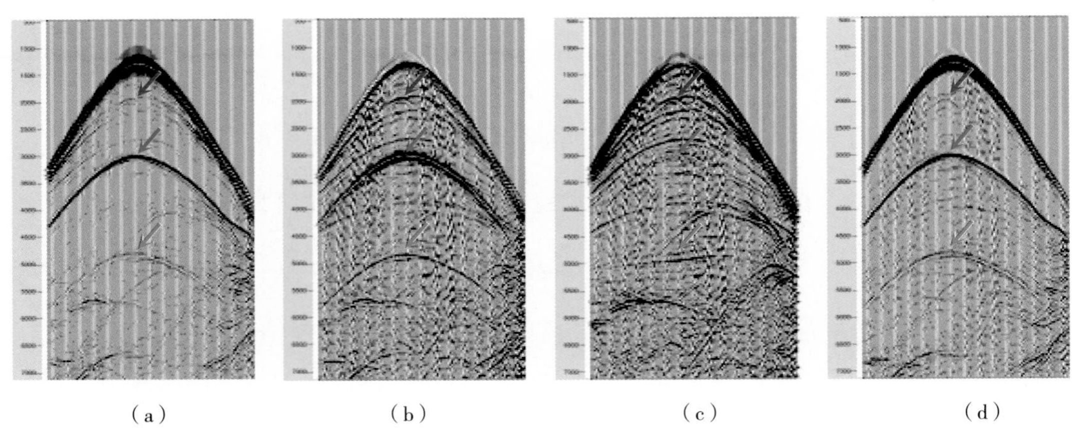

（a）（b）（c）（d）

图 5.8 常规振幅标定法上下行波场分离效果

（a）水检P分量；（b）陆检Z分量；（c）分离后的上行波；（d）分离后的下行波

此方法简单易实现，但是对时窗选取要求高，对于有一定海底深度且海底变化不大的工区，容易获得理想的效果。

5.3.1.2 交叉鬼波振幅标定法

常规振幅标定法忽略了水陆检耦合问题，针对该问题，基于交叉鬼波的 *PZ* 标定技术被广泛应用（Soubaras，1996；Ball，1996），即将陆检虚反射和水检虚反射分别加入水检数据和陆检数据中，使得水陆检波场一致，然后进行标定求取因子。其原理如下：

用 P 和 Z 分别表示海底压力场和海底垂直速度场，则压力检波器和垂直速度检波器接收的信号分别为：

$$
\begin{aligned}
S_{\mathrm{P}} &= \omega(t)_H P \\
S_{\mathrm{V}} &= \omega(t)_G Z
\end{aligned}
\tag{5-19}
$$

其中 S_{p} 为压力检波器接收的信号，S_{V} 为垂直速度检波器接收的信号，$\omega(t)_{\mathrm{H}}$ 为压力检波器脉冲响应和耦合因素，$\omega(t)_{\mathrm{G}}$ 为垂直速度检波器脉冲响应和耦合因素。

在海底附近有

$$
\begin{aligned}
P &= U + D \\
Z &= U - D \\
D &\approx -O_z U
\end{aligned}
\tag{5-20}
$$

其中 D 为下行波场，U 为上行波场，（$1-O_z$）为压力检波器虚反射响应，$(1+O_z)$ 为垂直速度检波器虚反射响应，O_z 为水层双程传播算子。则

$$
\begin{aligned}
P &= (1 - O_z)U \\
Z &= (1 + O_z)U
\end{aligned}
\tag{5-21}
$$

进而可以得到：

$$
\begin{aligned}
S_{\mathrm{P}} &= \omega(t)_{\mathrm{H}}(1 - O_z)U \\
S_{\mathrm{V}} &= \omega(t)_{\mathrm{G}}(1 + O_z)U
\end{aligned}
\tag{5-22}
$$

将 $(1-O_z)$ 和 $(1+O_z)$ 分别与 Z 和 P 进行褶积即可得到交叉鬼波化的陆检 Z_{cg} 和交叉鬼波化的水检 P_{cg}，即：

$$
\begin{aligned}
Z_{\mathrm{cg}} &= \omega(t)_{\mathrm{G}}(1 + O_z)U * (1 - O_z) \\
P_{\mathrm{cg}} &= \omega(t)_{\mathrm{H}}(1 - O_z)U * (1 - O_z)
\end{aligned}
\tag{5-23}
$$

可见交叉鬼波化后陆检与水检基本一致，利用此结果求取振幅比值即可获得标定因子。图 5.9 为某工区利用时间域交叉鬼波法求取的标定因子，可见不同节点标定因子存在一定差异，利用该因子即可实现上下行波场分离。

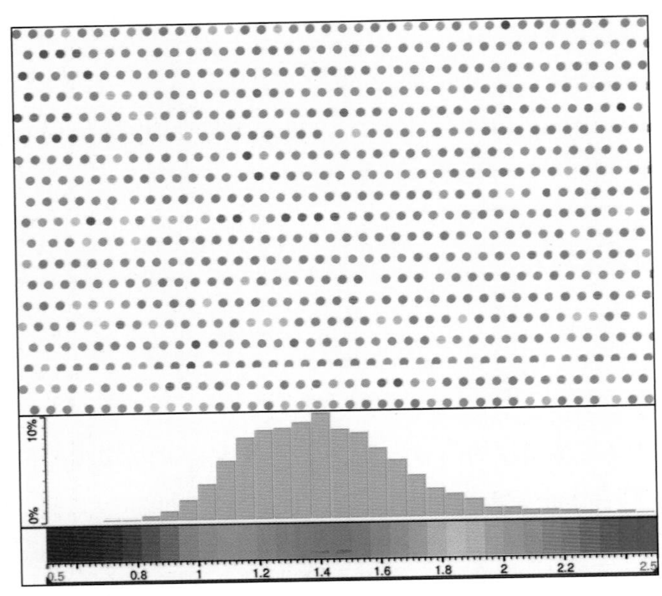

图 5.9　某海底节点项目时间域交叉鬼波法计算的不同节点标定因子

图 5.10 展示了基于时间域交叉鬼波法标定处理后共检波点道集上下行波场分离效果，图中蓝色箭头指示上行有效波，红色箭头指示下行海底一阶多次波，绿色箭头指示有效波的一阶多次波，仔细对比分析可以看出上行波和下行波得到了有效分离，为后续的信号处理及偏移成像提供可靠的数据基础。

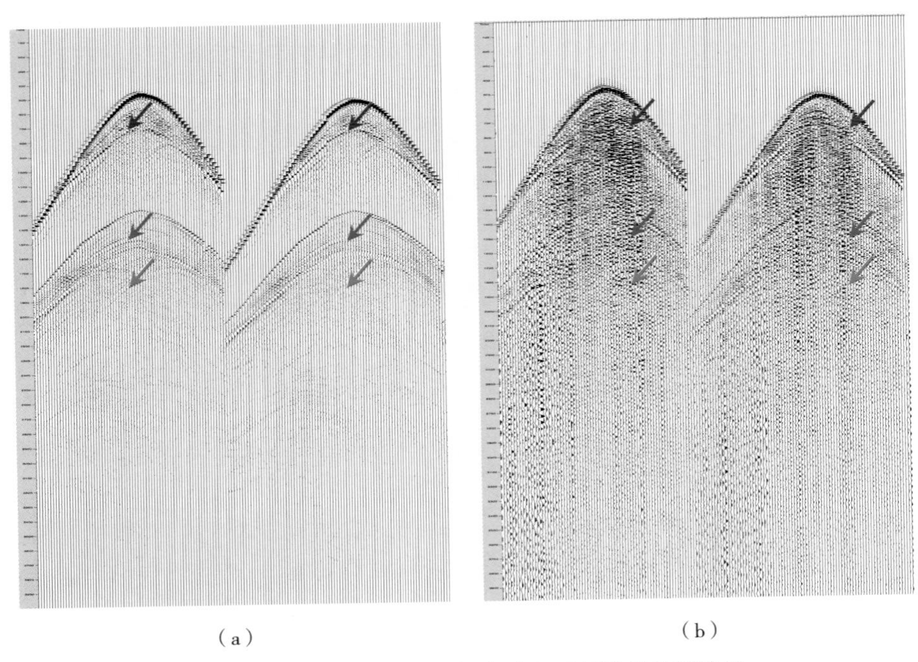

（a）　　（b）

图 5.10　时间域交叉鬼波标定法上下行波场分离效果

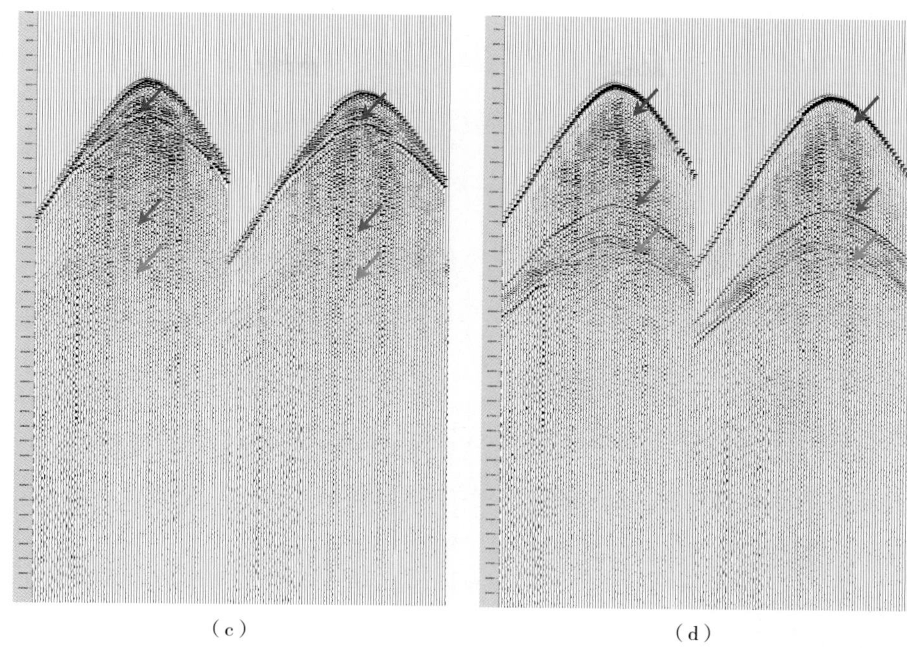

（c）　　（d）

图 5.10　时间域交叉鬼波标定法上下行波场分离效果（续）

（a）水检P分量；（b）陆检Z分量；（c）分离后的上行波；（d）分离后的下行波

5.3.2　匹配滤波法

受仪器响应、洋流及海底变化等影响，水陆检数据在振幅、频率、相位上存在差异，虽然预处理过程中已经对水陆检仪器响应进行了校正，但并不能完全消除这些差异，针对该问题，采用匹配滤波法进行处理，即设计一个匹配滤波器，使陆检数据通过匹配滤波器实现与水检数据在相位、波形、振幅等方面匹配，将最佳匹配的陆检数据与水检数据进行上下行波场分离。

5.3.2.1　自适应匹配滤波方法

自适应匹配滤波技术基于维纳滤波，输入信号滤波后输出在最小平方意义下与期望输出最佳逼近，关键是寻求最小均方误差滤波因子。一般情况下，水检的信噪比、主频比陆检高，频带范围比陆检宽。因此处理中把陆检数据向水检数据进行匹配，利用最小二乘原理求得滤波算子。

设 $g_i(t)(i=1，2，\cdots，N)$ 为陆检数据中某一道数据，$h_i(t)$ 为与其对应的水检记录数据，设计一个匹配滤波算子 $f_i(t)$ 对陆检数据进行匹配滤波，使陆检信号经过匹配滤波后与水检记录近似。定义误差函数（卢志君，2019）：

$$e_i(t) = g_i(t) * f_i(t) - h_i(t) \tag{5-24}$$

设所有地震道的总误差能量为 E，则：

$$E=\sum_{i=1}^{N} e_i^2(t)=\sum_{i=1}^{N}[g_i(t)*f_i(t)-h_i(t)]^2 \tag{5-25}$$

对上式应用最小二乘法，可得匹配滤波算子的托普利兹矩阵方程：

$$\boldsymbol{R}_{\mathrm{gg}}\cdot\boldsymbol{F}=\boldsymbol{R}_{\mathrm{gh}} \tag{5-26}$$

式中 $\boldsymbol{F}$ 为滤波算子向量；$\boldsymbol{R}_{\mathrm{gg}}$ 表示陆检数据自相关函数矩阵；$\boldsymbol{R}_{\mathrm{gh}}$ 表示水检数据与陆检数据互相关函数矩阵。求解公式就可得到陆检数据匹配滤波算子 $f_i(t)$，通过对得到的滤波算子进行平均得到最终滤波算子：

$$f(t)=\frac{1}{N}\sum_{i=1}^{N} f_i(t) \tag{5-27}$$

将此滤波算子与陆检记录进行褶积，就完成对陆检数据的匹配处理。

5.3.2.2 时间域交叉鬼波匹配滤波法

为了有效地进行水陆检数据标定，在时间域交叉鬼波的基础上对交叉鬼波化的陆检数据 Z_{cg} 和水检数据 P_{cg} 进行自适应匹配滤波，即可求取滤波算子。图 5.11 和图 5.12 展示了利用该方法对浅水海底节点地震资料进行标定试验，对比分析可见利用远偏移距上行波中下行波能量最小原则标定取得较好的效果，算子更稳定，有效地对浅水水陆检资料进行上下行波场分离，且分离后的上行波和下行波精度更高（Yi Wang，2008）。

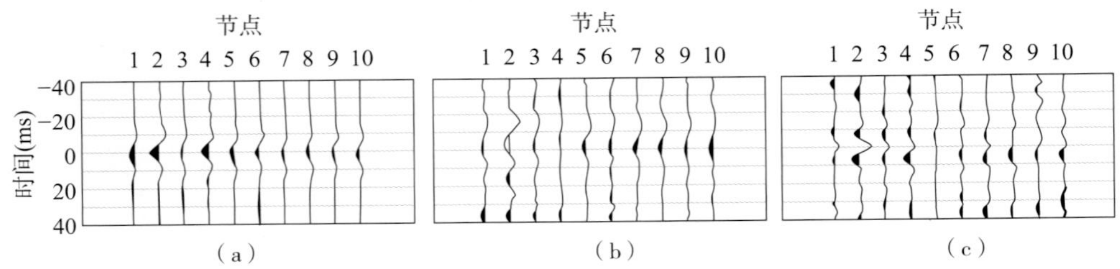

图 5.11 时间域交叉鬼波法标定因子对比（Yi Wang，2008）

（a）利用远炮检距上行波中下行波能量最小原则标定；（b）利用近炮检距下行波中上行波能量最小原则标定；（c）利用远炮检距下行波中上行波能量最小原则标定

5.3.2.3 *f–k* 域交叉鬼波匹配滤波方法

时间域交叉鬼波方法是通过一维模型（波在水中垂直入射且海底水平）假设条件下推导出来，在实际地震数据中，这种假设过于简化，适用性不强。为了扩大该方法适用性，弥补算法的不稳定性，Amundsen 提出 *f–k* 域交叉鬼波匹配技术，即在常规时间域交叉鬼波基础上，将压力波场和垂直速度波场变换到 *f–k* 域，通过频率波数域交叉鬼波公式进行匹配滤波，完成水陆检标定。

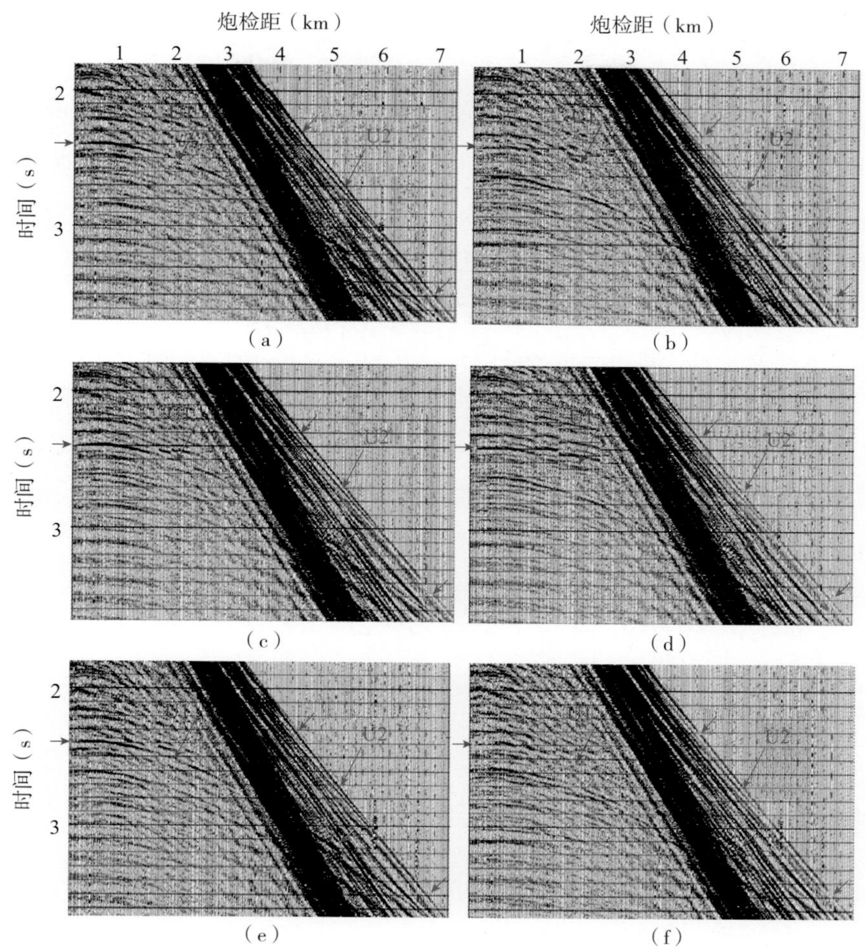

图 5.12　不同标定因子上下行波场分离对比（Yi Wang，2008）

（a）利用图5.11a标定因子波场分离后上行波；（b）利用图5.11a标定因子波场分离后下行波；（c）利用图5.11b标定因子波场分离后上行波；（d）利用图5.11b标定因子波场分离后下行波；（e）利用图5.11c标定因子波场分离后上行波；（f）利用图5.11c标定因子则波场分离后下行波

假设 ρ 为海水密度，则 $f\text{–}k$ 域上下行波场分离公式如下：

$$U=\frac{1}{2}\left(P-C_z(\omega)\frac{\rho\omega}{k_z}Z\right)；\ D=\frac{1}{2}\left(P+C_z(\omega)\frac{\rho\omega}{k_z}z\right) \tag{5–28}$$

式中，$C_z(\omega)$ 为 $f\text{–}k$ 域匹配算子；$\omega=2\pi f$ 为角频率；k_z 为垂直波数，其表达式为：

$$k_z=\sqrt{\left(\frac{\omega}{v_{\mathrm{w}}}\right)^2-k_x^2} \tag{5–29}$$

式中，k_x 为水平波数，v_{w} 为地震波在海水中的传播速度。

假设海底水平且深度 h 已知，在频率波数域，水检数据和陆检数据之间的关系为

$$Z(\omega, k_x) = -\frac{k_z}{\omega\rho}\frac{1+e^{-2ik_zh}}{1-e^{-2ik_zh}}P(\omega, k_x) \tag{5-30}$$

实际资料数据处理中，由于陆检低频数据信噪比很低，一般根据上式进行陆检数据低频重构，将其低频（一般小于 20Hz）部分摒弃，通过两者之间的数值关系，利用水检对应部分重构陆检数据。

对时间域交叉鬼波公式进行傅里叶变换可得频率波数域交叉鬼波公式：

$$\begin{aligned} P_{cg}(\omega, k_x) &= \frac{k_z}{\omega\rho}(1+e^{-2ik_zh})P(\omega, k_x) \\ Z_{cg}(\omega, k_x) &= (1-e^{-2ik_zh})Z(\omega, k_x) \end{aligned} \tag{5-31}$$

式中，$P_{cg}(\omega, k_x)$ 为频率波数域水检交叉鬼波；$Z_{cg}(\omega, k_x)$ 为频率波数域陆检交叉鬼波，进而可以建立一个滤波器，以 $Z_{cg}(\omega, k_x)$ 为输入，以 $P_{cg}(\omega, k_x)$ 为期望输出，设滤波因子为 $C_z(\omega)$，则

$$P_{cg}(\omega, k_x) = C_z(\omega)\cdot Z_{cg}(\omega, k_x) \tag{5-32}$$

将上式转换为离散形式：

$$P_{cg}(\omega_n, k_x) = C_z(\omega_n)\cdot Z_{cg}(\omega_n, k_x) \tag{5-33}$$

假设期望输出和滤波后数据之间的能量差为 E，则

$$E = \sum_{n=1}^{N}[P_{cg}(\omega_n, k_x) - C_z(\omega_n)\cdot Z_{cg}(\omega_n, k_x)]^2 \tag{5-34}$$

利用最小二乘方法即可求得滤波因子。

图 5.13 展示了 f–k 域交叉鬼波匹配滤波法求取标定因子后共检波点道集上下行波场分离效果，可以看到上行波和下行波得到有效分离（Yi Wang，2010）。

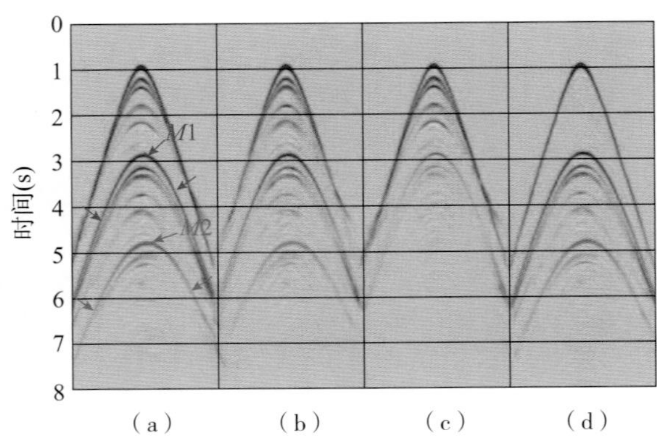

图 5.13　f–k 域交叉鬼波匹配滤波法上下行波场分离效果分析（Yi Wang，2010）

（a）水检P分量；（b）陆检Z分量；（c）分离后上行波；（d）分离后下行波

5.3.2.4 τ–p 域交叉鬼波匹配滤波方法

无论时间域还是 f–k 域，都是假设地震波在水中垂直入射，因此只能利用有限的近炮检距进行标定，无法对远炮检距进行有效标定。此外地震波在实际传播过程中是有方向的，即随着入射角变化而变化，因此为了提高水陆检标定精度必须要考虑入射角问题。1998 年 Bale 在 τ–p 域实现水陆检标定，成功解决入射角问题。其原理如下：

设入射角为 θ，交叉鬼波化后，陆检、水检记录分别为：

$$
\begin{aligned}
Z_{cg} &= Z * [1 - O_z(\theta)] \\
P_{cg} &= P * [1 + O_z(\theta)]
\end{aligned}
\tag{5-35}
$$

上式很容易在 τ–p 域求解滤波因子。即通过 τ–p 正变换将 t–x 域数据变换到 τ–p 域：

$$
S(\tau, p) = \sum_{x} s(x, \tau + px) \tag{5-36}
$$

而 τ–p 域中每一道对应一个特定的入射角，即：

$$
p = \frac{\sin\theta}{v_w} \tag{5-37}
$$

其中，v_w 为地震波在海水中的传播速度。

设水层中垂直传播时间为 T_w，则每一个 p 道的地震波在水层传播时间为：

$$
T_{taup}(p) = T_w \sqrt{1 - v_w^2 p^2} = T_w \cos\theta \tag{5-38}
$$

之后使用 $O_z(\theta)=e^{-i\omega T_w \cos\theta}$ 代替 $O_z=e^{-i\omega T_w}$ 作为延迟算子进行交叉鬼波化处理，就可以求取与入射角相关的标定因子，在 τ–p 域实现标定及波场分离，最后进行 τ–p 反变换可得到 t–x 域数据。

$$
u(x, t) = \sum_{p} u(p, \tau = t - px) \tag{5-39}
$$

图 5.14 展示了理论模型 τ–p 域交叉鬼波方法与时间域方法对比，仔细对比可以看出，τ–p 域标定可以提高中远炮检距道集的标定精度，使得波场分离后上行波场中的下行波场能量更小（图中红色圆圈所示），但依然不是很完美（图中蓝色箭头所示），需要更高级的弹性波场分离方法来解决。

Changjun Zhang 等在 τ–p 域交叉鬼波匹配滤波法标定基础上进行上下行波场分离，获得比较理想的效果，如图 5.15 展示了共检波点道集动校正后对比，可见上下行波得到有效分离。

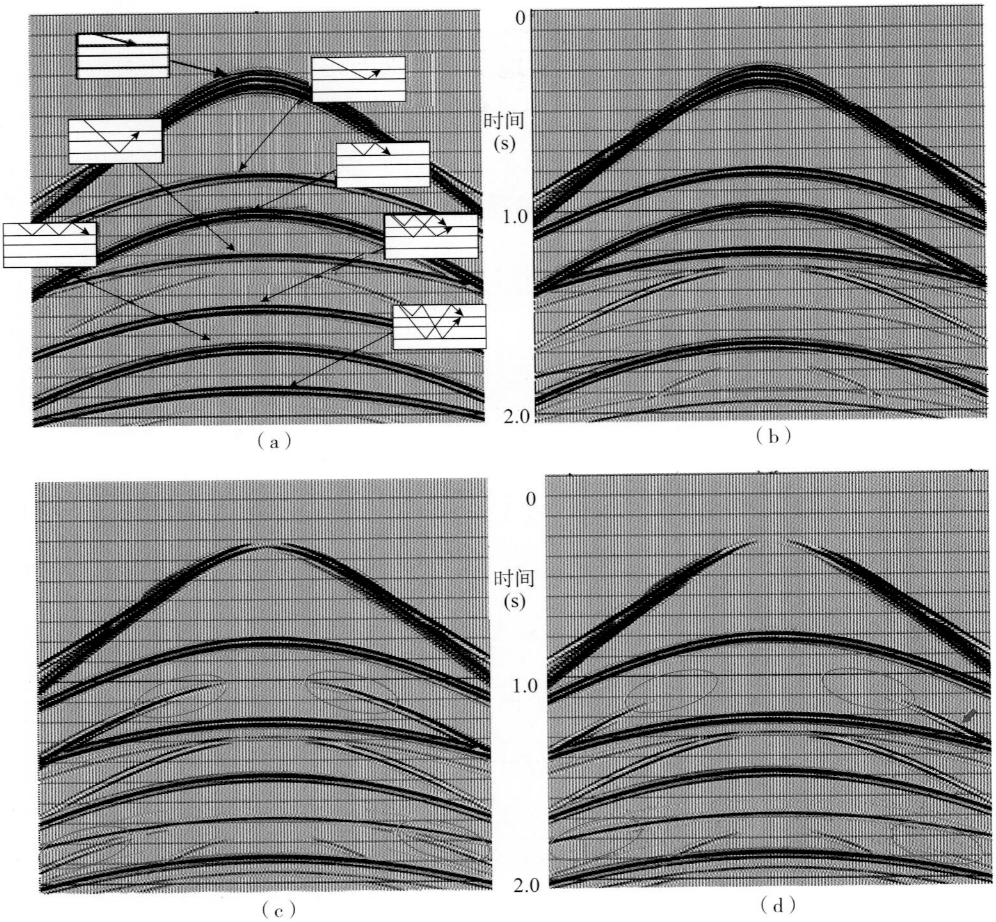

（a）　（b）　（c）　（d）

图 5.14　不同域交叉鬼波匹配滤波标定效果对比（Bale，1998）

（a）水检数据；（b）陆检数据；（c）时间域标定上行波；（d）$\tau-p$域标定上行波

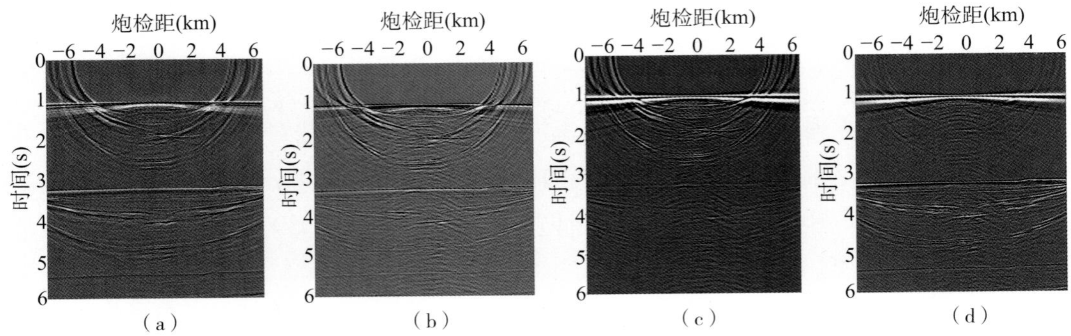

图 5.15　$\tau-p$ 域交叉鬼波匹配滤波法波场分离效果（Changjun Zhang，2013）

（a）水检P分量；（b）陆检Z分量；（c）分离后的上行波；（d）分离后的下行波

5.4 上下行波场分离

在海底节点地震资料处理中，假设节点在海底之上进行波场分离，这样就可以较好地区分一次波、检波点鬼波和水层微曲多次波等不同类型的地震波，如图 5.16 所示。其中一次波和检波点鬼波在第四章中已经给出了明确定义。关于微曲多次波，Sheriff 等在 1995 年给出了明确解释：微曲多次波是在不同地层界面连续反射且传播路径不对称的多次反射波。对于海底节点地震采集来说，检波点端水层微曲多次波是指那些从地下地层反射向上传播到达海平面后经过海平面反射再向下传播到达海底，再经过海底反射后被海底节点检波器接收到的多次反射波（在海水层表面和海底面连续反射且传播路径不对称，符合 Sheriff 等关于微曲多次波的定义，如图 5.16 中紫色线所示）。

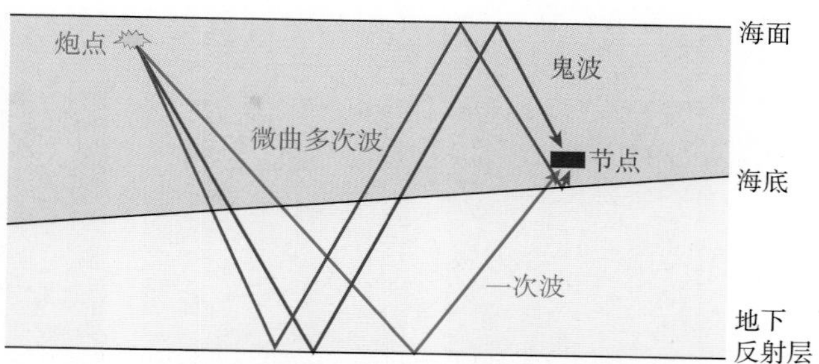

图 5.16 海底节点接收到的一次波、检波点鬼波、水层微曲多次波传播路径示意图

根据水陆检工作原理及波场响应特征分析可知，水检 P 分量和陆检 Z 分量接收的一次波和水层微曲多次波极性一致，检波点鬼波极性相反，进而可以利用该特性进行上下行波场分离。图 5.17 展示了上下行波场分离原理，即经过标定后的水陆检数据相加求和可以得到上行波数据，相减则获得下行波数据，需要注意的是分离后的上行波场含有微曲多次波，后续处理中首先要考虑对其进行去除。

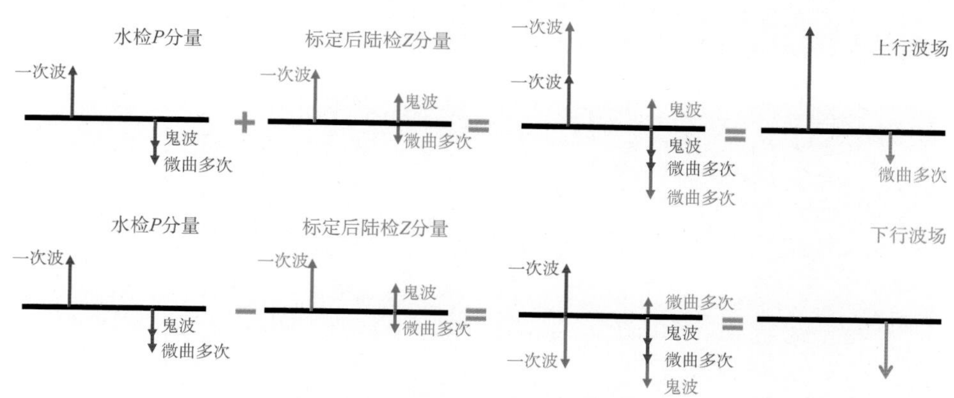

图 5.17 上下行波场分离原理示意图

图 5.18 和图 5.19 分别展示了某工区海底节点地震数据上下行波场分离前后共检波点道集和分离后的上下行波叠加剖面对比，红色箭头指示的主要是下行波，它包括直达波和下行多次波，蓝色箭头指示的主要是上行波，它包括有效反射波、折射波以及

上行多次波，通过对比分析可见 P、Z 求和后上下行波得到有效分离。无论是分离后的上下行波共检波点道集还是叠加剖面上，上行波场中基本看不到下行波残留，下行波场中也没有上行波残留，为后续处理奠定良好的数据基础。

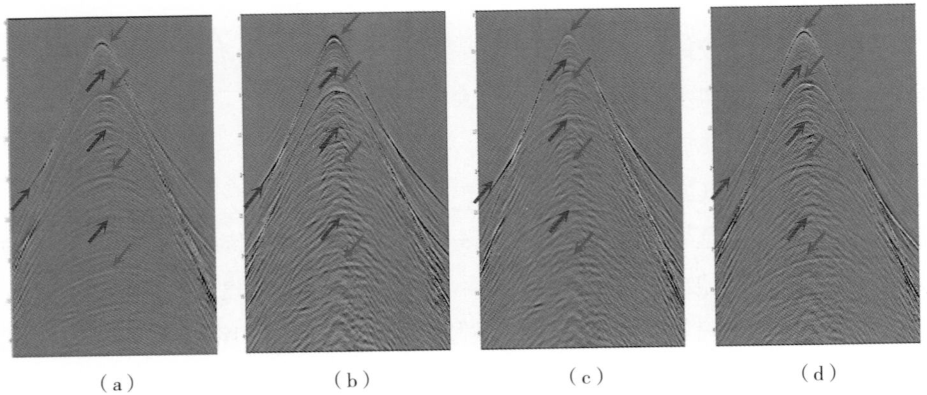

图 5.18　上下行波场分离前后共检波点道集对比

（a）水检P分量；（b）陆检Z分量；（c）分离后得到的上行波；（d）分离后得到的下行波

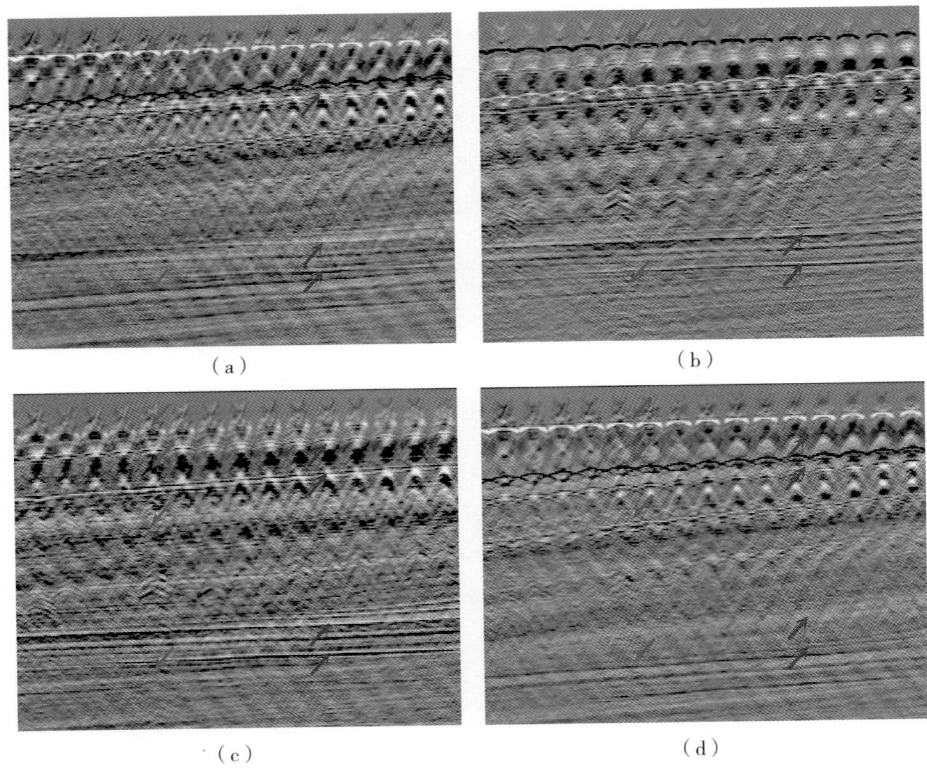

图 5.19　上下行波场分离前后叠加剖面对比

（a）水检P分量叠加剖面；（b）陆检Z分量叠加剖面；

（c）波场分离后得到的上行波叠加剖面；（d）波场分离后得到的下行波叠加剖面

5.5 小结

综上所述，上下行波场分离在海底节点地震资料处理中至关重要，其结果直接影响后续偏移成像质量。

受水陆检波器工作机理、波场响应特征差异以及节点耦合等因素影响，水检 *P* 分量和陆检 *Z* 分量在振幅、频率、相位等方面存在一定差异，因此上下行波场分离处理的第一项工作是通过分析求取准确的 *PZ* 标定因子。在实际工作中，要根据资料实际情况选取不同方法来求取 *PZ* 标定因子，当水陆检资料之间只存在振幅差异时，通过简单求取一个标量比例因子实现 *PZ* 标定；当水陆检资料之间存在振幅、相位、频率差异时，则需要求取一个滤波算子通过滤波方式进行 *PZ* 标定。求取 *PZ* 标定因子的方法有许多，目前较为常用的是不同域的交叉鬼波方法。当海底比较平坦时，时间域交叉鬼波方法很容易获得较满意的 *PZ* 标定结果；当海底崎岖变化时，陆检 *Z* 分量残留的 Vz 噪声会影响 *PZ* 标定效果，此时可以采用 f–k 域交叉鬼波法进行 *PZ* 标定来减少 Vz 噪声的影响；求取 *PZ* 标定因子更为准确的方法是 r–ρ 域交叉鬼波法，它考虑了波场随入射角变化因素，可以在一定程度上提高 *PZ* 标定效果。上下行波场分离处理的第二项工作是利用上述分析得到的比例因子或滤波算子进行 *PZ* 标定和 *P*、*Z* 分量资料求和。在上下行波场分离处理完成后，要根据情况对分离后的上行波场进行微曲多次波去除。

在上述上下行波场分离处理中要进行不同及方法参数试验和精细的质量控制，仔细分析对比分离前后的上行波和下行波场资料，确保上行波中没有下行波残留，下行波中没有上行波残留，力求获得最佳上下行波场分离效果。

参考文献

陈露 . 2017. 双检压制虚反射与鸣震技术研究 [D]. 成都：西南石油大学 .

单刚义，韩立国，张丽华，等 . 2009. 压电式检波器在高分辨率地震勘探中的试验研究 [J]. 石油物探，48（1）：91–95.

杜克相，潘印，周明 . 2009. 压电陶瓷地震检波器设计 [J]. 物探装备，19（SI）：75–78.

卢志君 . 2019. 海底电缆双检鸣震压制技术研究 [D]. 青岛：中国海洋大学 .

吕公河 .2019. 地震勘探检波器原理和特性及有关问题分析 [J]. 石油物探，48（6）：531–543.

陶健 . 2019. 基于双检匹配的海底地震多次波压制方法研究 [D]. 西安：长安大学 .

杨晓明 . 2019. 海底电缆双检地震数据合并处理关键技术研究 [D]. 北京：中国地质大学（北京）.

张保庆 . 2016. 海底双检地震数据质量品质影响因素分析及关键处理技术研究 [D]. 北京：

中国石油大学（北京）.

张齐 . 2017. 海洋地震勘探双检技术去鬼波方法研究 [D]. 长春：吉林大学 .

张文波，朱光明 . 2005. 海底电缆数据中压力分量与垂直分量的分析与应用 [J]. 地球科学与环境学报，27（1）：72–75.

Amundsen L. 1993. Wavenumber–based filtering of marine point–source data[J]. Geophysics, 58(9): 1335–1348.

Bale R. 1998. Plane wave deghosting of hydrophone and geophone OBC data[C]//68th Annual International Meeting, SEG, Expanded Abstracts, 730 – 733.

Ball V，CorriganD. 1996. Dual–sensor summation of noisy ocean–bottom data[C]//66th Annual International Meeting,SEG, Expanded Abstract, 28 – 31.

Muijs R . 2002. P/vz–calibration of multicomponent seabed data for wavefield decomposition[J]. SEG Technical Program Expanded Abstracts, 21(1):2478.

Schalkwijk K M , Wapenaar C , Verschuur D J. 1999. Application of two–step decomposition to multicomponent ocean–bottom data: Theory and case study[J]. Journal of Seismic Exploration, 1999, 8(3):261–278.

Soubaras R. 1996. Ocean bottom hydrophone and geophone processing[C]//66th Annual International Meeting, SEG, Expanded Abstracts, 24 – 27.

Yi W , Grion S. 2008. PZ calibration in shallow waters: The Britannia OBS example[J]. Seg Technical Program Expanded Abstracts, 27(1):3713.

Yi W, Richard B, Sergio G, et al. 2010. The ups and downs of ocean bottom seismic processing:Application of wavefield separation and up–down deconvolution[J]. The Leading Edge,10:1258–1265.

Yilmaz Ö. 2001. Seismic data analysis: Processing, inversion, and interpretation of seismic data[M]. Society of exploration geophysicists.

Zhang C. 2013. Optimizing pressure and velocity wavefield combination in OBS data processing[C]//2013 SEG Annual Meeting. OnePetro.

6

海底节点地震多次波压制技术

6.1 概述

绝大部分地震成像技术都是基于一次波的反射能量，它们的一个基本假设是：反射数据体只是由一次波所组成的。但在地震勘探中，多次波的干扰是个长期存在的问题，没有被压制的多次波会被错误地认为是一次波或者混合在一次波中的一部分。多次波与有效信号混淆在一起，降低了地震资料的信噪比。多次波会干扰速度分析的准确性，导致偏移成像不准确，可能产生假的反射同相轴，误导地震解释工作。如何有效地消除多次波并最大限度地保留一次波信号，是地震资料处理的一个重要步骤。

在海洋油气勘探中多次波问题更加突出，是海洋地震资料处理中需要首先解决的突出问题。由于海水面是个良好的反射界面，反射系数一般可认为接近于 -1，同时，海底也是个良好的反射界面，正因为存在多个这样的良好反射界面，地震波在其间来回震荡，多次波的能量衰减得很慢，使得地震资料的质量严重降低。

6.1.1 海底节点地震资料中的多次波

一般情况下，根据多次波的成因、周期等特点，多次波有不同的分类方法。

（1）根据反射层的位置，可以将多次波划分为全程多次波、微屈多次波等。

①全程多次波：在海底或以下某一界面上发生反射的地震波，向上传播到自由表面后又发生反射，向下传播到在同一个界面再反射向上传播，如此来回多次反射所形成的多次波就称作全程多次波（图 6.1）。

按照全程多次波的定义，需要在海底或以下的一个界面至少发生两次反射，当这一界面的反射系数比较大时，多次反射后的多次波能量不会过多的损失，且存在着较为稳定的周期性。因此，在地震剖面上能够观察到这种类型多次波的独立的同相轴，并且和一次波同相轴有着固定的时差。

②微屈多次波：在海底以下多个界面上发生多次反射或者在一个薄层内来回发生多次反射得到的多次波（图 6.2），此类多次波与短程多次波并无严格的区分界限。

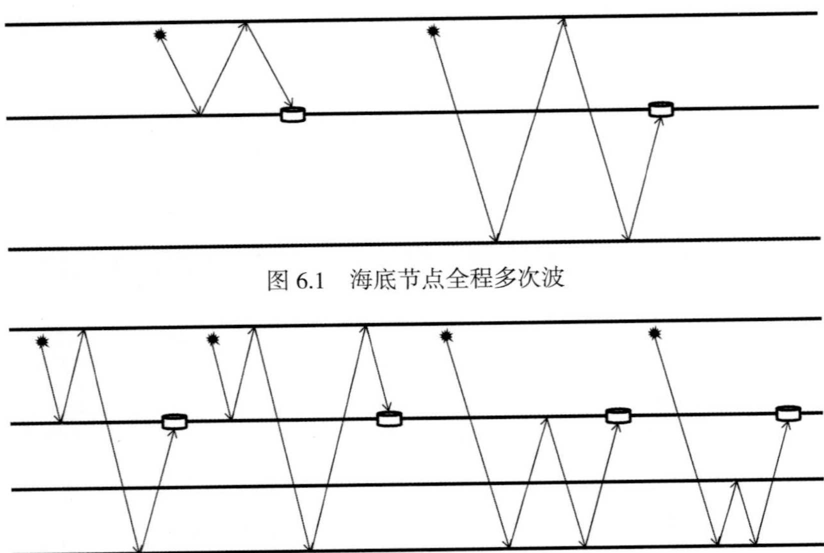

图 6.1　海底节点全程多次波

图 6.2　海底节点微屈多次波

（2）根据下行反射发生的位置来划分为表面多次波和层间多次波：

①表面多次波是指在传播过程中经自由界面发生一次或多次下行反射所形成的多次波，如图 6.3 所示。

②层间多次波是指在传播过程中产生的所有下行反射均来自除自由表面以外其他的反射界面（海底或其以下的反射界面）的多次波，如图 6.4 所示。

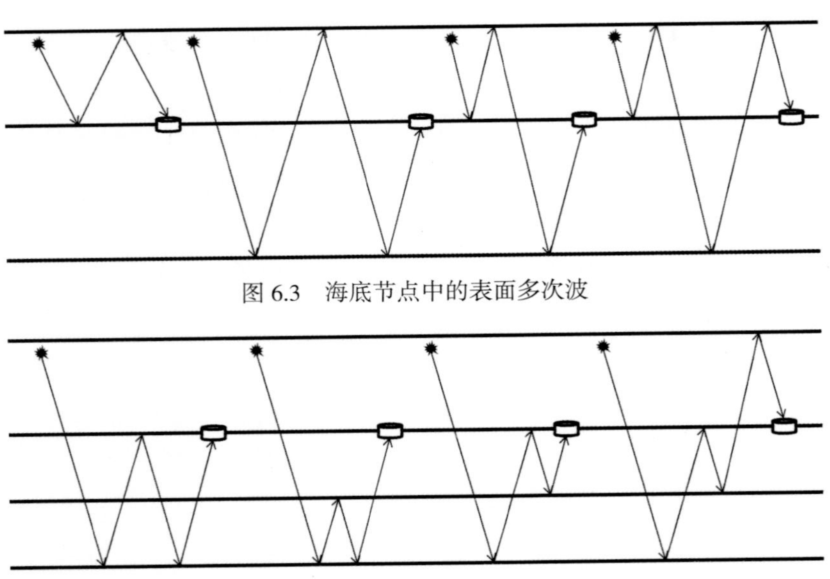

图 6.3　海底节点中的表面多次波

图 6.4　海底节点中的层间多次波

本书仅讨论表面多次波压制技术。表面多次波根据反射界面的不同，又可以继续细分为水层多次波和海底以下地层反射的自由表面多次波。水层多次波是指地震波在传播过程中在海水表面和海底这两个强波阻抗界面之间发生多次反射所形成的多次波，如图 6.5a 和图 6.5c，它的能量较强，是海洋资料多次波压制的重点。另外一种多次波为海水表面和除海底之外的地下其他反射层之间多次传播所形成的多次波，如图 6.5b 和图 6.5d，它的能量相对来说弱于水层多次波。

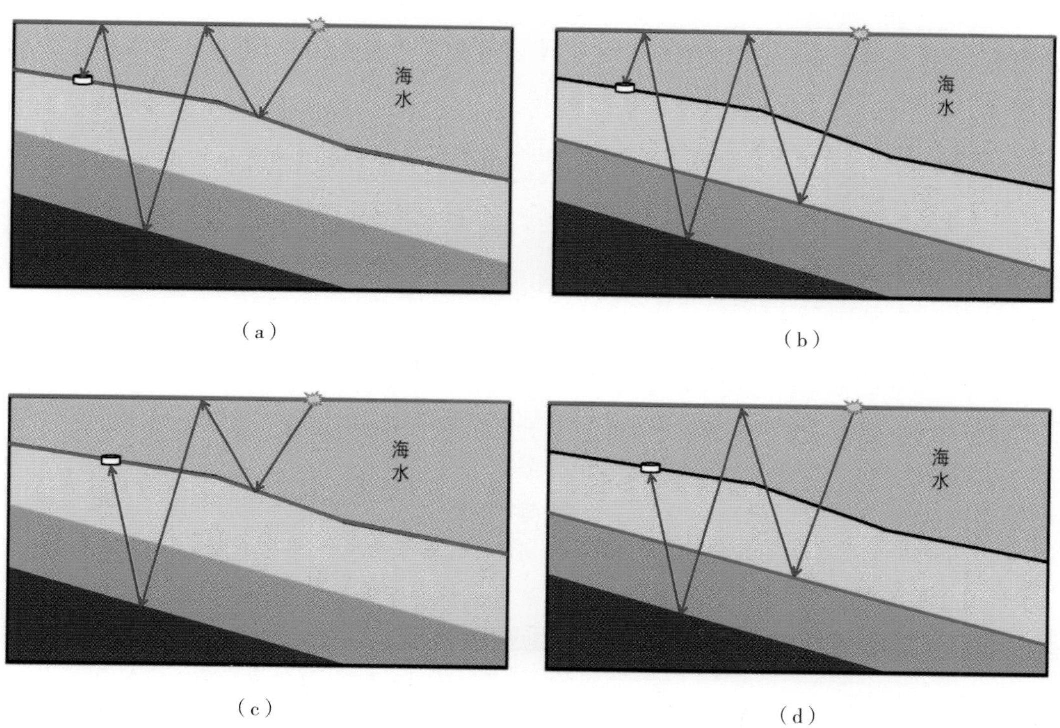

图 6.5　海底节点中的表面多次波（红色表示产生多次波的界面）

（a）下行波中的水层多次波；（b）下行波中的其他表面多次波；（c）上行波中的水层多次波；（d）上行波中的其他表面多次波

6.1.2　多次波压制方法简介

当前多次波处理研究主要有两种思路，一种是把多次波作为噪声，想办法将其从地震记录中分离出去，即所谓多次波压制；另一种是将多次波作为有效信号，对其进行偏移成像提取其中有效反射信息，当然由于多次波的复杂性，这种利用比较困难，目前有一部分研究者在做一些探索性研究。在这里仅讨论多次波压制的方法。

多次波压制方法可大致分为两类：基于信号分析的滤波方法和基于波动方程的预测减去法。其中基于信号分析的滤波方法是通过寻找多次波与一次波之间的差异，然后设计一个滤波器对多次波进行压制。一般情况下，多次波和有效波之间的差异特征主要分为两种：可分离性和周期性。对于可分离性差异，需要假设动校正后一次波与多次波之间存在时差或者假设含有多次波的地震数据经过一些特殊变换（例如 f–k 变换、拉东变换等）后，多次波和一次波在变换域能够明显地被分开，然后通过切除等手段实现对多次波的压制。对于周期性差异，需要假设一次波不会以重复的方式出现而多次波却具有周期性，根据这种多次波的周期性假设，可以通过预测反褶积或者 τ–p 域预测反褶积来预测并压制地震记录中的周期性多次波。对于滤波类多次波压制方法，当多次波和一次波之间的差异特征比较明显时，能够取得较好的效果，而当这种差异特征不明显时，则很难甚至无法应用该类方法去压制多次波。

波动方程预测减去方法是通过波动方程来模拟地震波场或者反演原始地震数据来预测出多次波模型，并将预测得到的多次波模型通过自适应匹配滤波方法从原地震记录中减去，从而达到消除多次波的目的。这种应用波动方程方法从原地震数据中预测模拟出多次波的方法，根据是否需要先验信息分为模型驱动方式和数据驱动方式。其中模型驱动方式就是在预测多次波之前需要一些地下模型的信息，如速度和反射界面等信息；数据驱动方式不需要其他先验模型信息，根据波场的动力学规律直接通过原始地震数据来预测多次波。从原理上来说数据驱动方式比模型驱动方式更加优越，因为模型驱动方式只能预测到和模型相关的多次波，而数据驱动方式可以预测出任何类型的多次波。但是数据驱动方式对参与预测的输入数据的要求比较严格，而模型驱动方式对输入数据的限制较少。

6.2 海底节点地震表面多次波模型预测方法

6.2.1 表面多次波压制技术

表面多次波压制技术（Surface–Related Multiple Elimination，SRME）是海洋地震资料压制表面多次波应用最广泛的方法之一，该方法完全由数据驱动，通过地震数据本身预测多次波模型并通过匹配滤波技术将多次波从原始数据中减去达到压制自由表面多次波的目的。该方法对多次波的周期性、多次波和一次波的速度差异没有特别的要求，对近道多次波有较好的压制效果。

下面简述其基本原理。对于一维模型：假设一个无限宽带的水平平面波向地下传播，产生地震脉冲响应 $u_0(t)$。它不受地面因素影响，而且包含了所有一次反射波和多次波。假如它从地下反射回来遇到自由表面，就会全部反射回传播介质中，那么在地下一个完整循环中，一次反射充当了新的震源的角色。换句话说，地震脉冲响应中每个信息与整个脉冲响应褶积产生第一阶多次波序列，它可以表示为

$$m_1(t) = -u_0(t) * u_0(t) \tag{6–1}$$

式中，负号代表反射波背向地表面传播。当所有反射再次到达地表面时，每一个第一阶多次波作为产生第二阶多次波的震源，第二阶表面相关多次波就可以写成

$$m_2(t) = -u_0(t) * m_1(t) = u_0(t) * u_0(t) * u_0(t) \tag{6–2}$$

以此类推，包含所有表面相关多次波的整个地震响应就变成了这样一个序列，即

$$u(t) = u_0(t) - u_0(t) * u_0(t) + u_0(t) * u_0(t) * u_0(t) - \cdots \tag{6–3}$$

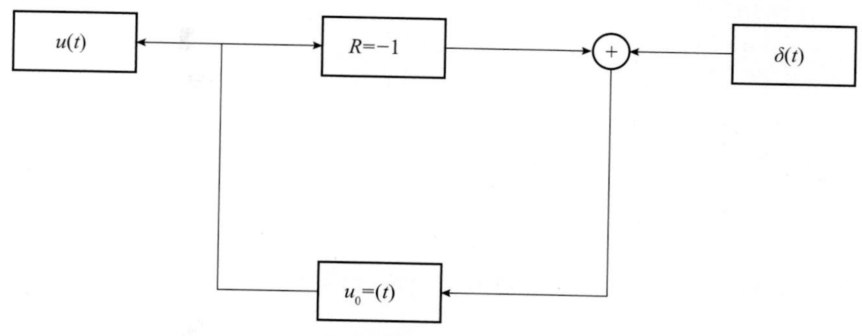

图 6.6　表面多次波产生过程的反馈图

图 6.6 所示的反馈图展示了上述的地震响应，从中可以推导出脉冲响应与所有表面多次波的隐式关系：即整个下行的地震响应是一个原始源，即一个 δ 函数与反射回来的响应 $-u(t)$ 的组合，而来自介质的响应是 $u_0(t)$，那么上式就可以表示为

$$u(t) = u_0(t) * [\delta(t) - u(t)] = u_0(t) - u_0(t) * u(t) \tag{6–4}$$

该式说明，一次波脉冲响应褶积整个地震响应产生所有表面相关多次波。如果在频率域表示，就有

$$U(\omega) = U_0(\omega) - U_0(\omega) U(\omega) \tag{6–5}$$

可以将式（6–5）写成 $U(\omega)$ 的显式形式：

$$U(\omega) = U_0(\omega)[1 + U_0(\omega)]^{-1} \tag{6–6}$$

其中的逆项产生所有的表面相关多次波。同样可以将式（6–5）写成 $U_0(\omega)$ 的显式形式：

$$U_0(\omega) = U(\omega)[1 - U(\omega)]^{-1} \tag{6–7}$$

上式就是利用整个地震响应 $U(\omega)$ 计算求取去除多次波后地震响应 $U_0(\omega)$ 的表达形式。将上式中的逆项做多项式展开后，有

$$U_0(\omega)=U(\omega)+U^2(\omega)+U^3(\omega)+U^4(\omega)+\cdots \tag{6-8}$$

再换算回时间域，不含多次波的地震响应 $u_0(t)$ 通过含多次波的地震数据响应 $u(t)$ 的系列褶积运算产生，即

$$u_0(t)=u(t)+u(t)*u(t)+u(t)*u(t)*u(t)+\cdots \tag{6-9}$$

将上面的推导延伸到实际物理中，由震源子波 $s(t)$ 代替理想的脉冲响应。这样，不含表面多次波的响应可以写为

$$p_0(t)=u_0(t)*s(t) \tag{6-10}$$

而包含所有表面多次波的响应可以写为

$$p(t)=u(t)*s(t) \tag{6-11}$$

那么表示含多次波的数据与不含多次波数据之间的隐性关系式（6–4）就变成了

$$p(t)=u_0(t)*[s(t)-p(t)]=p_0(t)-u_0(t)*p(t) \tag{6-12}$$

如果我们再定义算子 $f(t)$，使

$$f(t)*s(t)=-\delta(t) \tag{6-13}$$

那么式（6–12）就可以写成

$$p(t)=p_0(t)+p_0(t)*f(t)*p(t) \tag{6-14}$$

在频率域可以表示为

$$P(\omega)=P_0(\omega)+F(\omega)P_0(\omega)P(\omega) \tag{6-15}$$

对上式做多项式展开，可以得到

$$P_0(\omega)=P(\omega)-F(\omega)P^2(\omega)+F^2(\omega)P^3(\omega)-F^3(\omega)P^4(\omega)+\cdots \tag{6-16}$$

使用式（6–16）进行多次波压制时，由于无法得到真实的震源信号，而震源信号估计中存在的很小的误差就可以导致压制结果中残留很明显的多次波。因此，Verschuur 等（1992）认为，需要将多次波的压制作为一个自适应过程来进行处理，需

要对 $F(\omega)$ 进行优化。考虑到表面算子用于 $-F(\omega)$、$F^2(\omega)$、$-F^3(\omega)$ 等，所以对震源特性 $F(\omega)$ 的逆进行优化的过程是非线性的。这不是我们所期望的，当原始数据的多次波能量很强时，该级数有可能出现局部极小和缓慢收敛，从而使得压制多次波的反演过程不稳定。因此，Berkhout 等（1997）提出一种迭代实现表面多次波方法，将式（6–15）进行变形可得

$$P_0(\omega)=P(\omega)-F(\omega)P_0(\omega)P(\omega) \tag{6–17}$$

上式的右边需要知道不含多次波的数据 $P_0(\omega)$，而这个不含多次波的数据正是我们需要求解的。通过给定 $P_0(\omega)$ 的一个近似值，我们采用如下的迭代形式来压制多次波：

$$P_0^{i+1}(\omega)=P(\omega)-F(\omega)P_0^i(\omega)P(\omega) \tag{6–18}$$

式中，i 是迭代次数；$P(\omega)$ 是包含了一次波和多次波的原始数据：$P_0^i(\omega)$ 是经过了 i 次迭代后多次波被部分压制后的数据；$P_0^{i+1}(\omega)$ 是第 i+1 次迭代后更新的压制多次波的数据。

对于迭代的初始值 $P_0^0(\omega)$ 的选取，在理想情况下应该是使用一次波波场作为迭代的初始值，这样所有阶次的表面多次波只需要通过一次迭代就可以压制掉，但这在实际处理中是不可能的，因为一次波波场恰恰是我们需要求解的，因此通常无法给出仅包含一次波的初始波场。在实际数据处理时，一个合理的选择是使用包含了多次波的原始数据作为迭代的初始值，即

$$P_0^0(\omega)=P(\omega) \tag{6–19}$$

经过多次迭代以后，就可得到压制多次波后的波场。

将式（6–18）中预测出来的多次波场 $P_0^i(\omega)P(\omega)$ 记为 $M(\omega)$ 并展开为离散求和的形式

$$M(x_\mathrm{r},x_\mathrm{s},\omega)=\sum_{x_k}P_0(x_\mathrm{r},x_\mathrm{k},\omega)P(x_\mathrm{k},x_\mathrm{s},\omega) \tag{6–20}$$

可以看出，要预测一个炮点—接收点组合数据中的所有表面多次波，我们需要一个包含所有多次波的共炮点道集（CSG）和一个不包含表面多次波的共接收点道集（CRG）。针对该炮点—接收点组合来说，预测该道的表面多次波只需要把该道所对应的共炮点道集和共接收点道集在每一个表面处的多次波贡献点进行褶积然后求和就可以得到。如图 6.7 所示。

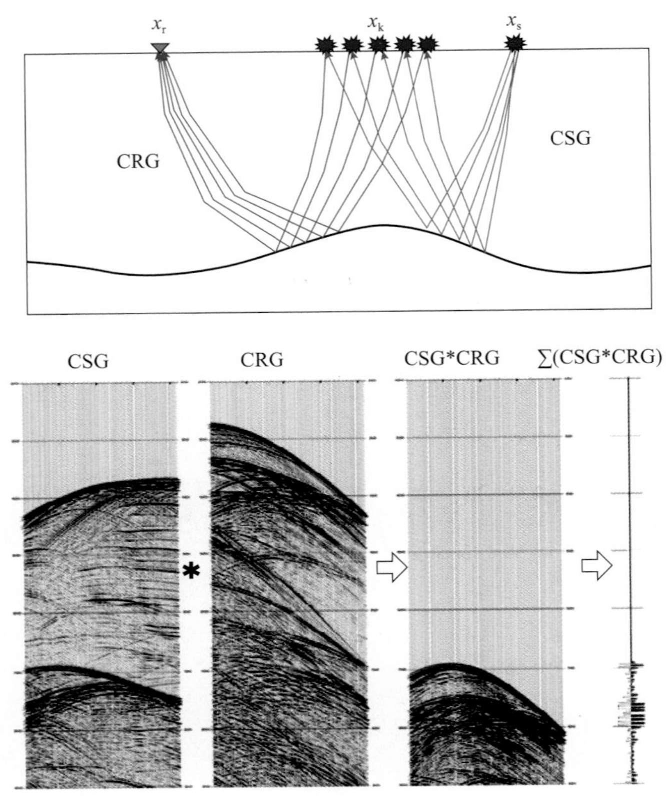

图 6.7 表面多次波预测的实现过程（方云峰，2015）

6.2.2 海底节点联合拖缆资料的表面多次波压制技术

将 SRME 方法应用到海底节点地震资料中面临两个方面的问题：首先，海底节点地震采集作为一种特殊的观测系统，震源在海面而接收点位于海底，二者不共面，不符合以上推导过程的假设条件；其次，海底节点地震采集的接收点分布比较稀疏，难以满足 SRME 预测多次波的需求。对于接收点分布稀疏的问题，可以通过数据规则化等方式加以克服，而炮检不共面的问题，又引申出来两个问题：第一，SRME 的理论是否能够适用于炮检不共面的观测系统；第二，如果 SRME 适用于炮检不共面的观测系统，如何获取炮点和检波点共面的地震数据用以与原始数据做褶积。

对于第一个问题，Verschuur 等（1999）引入 Berkhout（1997）针对叠前偏移的物理含义的解释，Berkhout 把叠前偏移看做在地震数据的震源端和接收端同时施加聚焦算子进行正传和反传，然后施加一个成像条件获取地下构造的像。对于一个震源和接收点都在海面的地震数据，如果仅仅在接收端施加聚焦算子，那么接收点向下反传就可以得到震源在海面、接收点在海底的地震数据，即

$$\vec{P}^{+}(z_m,z_0)=\vec{F}^{+}(z_m,z_0)P(z_0) \tag{6–21}$$

其中，$P(z_0)$ 表示接收点在海面上的地震数据，$\vec{F}^{+}(z_m,z_0)$ 代表将接收点反传到海底的聚焦算子，$\vec{P}^{+}(z_m,z_0)$ 表示接收点在海底 z_m 处的地震数据。将 $\vec{F}^{+}(z_m,z_0)$ 同时作用于式的两端，可以得到

$$\begin{cases}\vec{P}_0^{+(i+1)}(z_m,z_0)=\vec{P}^{+}(z_m,z_0)-F^{i+1}(\omega)\vec{P}_0^{+(i)}(z_m,z_0)P(z_0)\\ \vec{P}_0^{+(0)}(z_m,z_0)=\vec{P}^{+}(z_m,z_0)\end{cases} \tag{6–22}$$

上式表明，海底节点地震资料中的表面多次波可以通过海底节点的数据与震源和接收点都在海面上的数据相互褶积来进行预测，如图 6.8 所示。

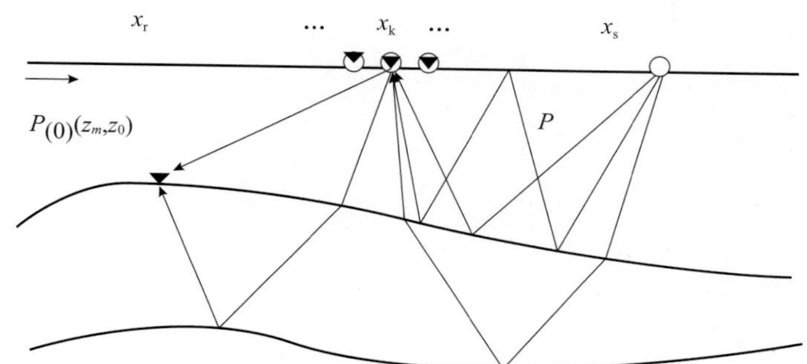

图 6.8 海底节点表面多次波预测的实现过程（Verschuur 等，1999）

解决完第一个问题，接下来的问题就是获取震源和接收点都在海面上的地震数据。Zhong 等（2014）和 Castelan 等（2016）利用与海底节点地震数据相同工区采集的拖缆数据与海底节点地震数据联合起来，预测海底节点地震数据中的多次波，取得了较好的效果。具体的实现思路如下：

（1）海底节点地震数据首先进行波场分离得到上行波和下行波；

（2）拖缆数据和海底节点地震数据进行去噪、气泡压制、零相位化；针对拖缆数据中的多次波进行压制；

（3）将拖缆数据的炮检点校正到海面上，同时将海底节点地震数据的炮点校正到海面上，并且消除由于采集时间不同、海水速度不同产生的影响；

（4）拖缆数据和海底节点地震数据进行插值和规则化；

（5）将处理好的拖缆数据和海底节点地震数据利用 SRME 算法进行褶积，预测海底节点地震资料中的多次波；

（6）利用自适应减将多次波从海底节点地震数据中减去，得到多次波压制之后的海底节点地震数据。

从多次波压制前后的道集和偏移剖面上看，经过 SRME 之后，道集和剖面上的多次波得到了很好的压制（图 6.9 和图 6.10）。

此外，也有一些学者提出了利用波场延拓算法将海底节点地震数据的接收点延拓到海面，形成拖缆观测系统的数据，然后再应用传统 SRME 方法压制多次波，在这里不对该方法进行深入讨论。

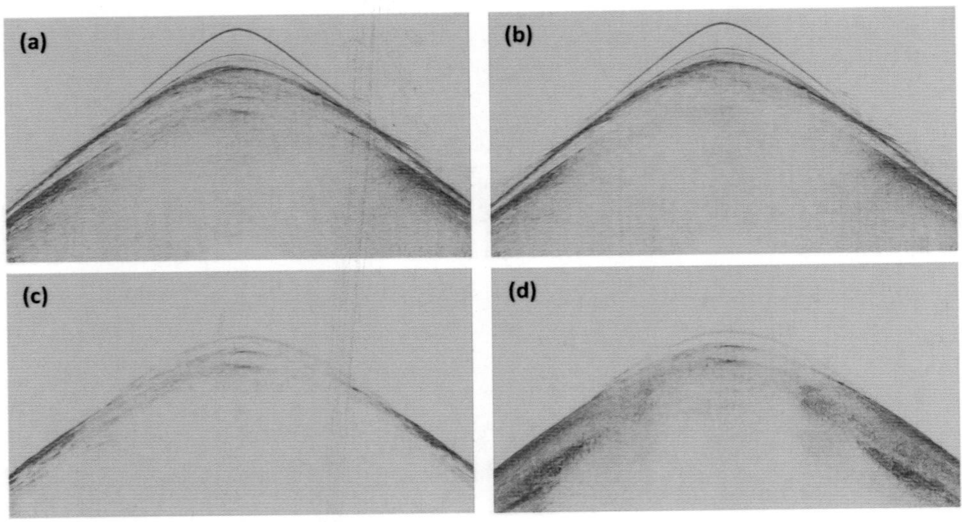

图 6.9　联合拖缆 SRME 前后道集效果（Zhong 等，2014）

（a）多次波压制前；（b）多次波压制后；（c）去掉的多次波；（d）预测的多次波模型

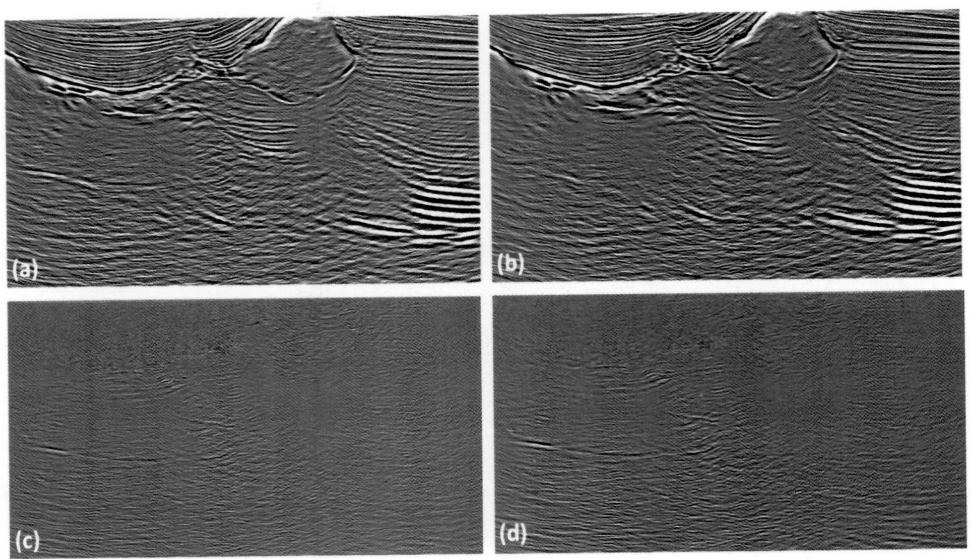

图 6.10　联合拖缆 SRME 前后偏移剖面效果（Zhong 等，2014）

（a）多次波压制前；（b）多次波压制后；（c）预测的多次波模型；（d）去掉的多次波

6.2.3 基于模型的水层多次波压制

SRME 算法不需要速度模型等先验信息即可预测数据中的所有表面多次波，然而其也有自身的局限性。比如在浅水环境下，由于入射角很快达到临界角，当地震波传播到海底时会产生折射波，这样会导致缺少有效的一次反射信息；另一方面，海上地震数据通常缺失近偏移距数据，而且常规的 SRME 技术非常依赖震源与接收点在深度上的一致性，否则就不能得到精确的预测结果。在这种情况下，常规 SRME 方法衰减多次波已经不能取得很好的压制效果。此外，对于海底节点地震数据，同工区内有拖缆数据的情况也少之又少，也制约了其在海底节点地震资料中的应用。

Wang 等（2011）提出了基于模型的水层多次波压制（Model-based Water-layer Demultiple），即 MWD 算法，该方法改进了常规的 SRME 方法，可以弥补 SRME 方法中的一些不足。其具体实现过程是首先建立一个水体模型，然后构建水底有效反射的格林函数，并恢复和重建有效反射，将格林函数与原始数据褶积就可以实现多次波的预测，如图 6.11 所示。这种方法能够有效去除水层（尤其是浅水）的相关多次波，并且具有预测精度高、方法灵活、可适应包括海底节点在内的多种不同的观测系统等优点。

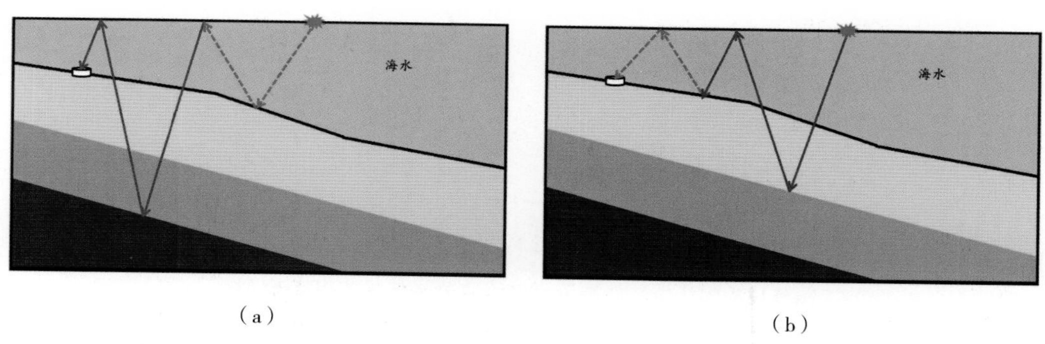

图 6.11 MWD 算法预测水层多次波的基本原理（红色虚线代表格林函数）

（a）炮点端水层多次波；（b）检波点端水层多次波

由于构建的格林函数只是表示水底有效反射的传播路径，因此与原始数据褶积之后预测得到的只是与水层有关的多次波。经过自适应相减的过程之后，只能衰减与水层相关的多次波，而无法衰减海底以下界面产生的多次波。

MWD 方法的关键是海底格林函数的构建，其构建方法极为灵活，可以从单程波波场延拓的理论，或者相移法等多种途径实现格林函数的计算，从而预测水层相关的多次波，可适用于二维、三维的海底电缆、海底节点、拖缆、斜缆等观测系统地震资料，在虚反射的预测方面也有极大的发展潜力。

在海底水平的情况下，对于二维测线常规的水平拖缆观测系统，可以对格林函数进行简化，直接构建炮点到检波点的格林函数，如图 6.12 所示。

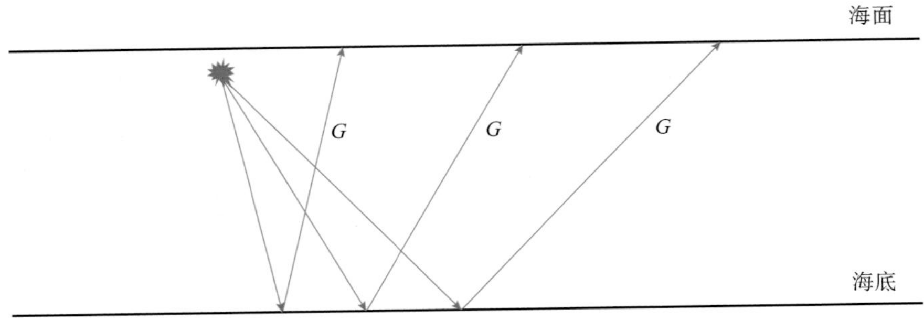

图 6.12　格林函数构建示意图

对于起伏海底的海底节点观测系统，需要计算海底反射路径的格林函数，格林函数考虑了波在实际传播路径中的球面扩散效应和旅行时差，使得预测出来的多次波更符合实际情况。海底格林函数构建原理如图 6.13 所示。

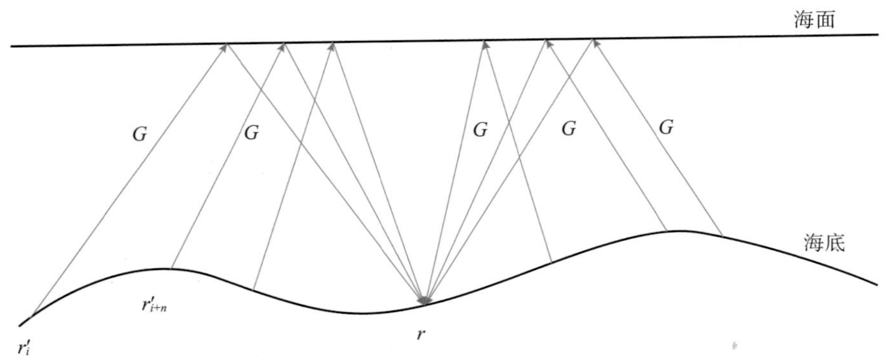

图 6.13　起伏海底海底节点地震数据格林函数构建示意图

上述两种都是二维测线的情况下，在实际中针对三维观测系统可以将格林函数法扩展到三维情况下，三维模型的格林函数构建原理如图 6.14 所示。

从惠更斯—菲涅尔定理出发，可以推导出克希霍夫衍射公式，给出了地震波场在通过闭合界面后的波场响应函数，据此可以改造传统的格林函数法。格林函数的形式可由波动方程求得，常见的形式为

$$G = -1 \cdot \frac{e^{-i\omega t}}{r} \tag{6-23}$$

但这种格林函数仅仅考虑了地震波传播的时移以及能量的球面扩散等运动学特征，而多次波预测的动力学特征对于多次波的精确提取以及后续的多次波成像等处理步骤具有重要意义。因此基于克希霍夫衍射原理，在格林函数中添加了角度因子，使预测的多次波更具有动力学特征。

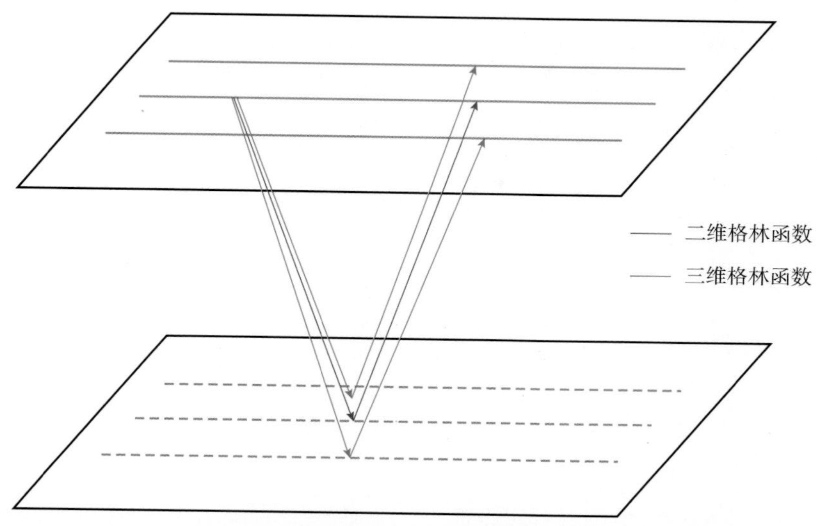

图 6.14 三维格林函数构建原理示意图

$$u=\frac{1}{2\pi c}\iint_S F\left(t-\frac{2r_0}{v_w}\right)\cdot\frac{\cos\theta}{r_0^2}\mathrm{d}s \tag{6-24}$$

式中，$F(t)=\xi\frac{\mathrm{d}f}{\mathrm{d}t}$，表示反射波的理论脉冲；$\xi$ 表示水面的反射系数，可近似为 −1；v_w 表示海水速度。

由式（6–24）可将浅水多次波预测格林函数改写为新的形式，即在常规的多次波预测格林函数中加入角度算子来控制不同入射角地震道的叠加权重：

$$G=-\frac{1}{r}\mathrm{e}^{-\mathrm{i}\omega t}K(\theta) \tag{6-25}$$

如果将格林函数浅水多次波预测扩展到三维，会引起巨大的计算和内存需求。那么使用全部数据进行多次波预测需要极大的计算成本。为了解决这个问题，Huang 等人提出了有选择的输入方法来限制计算量，提高了计算效率并消除了更多的多次波，但并没有给出选择预测地震道的依据。方云峰等提出了基于多次波贡献道集的求和孔径优化方法。但这种方法需要求取多次波贡献道集，操作上不够方便。因此基于多次波贡献提出了多次波预测孔径的方法，使用有限孔径内的地震数据进行多次波预测，如图 6.15 所示。

这样可以在不影响预测效果的基础上大大较少计算量，同时也取得了良好的多次波预测效果。与偏移孔径类似，预测孔径可以选大一些，预测孔径过小将不能完全预测出多次波，预测孔径过大将增加计算量并引起预测噪声。

理论模型的测试结果（图 6.16）和实际数据的结果（图 6.17）均表明了该方法的有效性。

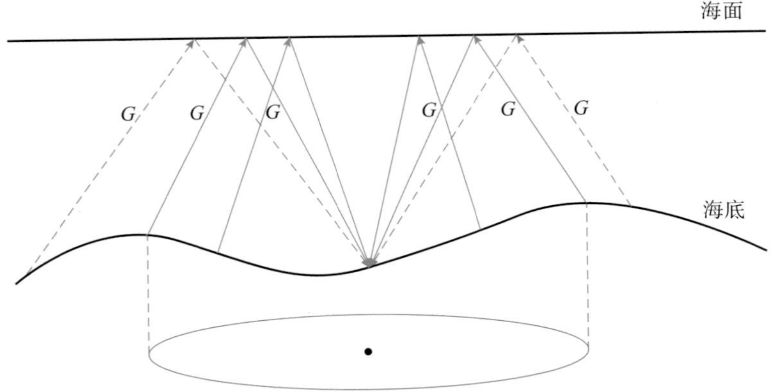

图 6.15　有限孔径多次波预测示意图

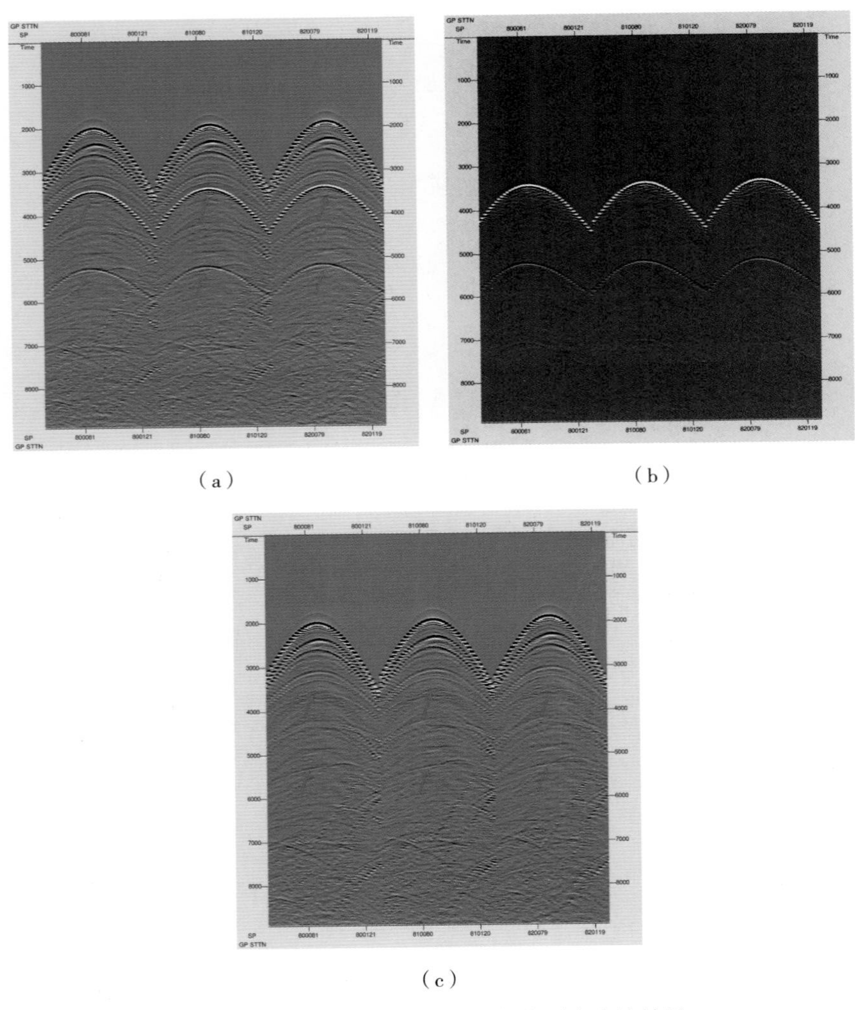

（a）

（b）

（c）

图 6.16　SEAM 模型 MWD 压制水层多次波效果

（a）水层多次波压制前；（b）预测的多次波模型；（c）水层多次波压制后

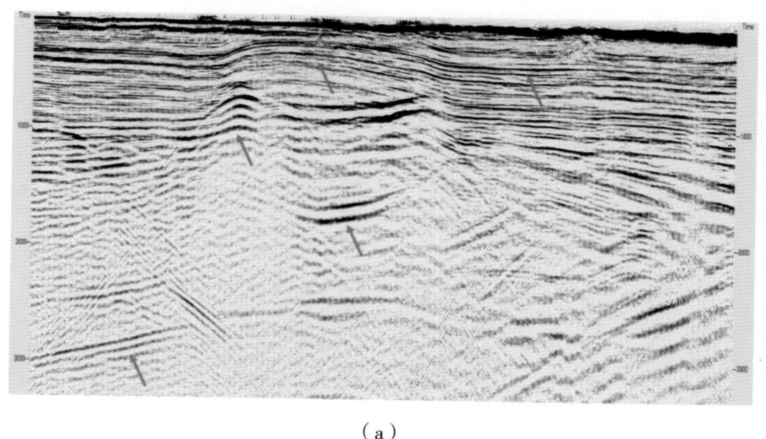

（a）

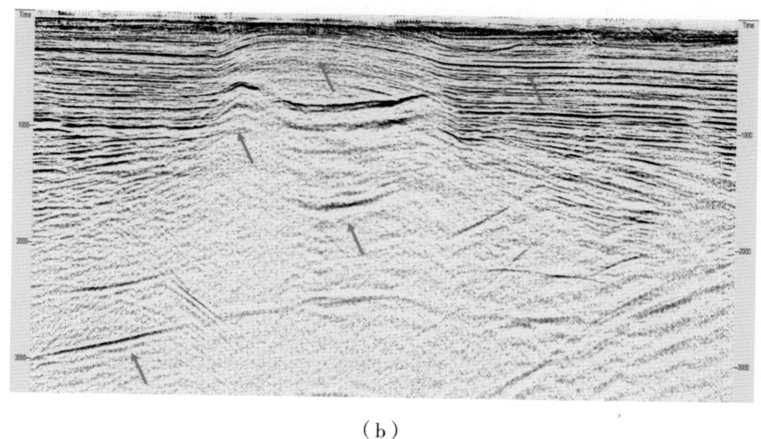

（b）

图 6.17 实际海底节点地震资料 MWD 压制多次波效果

（a）多次波压制前；（b）多次波压制后

6.2.4 基于模型的表面多次波预测

Pica 等（2005）提出了一种基于模型的表面多次波预测（Surface-Related Multiple Modeling）方法，即 SRMM 方法。其基本原理是首先利用叠前时间偏移对地下产生多次波的部位成像，认为偏移得到的成像剖面是地下介质反射系数的良好近似；然后对偏移数据体进行反偏移以重新建立表面地震数据。它与 SRME 一样都涉及一次波与多次波之间的隐式关系。

我们把 SRME 压制表面多次波的过程简写为

$$p_0(t)=d_{\text{obs}}(t)-s^{-1}*d_{\text{obs}}(t)*p_0(t) \tag{6-26}$$

式中，$d_{\text{obs}}(t)$ 表示观测到的地震数据，$p_0(t)$ 为期望得到的不包含多次波的一次波，s^{-1} 代表子波的逆。将式（6-26）进行适当的变换，则有

$$p_0(t)=[I-s^{-1}*p_0(t)]*d_{\text{obs}}(t) \tag{6-27}$$

那么观测得到的地震数据 $d_{\text{obs}}(t)$ 就可以表示为

$$d_{\text{obs}}(t)=[I-s^{-1}*p_0(t)]^{-1}*p_0(t) \tag{6-28}$$

式（6–28）可以写成诺埃曼级数：

$$d_{\text{obs}}(t)=\left\{\sum_{n=0}^{\infty}[s^{-1}p_0(t)]^n\right\}p_0(t) \tag{6-29}$$

展开，有：

$$\begin{aligned} d_{\text{obs}}(t) &= p_0(t)+[s^{-1}*p_0(t)]^1*p_0(t)+[s^{-1}*p_0(t)]^2*p_0(t)+\cdots \\ &= p_0(t)+m_1+m_2+\cdots \\ &= p_0(t)+\mathbf{SRMM} \end{aligned} \tag{6-30}$$

实际上，式（6–30）系列中的每一项都描述了 SRMM 预测多次波中涉及的操作，首先正演生成一次波，然后迭代地生成多次波。一次波的正演可以通过单程波波动方程反偏移的方法从偏移后剖面上获得。或者可以使用常速度模型相移法或变速模型的 *f–x* 算法来进行正演模拟。开始首次迭代时，将一个点源放在炮点位置处，在下一轮的迭代过程中，先前迭代生成的一次波将作为下一轮迭代过程中反偏移算法的面源，当一次波到达表面后，将被当做向下传播的新的面源，从而得到一阶多次波的波场。以此类推，高阶的多次波的波场由低阶多次波的波场作为反偏移算法的面源而得到。

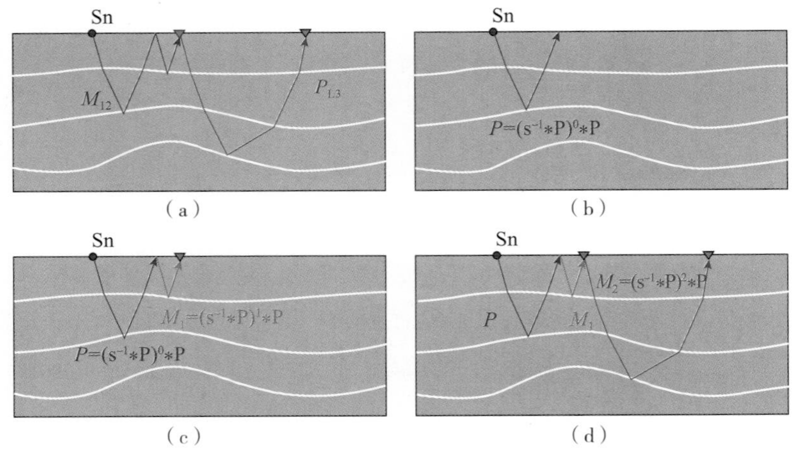

图 6.18　SRME 与 SRMM 的区别（Pica 等，2005）

（a）使用SRME方法可以从运动学上预测所有阶数的多次波。图中通过把多次波M_{12}和一次波P_{13}的波路径结合起来就可以一次性地预测出二阶多次波；（b）当无法获取规则的输入炮记录时，SRMM方法可以模拟多次波产生过程中的每一次反射，图中表示了地震波的第一次反射，形成了一次波P；（c）一次波到达地表后，将一次波当做震源再次向地下传播，遇到地下介质再次发生反射，形成一阶多次波M_1；（d）将一阶多次波M_1当做震源向地下传播，遇到地下介质再次发生反射，形成一阶多次波M_2。不断重复这一过程，即可预测全部阶数的多次波

图 6.18 说明了 SRMM 算法与 SRME 算法的区别。SRME 算法通过数据的自褶积预测多次波，可以预测出所有阶数的多次波，并且预测的多次波模型具有正确的运动学特征（图 6.18a），而对于 SRMM 来言，第一轮反偏移的迭代只得到一次波（图 6.18b），第二轮迭代把上一轮得到的一次波作为面源进行反偏移得到一阶多次波（图 6.18c），这对应诺埃曼级数的第二项，更多的迭代对应更高阶的多次波（图 6.18d）。

当可以获得反褶积后的规则的地震记录时，就可以跳出这个循环过程，将获取的地震记录作为反偏移过程中的面源，然后再进行多次波的预测。

SRMM 算法克服了 SRME 算法对于炮检点共面以及对实际观测数据的要求，因此可以很好地应用在海底节点地震资料上。它不仅可以预测水层相关的多次波，也可以预测海底以下的反射层产生的表面多次波。实际资料中表现出了很好的效果，如图 6.19 和图 6.20 所示。

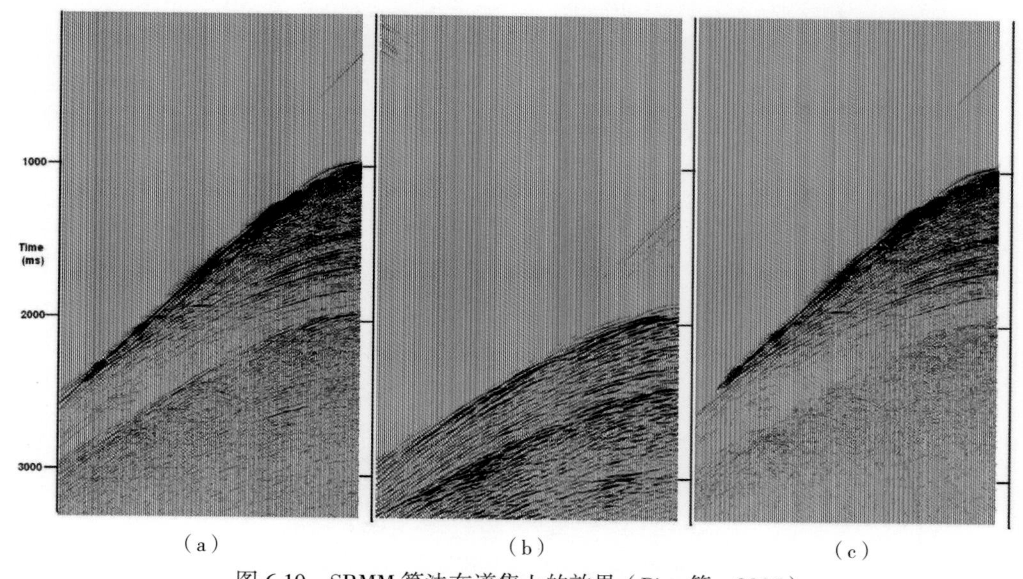

图 6.19 SRMM 算法在道集上的效果（Pica 等，2005）

（a）多次波压制前；（b）SRMM预测的多次波模型；（c）自适应减多次波压制后

6.2.5 波场延拓法多次波预测

波场延拓法是一种基于波场延拓理论的预测方法，这种方法出现较早，发展时间较长。该方法利用波动方程外推，使地表记录到的地震波场在海水层中再传播一个双程旅行时，这样原来的一次反射波变为二次反射波，每个特定阶次的多次波阶数加一，然后从原始波场中减去上述过程得到的多次波来达到衰减多次波的目的。

波场延拓的概念最早是由惠更斯原理发展而来，惠更斯原理只是定性的对波场的传播进行描述，针对产生的波前的振幅问题及波场在某个方向的传播情况没有具体描述。在这之后，克希霍夫定量地给出了从现有波场预测得到新的波场的过程：

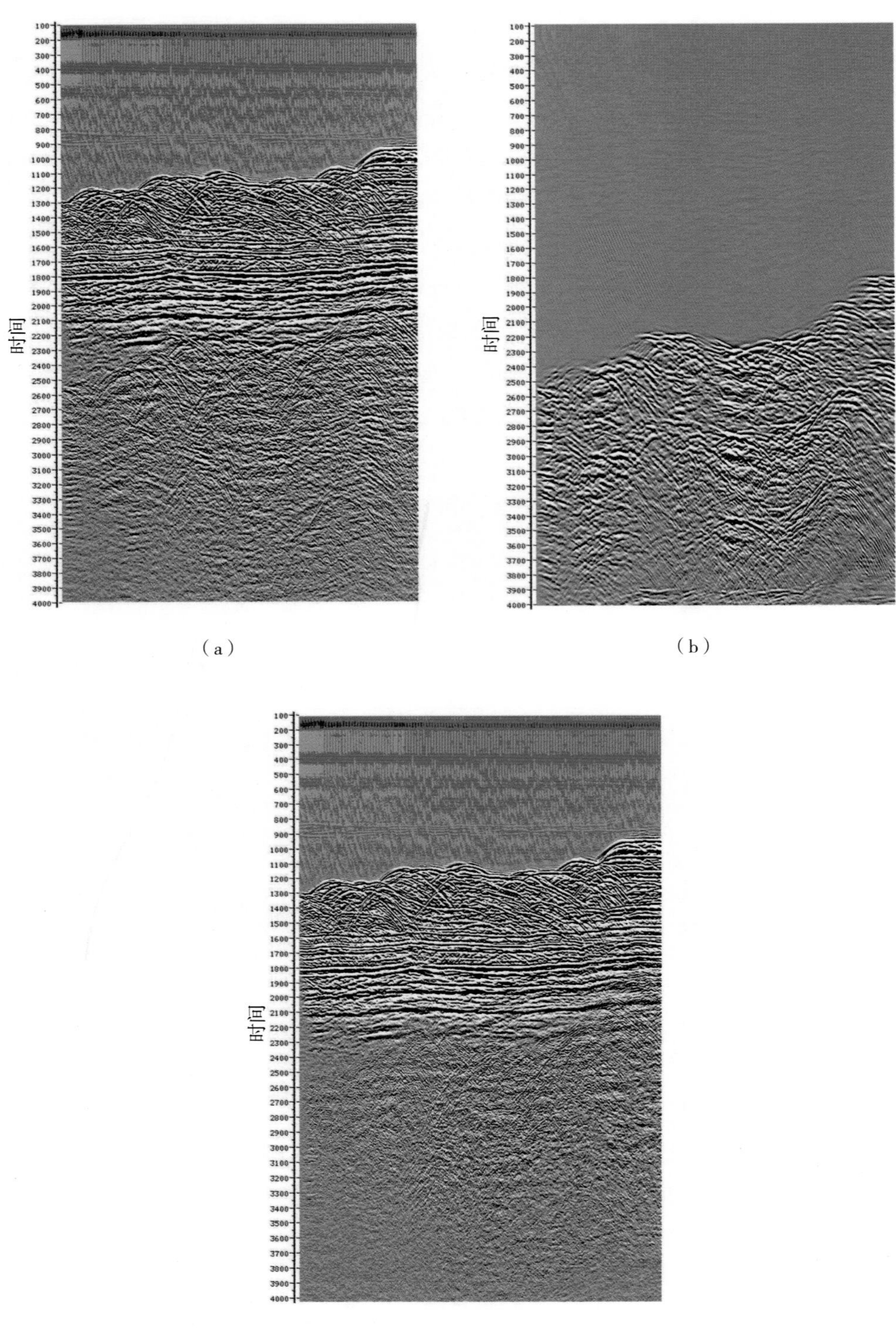

图 6.20　SRMM 算法在剖面上的效果（Pica 等，2005）

（a）多次波压制前；（b）SRMM预测的多次波模型；（c）自适应减多次波压制后

$$P_A = \frac{-1}{4\pi}\int_S \left[P\frac{\partial G}{\partial \boldsymbol{n}} - G\frac{\partial P}{\partial \boldsymbol{n}}\right]\mathrm{d}s \tag{6-31}$$

式中，P_A 为 A 点的频率域压力场值，S 为闭合曲面，$\boldsymbol{n}$ 为 S 的外法向单位矢量，G 为格林函数。由上式可以看出，已知 S 上的压力波场和质点的振动速度（法向导数 $\partial P/\partial n$ 为质点在 S 上的振动速度与一个比例常数的乘积）才能求出 A 点的压力值 P_A。但是在实际进行波场延拓时，我们在浅水采集的地震数据只能得到压力波场，同时，地震勘探是在某一层面而非闭合曲面进行观测。因此，将闭合曲面 S 简化为平面 S，则将式（6–31）简化为

$$P_A = \frac{1}{2\pi}\int_S P\frac{\partial G}{\partial z}ds \tag{6-32}$$

在频率域格林函数可表示为

$$G = \frac{\mathrm{e}^{-\mathrm{j}2\pi kr}}{r} \tag{6-33}$$

再将式（6–33）代入式（6–32），即可得到瑞利积分 II 式：

$$P_A = \frac{1}{2\pi}\int_S P\frac{1+\mathrm{j}2\pi kr}{r^2}\cos\phi \mathrm{e}^{-\mathrm{j}2\pi kr}\mathrm{d}s \tag{6-34}$$

其中 k 是波数，r 为 S 平面上任一点到 A 点的距离，ϕ 为向量 $\boldsymbol{r}$ 与 S 平面垂直方向的夹角（图 6.21）。

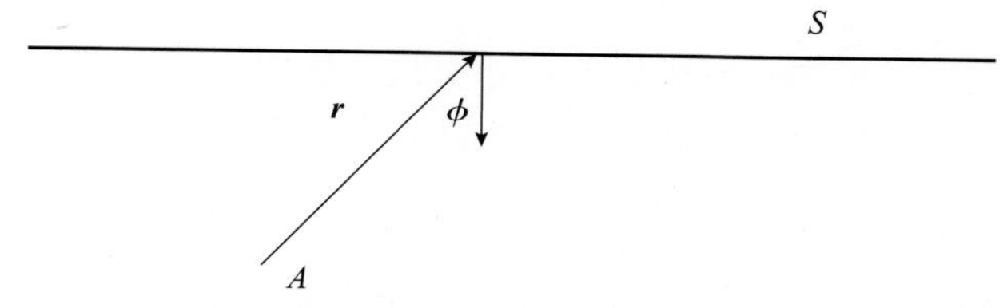

图 6.21　瑞利积分 II 式几何示意图

根据式（6–34），可以由 S 的波场得到 A 点的波场。经过这个过程，就可以根据已知波场得到未知点的波场情况。

Loewenthal 等（1974）最先讨论了这种利用波场延拓预测多次波的方法，把它用于 CDP 道集；Riley 等（1976）用波动方程有限差分方法模拟多次波，并对一维数据进行多次波衰减处理；Morley 等（1983）对波场延拓预测多次波进行比较深入的分析，在他的博士论文里推导了基于波动方程的预测海底多次波的算子，对于多次波预测的实现，他采用了一个简化形式；Wiggins（1988）在 Morley 的基础上，使该方法更为完善；Berryhill 等（1986）的方法与 Wiggins 的方法在原理类似，在实现上有所不同。

Wiggins 方法可以预测出与海平面有关的多次波，它包括海底多次波（在海平面和

海底之间反射产生的多次波）和部分 Peg-leg 型多次波（在海底以下界面反射一次，并且在海平面和海底之间反射一次或多次生成的多次波）。这种方法将海平面接收到的记录，通过波场延拓到海底界面，对延拓到海底的记录作多次波衰减处理，然后再通过波场延拓回到海平面而达到衰减多次波的目的。该方法的优点是对输入数据没有要求，缺点是对于海底横向变速较激烈的情况，预测的多次波模型效果会很差。

Berryhill 方法将海平面看作一面镜子，假设海底界面在这面镜子里的像作为一个激发和接收信号的界面，那么在这面上激发和接收的记录就相当于在海平面激发和接收的记录相应的海底多次波和 Peg-leg 型多次波，这样通过波场延拓将海平面上的记录延拓到海底界面对应的镜像界面上，就完成了对多次波的预测。通过对预测多次波和实际记录中的多次波匹配相减来衰减多次波，Berryhill 是在频率 - 波数域用转换函数方法进行匹配。这种方法输入数据需要的是中间激发两边接受共炮点道集数据，而单边接收海洋数据需要根据互换性原理来得到另一边的数据，而且中间的近偏移距缺失道要通过插值得到。该方法与 Wiggins 方法一样，需要海水深度的一个先验估计。

Berryhill 法和 Wiggins 法都是基于水平海底的波场延拓方法，为了改进波场延拓方法在剧烈起伏海底条件下预测海底多次波的精度，Ke 等（2009）提出了波场剔除和镶入法来进行起伏海底的波场延拓，这样就可以只使用海水速度在起伏海底条件下进行波场延拓，解决了传统波场延拓方法不仅需要海水速度并且需要海底以下的介质速度的不足。采用波场剔除和镶入法进行波场延拓来预测海底多次波分两步完成，首先把炮集从海平面下行延拓到海底，并记录下海底处的波场，然后把记录的海底处的波场从海底面上行延拓到海平面。波场剔除法应用于上行和下行波场延拓全过程，其物理基础是海底多次波只在水中传播。如果在下行和上行波场延拓过程中，只使用海水速度，那么在水中部分的波场是正确的，而在海底下介质中的波场是错误的。如果把海底下介质中的波场剔除或置零，那么在海水中传播的波就没有来自海底下介质中的波。通过这种方法可以很好地预测海底相关的多次波（图 6.22），但是无法预测海底以下介质产生的多次波。

Stork 等（2006）直接利用单程波波动方程波场延拓来进行多次波预测，该方法本质上是波动方程偏移的反过程，在频率域将震源子波进行传播，一次传播一个深度步长。当波场向下延拓时，在给定的深度上乘以反射系数即可生成反射波场，存储该反射波场然后继续向下传播直到到达模型底部。然后，上行波场从模型底部的空波场开始，一次向上传播一个深度步长，在向上的传播过程中累积存储的反射波场，直到到达模型顶部，得到一次波场。如果要预测多次波，则将接收到的一次波场乘以 -1 并把它当做震源子波重复波场延拓的过程，以此类推，可以得到任意阶数的多次波。理论上只要速度模型足够精确，该方法可以模拟包括海底相关多次波、海底以下界面产生的多次波以及层间多次波等所有类型的多次波（图 6.23）。

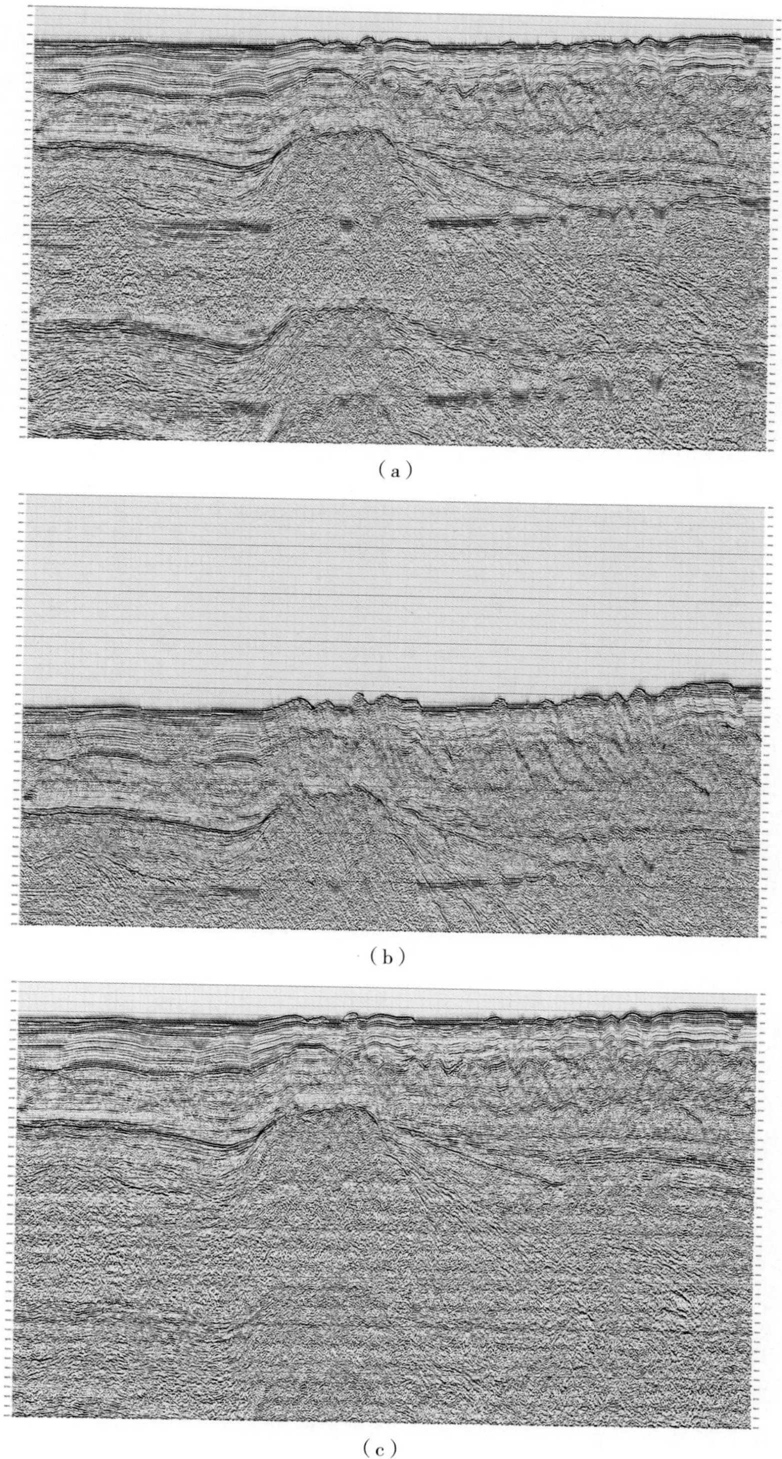

（a）

（b）

（c）

图 6.22　波场延拓法多次波压制前后对比（Ke 等，2009）

（a）多次波压制前近偏移距叠加剖面；（b）波场延拓法预测出的多次波模型；（c）自适应减后近偏移距叠加剖面

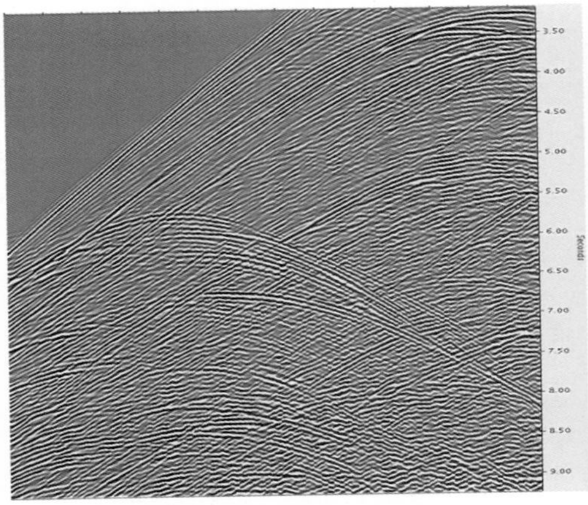

（a）

（b）

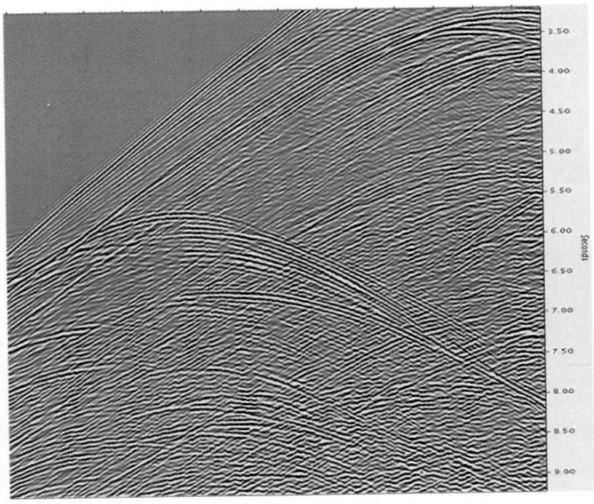

（c）

图 6.23　单程波波场延拓法多次波压制前后对比（Stock 等，2006）

（a）多次波压制前道集；（b）预测出的多次波模型；（c）自适应减后道集

6.3　预测多次波的自适应减去方法

上面提到的多次波压制方法都是分为两个步骤进行的：第一步为多次波预测；第二步为从实际数据中自适应地将预测的多次波减去。这两步对于多次波的压制同等重要，任何一步没有做好可能都会对压制效果产生很大的影响。在多次波的预测过程中，由于各种因素的影响，预测出的多次波模型与实际数据中的多次波在到达时间、振幅和相位等方面存在差异。对于以波场延拓为基础的模型驱动的多次波预测方法，可能是由于没有考虑水底界面的反射性质，或者由于模型存在一定的误差引起的。对于数据驱动的地表相关多次波预测，预测出的多次波由于褶积处理而包含了两次震源子波，因此无法通过简单的直接相减实现压制多次波的目的。而自适应相减则是使预测多次波的振幅和波形与实际数据中多次波更好地匹配，从而更好地压制多次波。

6.3.1 L2 范数自适应减去法

多次波减去阶段的主要任务是将预测多次波的振幅和相位等属性与原始数据中的真实多次波相匹配。因此，将多次波的自适应减去看作是 L2 范数意义下的数据匹配问题的思路被广为接受。匹配过程可以表示为

$$p(t)=d_{\mathrm{obs}}(t)-\sum_{j=1}^{N}f_i(t)*m_j(t) \tag{6-35}$$

式中，$p(t)$ 为一次波，$d_{\mathrm{obs}}(t)$ 为原始数据，$m_j(t)$ 和 $f_i(t)$ 分别代表第 j 道的多次波预测模型和匹配滤波器。N 为用于匹配的道数，即 N=1 为单道匹配，$N>1$ 为多道匹配。

在 L2 范数的意义下，求取匹配算子 $f_i(t)$ 可以表示为：

$$f_i(t)=\arg\min_{f_i(t)}\left\|d_{\mathrm{obs}}(t)-\sum_{j=1}^{N}f_i(t)*m_j(t)\right\|_2^2 \tag{6-36}$$

常规自适应减去过程是通过求解方程来实现的。Verschuur 和 Berkhout（1997）指出自适应减最好分为两个阶段来实现：

（1）总体震源信号特性的反褶积算子，对每炮记录做全局性消除；

（2）在时间和空间上都有一定重叠的局部窗口内，对每个炮集做局部消除。

在第一个阶段，需估算一个长算子，而在第二个阶段，用来估计总体滤波算子的局部变化。这种方法的原理是全局算子考虑的是数据中总体震源特性，而局部滤波算子则注重预测处理中任何非理想化情况。非理想化情况的例子有：实际的三维地质构造而非伪三维构造、由排列和虚反射引起的震源和检波器的方向特性、水面的非完全反射、迭代过程中在迭代次数较低时不同阶次的多次波混合。

在每个窗口内估算一个匹配滤波算子，然后将该算子应用于预测的多次波。选择下一个窗口时，这个窗口与前一个窗口在时间和空间上都有重叠。图 6.24 描述了这一过程。经过局部的自适应处理后，从不同窗口得到的多次波，通过对每个窗口中边缘处的结果进行斜坡处理后被整合到一起，这样所有的窗口加到一起，便形成了一个整体。

在局部空间—时间域窗口中预测多次波与真实多次波相匹配的不利之处在于匹配算子是常数，但与下一个窗口内的滤波算子相异。在拼合匹配的结果时，从一个窗口到下一个窗口就需要设计平滑过渡带。但是，这种方法可能会使多次波具有拼补痕迹。因此，Dragoset（1999）建议使用一种沿着时间和空间方向具有平滑且连续变化特征的算子。这可以利用所谓的 LMS（最小均方根误差）算子得到。Widrow 等（1975）和 Dragoset（1995）等都曾描述过该方法。它与标准的最小平方匹配滤波算子相似，但它是通过简化的最小平方反演的一个更新过程实现。这种方法开始时常常使用一个为尖

脉冲的初始滤波算子，来计算用滤波方法得到的多次波与真实的多次波在一个滤波器长度内的差值，并用该差值修改滤波算子。滤波算子的位置也会沿着地震道移动一个样点，移动后处理过程重复进行。因此，当沿着地震数据移动时，滤波算子是连续变化的。修正速率是由一个参数给定的，这个参数控制算子的修正平滑度。因此，修正速率参数值所起的作用与局部匹配滤波中匹配窗口的大小相似：局部窗口尺寸越小或者修正参数越大，多次波就会越多地与输入数据匹配。

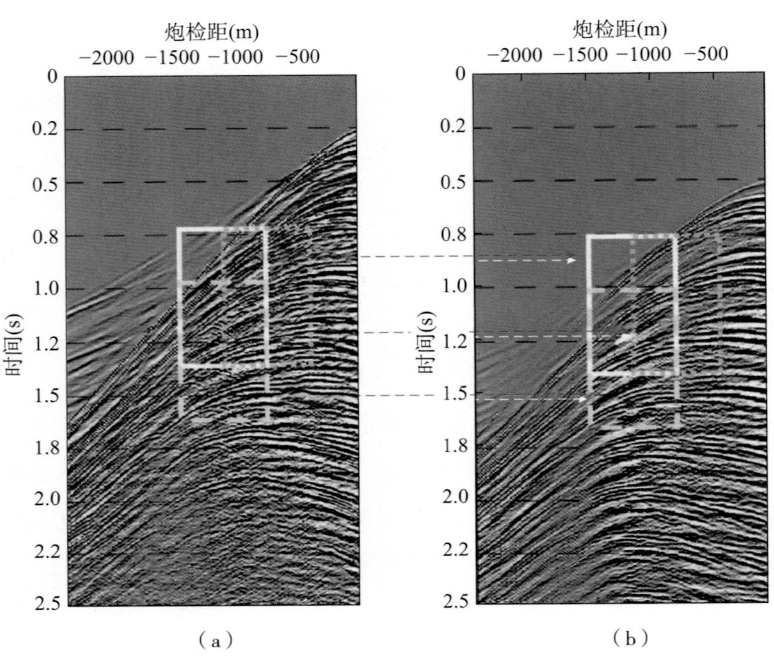

图 6.24 单程波波场延拓法多次波压制前后对比（Verschuur，2013）

（a）输入数据；（b）预测出的多次波模型

将能量最小化并不能保证获得最好的多次波去除结果。Nekut 等（1998）曾经做过一个简单的一维模型，利用该模型将基于能量最小化的自适应衰减结果与不含多次波的响应进行了对比。当一次波和多次波相互干涉时，最小能量值得不到最佳的多次波压制结果。Dragoset 等（1998）在 SEG 年会上曾经陈述了一个假想的例子，第一层反射界面的多次波将第二层的一次反射波完全覆盖并抵消。在这种情况下，多次波的去除就意味着要恢复第二层的一次反射波。于是，在考虑有限大小窗口时，多次波去除后的能量甚至要大于输入数据的能量。当然，这种假设在实际中是不会发生的。给定地下构造的速度和几何形态变化信息时，一次波和多次波的干涉位置就可以确定。最小平方自适应减去法有可能使一次波能量失真，在局部消去窗口太小的情况下，这种失真尤其明显。因此就要考虑多次波衰减的其他方法。

6.3.2 L1 范数自适应减去法

由于 L2 范数本身存在两点假设：一是要求一次波与多次波正交（即两者的内积为 0），二是由于 L2 范数对野值较敏感，因此要求一次波相对于多次波能量较小。只有当这两点假设条件都很好地得到满足时，基于 L2 范数的自适应减去才能取得较好的效果。

考虑到 L1 范数对野值不敏感的特点，Guitton 等（2004）提出可以用 L1 范数代替 L2 范数作为减去准则，从而避免 L2 范数要求一次波具有最小能量的假设。

基于 L1 范数的自适应相减算法其基本原理与 L2 范数自适应算法基本一致，同样是通过假设一次波能量最小的方式来求取最佳滤波算子，只不过 L2 范数自适应相减算法的一次波能量最小假设是一次波能量在最小二乘意义下达到最小，而 L1 范数自适应相减算法要求一次波能量在 L1 范数意义下达到最小，所以 L1 范数自适应相减算法的最佳匹配滤波算子 $f_i(t)$ 的求取是通过最小化如下目标函数表达式进行的：

$$f_i(t)=\underset{f_i(t)}{\arg\min}\left|d_{\text{obs}}(t)-\sum_{j=1}^{N}f_i(t)*m_j(t)\right|_1 \tag{6-37}$$

公式表述的意思即求取一个最佳匹配滤波算子 $f_i(t)$，使得地震数据与通过该滤波算子处理后的预测多次波之间的残差取得 L1 范数最小。但由于目标函数在原点处具有不可导性，故不能简单地通过令其导数为零的方式直接求得最佳算子 $f_i(t)$，而基于迭代法求解的优化算法（如梯度下降算法、牛顿迭代算法等）也要求目标函数连续且处处可导，所以单纯的迭代算法也无法获得期望解。Bube 等（1997）提出了基于 L1 范数和 L2 范数混合的迭代重加权最小平方算法求解目标函数的 L1 范数最值问题，将公式的表达式转化为

$$\underset{f_i(t)}{\arg\min}\left\|\boldsymbol{W}\left[d_{\text{obs}}(t)-\sum_{j=1}^{N}f_i(t)*m_j(t)\right]\right\|_2^2 \tag{6-38}$$

式中 $\boldsymbol{W}$ 是一个对角加权矩阵，其计算表达式为：

$$\boldsymbol{W}=\operatorname{diag}\left(\frac{1}{\left(1+r_i^2/\varepsilon^2\right)^{1/4}}\right) \tag{6-39}$$

r_i 表示地震道上第 i 个地震采样数据去除相应多次波后的剩余值，ε 为归一化因子，对上述目标函数关于 $f_i(t)$ 求偏导并令导数为零，求得最佳匹配算子的关系表达式为

$$\left(\boldsymbol{M}^{\mathrm{T}}\boldsymbol{W}^{\mathrm{T}}\boldsymbol{W}\boldsymbol{M}+\mu I\right)\boldsymbol{F}=\boldsymbol{M}^{\mathrm{T}}\boldsymbol{W}^{\mathrm{T}}\boldsymbol{W}\boldsymbol{D}_{\text{obs}} \tag{6-40}$$

其中，$\boldsymbol{M}$ 为多次波模型的矩阵表达形式，$\boldsymbol{D}_{\text{obs}}$ 为实际地震数据的矩阵表达形式，$\boldsymbol{F}$ 为自适应匹配滤波算子的矩阵表达形式，μ 为阻尼因子。由于 $\boldsymbol{M}^{\mathrm{T}}\boldsymbol{W}^{\mathrm{T}}\boldsymbol{W}\boldsymbol{M}$ 不是 Toeplitz 矩阵，因此不能通过直接求逆的方法求得最佳匹配算子的值，可通过如下迭代重加权的最小

平方算法求解，其求解步骤如下：

（1）初始化匹配算子 $\boldsymbol{F}$ 的值为单位列向量；

（2）利用匹配算子的值求取残差 r，并将其运用到加权矩阵 $\boldsymbol{W}$ 中，进而得到迭代重加权矩阵；

（3）将加权矩阵 $\boldsymbol{W}$ 带入求解表达式，更新匹配算子 $\boldsymbol{F}$ 的值；

（4）重复迭代（2）（3）过程直至匹配算子 $\boldsymbol{F}$ 稳定收敛。

最后，将求解得到的最佳滤波算子作用于多次波模型上，并将其结果从地震数据中减去，所得结果即为 L1 范数单道自适应相减算法压制多次波后的一次波数据。

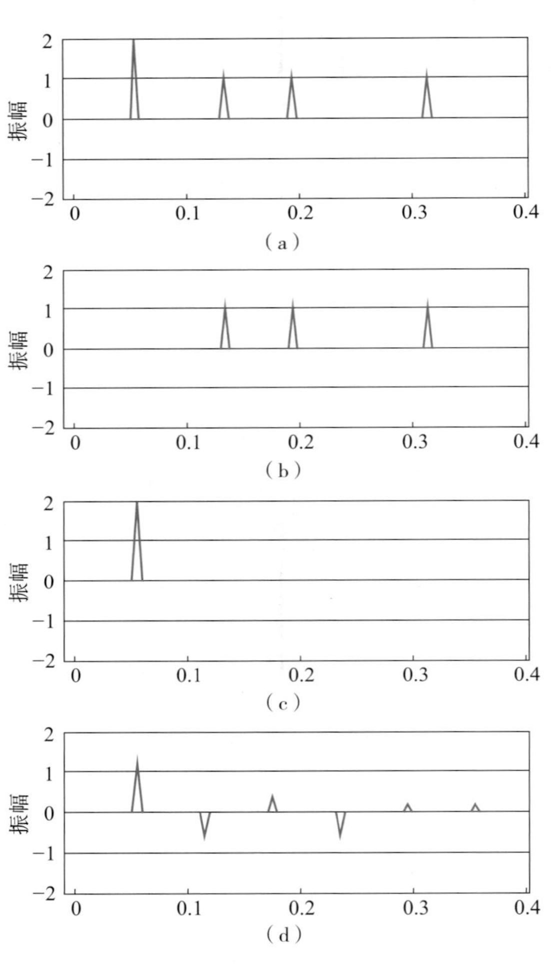

图 6.25　Ll 和 L2 范数的多次波衰减对比（G uitton 和 Verschuur，2004）

（a）有一个强一次反射波和三个多次波的输入信号；（b）预测的多次波；（c）L1范数消除结果；（d）L2范数消除结果。用最小化能量（L2范数）消除时，一次波受到了影响

通过引自 Guitton 和 Verschuur（2004）的简单实例（图 6.25）说明 Ll 范数滤波的优势所在。如图 6.25a 所示，输入数据中假设有一个很强的一次反射波和三个多次反射波。预测的多次波显示在图 6.25b 中，图中预测的多次波是精确的。这样，理想化的匹配滤波算子为 t=0 时刻的尖脉冲。可是，实际计算的是长度为 0.2s 的双边匹配滤波算子。于是，滤波后的第一个多次波就可能与一次波发生干涉。利用 L1 范数滤波所得的结果如图 6.25c 所示，这样的结果是很完美的。利用最小平方匹配算子计算得出的结果如图 6.25d 所示。用最小平方匹配算子设计的滤波器处理结果中不仅有残余的多次波，而且部分一次波能量也被去除了，此外还出现了一些新的同相轴。可是，如果计算图 6.25d 中的振幅的平方和，它的确比图 6.25c 中理想输出的振幅的平方和要小一点。这样得到的是能量最小化解，而非最优的去除多次波的结果。通常情况下，最小平方滤波具有降低振幅的趋势，它尽可能地将振幅降低到某一噪声水平。滤波器会忽略那些振幅值小、能量弱的数据。振幅

大的一次波同相轴有很强的能量，如果它与预测的多次波距离很近，滤波器有可能也会试图去掉一些一次波的能量。对于 Ll 范数衰减方法来讲，图 6.25c 振幅的绝对值之和小于图 6.25d 振幅的绝对值之和。Guitton 等（2004）对野外数据进行叠后预测多次波并减去得到了相似的结果（图 6.26）。

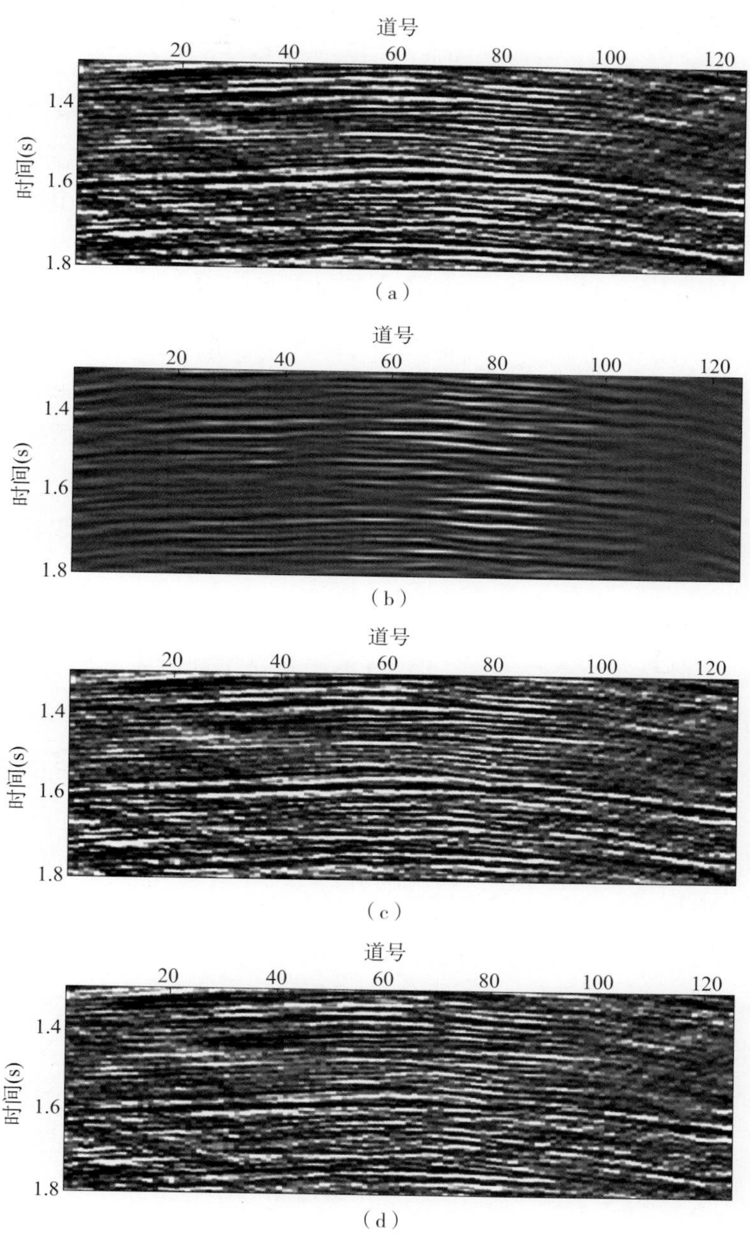

图 6.26　野外数据进行 Ll 和 L2 范数多次波去除结果对比（Guitton 和 Verschuur，2004）

（a）输入叠加剖面，有一个很强的一次波，被几个多次波包围着；（b）预测的多次波；（c）L1范数多次波去除的结果；（d）L2范数多次波去除的结果

6.3.3 基于模式识别的减去方法

对 Ll 范数或 L2 范数时间域最优化匹配滤波器的一种替代方法就是模式识别滤波器，它基于用于道内插的预测误差滤波方法，Manin 等（1995）利用该方法进行叠后面向目标的多次波压制，其做法是将地震剖面沿着多次波同相轴展平，然后压制水平排列的同相轴。实际上，这种预测误差滤波器作用于地震道方向，并假设需要滤波的同相轴在空间上是可以预测的，即该同相轴下一道的振幅与前一道的振幅成一定的比例关系。Spitz（1999）清楚地解释了该方法，并用它对给定了多次波模型的数据进行了多次波衰减处理。利用任意一种预测方法都可以得到多次波模型，但需要假设预测的多次波与真实多次波的横向振幅变化趋势是一致的。其次，依赖于预测的多次波设计空间预测误差滤波器，以便将多次波去除。最后，把这个滤波器用于输入数据，这样有相似空间特性的多次波也就被去除了。在这一过程中，预测的多次波与真实多次波有不同子波并不是很重要，因为空间上的变化只起到区别一次波和多次波的作用。在实际应用中，预测误差滤波器在时间和空间域上有一定的尺寸大小，这样即使是倾斜同相轴也能得到正确的处理。这个方法需要假定：多次波和与之相互干涉的一次波，有不同的空间振幅特性，这样在处理过程中一次波不受影响。Guitton 等（1999）用野外数据验证了该方法，并把该方法修改，以便产生一个精确的多次波模型。

如图 6.27a 所示，分析一个多次反射波与一个一次反射波重叠的简单例子，采用基于模式识别滤波的自适应衰减方法。图 6.27b 中显示了利用地表相关多次波衰减方法预测的多次反射波。预测出的多次波在时间和横向振幅变化趋势上与真实多次波是一致的，但它们的子波不同。其次，设计一个模式识别滤波器来去除多次反射波，之后，将这个滤波器作用于输入数据，结果如图 6.27c 所示。由该图可知，经过这样的处理，多次波得到了很好的压制。但是，在零炮检距附近，一次波和多次波是平行的，并且横向振幅变化也是相似的，这时，模式识别滤波器就显出了其不足之处。作为对比，图 6.27d 显示了利用局部匹配滤波器进行的局部自适应衰减处理的结果，衰减窗口的宽度约为 500m。这意味着，在多次波和一次波相互干涉的位置，自适应衰减同样也去掉了一次波能量。

因此，两种方法都有其优势和不足之处。然而，上面显示的例子可以被当作一种最坏的情况：一组多次波和一组一次波相互干涉。如果有更多的具有不同局部倾角和振幅的多次波和一次波同相轴出现在同一个去除窗口中，去除结果的一次波能量的损失就会减少。

这里还要提到，Abma 等（2005）也对此作了对比，并发现了相似的优势和不足。他们通过实际试验得出了结论：最小平方匹配滤波比模式识别更加可取，因为在某些情况下，模式识别滤波损失的一次波太多。

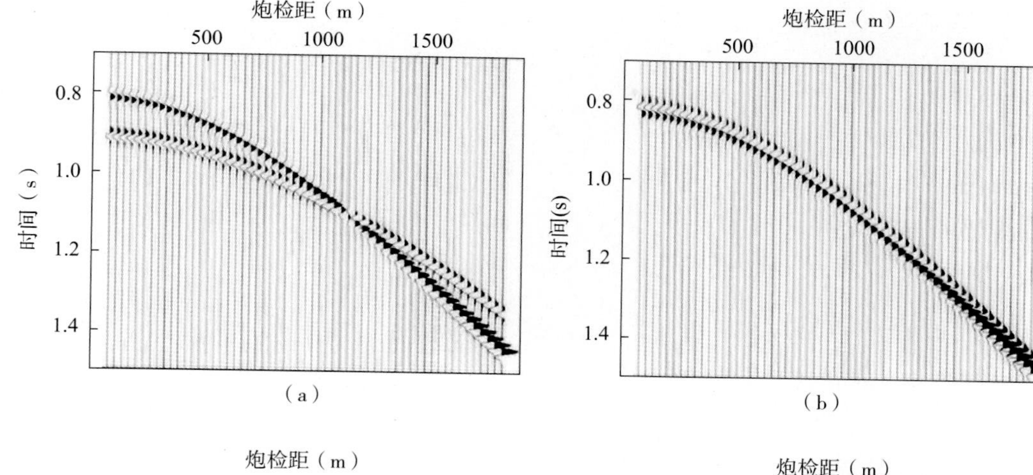

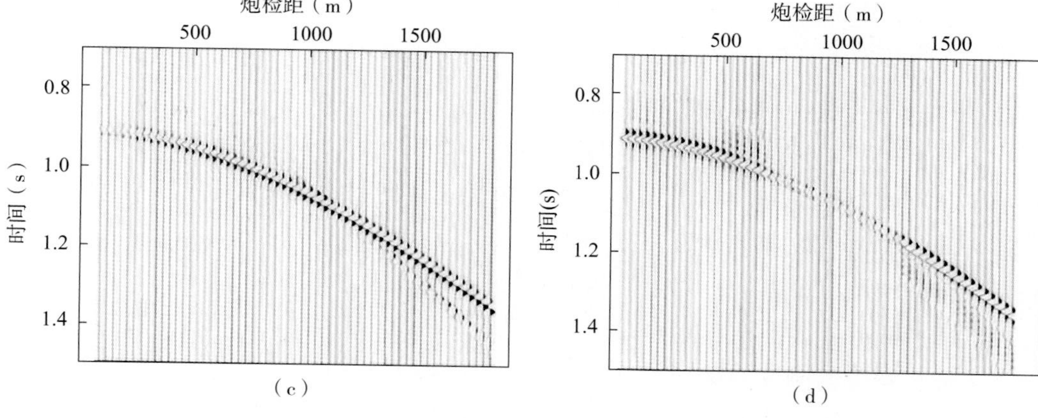

图 6.27　基于模式识别的多次波去除与最小平方匹配滤波去除结果对比

（a）有一个一次和一个多次反射波同相轴的输入数据；（b）预测的多次波；（c）模式识别法去除多次波的结果；（d）局部最小平方匹配滤波自适应衰减法去除多次波的结果。如果一次波与多次波在局部是平行的，模式识别法会使一次波失真，如果一次波与多次波相互干涉，最小平方法就会使一次波失真。

然而，模式识别研究领域的新发展似乎克服了这一缺点。Guo（2003）描述了该方法的改进之处：同时对多次波和一次波估算模式识别滤波器。Guitton（2005）将模式识别滤波方法进一步扩展到三维数据体。这样就可以同时在炮点和炮检距方向进行滤波，从而降低了一次波和多次波在两个空间方向都平行的几率。Luo 等（2003）提出了同时使用预测多次波的自适应最小平方匹配滤波器和针对一次反射波的模式识别滤波器的方法。Lin 等（2005）在墨西哥湾的实际数据上对比了最小平方自适应减与模式识别自适应减的效果，其中模式识别自适应减有着明显的优势（图 6.28）。

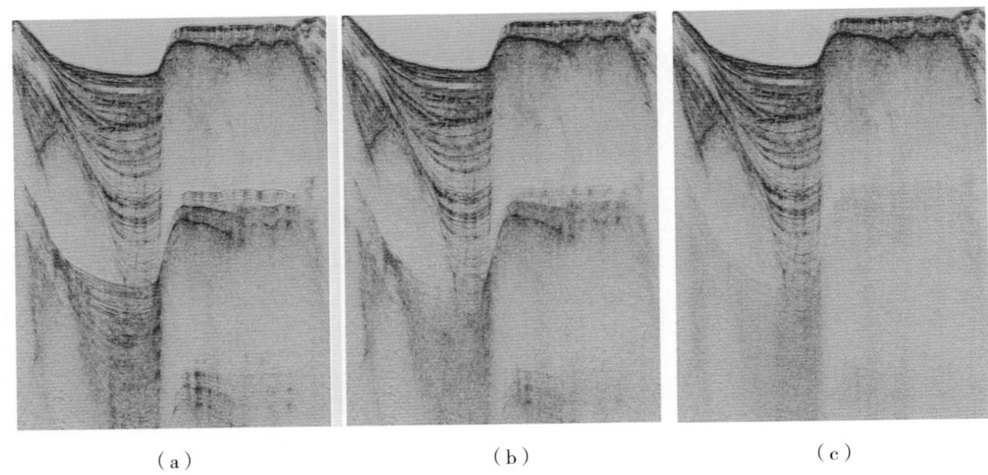

图 6.28 实际数据最小平方自适应减与模式识别自适应减多次波去除效果对比

（a）输入数据；（b）最小平方自适应减法去除效果；（c）模式识别自适应减法去除效果

6.3.4 曲波域自适应减去方法

为了更好地适应复杂地震数据的多次波匹配问题，引入曲波域自适应减去方法。曲波域在地震数据处理中有很好的表现，由于其自身具有较好的多尺度、多方向性及圆滑性，能够对地震数据进行更细致的划分，分尺度、分方向地对地震数据进行处理。此外，曲波变换对二维分段光滑函数具有更好的非线性逼近性和稀疏性，这样能够更好地贴近多次波数据的同相轴，同时不影响邻近的数据（图 6.29），所以，相较于最小平方自适应减去方法，曲波域自适应减去方法能够获得更好的多次波匹配结果。

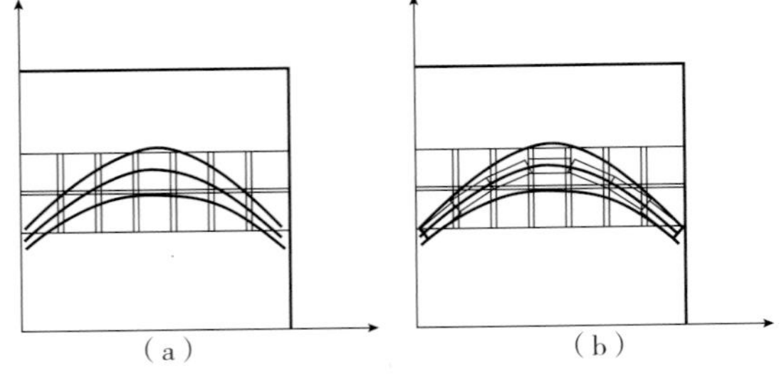

图 6.29 最小平方匹配与曲波域匹配基本算法示意图（王通等，2017）

（a）最小平方匹配；（b）曲波域匹配

曲波域匹配滤波自适应减基本流程为：

（1）对原始地震数据做一个子波匹配；

（2）将子波匹配的多次波转换到曲波域，在曲波域内乘以一个对角化的曲波系数；

（3）进行曲波域反变换，就得到了曲波域匹配的多次波；

（4）多次波匹配完成之后，采用软阈值法将匹配的多次波信息从地震数据中去除。

软阈值的基本原理是：将小于阈值的系数赋予零值，将大于阈值的系数减去一个阈值大小的量。具体表达式为

$$C_{\mathrm{p}}=\begin{cases}\operatorname{sgn}(C_{\mathrm{p}})(\left|C_{\mathrm{p}}\right|-T_{\mathrm{m}}) & \left|C_{\mathrm{p}}\right|\geqslant T_{\mathrm{m}}\\ 0 & \left|C_{\mathrm{p}}\right|<T_{\mathrm{m}}\end{cases}\tag{6-41}$$

式中，C_p 为原始地震数据经曲波变换得到的 Curvelet 系数，T_m 为经过曲波域匹配后的多次波 Curvelet 系数的模。

为验证曲波域多次波匹配减去的有效性，对正演模拟数据分别进行最小平方法匹配和曲波域多次波匹配。从图 6.30 可以看出：经最小平方匹配后，一次波位置出现了噪声影响（图 6.30c）。相比于此，经曲波域匹配后的多次波在原本一次波的位置未引入其他干扰信息，保证了数据处理的可靠性，有效避免了地震数据受匹配过程影响而引入虚假信息（图 6.30d）。

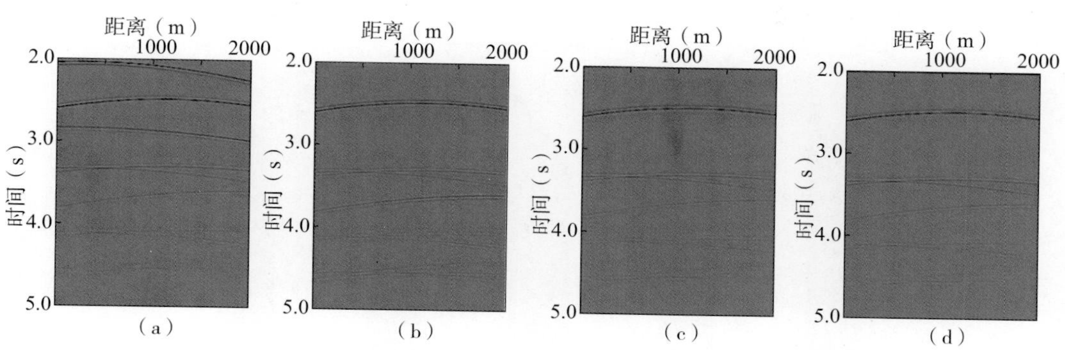

图 6.30　多次波匹配效果对比（王通等，2017）

（a）原始数据；（b）多次波模型；（c）L2范数匹配；（d）曲波域匹配

6.3.5　多模型联合自适应减

如果有几种不同的预测多次波方法，将几种不同的预测多次波方法得到的多次波模型联合起来同时做自适应减，应该得到比几种方法串联自适应减更好的结果。这种策略的一个例子就是将抛物线拉东算子预测多次波法和地表相关多次波去除（SRME）方法联合使用。抛物线拉东变换对远炮检距多次波压制效果较好，而 SRME 对近炮检距多次波有更好的压制效果，将两种方法联合起来会起到一定的互补作用。

将多种方法预测的多次波模型联合起来自适应减的策略通常有以下几种：多模型同时自适应减、多模型加权自适应减以及多模型混合自适应减。接下来分别对这几种策略进行介绍。

（1）多模型同时自适应减。

多模型同时自适应减是利用 L2 范数自适应减去法分别计算多个模型的匹配因子

$$p(t)=d_{\mathrm{obs}}(t)-f_1(t)*m_1(t)-f_2(t)*m_2(t)-\cdots\tag{6-42}$$

式中，d_{obs} 代表原始数据，m_1 和 m_2 表示不同方法预测的多次波模型，f_1 和 f_2 表示不同多次波模型对应的自适应匹配滤波因子，如图 6.31 所示。这种方法可以很方便地推广到存在更多的多次波模型的情况。

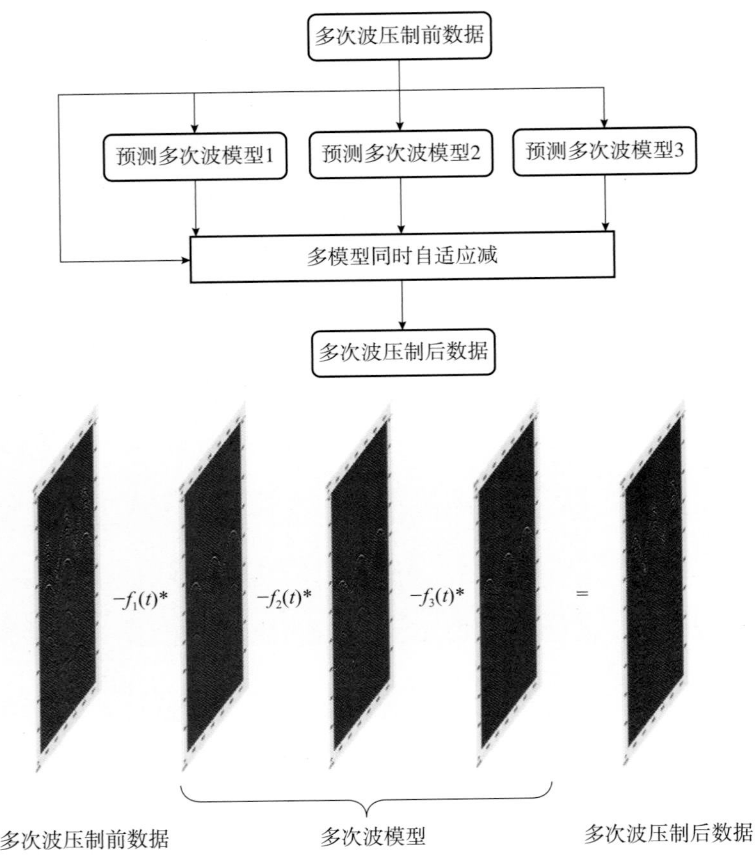

图 6.31　多模型同时自适应减示意图

（2）多模型加权自适应减。

在这种策略里，首先在每一个时窗内根据多次波模型与实际数据的相似系数求取每个模型的权重，然后利用以下公式计算实际用于自适应减的模型数据：

$$m(t) = w_1 m_1(t) + w_2 m_2(t) \tag{6-43}$$

其中，

$$\begin{cases} w_1 + w_2 = 1 \\ w_1 / w_2 = c_1 / c_2 \end{cases} \tag{6-44}$$

c_1 和 c_2 代表两个多次波模型与实际数据的相似系数，w_1 和 w_2 为两个多次波模型的权重系数。得到加权后的多次波模型之后，即可通过下式进行自适应相减：

$$p(t) = d_{\text{obs}}(t) - f(t) * m(t) \tag{6-45}$$

若同时存在多于两个多次波模型，则可以在得到两个多次波模型的加权模型后，继续计算该加权模型与第三个多次波模型的加权模型，以此类推，最终得到所有多次波模型的加权模型，然后进行自适应相减。

（3）多模型混合自适应减。

Cai 等（2009）等提出了一种多模型混合自适应减的策略，在该策略里，实际用于自适应减的模型被描述为：

$$m(t) = m_1(t) \text{ or } m_2(t) \tag{6-46}$$

在每个视窗内用于自适应减的多次波模型的选择取决于在该时窗内多处波模型与实际数据的相关程度，不同的时窗可能会选择不同的多次波模型。确定了用于自适应减的多次波模型后，即可进行自适应相减。

以上几种多次波模型的联合自适应减的策略可根据实际情况进行选取以获得更好的多次波压制效果，Ventosa 等（2012）展示了单模型自适应减压制多次波和多模型联合自适应减压制多次波的效果（图 6.32）。

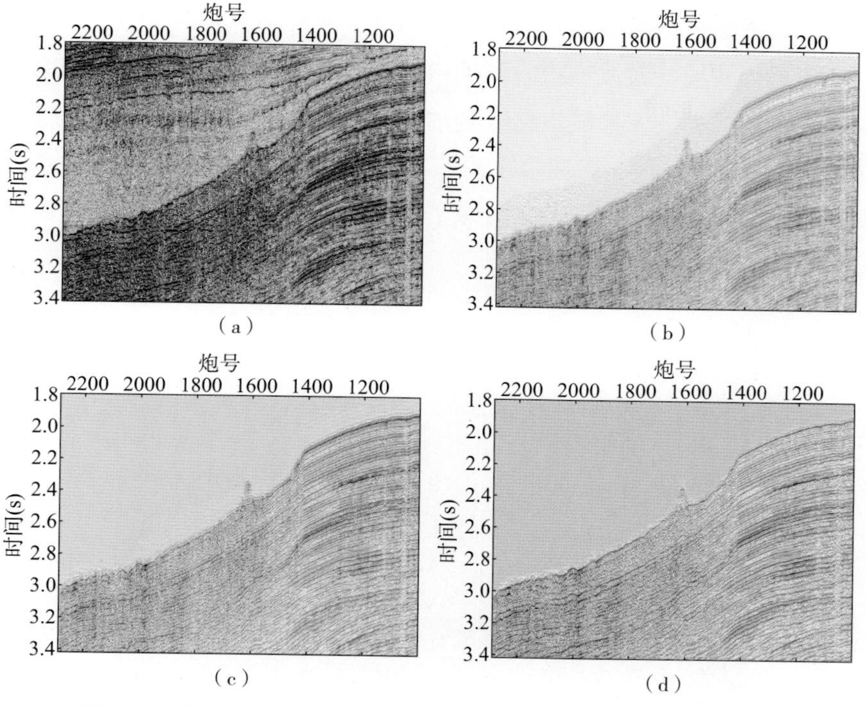

图 6.32　多模型自适应减在实际数据上的效果（Ventosa 等，2012）

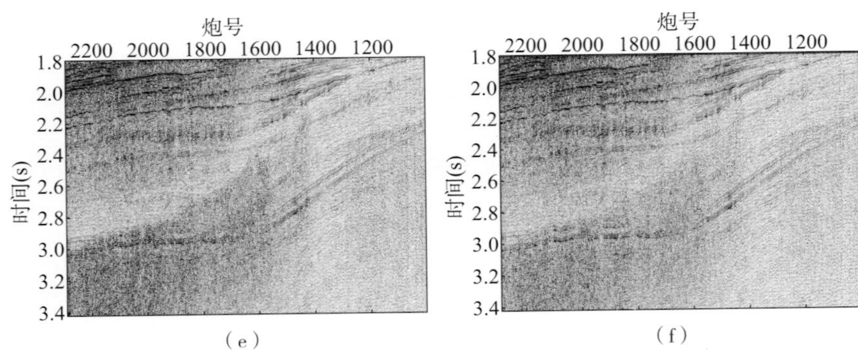

图 6.32　多模型自适应减在实际数据上的效果（续）

（a）原始数据；（b）波场延拓多次波模型；（c）褶积法多次波模型；（d）双曲拉东变换多次波模型；（e）双曲拉东变换多次波模型单模型自适应减多次波压制效果；（f）三个多次波模型联合自适应减多次波压制效果

6.4　上下行波反褶积多次波压制方法

上下行波反褶积方法首先由 Osen 等（1999）提出，建立了一个包含多次波和未含多次波的模型，通过求解 Fredholm 积分方程，求取多分量反褶积算子，从而实现衰减表面相关多次波。此后，Amundsen（2001）、Brunelli è re 等（2004）、Wang 等（2009）、Wang 等（2010）基于该理论不断进行深入的研究，将该方法推广到海底电缆和海底节点地震数据中，取得了较好的效果。

根据检波点处接收到的波场传播方向的不同，海底节点接收到的地震波场可以分为上行波场和下行波场，检波点接收到的由上往下传播的波场称为下行波场，它包括直达波和震源一侧的鬼波，检波点接收到的由下往上传播的波场称为上行波场，它包括有效波和震源一侧的鬼波（微屈多次波）。如图 6.33 所示，上行的波场中对于某一个界面的响应 U 可以看做是下行的入射波场 D 和这个界面的反射系数的褶积，在频率域或 $f\text{–}k$ 域可表示为乘积，即

$$U = DR \tag{6-47}$$

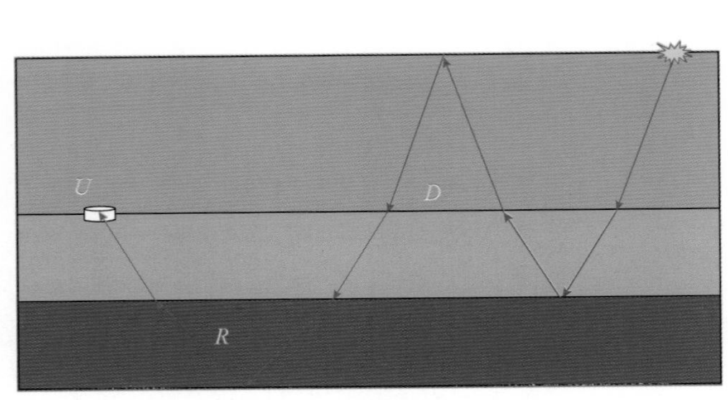

图 6.33　下行波场与上行波场的褶积关系

由此，可以估算出地下界面的反射系数为

$$R=\frac{U\overline{D}}{D\overline{D}+\varepsilon^{2}} \tag{6-48}$$

其中，ε 表示稳定因子，用于防止由于陷频而引起的噪声。

由式（6-48）得到的反射系数加上自定义子波 $w(\omega)$ 以及一些必要的参数就得到了有效的反射波场，即

$$P_{0}=\frac{w(\omega)}{2i\omega\rho}\times R=\frac{w(\omega)}{2i\omega\rho}\times\frac{U\overline{D}}{D\overline{D}+\varepsilon^{2}} \tag{6-49}$$

式中，P_0 为不含表面多次波的上行波记录，ω 为时间域的频率，ρ 为水的密度。如果将海底以下的地震结构当作是一个由各个反射层组合成的复合地层，那么公式就适用于整个地震结构。然而由于算法的局限性，目前该方法仅在海底起伏变化不大的情况下，衰减水层相关多次波取得较好的效果。

使用上下行波反褶积衰减表面多次波，需要足够的空间采样从而避免假频现象，因此在处理实际数据时进行插值与规则化是必须的。王兆旗等（2016）提出了一个典型的自由表面多次波衰减处理流程：

（1）资料预处理；

（2）数据插值及规则化；

（3）τ–p 变换，将 x–t 域的地震数据变换到 τ–p 域；

（4）上下波场分离；

（5）上下波场反褶积计算；

（6）反 τ–p 变换，将地震数据反变换回 x–t 域。

该方法在理论模型和实际数据上均取得了明显的效果，如图 6.34 至图 6.36 所示。

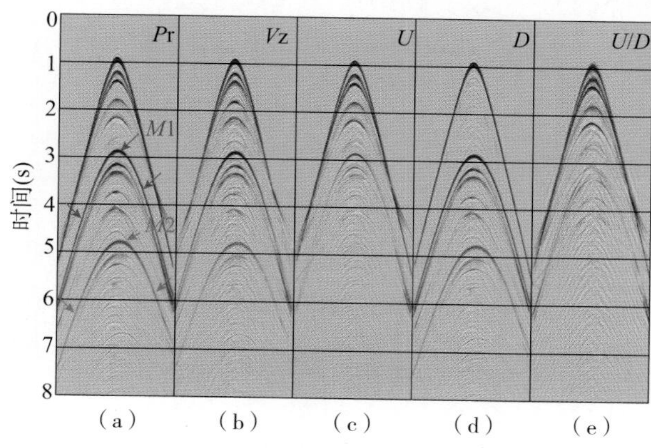

图 6.34　上下行波反褶积理论模型效果（Wang 等，2009）

（a）水检P分量共检波点道集；（b）陆检Z分量共检波点道集；（c）双检求和后上行波道集；（d）双检求和后下行波道集；（e）上下行波反褶积后上行波道集

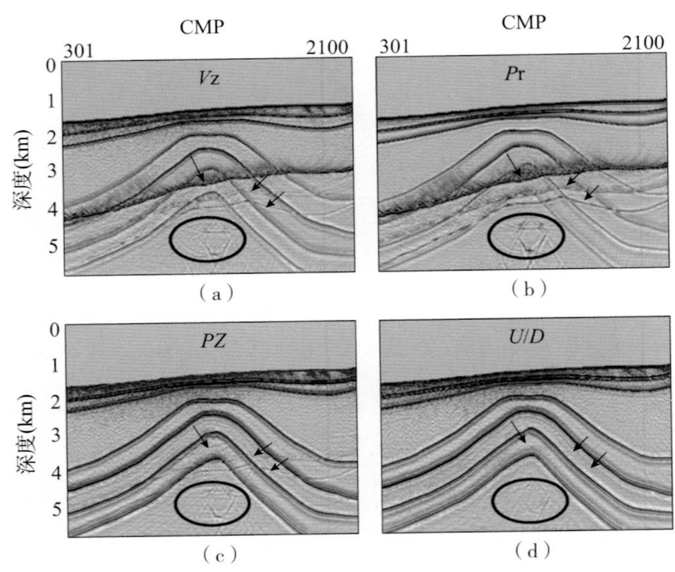

图 6.35 上下行波反褶积理论模型效果（Wang 等，2009）

（a）陆检Z分量叠加剖面；（b）水检P分量叠加剖面；

（c）双检求和后上行波叠加剖面；（d）上下行波反褶积后上行波剖面

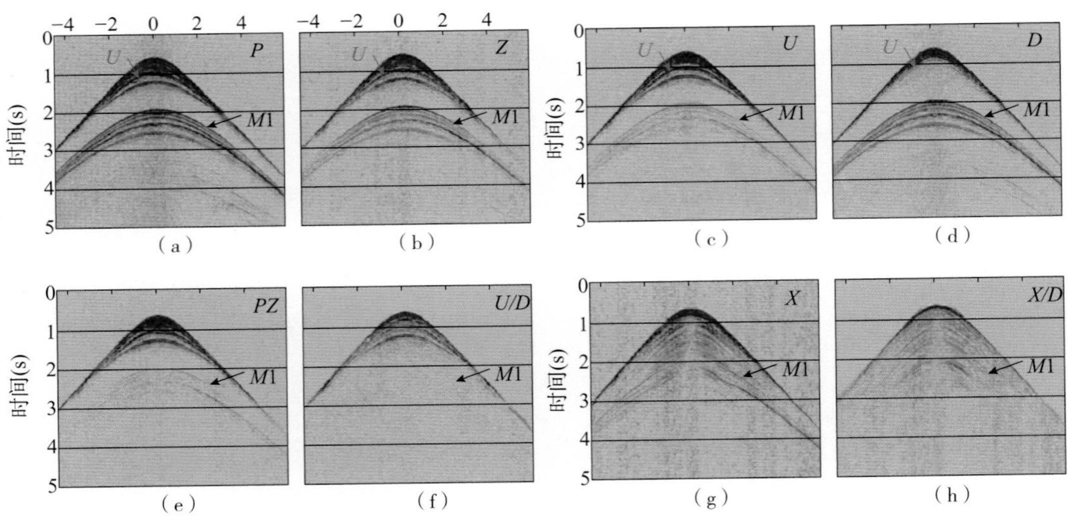

图 6.36 上下行波反褶积实际数据效果（Wang 等，2009）

（a）水检P分量道集；（b）陆检Z分量道集；（c）波场分离后上行波道集；（d）波场分离后下行波道集；

（e）海底处的上行波道集；（f）上下行波反褶积后上行波道集；（g）陆检X分量道集；

（h）上下行波反褶积后X分量道集

6.5 小结

目前海底节点地震资料处理中多次波的压制方法以预测—减去方法为主，其中预测多次波的方法又分为数据驱动类方法和模型驱动类方法。数据驱动的多次波模型预测方法不需要已知地下的模型，但受限于海底节点地震资料的采集方式，模型驱动的多次波预测方法对观测系统没有要求却需要已知地下介质的速度模型。得到了预测多次波模型后还要选择合适的自适应减算法才可得到多次波压制后的结果。上下行波反褶积作为一种压制多次波的新技术，可以直接得到多次波压制之后的上行波数据，但海底的起伏对结果的影响很大。在去除海洋海底节点地震资料复杂多次波的过程中，既要有效去除多次波，还不能伤害有效反射。因此，去除多次波是海底节点地震资料处理的一项复杂的系统工程，去除时要认真做好多次波类型的识别分析，做好不同去除多次波方法和方法组合的试验，选择合理的去除多次波的参数，同时还要做好各种质量 QC 工作。另外，剩余多次波还要在偏移后的道集上继续去除。

参考文献

方云峰 . 2015. 深海地震资料全三维表面多次波预测技术研究 [D]. 青岛：中国海洋大学 .

王兆旗，杨晓利，张金陵 . 2016. 上下行波场反褶积衰减 OBC 表面多次波方法研究 [J]. 地球物理学进展，31（06）：2415–2420.

Abma R, Kabir N, Matson K H, et al. 2005. Comparisons of adaptive subtraction methods for multiple attenuation[J]. The Leading Edge, 24(3):277–280.

Alá'i R, Verschuur D J. 2003. Simultaneous adaptive least–squares subtraction of multiples[C]//65th EAGE Conference & Exhibition. European Association of Geoscientists & Engineers, cp–6–00176.

Amundsen L. 2001. Elimination of free–surface related multiples without need of the source wavelet[J]. Geophysics, 66(1):327–341.

Berkhout A J. 1997. Pushing the limits of seismic imaging, Part I: Prestack migration in terms of double dynamic focusing[J]. Geophysics, 62(3):937–953.

Berkhout A J, Verschuur D J. 1997. Estimation of multiple scattering by iterative inversion, Part I: Theoretical considerations[J]. Geophysics, 62(5):1586–1595.

Berryhill J R, Kim Y C. 1986. Deep–water peg legs and multiples: Emulation and suppression[J]. Geophysics, 51(12):2177–2184.

Brunellière J, Caprioli P, Grion S, et al. 2004. Surface multiple attenuation by up–down wavefield deconvolution: An OBC case study[M]//SEG Technical Program Expanded Abstracts 2004. Society of Exploration Geophysicists, 849–852.

Bube K P, Langan R T. 1997. Hybrid ℓ 1/ℓ 2 minimization with applications to tomography[J]. Geophysics, 62(4):1183–1195.

Cai J, Guo M, Sen S, et al. 2009. From SRME or wave-equation extrapolation to SRME and wave-equation extrapolation[C]//2009 SEG Annual Meeting. OnePetro.

Candès E J, Guo F. 2002. New multiscale transforms, minimum total variation synthesis: Applications to edge-preserving image reconstruction[J]. Signal Processing, 82(11):1519-1543.

Castelan A R, Kostov C, Saragoussi E, et al. 2016. OBN multiple attenuation using OBN and towed-streamer data: Deepwater Gulf of Mexico case study, Thunder Horse Field[M]//SEG Technical Program Expanded Abstracts 2016. Society of Exploration Geophysicists, 4513-4517.

Dragoset B. 1995. Geophysical applications of adaptive noise cancellation[C]//Offshore Technology Conference. OnePetro.

Dragoset B. 1999. A practical approach to surface multiple attenuation[J]. The Leading Edge, 18(1):104-108.

Dragoset W H, Jeričević Ž. 1998. Some remarks on surface multiple attenuation[J]. Geophysics, 63(2): 772-789.

Guitton A, Cambois G. 1999. Multiple elimination using a pattern-recognition technique[J]. The Leading Edge, 18(1):92-98.

Guitton A. 2005. Multiple attenuation in complex geology with a pattern-based approach[J]. Geophysics, 70(4):V97-V107.

Guitton A, Verschuur D J. 2004. Adaptive subtraction of multiples using the L1 - norm[J]. Geophysical Prospecting, 2004, 52(1):27-38.

Guo J. 2003. Adaptive multiple subtraction with a pattern-based technique[M]//SEG Technical Program Expanded Abstracts 2003. Society of Exploration Geophysicists, 1953-1956.

Herrmann F J, Verschuur E. 2004. Separation of primaries and multiples by non-linear estimation in the curvelet domain[J]. European association of geoscientists & engineers.

Herrmann F J, Verschuur D J. 2005. Robust curvelet-domain primary-multiple separation with sparseness constraints[C]//67th EAGE Conference & Exhibition. European Association of Geoscientists & Engineers, 1-493.

Huang H, Wang P, Yang J, et al. 2016. Joint SRME and model-based water-layer demultiple for ocean-bottom node[C]//2016 SEG International Exposition and Annual Meeting. OnePetro.

Jin H, Wang P. 2012. Model-based Water-layer Demultiple (MWD) for shallow water: from streamer to OBS[C]//2012 SEG Annual Meeting. OnePetro.

Ke B, Fang Y, Ma G, et al. 2009. Wave Equation Multiple Modeling and Its Application to South

China Sea Data[C]//71st EAGE Conference and Exhibition incorporating SPE EUROPEC 2009. European Association of Geoscientists & Engineers, 101–127.

Lin D, Young J, Lin W, et al. 2005. 3D SRME prediction and subtraction practice for better imaging[M]//SEG Technical Program Expanded Abstracts 2005. Society of Exploration Geophysicists, 2088–2091.

Loewenthal D, Lu L, Roberson R, et al. 1974. The wave equation applied to migration and water bottom multiples: Presented at the 36th Mtg[J]. Eur. Assn. Expl. Geophys.

Luo Y, Kelamis P G, Wang Y. 2003. Simultaneous inversion of multiples and primaries: Inversion versus subtraction[J]. The Leading Edge, 22(9):814–891.

Manin M, Spitz S. 1995. 3–D extraction of a targeted multiple[C]//1995 SEG Annual Meeting. Society of Exploration Geophysicists.

Morley L, Claerbout J. 1983. Predictive deconvolution in shot–receiver space[J]. Geophysics, 48(5):515–531.

Nekut A G, Verschuur D J. 1998. Minimum energy adaptive subtraction in surface–related multiple attenuation[M]//SEG Technical Program Expanded Abstracts 1998. Society of Exploration Geophysicists, 1507–1510.

Osen A, Amundsen L, Reitan A. 1999. Removal of water–layer multiples from multicomponent sea–bottom data[J]. Geophysics, 64(3):838–851.

Pica A, Poulain G, David B, et al. 2005. 3D surface–related multiple modeling[J]. The Leading Edge, 24(3):292–296.

Riley D C, Claerbout J F. 1976. 2–D multiple reflections. Geophysics[J], 41(4):592–620.

Spitz S. 1999. Pattern recognition, spatial predictability, and subtraction of multiple events[J]. The Leading Edge,18(1):55–58.

Stork C, Kapoor J, Zhao W, et al. 2006. Predicting and removing complex 3D surface multiples with WEM modeling—An alternative to 3D SRME for wide azimuth surveys? [M]//SEG Technical Program Expanded Abstracts 2006. Society of Exploration Geophysicists, 2679–2683.

Ventosa S, Le Roy S, Huard I, et al.2012. Unary adaptive subtraction of joint multiple models with complex wavelet frames[C]// 2012 SEG Annual Meeting. OnePetro.

Verschuur D J, Berkhout A J, Wapenaar C. 1992. Adaptive surface–related multiple elimination[J]. Geophysics, 57(9):1166–1177.

Verschuur D J, Neumann E I. 1999. Integration of OBS data and surface data for OBS multiple removal[J]. Society of Exploration Geophysicists, 1999:1350–1353.

Wang P, Jin H, Xu S, et al. 2011. Model-based water-layer demultiple[M]//SEG Technical Program Expanded Abstracts 2011. Society of Exploration Geophysicists, 3551–3555.

Wang Y, Grion S, Bale R. 2009. What comes up must have gone down: The principle and application of up-down deconvolution for multiple attenuation of ocean bottom data[J]. CSEG Recorder, 34(10):10–16.

Wang Y, Grion S, Bale R. 2010. Up-down deconvolution in the presence of subsurface structure[C]//72nd EAGE Conference and Exhibition incorporating SPE EUROPEC 2010. European Association of Geoscientists & Engineers, 112–161.

Widrow B, Glover J R, McCool J M, et al. 1975. Adaptive noise cancelling: Principles and applications[J]. Proceedings of the IEEE, 63(12):1692–1716.

Wiggins J W. 1988. Attenuation of complex water-bottom multiples by wave-equation-based prediction and subtraction[J]. Geophysics, 53(12):1527–1539.

Zhong R, Chao J, Ji S, et al. 2014. Incorporating streamer data for OBN free-surface multiple prediction–a case study in deep-water Gulf of Mexico[C]//2014 SEG Annual Meeting. OnePetro.

7

海底节点地震资料成像技术

7.1 概述

与常规拖缆资料不同，海底节点地震采集方式激发和接收点不在同一基准面，特别是在深水区二者存在较大高差时，常规共中心点（CMP）叠加和偏移方式不再适用，就要开发应用新的叠加和偏移成像技术。其次，由于海底节点的成本较高，大多采用稀疏节点接收和加密炮点激发的方式进行采集，导致近偏移距数据的缺失和信噪比下降，需要通过加密检波线和检波点的五维插值技术来解决。此外，节点的稀疏使得浅层常规一次反射波（上行波）照明度极低，海底及其附近的反射层无法有效成像，人们不得不转而寄希望于利用海底一阶多次波（下行波）成像来弥补一次反射波照明不足带来的浅层成像困难。

海底节点地震采集的资料具有宽方位或全方位观测的优势，可以通过多方位网格层析来提高速度建模的精度；同时海底节点地震数据的另一大优势是其可接收多达几十千米超长偏移距的潜行波初至信息，近些年快速发展的海洋宽频采集技术使得海底节点地震数据低频信息更加丰富（可以获得低至 1Hz 的地震波信息），这些特点又正好满足潜行波全波形反演（FWI）技术对数据的要求，从而进一步大大提高地下复杂地质结构速度建模的精度，有效提高复杂构造的成像精度。

本章将对海底节点地震数据的共反射点叠加、OVT 域处理和五维插值、速度建模及偏移成像等几个方面处理技术进行探讨。

7.2 共反射点道集抽取和叠加

7.2.1 炮检点基准面延拓

陆上起伏山地采集虽然地表高程变化较大，但炮点和检波点在同一个基准面上，叠加或者偏移时选择浮动面或地表小平滑面即可；海洋拖缆采集时，炮点和检波点都位于水面附近，大多在几米或十几米的深度处，通过时差校正或波场延拓法将炮、检点直接校正到水面，叠加及偏移基准面为海水面。海底节点地震勘探的野外作业中，采用的是海面激发、海底接收的观测方式，炮点和检波点的高程相差巨大，因此在处理海底节点地震数据时，炮、检点基准面校正是一个必须解决的问题。

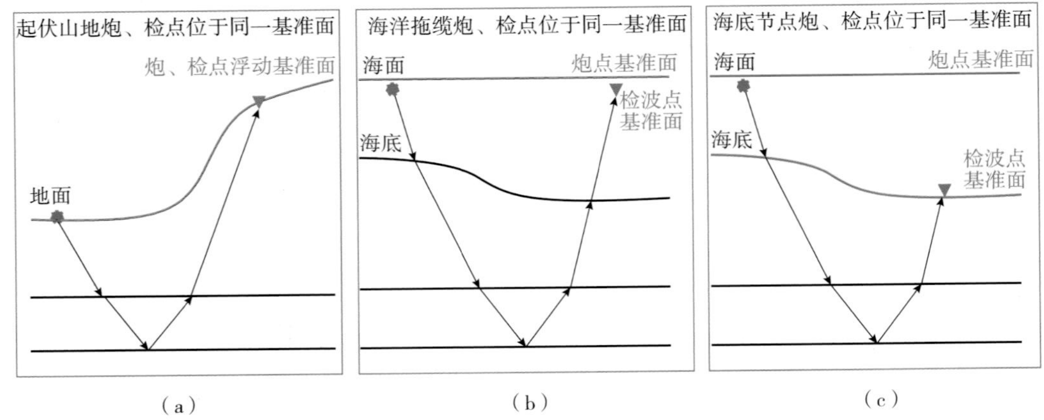

图 7.1 不同采集数据类型的炮、检点基准面对比

（a）陆上山地；（b）海洋拖缆；（c）海底节点

在浅水海底节点地震资料处理中，解决该问题的简单方法是时差校正法，它是根据海底深度和水速求出波在海水中的垂直传播时间，将检波点沿垂直方向时移。到了深水区，由于垂直路径与波在海水中的实际真实传播路径相差较远，其地震记录的时间剖面双曲特征会发生畸变，造成后续数据处理中叠加和偏移成像精度误差大。

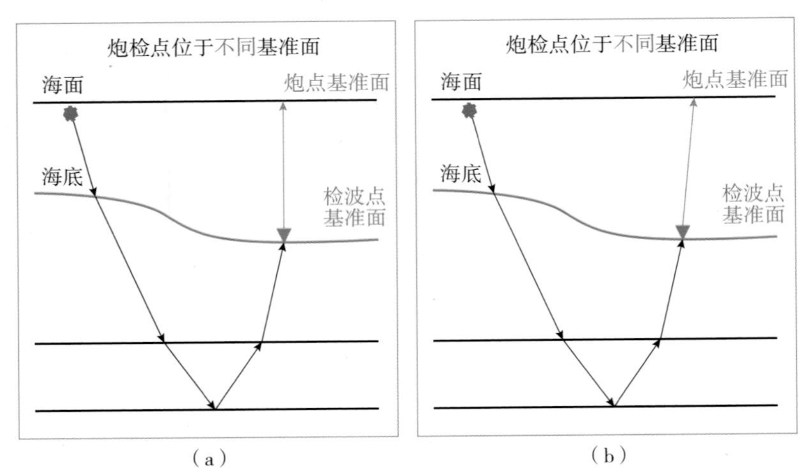

图 7.2 海底节点地震资料的检波点基准面校正方法对比

（a）高程静校正法；（b）波场延拓法

解决该问题的另一种方法是波场延拓法，它将海底节点检波器数据通过波场延拓方式传播到水面，其传播路径与水面处观测的射线路径完全一致，因此波场延拓法不仅把双曲线的顶点进行了准确的时移，而且还考虑了波的实际横向传播，真实反映了

波在介质中的传播过程，能够有效地解决海底节点地震观测方式带来的激发接收观测面不一致所引起的 CMP 叠加和偏移前提假设不适应问题。通过炮检点基准面延拓后炮点和检波点就在同一基准面上，后续地震资料处理就可像拖缆地震资料处理一样进行常规 CMP 道集抽取和叠加，但波场延拓法依赖于水体速度与延拓算子的精度，且计算非常耗时，用于叠加和偏移的数据准备则性价比较低。

7.2.2 时空变共反射点道集抽取和叠加

由于海底节点地震数据的炮点和检波点不在同一基准面，对于深水来说，激发点和接收点往往具有很大的高程差，此时地下不同深度处的反射点不再位于炮点和检波点的中心线，而是一条时空变的曲线（图 7.3 所示）。因此常规的双曲动校正公式已无法正确描述海底节点地震数据的时距曲线，从而导致常规的 CMP 叠加技术不再适用。针对上述问题，岳玉波等（2020）借鉴转换波共转换点（CCP）叠加的相关思路，提出了一种适用于海底节点地震数据的时变共反射点道集（TVCRP）计算和叠加成像方法。

对于每个输入地震道，该方法以叠加速度为基础求取输出剖面中时变的 TVCRP 采样点，然后利用双平方根公式计算经由该点的双程地震波走时，并以此为基础将反射地震信号映射累加到该 CRPG 采样点以完成数据的动校正处理。TVCRP 叠加无需对地震数据进行静校正处理，可以有效提高反射信号的聚焦性以改善叠加成像效果。

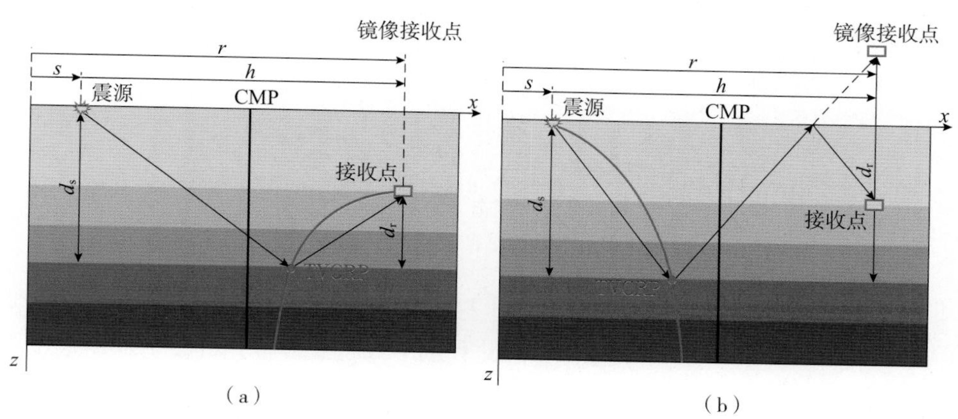

图 7.3 海底节点采集数据地震波传播路径示意图（岳玉波，2020）

（a）上行波；（b）下行波

（1）计算原理。

TVCRP 道集抽取可以定义为一个数据映射过程，由输入地震数据到输出剖面中时空共反射点位置的转换过程：

$$\mathrm{Data}(\boldsymbol{s},\boldsymbol{r},t)\rightarrow\mathrm{Gather}(\boldsymbol{m},\boldsymbol{h},\tau) \tag{7-1}$$

其中，Data(**s**，**r**，*t*) 是输入地震数据，**s** 和 **r** 分别为炮点和检波点的空间位置矢量，*t* 为输入数据的记录时间，Gather（**m**，**h**，τ）是输出的经过动校正后的 TVCRP 道集，**m** 是代表输出道空间位置矢量，**h** = **r**–**s** 是炮检距矢量，τ 是以海平面为基准面的双程垂向旅行时。

根据图 7.3 所示的海底节点反射路径，对于地下第 *N* 层，求取该层到炮点和检波点（对于下行波而言，是镜面的检波点）的垂直距离，再基于斯奈尔定律通过式（7–2）来求取该层反射点的空间位置矢量 **A**=（x_p, y_p）

$$\boldsymbol{A} \approx \boldsymbol{s} + \frac{d_{\mathrm{s}}}{d_{\mathrm{s}} + d_{\mathrm{r}}} \boldsymbol{h} \tag{7–2}$$

要计算 d_{s} 和 d_{r}，需要求取上覆层位的层速度，可利用 Dix 公式将均方根速度 v_{rms} 转化为时间域层速度

$$v(\tau_i)^2 = \frac{(\tau_i v_{\mathrm{rms}}(\tau_i)^2 - \tau_{i-1} v_{\mathrm{rms}}(\tau_{i-1})^2)}{\Delta \tau_i} \tag{7–3}$$

式中，v_i 为第 *i* 层的层速度；$\Delta \tau_i$ 为该层的双程垂向旅行时；$\tau_i = \sum_{k=1}^{i} \Delta \tau_k$ 是该层到海平面的双程垂直旅行时。假设检波点处的海水深度为 d_0，即可求取对应上行波的 d_{s} 和 d_{r}

$$\begin{cases} d_{\mathrm{s}} = \sum_{i=1}^{N} v(\tau_i) \Delta \tau_i \\ d_{\mathrm{r}} = d_{\mathrm{s}} - d_0 \end{cases} \tag{7–4}$$

同样，对于下行波可得

$$\begin{cases} d_{\mathrm{s}} = \sum_{i=1}^{N} v(\tau_i) \Delta \tau_i \\ d_{\mathrm{r}} = d_{\mathrm{s}} + d_0 \end{cases} \tag{7–5}$$

根据式（7–2），可以计算地下每个时间反射层位的 TVCRP 点位置，该位置往往同输出道的空间规则采样位置并不重合，因此利用下式将其外推到最近的输出道位置

$$m = (x_m, y_m) = \left[\mathrm{ceil}\left(\frac{x_p}{\Delta x} + 0.5 \right) \Delta x, \mathrm{ceil}\left(\frac{y_p}{\Delta y} + 0.5 \right) \Delta y \right] \tag{7–6}$$

对于每个对应着双程垂向旅行时为 τ 的有效成像样点，需要计算由炮点经该样点传播到检波点的地震波双程旅行时 *t*，然后根据该时间将输入数据中对应的样点振幅映射到成像样点位置，从而同时完成 TVCRP 归位和动校正处理。由于深水海底节点地震数据对应的炮点和检波点往往存在很大的高程差，因此利用下述的双平方根公式进行走时的计算

$$t = t_{\mathrm{s}} + t_{\mathrm{r}} = \sqrt{\tau_{\mathrm{s}}^2 + \frac{x_{\mathrm{s}}^2}{v_{\mathrm{s}}^2}} + \sqrt{\tau_{\mathrm{r}}^2 + \frac{x_{\mathrm{r}}^2}{v_{\mathrm{r}}^2}} \tag{7–7}$$

式中，t_s 和 t_r 分别为震源和接收节点射线路径的走时，xs=|s−m| 和 xr=| m−r| 分别为震源和接收节点道成像点位置的水平矢量，τ_s 和 v_s 分别为震源射线路径的单程走时和均方根速度，以海平面为基准面，并具有如下的表达形式

$$\tau_s = \frac{\tau}{2}, v_s = v_{rms}(\tau) \tag{7-8}$$

τ_r 和 v_r 分别为接收节点射线路径的单程走时和均方根速度，对于上行波而言，以接收节点所在的高程面为基准面，具有如下的表达形式

$$\tau_r = \frac{\tau - \tau_0}{2}, v_r = \sqrt{\frac{v_{rms}^2(\tau)\tau + v_w^2\tau_0}{\tau - \tau_0}} \tag{7-9}$$

下行波则以沿海平面对称的虚节点高程为基准面

$$\tau_r = \frac{\tau + \tau_0}{2}, v_r = \sqrt{\frac{v_{rms}^2(\tau)\tau + v_w^2\tau_0}{\tau + \tau_0}} \tag{7-10}$$

其中，v_r 是由均方根速度 $v_{rms}(\tau)$ 经过基准面转化求取，v_w 为海水速度，$\tau_0 = \frac{2d_0}{v_w}$ 为以接收节点高程为基准面的地震波双程垂向走时。

（2）计算实例。

下面通过一个实际海底节点地震数据处理展示 CMP 叠加与 TVCRP 叠加的对比。首先将上行波和下行波数据进行常规的 CMP 分选和 NMO、CMP 叠加，如图 7.4 所示的是第 200 线不同 CMP 处的 NMO 道集，图 7.5 所示的是第 200 线 NMO 后常规 CMP 叠加剖面，图 7.6 所示的是第 200 线与图 7.4 相同位置处的 TVCRP 道集，图 7.7 所示的是第 200 线 TVCRP 叠加剖面，对比可以看出，由于 CMP 叠加对反射信号的弥散，不论是 CMP 的 NMO 道集还是叠加剖面，都无法获得有效聚焦的反射能量，尽管上行波 CMP 叠加的海底成像相比于 TVCRP 叠加看起来更加清晰，但这是由于 CMP 叠加方式对地震信号的横向弥散作用，并不是对地下构造的真实成像；TVCRP 道集反射同相轴（如黑色箭头所示）聚焦和拉平较好，TVCRP 叠加剖面也较好地恢复了地下的构造信息。需要注意的是，由于海底接收点的稀疏性和地震波照明范围的差异，上行波 TVCRP 叠加剖面的成像范围要窄于下行波，尤其是在海底附近。

这种 TVCRP 道集抽取技术，适用于海底节点地震数据上行波和下行波叠加。利用该技术，可以根据时空变的 TVCRP 曲线，将输入地震数据的能量动态地映射到地下的反射点位置，并且生成动校正后的 TVCRP 道集，进而应用于 OBN 数据的叠加成像和速度分析处理。该技术有效地避免了常规动校正叠加在海底节点地震数据中的应用难题，可以取得更为准确的速度分析和叠加成像结果。

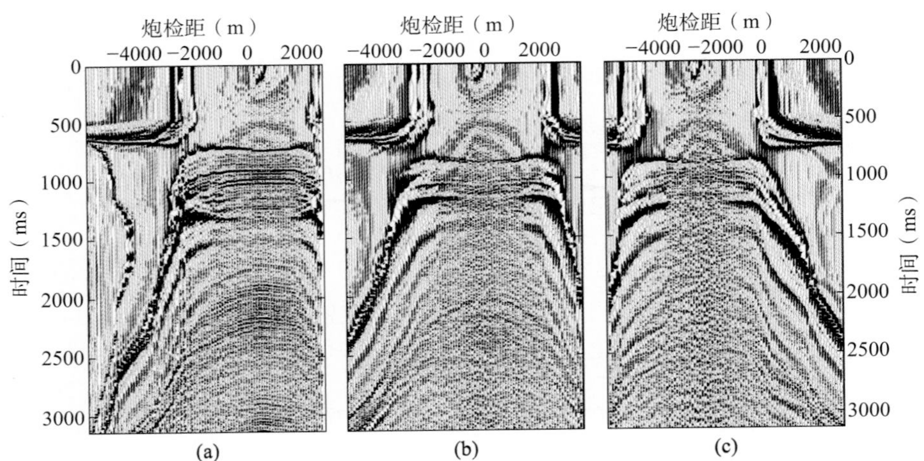

图 7.4　某实际海底节点地震数据第 200 线不同位置处 CMP 的 NMO 道集（岳玉波，2020）

（a）CDP=101；（b）CDP=201；（c）CDP=301

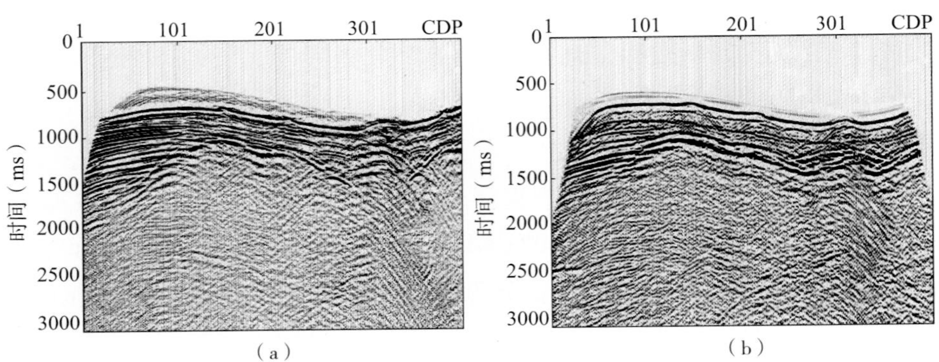

图 7.5　某实际海底节点地震数据第 200 线 CMP 叠加成像结果（岳玉波，2020）

（a）下行波；（b）上行波

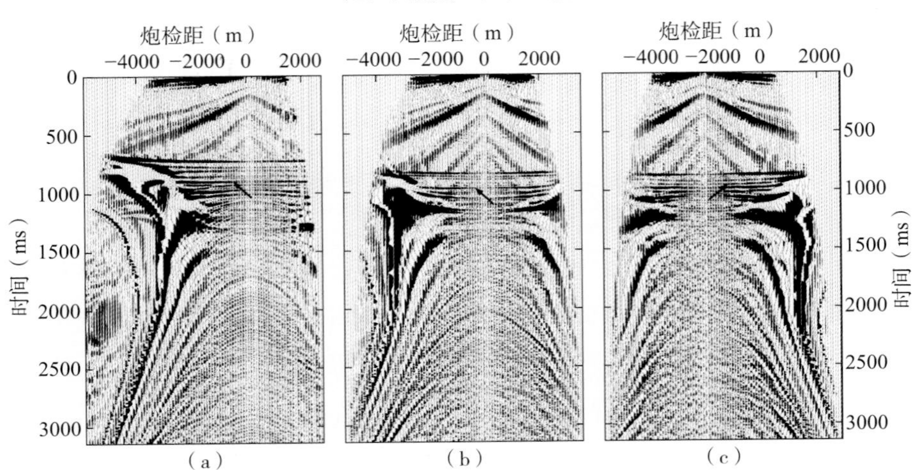

图 7.6　某实际海底节点地震数据第 200 线不同位置处的 TVCRP 道集（岳玉波，2020）

（a）CDP=101；（b）CDP=201；（c）CDP=301

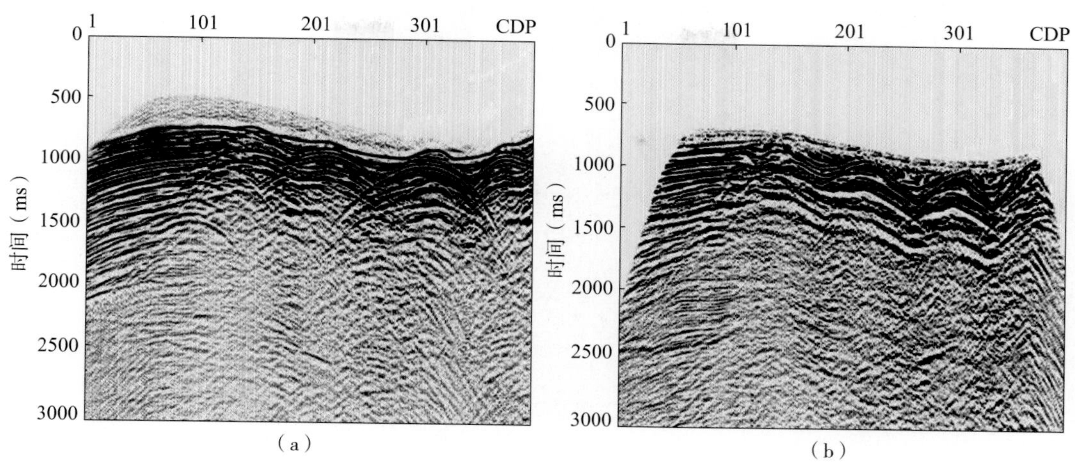

图 7.7 某实际海底节点地震数据第 200 线 TVCRP 叠加成像结果（岳玉波，2020）

（a）下行波；（b）上行波

7.3 偏移前数据规则化及叠前时间偏移成像

海底节点地震采集一般根据炮线与接收线之间的方向关系分为正交观测系统和平行观测系统，这两种采集方式相对于拖缆采集（存在缆漂移现象）要规则许多，但是由于实际采集中接收点间距稀疏以及炮、检点深度差过大等因素的影响，海底节点地震数据中许多观测属性具有不规则性，例如这种不规则性导致的近偏移距数据缺失严重会导致地震数据信噪比降低、偏移画弧等问题。为了尽量避免不规则性对地震数据处理的影响，需要在叠前偏移前对 OVT 道集进行规则化处理甚至插值加密处理。

7.3.1 OVT 道集抽取

常规拖缆数据一般横纵比较小，通常在共偏移距数据体上开展插值或规则化处理，不需要考虑方位角变化。但是海底节点地震资料的优势在于宽方位或全方位观测，较高的采集成本要求我们在处理中要在偏移前共炮检距矢量片上开展处理工作，以充分发挥海底节点地震数据的宽方位优势。图 7.8 分别展示了拖缆地震数据和海底节点地震数据的玫瑰图，拖缆地震资料总体偏移距范围较小且多为窄方位角采集，而海底节点地震数据在较大的偏移距范围内均可实现全方位角覆盖，图 7.8b 所示的可用于数据处理及成像的偏移距为 7km，7km 内数据的横纵比为 1 最大可用于 FWI 反演的偏移距可达 14km。

共炮检距矢量域的概念由 Vermeer（1998）和 Cary（1999）两位学者几乎同时提出，Vermeer 在 1998 年研究采集工区的最小数据集表达时提出了偏移距矢量片（OVT）的概念；CARY 在 1999 年研究宽方位数据处理时也提出了类似的概念，称为共偏移距矢量片（COV）；STARR（2000）隐式描述了 OVT 道集的创建和偏移；Vermeer（2005）

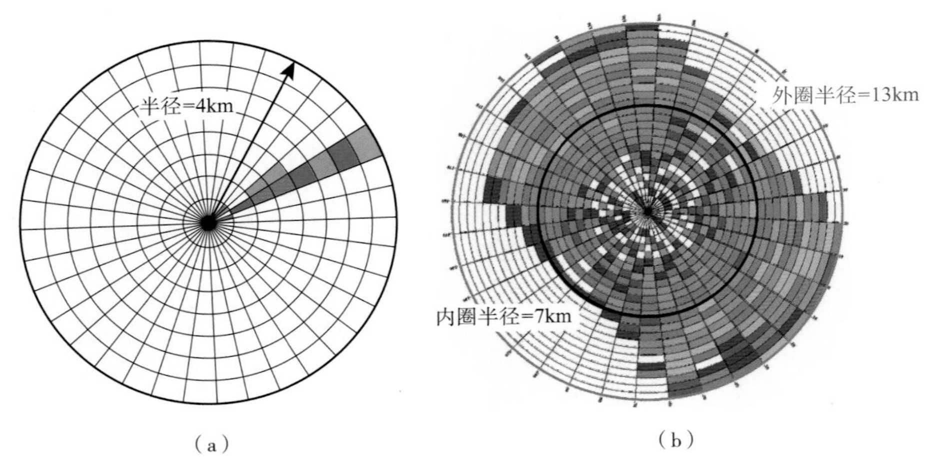

图 7.8　拖缆地震数据和海底节点地震数据观测方位对比（玫瑰图）

（a）拖缆观测方式玫瑰图；（b）海底节点观测方式玫瑰图

详细论述了基于 OVT 的处理方法。随着陆上两宽一高采集的兴起，这一技术逐渐在数据处理中得到发展与应用（Downton J，2010；X Li，2008；Perz M，2008）。

海底节点地震采集具有全方位观测的特点，其全方位地震资料在提高资料成像精度、振幅保真及裂缝预测等方面都具有显著优势。相应的全方位地震数据处理技术也应运而生，OVT 域处理即是针对宽方位地震数据的主流处理技术，通过 OVT 域处理后的数据是同时保留了炮检距和方位角等特征的“五维”数据体。在 OVT 共炮检距矢量域进行五维插值，既能实现数据的规则化处理，又保留了其方位特性，而且数据在每一个方位角或偏移距分组内的属性一致性更好，为后续的海底节点地震数据的高精度成像和裂缝检测奠定了基础。

从概念上讲，OVT 是十字排列道集的自然延伸，是十字排列道集内的一个数据子集。在一个十字排列中按炮线距和检波线距等距离划分得到许多小矩形，则每一个矩形就是一个 OVT 炮检距向量片。因为每个 OVT 都是由沿炮线有限范围内的炮点和沿检波线有限范围内的检波点构成，这两个范围把 OVT 的取值限制在一个小的区域，也就是说 OVT 具有限定范围的炮检距和方位角（图 7.9）。提取所有十字排列道集中相应的 OVT，就组成 OVT 道集，这个道集由具有大致相同的炮检距和方位角的地震道组成。

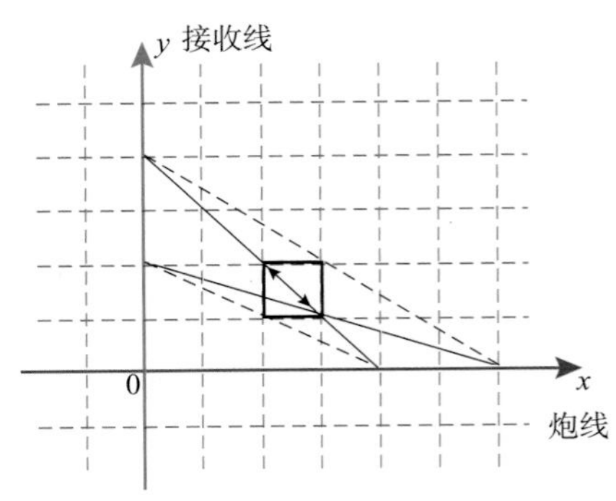

图 7.9　十字排列及共炮检距矢量单元示意图

对于海底节点地震资料而言，其观测系统与陆上采集观测系统存在差异，一个重要的区别在于大多数情况下接收点组成的网格并非是规则的矩形，而是呈交错的格子状（图 7.10），因此要满足每个 OVT 片内具有相同范围的炮检距和方位角分布要求，针对海底节点观测系统抽取的 OVT 片就不是一个完美的矩形（图 7.11）。当然，如果在前期处理过程中开展了加密检波线、检波点的五维插值工作，使得工区的炮、检点网格由交错网格转变成规则的矩形网格，那么就可以按照原有方式对 OVT 片进行划分。

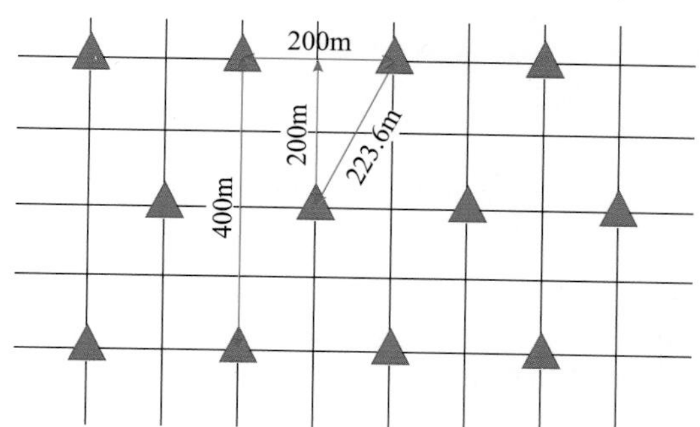

图 7.10 海底节点采集时检波点分布图

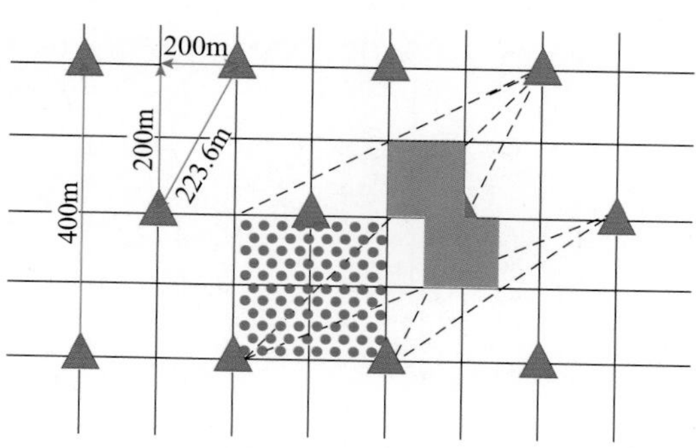

图 7.11 交错网格分布数据抽取 OVT 片的形状
（红色圆圈为炮点，蓝色三角为检波点，绿色为OVT片）

针对交错的网格状分布特点，可以进行蜂窝状的六边形 OVT 片划分（图 7.12），以满足 OVT 数据体的假设，即每个 OVT 中的偏移距和方位角都限制在一个较小的范围内，保持较好的一致性。同样，OVT 片的个数由炮线、检波线的间距决定；两个检波点之间的距离等于六边形 OVT 片的内圆直径，也等于两个相邻 OVT 片的中心点距离；每一列的 OVT 片则按照“之”字形排列；每一个 OVT 片都包含唯一的偏移距和方位角信息组合。

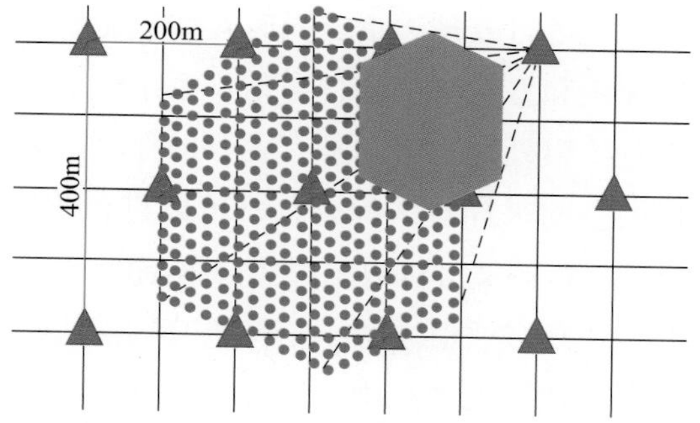

图 7.12 交错网格分布观测系统的 OVT 片抽取
（红色圆圈为炮点，蓝色三角为检波点，绿色为OVT片）

7.3.2 OVT 道集五维规则化

理论上，每个 OVT 片都是整个工区的单次覆盖数据体，但采集过程中很多因素会导致数据不规则，使得 OVT 道集的面元覆盖次数不均匀，出现重复或者空道现象，因此需在 OVT 域对数据进行规则化，能有效减少偏移画弧，消除空间成像误差。

要做好海底节点地震数据插值或者规则化处理，需要充分利用最新的五维插值技术，在插值中考虑其原始采集数据中的偏移距、炮检点位置的方位角信息。如图 7.13 所示，在不同的坐标系统下，五维可以有不同的含义。除了时间维度外，另外四个维度既可以用炮、检点的 x、y 坐标来描述；也可以用 CMP 点的 x、y 坐标加上炮检距在 x、 y 方向的投影来描述；还可以用 CMP 点的 x、y 坐标加上绝对炮检距和炮检方位角（Side Jin，2010）来描述，总体来说分为两个域，一个是炮检域，另外一个是 CMP 域。

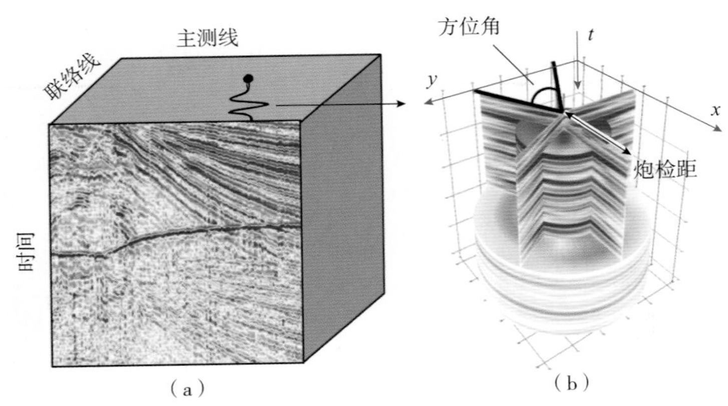

图 7.13　三维和五维地震数据空间描述

（a）某三维偏移数据体，只需三维数据空间描述

（b）对于三维偏移数据体中某道的CMP道集，需要五维地震数据空间描述

常规三维数据规则化主要在 CMP 域进行重构，只能针对炮检距或者方位角中的一个维度进行处理，不能同时对炮检距和方位角进行处理。而五维数据插值能同时利用炮检距和方位角信息，当某一个维度信息分布不均时，可以利用另外一个维度信息来进行约束处理，因此具有更好的保真度和补缺口能力，在一定程度上解决原始采集数据的空间采样过大问题，既可以进行炮线和检波线的插值，也可以进行面元规则化，为下一步的宽方位数据成像打下基础。

在众多插值方法中，傅里叶重建法是常用的地震数据插值方法，而且具有能够相对容易地扩展到高维度的优势。傅里叶重建过程是：首先地震数据转换到频率—波数域，在频率—波数域进行重构，再反变换回时间—空间域。

对于规则采样的数据，傅里叶重构非常有效，但对非规则采样的数据，可能会被噪声污染，污染的原因来自傅里叶重构时不同频率之间的谱泄漏，即能量从一个傅里叶系数泄漏到其他傅里叶系数（图 7.14），能量最强的傅里叶系数引起的泄漏也最大。因此信号重构的过程其实就是解决反泄漏的过程，即将原本不规则数据的傅里叶变换恢复成规则数据的傅里叶变换。

为了解决谱泄漏的问题，匹配追踪傅里叶插值逐渐得到应用。该方法的基本思想是首先估算稀疏谱，然后对最终估算的稀疏谱反傅里叶变换输出到期望位置。地震数据在时间方向采样通常是规则的，具有一致的采样间隔，因此通过快速傅里叶变换（FFT）能很稳定地从 t–x 域变换到 f–x 域。但地震数据在空间采样通常是不规则的，需要对 f–x 域的输入样点做离散傅里叶变换到 f–k 域后再通过迭代估算稀疏谱。具体地说，

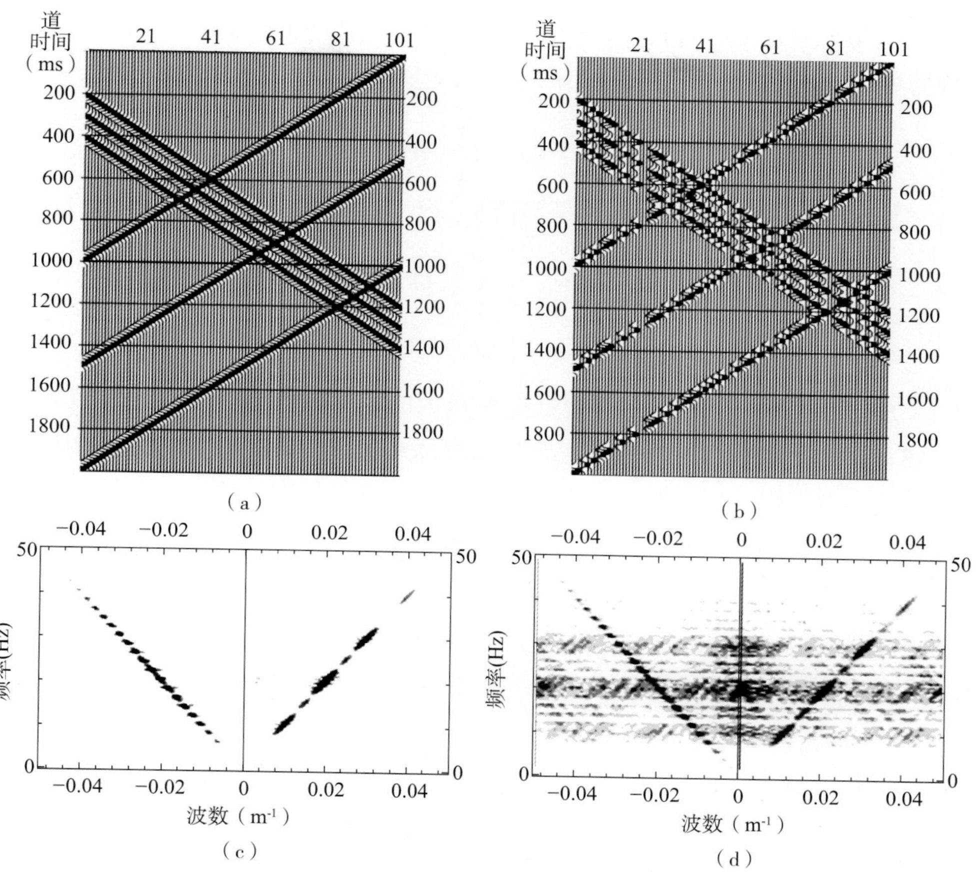

图 7.14 模型试算及对应 *f*–*k* 谱（王伟，2019）

（a）规则道集；（b）随机抽稀道集；（c）和（d）分别为（a）和（b）对应的*f*–*k*谱

对于 *f*–*x* 域的每个频率的数据，离散傅里叶变换后选取最大的傅里叶系数并置入稀疏谱中，然后从输入数据中减掉。后续迭代中连续将最大系数成分不断置入稀疏谱中，再被减掉直至剩余值忽略不计。在这个过程中，数据被迭代式地投射到傅里叶系数字典中用于估算稀疏谱。最终的稀疏谱经反傅里叶变换后可得到任意位置的插值结果。这样，从稀疏谱中恢复出的采样值近似等于原始规则采样的数据。

对于频率空间域数据切片 $s(x)$，x=1，2，…，M，有 M 个空间点，令波数谱为 $F(k)$，$k=-\frac{N}{2},-\frac{N-1}{2},\cdots,\frac{N}{2}$，共有 N 个波数系数。定义：傅里叶变换矩阵

$$\boldsymbol{\Phi}_{M\times N}=[\varphi_1,\cdots,\varphi_N] \tag{7-11}$$

其中：

$$\varphi_n=\begin{bmatrix} \mathrm{e}^{\mathrm{i}(k_n^1x_1^1+k_n^2x_1^2+k_n^3x_1^3+k_n^4x_1^4)} \\ \mathrm{e}^{\mathrm{i}(k_n^1x_2^1+k_n^2x_2^2+k_n^3x_2^3+k_n^4x_2^4)} \\ \vdots \\ \mathrm{e}^{\mathrm{i}(k_n^1x_M^1+k_n^2x_M^2+k_n^3x_M^3+k_n^4x_M^4)} \end{bmatrix}_{M\times 1} \tag{7-12}$$

其中 φ_n 表示基函数，n=1，2，…，N；k_n^1，k_n^2，k_n^3，k_n^4 分别表示四个空间分量。

则傅里叶正反变换可以表示为

$$f = \boldsymbol{\Phi} F \quad F = \boldsymbol{\Phi}^{\mathrm{H}} f \tag{7-13}$$

令 j 表示迭代次数，则频谱估计过程可表示为：

$$F^j(l) = \max_{-N/2 \leq k < N/2} \left\langle f^j \bullet \varphi_k^{\mathrm{H}} \right\rangle \tag{7-14}$$

$$F^{j+1} = F^j - F^j(l) \Phi^{\mathrm{H}} \varphi_p \tag{7-15}$$

式（7–14）表示利用内积运算寻找能量最大的频率成分，l 代表内积最大的元素，式（7–15）表示每次迭代更新的过程。首先通过式（7–14）将频谱中能量最大的频率成分选出来，然后通过式（7–15）将该成分数据减掉得到更新后的数据，然后再去求下一个频率成分，如此反复直到得到所有的频率成分，这样就得到无频谱泄漏的所有频率成分，最后通过反变换得到重构后的数据。

值得一提的是，在实际资料处理中经常会遇到假频信号能量与有效信号的能量级别相同，在选取最大的傅里叶系数时，很可能受到假频信号的干扰，尤其是高频信号，从而导致插值结果出现问题。基于对假频信号的考虑，逐渐发展出正交匹配追踪算法，该方法的特点在于选取一个傅里叶分量系数时，为了避免选中假频成分，在每一步迭代中通过引入滤波算子对所选取的傅里叶分量的系数进行重新计算，实现反假频的目的。

图 7.15 表示了正交匹配追踪算法反假频的实现过程。首先计算输入信号的 f–k 谱，选取较低频信号的 f–k 谱，由于这部分信号不含有假频信息，因此可根据该信号沿不同倾角计算对应的能量谱曲线（图 7.15a 至图 7.15d）；继而将该能量频谱曲线进行“外推”，将图 7.15d 计算的能量曲线作为因子对较高频率段的傅里叶谱应用加权（图 7.15e 至图 7.15f）。通过这种方式可对真实信号应用较大的加权因子，假频信号应用较小的加权因子，从而减弱了假频成分的能量，达到反假频的目的。对于实际数据处理中，“相干信号”在频率—波数域的振幅值相对较大，可根据振幅值选取合适的窗口，作为不含假频的有效信号窗口。

由于采集成本的限制，海底节点地震资料的检波点分布大多非常稀疏，这导致了近偏移距数据的缺失和信噪比的降低。通过五维插值的方法来加密检波线和检波点可以有效地提高数据的信噪比，改善成像质量。图 7.18 展示了一个海底节点工区内，偏移距范围在 0 ~ 300m 的一个 OVT 片数据，该工区检波线和检波点组成了 300m × 300m 的交错网格（图 7.16a），通过五维插值对数据的检波线和检波点进行了加密，变成 150m × 150m 的规则网格（图 7.16b），通过近偏移距数据的对比，很明显地看到五维插值有效地增加了近道数据覆盖次数，同时提高了道集的信噪比。

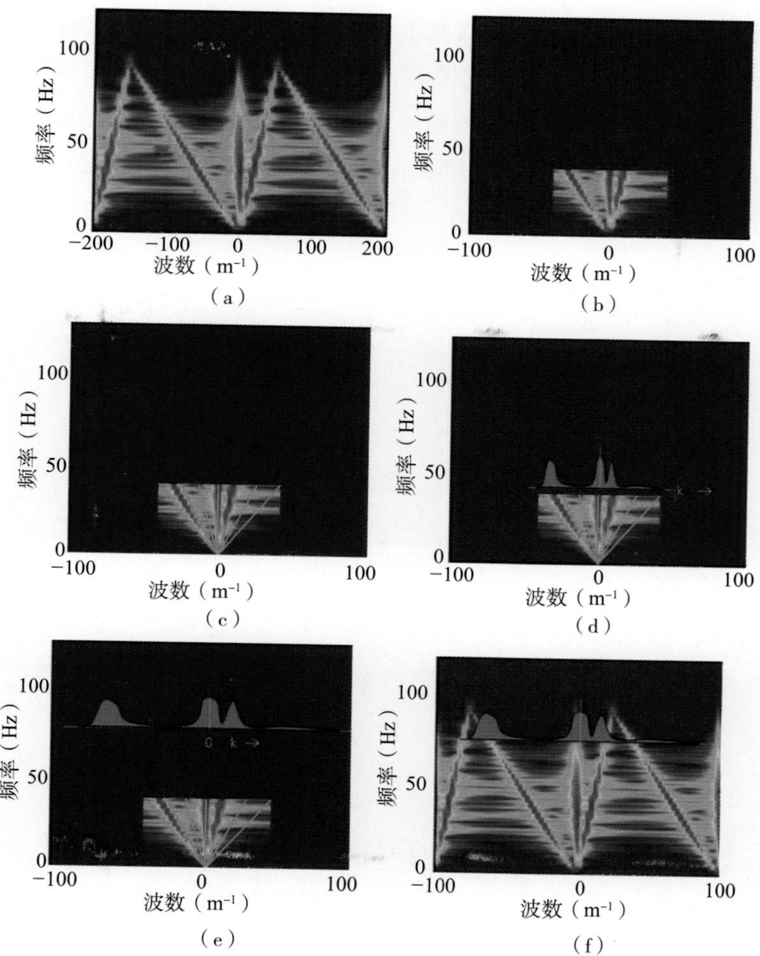

图 7.15 正交匹配追踪反假频傅里叶插值 *f–k* 谱及能量曲线（张丽艳，李昂等，2020）

（a）输入信号的*f–k*谱；（b）不含假频的低频信号；（c）*f–k*谱上显示不同倾角能量曲线；（d）沿不同倾角计算能量曲线谱；（e）将能量曲线谱拉伸到高频端；（f）对高频端的傅里叶谱应用权重

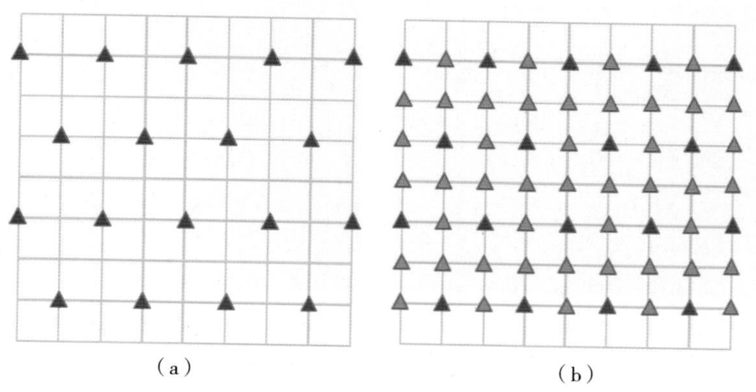

图7.16 五维插值前后海底节点检波器分布图

（a）五维插值前；（b）五维插值后

图 7.17 所示的五维内插前后的玫瑰图和螺旋道集显示出五维插值的优势，由于在五维插值时考虑了方位角和偏移距的影响，插值后螺旋道集变得更加均匀。图 7.18 所示的某三维项目其中一个 OVT 片五维插值前后对比，由于观测系统的不规则性，插值前的 OVT 片存在许多缺失道，通过五维插值，很好地补充了缺失的数据。

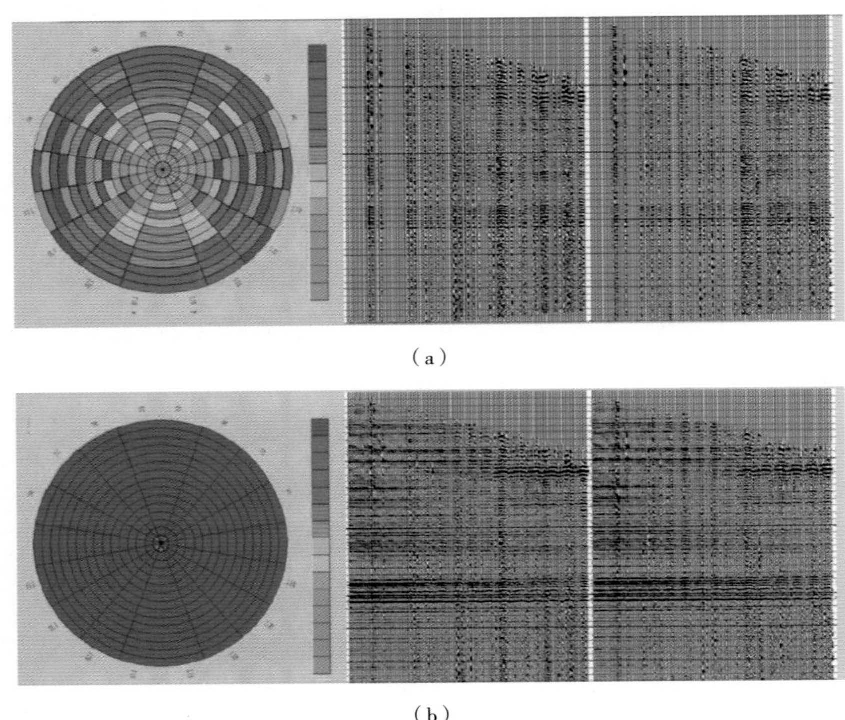

图 7.17 五维插值前后玫瑰图及 OVT 螺旋道集对比
（a）五维插值前；（b）五维插值后

图 7.18 五维插值前后 OVT 片数据对比
（a）五维插值前；（b）五维插值后

图 7.19 展示了某海底节点项目的例子，由于采集时海底节点比较稀疏，因此数据的偏移距分布特点是呈高斯分布，即近偏移距和远偏移距数据覆盖次数少，从而导致数据信噪比降低。图 7.19a 是近偏移距数据叠加剖面，由于受到噪声的干扰，道集和剖面信噪比都较低，后续 AVA/AVO 处理也会受到影响。图 7.19b 是对数据进行五维插值，将检波点网格加密后的叠加剖面，信噪比得到了改善，振幅的一致性也得到了增强。

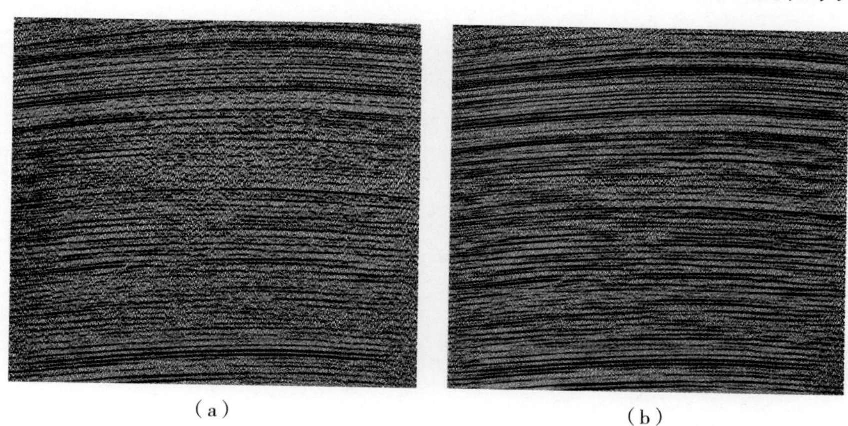

（a） （b）

图 7.19 某海底节点项目五维插值前后近偏移距叠加剖面对比

（a）五维插值前；（b）五维插值后

7.3.3 克希霍夫叠前时间偏移

考虑到海底节点地震数据采集的特殊性，在叠前时间偏移处理时需要作出一些针对性的调整。由于炮点、检波点分别位于海面和海底，特别是在深水情况下二者不在相同的基准面上；而叠前时间偏移要求炮点和检波点必须在同一基准面上来满足均方根速度的椭圆轨迹，因此对于海底节点地震资料的叠前时间偏移，需要重新考虑两个面上的旅行时计算，常规的偏移速度分析和偏移算法不再适用。此外，检波点数太少且分布稀疏造成的地震数据空间采样不足，导致传统上行反射波对海底及浅层存在照明盲区，无法满足精度要求，这时需要通过下行反射波来解决近海底的成像问题。本部分将以克希霍夫叠前时间偏移为例对海底节点地震数据成像进行探讨。

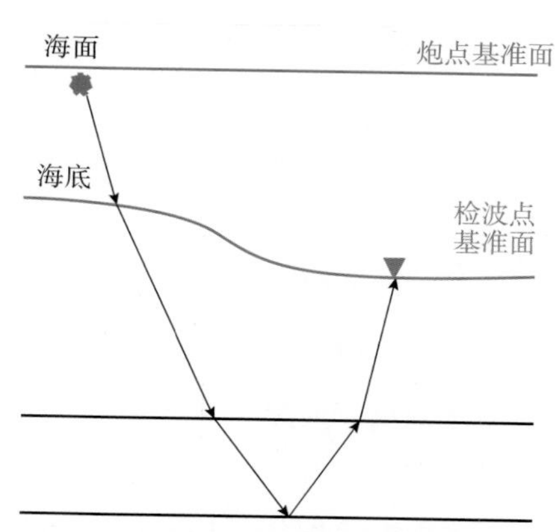

图 7.20 海底节点采集方式射线路径示意图

（1）上行波双偏移面成像。

传统积分法叠前时间偏移旅行时计算由上、下行波两项组成，上行波旅行时计算公式表达为

$$t = t_s + t_r = \sqrt{t_0^2 + \frac{h_s^2}{v_{rms}^2}} + \sqrt{\left(t_0 - \frac{d_r}{v_w}\right)^2 + \frac{h_r^2}{v_{rms2}^2}} \tag{7-16}$$

相比于常规陆上偏移，海底节点上行波偏移的炮点端旅行时计算公式和常规方法完全相同，检波点端则存在差异，需根据检波点深度将成像时间进行校正，用 $-d_r/v_w$ 项把成像时间校正到实际检波点位置，而偏移所用均方根速度的基准面为海底。

因此对于海底节点地震资料炮点和检波点不在同一基准面的偏移成像方法与常规偏移方法类似，只需给定炮点和检波点的深度，在旅行时计算时就可分别从炮点和检波点所在的位置出发，偏移的最终基准面为海面。其优势是无需对偏移前数据进行时差校正或波场延拓校正，从而减少了误差及计算量，成像更加准确与高效。

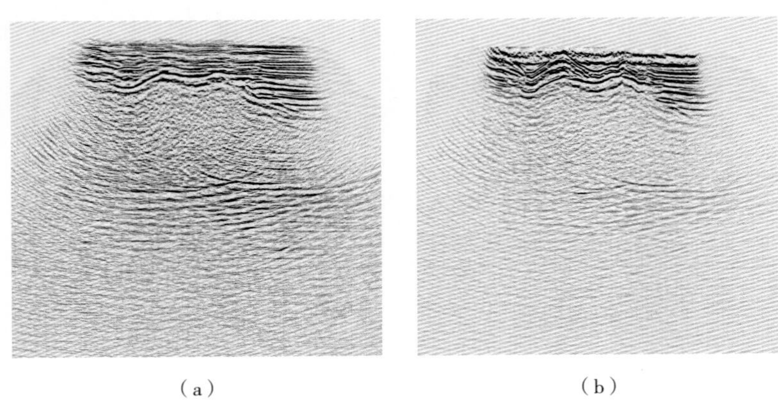

（a）　　　　　　　　　　　　（b）

图 7.21　海底节点地震资料常规偏移和双基准面偏移剖面对比

（a）海底节点上行波常规偏移；（b）海底节点上行波双基准面偏移

（2）下行波镜面成像。

多年来，常规地震数据成像的技术方法假设多次波为噪声，人们也一直专注于用各种方法对海洋地震资料中的多次波进行压制。然而，多次波和一次反射波唯一的区别在于，多次波的传播路径不同。这就为我们用多次波进行成像提供了便利，而水面相关的多次波（下行波场）可以用来改善浅层地下的成像质量和照明度。

由于部署海底节点需要相当长的时间，ROV 船的成本也很高。因此，采集时要选择实用且相对经济的海底节点观测系统，多是稀疏的节点网格和密集的炮点网格组合。然而，稀疏的节点观测系统照明较差，特别是对于比节点间隔更浅的海底及以下反射层（图 7.22），如果其中任意海底节点不工作或失效，这种情况就会变得更糟。

由于检波点间距很大，反射波对海底及浅层照明存在盲区，传统反射波不能够使这些区域成像。1998 年 Godfrey 首先提出了镜像成像的概念，随后多位作者发表相同题材的论文，各自展示了不同实际数据的应用效果。

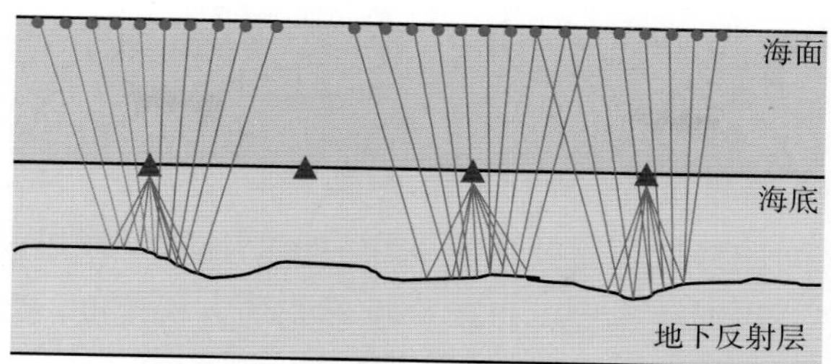

图 7.22 海底节点采集照明度示意图

长期以来人们已经习惯用反射波（上行波）进行成像，但是对海底节点地震数据来说，多次波（下行波）对近海底处的地下介质照明更加丰富，利用这类地震波成像能取得更好的效果。

图 7.23 为海底节点上、下行波叠前时间偏移旅行路径示意图，图中的镜像检波点就是检波点以海平面为镜面的镜像位置，CIP 表示共成像点位置。炮点激发的地震波场经地下界面反射最终被接收点接收。上行波路径由两段组成，即炮点→反射点→检波点，下行波路径由三段组成，即炮点→反射点→海面→检波点。根据简单几何推导可知下行波传播路径等同于其镜像路径（炮点→反射点→镜像检波点）。由于传统积分法叠前时间偏移旅行时计算由上、下行波两段组成，用下行波镜像路径代替其真实路径研究叠前时间偏移正好与传统旅行时的计算类似。

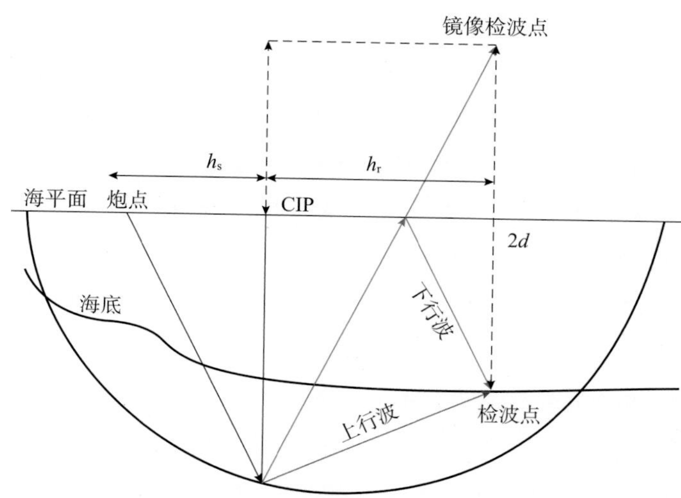

图 7.23 海底节点采集地震波路径几何关系图（王狮虎，2019）

下行波旅行时间计算公式表达为

$$t = t_s + t_r = \sqrt{t_0^2 + \frac{h_s^2}{v_{rms}^2}} + \sqrt{\left(t_0 + \frac{d_r}{v_w}\right)^2 + \frac{h_r^2}{v_{rms1}^2}} \tag{7-17}$$

炮点端旅行时计算公式和常规方法完全相同，检波点端存在两点差异：第一点是成像时间校正，公式用 d_r/v_w 项把成像时间校正到镜像检波点位置；第二点是均方根速度的差异，公式用到镜像海底基准面均方根速度。

常规资料叠前时间偏移处理用叠加速度作为初始速度，经过几次叠前时间偏移—反动校正—叠加速度分析循环迭代可以求得准确的均方根速度。对海底节点地震数据来说，成像结果 CRP 道集参考面位于海平面上，偏移后消除了炮、检点不在相同基准面的问题，速度分析可以继续沿用叠前时间偏移循环迭代思路。图 7.24 是上、下行波叠前时间偏移剖面对比。可以看出下行波对比上行波成像结果，下行波对海底及浅层成像效果更佳。

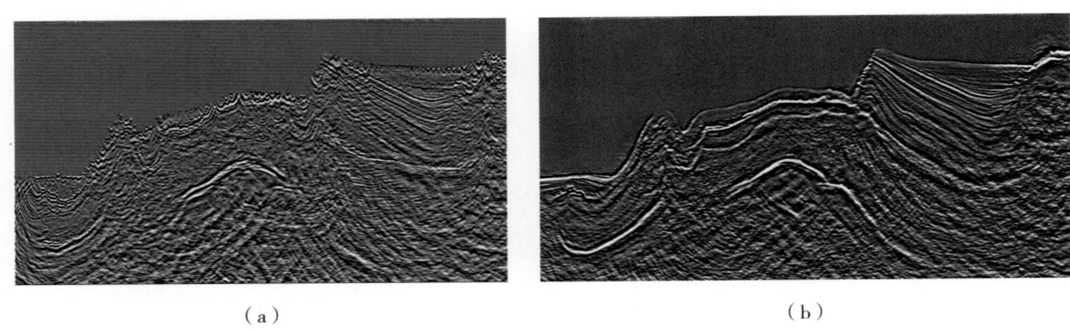

（a）　　　　　　　　　　　　（b）

图 7.24　上、下行波叠前时间偏移剖面对比（张一波，2019）

（a）上行波成像；（b）下行波镜像偏移成像

7.3.4　方位各向异性校正

在对裂缝性地层进行地震勘探时常存在方位各向异性的影响，主要表现在地震波振幅、速度、反射波形和相位随观测方位变化而变化，利用方位各向异性特征可以开展应力场分析和地层裂缝检测，预测油气富集规律。前期海底节点地震资料的 OVT 道集在经过叠前时间偏移处理后，要通过方位各向异性校正技术消除方位各向异性的影响，改善全方位地震资料的偏移叠加成像效果，它是全方位资料 OVT 道集时间域叠前成像处理中非常重要的环节。

地震波在方位各向异性介质中传播时，不同方位传播速度不同，速度可以表示为随方位变化的椭圆（图 7.25）。方位各向异性介质速度场由三个参数定义：v_{fast}—快方向速度场（椭圆长轴），v_{slow}—慢方向速度场（椭圆短轴），β—慢方向速度与 Inline 方向的夹角，如图 7.25 所示。在一个经过叠前时间偏移和反偏移的 OVT 道集中，某一道的动校正速度为

$$1/v_{\phi}^2=\cos^2\alpha/v_{slow}^2+\sin^2\alpha/v_{fast}^2,\quad \alpha=\phi-\beta \tag{7-18}$$

ϕ 为地震数据对应的炮检方向与 Inline 方向的夹角，α 为地震数据对应的炮检方

向与慢速速度方向的夹角，那么不同炮检距与不同方位角接收的反射波旅行时曲线可以表示为

$$t_x^2 = t_0^2 + x^2 / v_{\text{nmo}}^2 = t_0^2 + \left(\cos^2 \alpha / v_{\text{slow}}^2 + \sin^2 \alpha / v_{\text{fast}}^2\right) x^2 \tag{7-19}$$

式中，t_x 是炮检距为 x 时的反射波旅行时；t_0 为炮检中心点处反射波的自激自收时间；x 为炮检距。

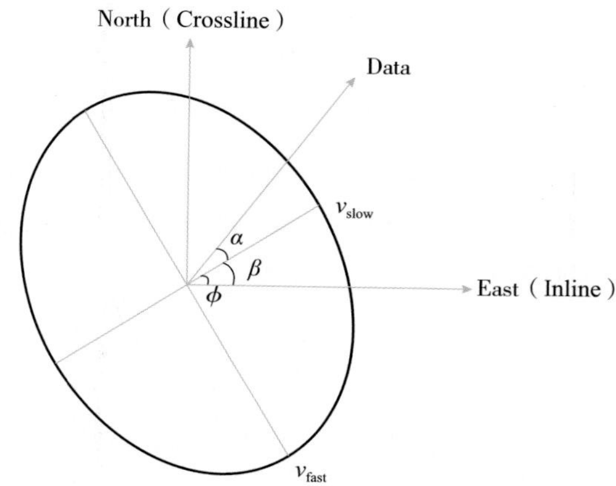

图 7.25　方位各向异性介质中不同方位波传播的示意图

图 7.26 所示，方位各向异性校正处理的流程大致可分为三步：（1）资料预处理，与常规三维资料预处理类似，主要是前期的去噪、信号反褶积、上下行波场分离、多次波压制等，因 OVT 叠前道集信噪比通常低于常规 CRP 道集，故在此环节应注重提高信噪比处理；（2）抽取 OVT 道集并做偏移处理，得到具有方位角特征的矢量 OVG 道集，即可在 OVG 道集上定性地预测地下方位各向异性的方向和强度；（3）对偏移后的 OVG 道集进行反演，可定量地得到各向异性的方位角和各向异性速度场信息，利用这些信息进行方位各向异性校正，提高成像质量。

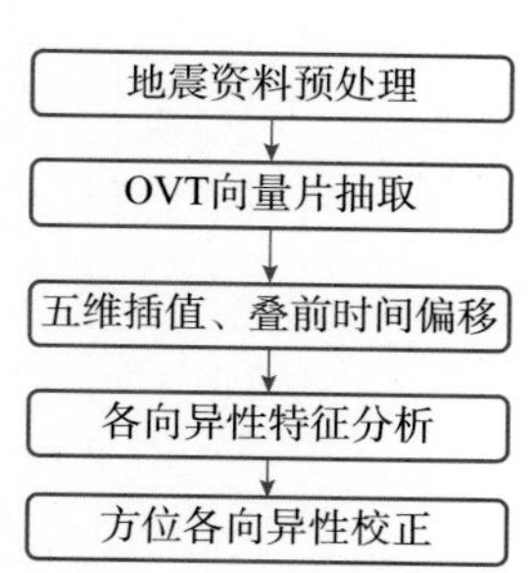

图 7.26　方位各向异性分析及校正处理流程

李昂等学者设计一个各向异性介质模型（图 7.27），其中第二层含一组裂缝。采用伪三维数据进行裂缝介质正演模拟，从 0° 至 360° ，每隔 30° 的方位角做正演模拟，总共 12 条测线，这样除了能观测到波场传播特征外，还能从不同方位上观测裂缝。从该模型抽取纵波方位各向异性道集（图 7.28a），同样可看出纵波在裂缝介质中传播时受裂缝影响导致方位道集呈现出明显的各向异性特征，沿裂缝方向传播时速度相对较快、时间短，垂直裂缝方向传播时速度相对较慢、时间长，这样使方位道集表现出随方位变化的“波浪”形曲线。图 7.28b 为通过上述流程进行方位各向异性校正处理后道集，可

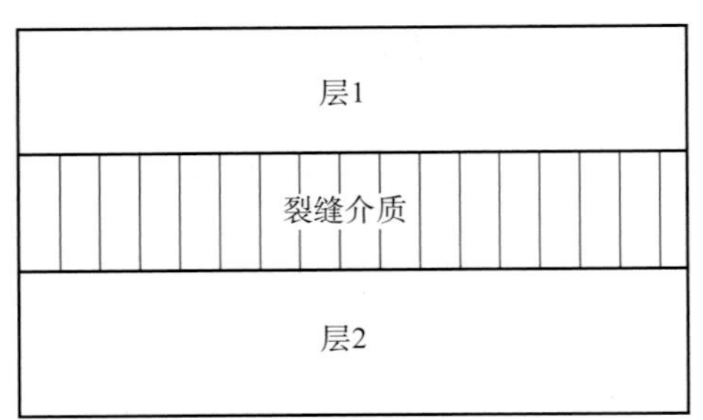

图 7.27 设计的方位各向异性介质模型（李昂等，2021）

见“波浪”形曲线的时差特征消失，同相轴被校平，从上到下几乎不存在同相轴上下振荡现象，较好地解决了方位各向异性引起的偏移后CRP道集不同相叠加问题，改善了成像效果。

图 7.29 为某海底节点项目叠前时间偏移后方位各向异性校正前后 OVG 道集对比。图 7.29a 为方位各向异性校正前 OVG 道集，它包含炮检距和方位角信息，且道集上呈现很明显的方位各向异性特征，并随方位呈周期性变化。方位各向异性校正处理后 OVG 道集，消除了同相轴波浪形起伏，方位各向异性时差得到很好校正。图 7.30 为方位各向异性校正前后偏移叠加剖面对比，通过方位各向异性时差校正后（图 7.30b），目标层同相轴的信噪比和分辨率都得到提高，成像效果更好。

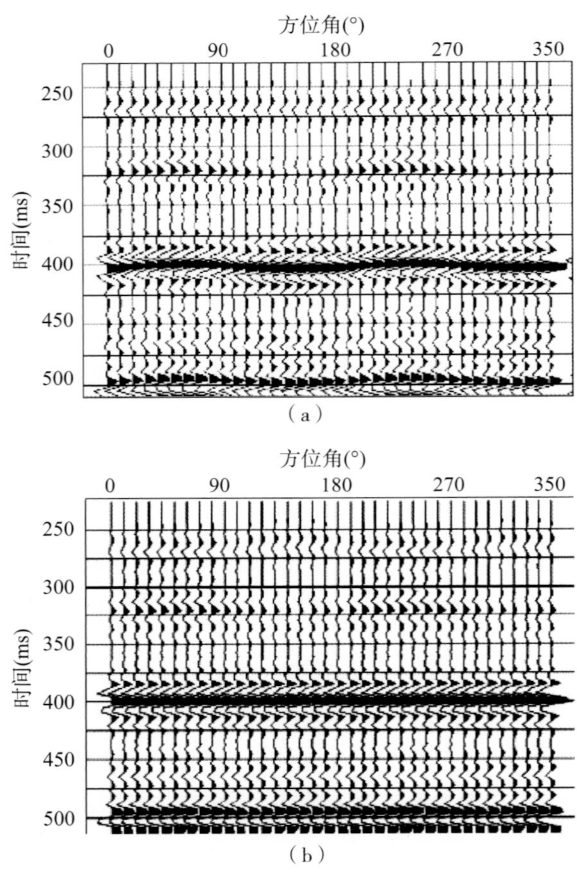

图 7.28 方位各向异性校正前后模型道集

（a）校正前道集；（b）校正后道集

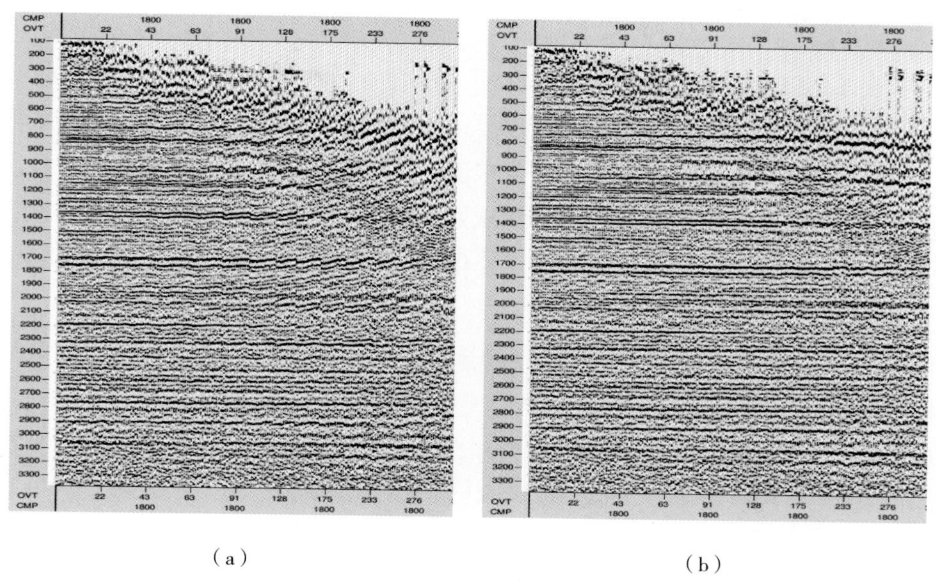

图 7.29 某海底节点项目方位各向异性校正前后的 OVG 螺旋道集

（a）方位各向异性校正前；（b）方位各向异性校正后

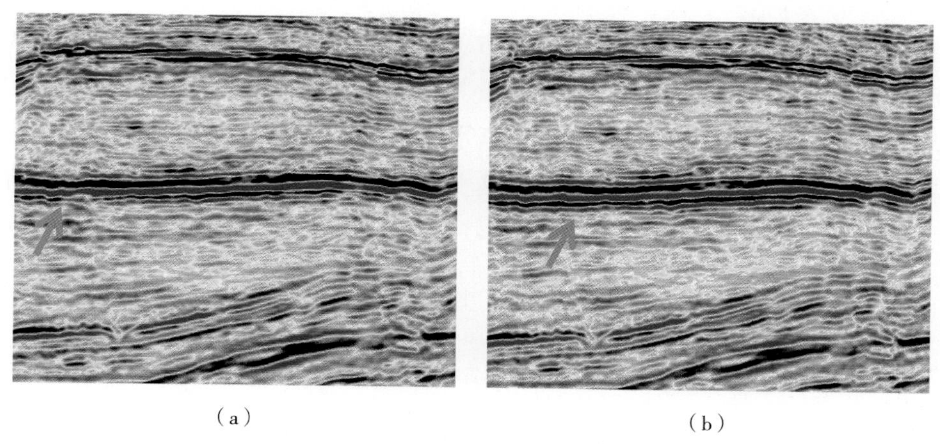

图 7.30 某海底节点项目方位各向异性校正前后偏移叠加剖面对比

（a）方位各向异性校正前；（b）方位各向异性校正后

7.4 深度域速度模型建立

地震勘探的目标是正确落实地下构造形态，偏移归位是实现这一目标最为关键的环节。在叠前深度偏移处理过程中，偏移速度模型是决定偏移归位准确与否的关键。

7.4.1 水体速度建模

对于海洋资料的速度建模，没有了由风化层导致的速度横向剧烈变化，困扰陆地资料建模的一系列近地表问题就不存在了，但要获得可靠的成像，依然要对水体速度进行精确的建模。

海水速度的变化与温度、深度和含盐度等因素有关。尽管在同一海域，但不同深度以及不同位置处的海水速度都会存在差异；随着季节的更迭，同一位置处的水速也会变化。在前期的时间域处理过程中，通过水速校正技术消除了不同采集时间对海水速度变化的影响，多年来的工业实践中，时间域处理时将水温变化当作“水体静校正”来解决，而深度、空间位置等其他因素对水速变化的影响，则通过深度域速度建模来解决。

（1）水体初始建模。

即使最简单的海洋资料，也需要确定正确的水速用于偏移。通常情况下简单的初始速度分析就足以解决这个问题。在整个工区选定几条控制线，绘出其动校正后的道集，确保海底反射同相轴是校平了的。一旦选择合适的水层速度，便可以用此速度进行叠前深度偏移并输出叠加后的成像剖面。海底节点偏移时要先提供一个初始的海底深度，偏移后再精确的拾取海底，有时需要对速度和海底层位进行迭代，最后将准确的海底层位插入到速度模型中。通过上述速度分析可以得到一个速度横向变化但垂向不变的水层速度，这一速度是等效的水层速度，在很多情况下其偏移结果等效于用实际水速偏移的结果。

但在实际的海水环境中，由于受到海水温度、盐度和压力等因素的影响，水的声波速度会出现明显的变化（Hardy 等，2007）。图 7.31 显示的是不同海域的水速随深度变化趋势，在工区内利用声呐或多波束测量等方式可以对水速进行一定空间密度的深度采样，基于上述野外测量数据即可建立复杂水体速度模型，在这一基础上再对水速进行适当调整则可完成水体速度模型的构建，这一方法构建的水速与真实情况更加吻合。

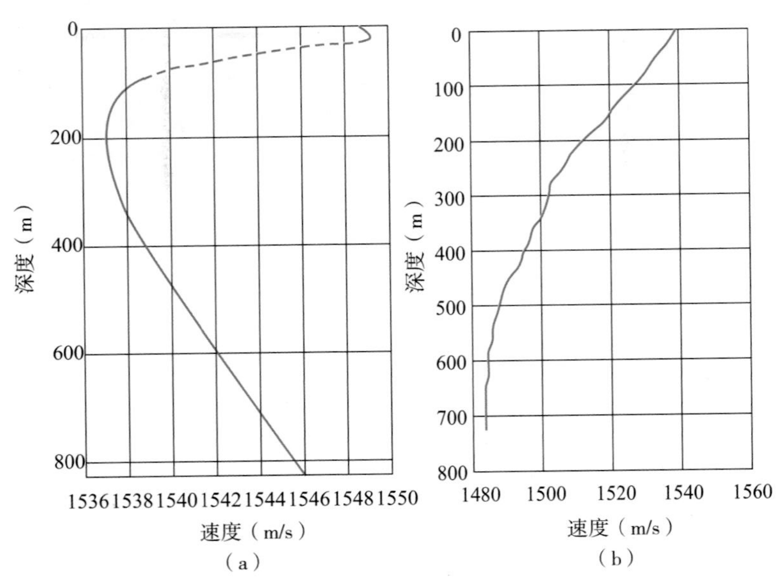

图 7.31　两个典型海域水速随深度变化图

（a）红海某地实测水速；（b）印度洋某地实测水速

（2）水速建模准确性的判定准则。

判定水体模型是否准确的条件非常多样，最基础的是查看偏移后的道集海底部分是否拉平，如未拉平则需要对水速进一步更新迭代。另一种方式是对比检查深度偏移的海底成像深度和其他方法所计算得到的海底深度（海底旁扫或节点深度测量等）是否存在误差。而对于海底节点地震资料，虽然上行波的海底部分无法成像，但由于上行波和下行波偏移旅行时所走过的路径唯一差异在于，下行波在海水中多传播了一次（图 7.32），因此对比上行波场和下行波场深层的成像深度误差，也可以对海水速度模型是否准确进行有效的质控（图 7.33）。

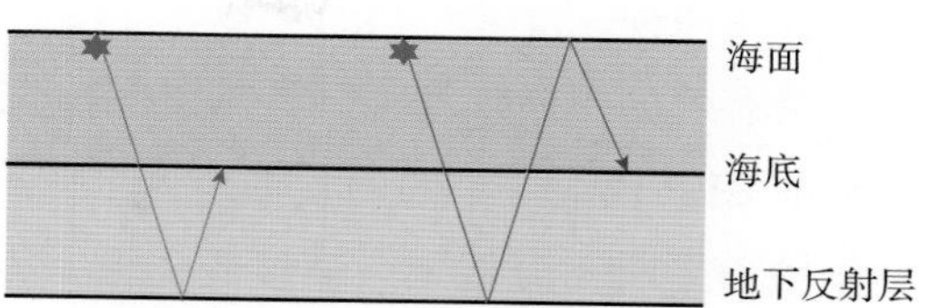

图 7.32　上行波（左）和下行波（右）传播路径差异

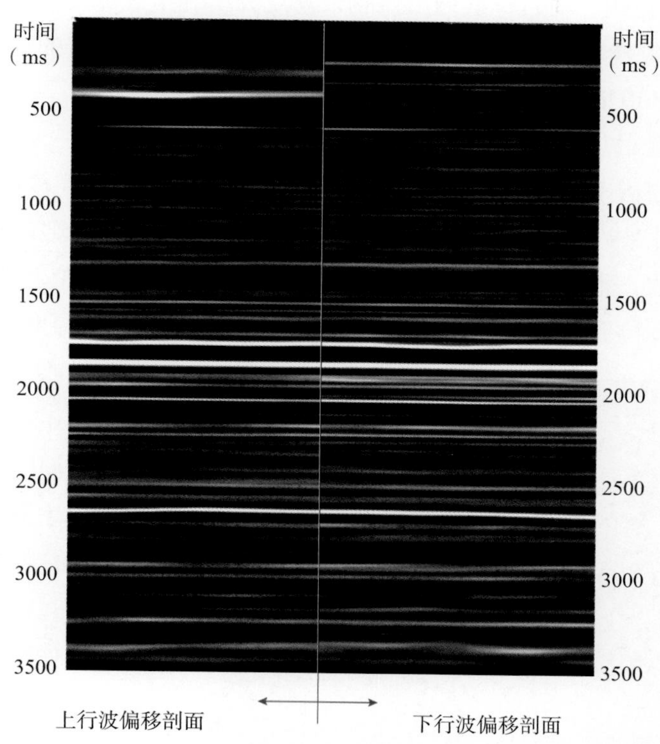

图 7.33　上行波（左）和下行波（右）偏移剖面对比验证水体速度模型准确性

7.4.2　网格层析速度建模

通过约束反演的方法（CVI）或地质模型约束的井速度建模等多种方法都可以建立初始速度模型，再将构建好的水体速度嵌入，即可开展进一步的速度迭代与更新。速度模型迭代、优化的方法中，应用比较广泛的是层析反演速度建模方法和全波形反演法。通常层析反演速度建模方法可以分为基于层位的层析速度反演和基于网格层析的速度反演两种。

最有效的检验模型准确性方法之一就是利用初始地质模型做目标线叠前深度偏移，用叠前 CRP 成像道集的同相轴是否拉平来判断层速度模型的正确性。当存在 CRP 道集同相轴不平时，分析剩余速度延迟谱，得到一个延迟函数，在完成全区每个层、每条目标线的控制点剩余速度分析后，构成一个延迟速度体，用延迟速度体修正初始地质模型，完成一次速度模型的修改。再用修改后的速度模型继续叠前深度偏移，进一步检查 CRP 道集的平直与否，模型优化与叠代是获得准确的速度模型和深度域精确成像的主要手段。为了保证从浅层到中、深层都能获得准确的层速度，并考虑到原始资料及构造的特点，通常采取逐层模型优化叠代处理技术。即在求取每一层的层速度和深度模型以后，建立该层以上层的速度—深度模型，再对目标线进行叠前深度偏移，得到共反射点 CRP 道集。对目标线做沿层剩余速度分析并生成深度延迟平面图。在此基础上利用层析成像技术修改层速度模型来达到优化地质模型的目的，直到目的层剩余延迟趋于 0，CRP 道集拉平为止。

（1）基于层位的层析速度建模。

基于层位的层析速度反演是通过将解释层位加入地学类先验信息的约束条件，根据沉积地层的横向变化来约束速度场的横向变化。在实际应用中在共成像点道集上沿解释层位横向进行剩余拾取，然后将其作为层析的输入修正速度场，直到层位上道集的剩余曲率达到极小，道集基本拉平。若解释的层位恰好符合地质沉积规律，层厚度内的岩性速度垂向变化较小，则该方法就大大的提高了反演精度和运算效率，因而，该方法是目前工业生产中获得较准确低频速度模型的常用手段之一。

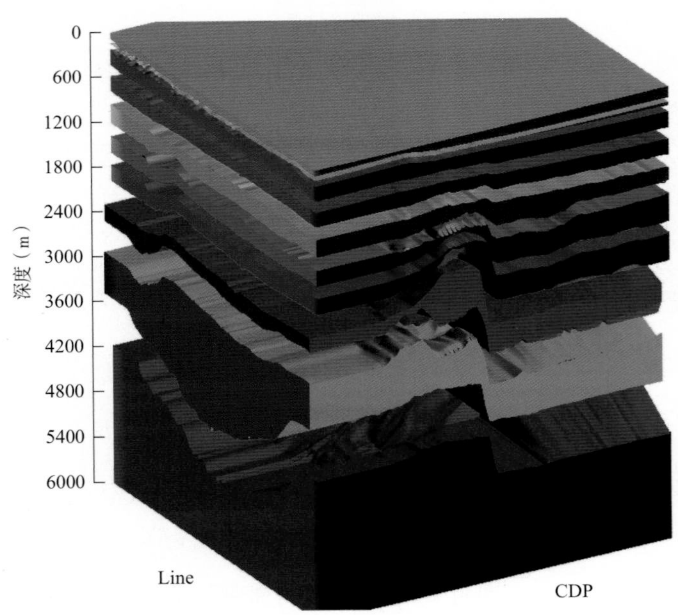

图 7.34　沿层层析构建的速度体

通过沿层速度迭代，可以建立如图 7.34 所示的速度体。图 7.35 展示了某海底节点项目沿层层析前后的速度场变化及其对应的深度偏移结果，通过沿层层析的方式还实现了对工区内的火成岩进行刻画，使得偏移速度场更加合理可靠。

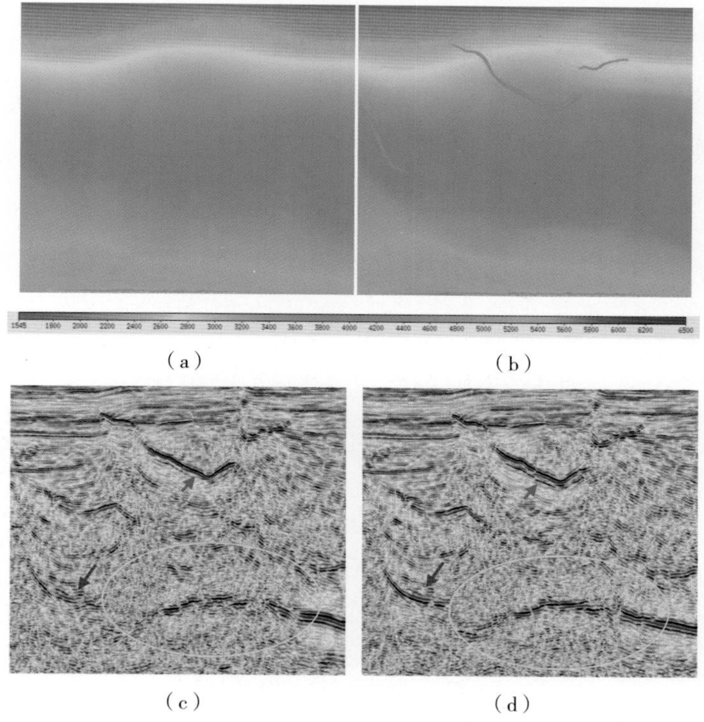

图 7.35 某海底节点项目沿层层析成像 QC 图

（a）初始速度场；（b）沿层层析更新速度场；（c）初始速度场偏移结果；（d）沿层层析更新速度场偏移结果

（2）网格层析速度建模。

层析速度反演主要是利用偏移和层析交替迭代的方法来进行速度反演的，该方法反演精度高、计算稳定，是深度域建立速度模型的一种有效方法（李慧等，2013）。层析成像正演算法通常可分为两大类：一类是波场数值模拟方法，另一类是射线追踪方法，射线追踪方法目前在地震勘探中应用最为广泛。

在建立初始速度之后，利用网格层析对初始速度模型进行优化，首先用初始速度进行叠前深度偏移得到共成像点道集，在给定的同相轴上自动拾取每一个炮检距上的剩余深度差，若道集的入射角用 β 表示，偏移深度与真实深度的比值用 γ 表示，零偏移距处的偏移深度用 Z_0 表示，则道集上各角度对应的偏移深度为

$$Z_a = Z_0\sqrt{\gamma^2 + \left(\gamma^2 - 1\right)\tan^2\beta} \tag{7-20}$$

进而可以得到如下式的剩余曲率：

$$\Delta Z = Z_0\left\{\sqrt{\gamma^2 + \left[\gamma^2 + \left(\gamma^2 - 1\right)\tan^2\beta\right]} - 1\right\} \tag{7-21}$$

这时，实际的慢度和偏移的慢度之差可以表示为

$$\Delta s_j = s_j^{\text{true}} - s_j^{\text{guess}} \tag{7-22}$$

为了获得准确的速度模型，从而使得偏移后道集所有炮检距上的深度值都相同，则有如下关系式：

$$z_p\left(\Delta s + s^{\text{guess}}\right) = z_q\left(\Delta s + s^{\text{guess}}\right) \tag{7-23}$$

其中，z_p 和 z_q 分别表示不同炮检距处的深度值，假设慢度误差较小，对上述方程开展泰勒级数展开可得

$$z_p\left(s^{\text{guess}}\right) + \Delta s \frac{\partial z_p}{\partial s} = z_q\left(s^{\text{guess}}\right) + \Delta s \frac{\partial z_q}{\partial s} \tag{7-24}$$

反演的方法有很多可选，可以通过使用微分链式法则来替换 $\partial z_p / \partial s$ 项

$$z_p\left(s^{\text{guess}}\right) + \Delta s \frac{\partial z_p}{\partial t_p} \frac{\partial t_p}{\partial s} = z_q\left(s^{\text{guess}}\right) + \Delta s \frac{\partial z_q}{\partial t_q} \frac{\partial t_q}{\partial s} \tag{7-25}$$

对于一个给定的炮检距，偏导数 $\partial z_p / \partial t_p$ 与偏移成果的局部倾角相关，可表示为

$$\frac{\partial z_p}{\partial t_p} = \frac{1}{2s\cos\alpha \cdot \cos\theta} \tag{7-26}$$

式中，θ 是该炮检距上测量得到的地层倾角，α 是该地层反射射线路径的开角。继而对每一个炮检距开展迭代，通过使用期望的模型来暂时替代真实模型，使用反射发生的网格面元内的局部值 s，即可计算出 $\partial z_p / \partial t_p$ 和 $\partial t_p / \partial s$ 的测量值。

网格层析成像的步骤主要包括 CRP 道集中反射同相轴的拾取与质控、建立层析矩阵方程、网格层析解矩阵方程、层析方案优选和质控、模型更新等。层析反演的结果在很大程度上取决于反射同相轴剩余曲率的拾取质量。为了确保剩余曲率和倾角参数的合理性，在层析反演前，往往需要对拾取量进行编辑和调整，使其倾角参数与地层更加吻合。为进一步提高反演的精度，往往对地层倾角、剩余曲率拾取及其质量因子、速度扰动量等多地层属性进行质量监控（图 7.36），以此来约束网格层析成像技术。

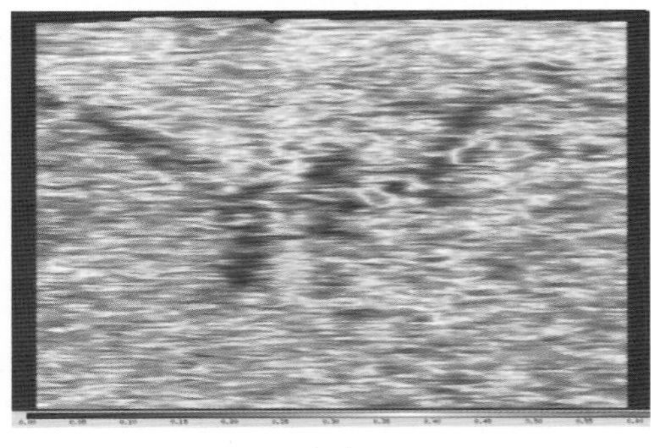

（a）

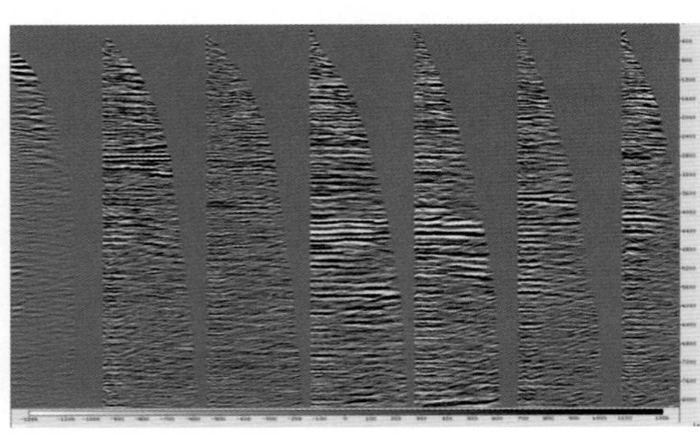

（b）

图 7.36　网格层析过程 QC 分析

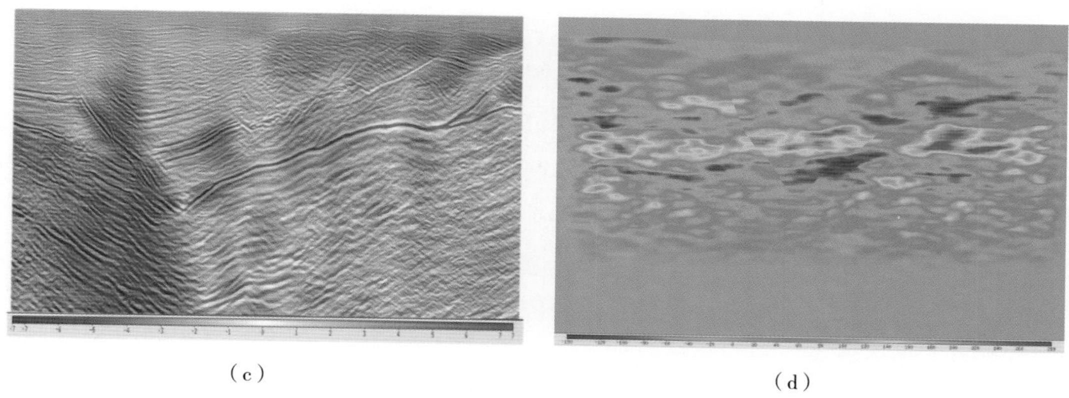

（c）　　（d）

图 7.36　网格层析过程 QC 分析（续）

（a）质量因子；（b）剩余曲率拾取；（c）倾角拾取；（d）速度扰动量

图 7.37 展示了网格层析前后的速度场变化及其对应的叠前深度偏移结果对比。网格层析更新后的速度场对于细节的刻画更加精细与准确。

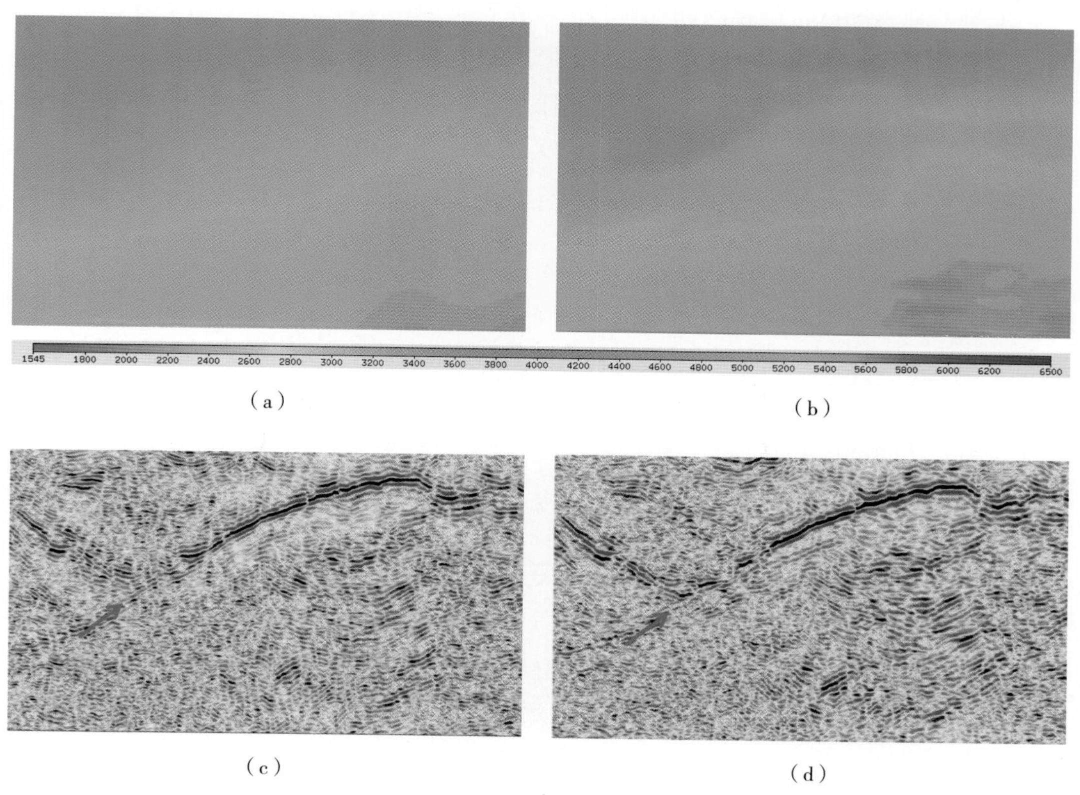

（a）　　（b）

（c）　　（d）

图 7.37　网格层析效果分析

（a）网格层析前速度场；（b）网格层析后速度场；
（c）用（a）速度场偏移的结果；（d）用（b）速度场偏移的结果

7.4.3 各向异性速度建模

实际地层都是存在各向异性的，各向同性的假设条件虽然让问题变得简单，但是各向同性假设前提下的模型往往导致成像位置较实际地层偏深，无法与实际钻井信息匹配，同时也造成偏移成像质量下降，目前 TTI 各向异性建模和偏移已经成为复杂构造成像处理的基本手段。

各向异性描述的是在某一个位置、地震波速度随传播方向的变化而变化的现象。对于水平层状介质，地震波在水平方向的传播速度往往大于垂直方向的传播速度。地表炮点激发和检波点接收到的地震波并非完全沿垂直方向传播，而是具有较大的横向传播分量，因此地震波勘探求得的速度往往比测井的垂向速度高。这就解释了为什么忽略各向异性的影响，叠前深度偏移成像的深度将比真实的深度要深。但在各向同性偏移过程中不能简单地降低偏移速度，因为尽管深度是“正确”的，但无法使绕射波收敛，道集拉平程度受到影响，成像也会变得模糊不清。所以在速度建模过程中需要考虑地下介质的各向异性对成像的影响。

最早的地震勘探常用各向同性作为假设条件，但在实际工作中有诸多方面反映了这一假设的局限性，除了上文中提到的井震深度误差的问题，还有道集上远偏移距无法拉平（类似曲棍球杆）、断面等倾斜构造的成像位置不准，以及叠加速度无法用于偏移等问题。

对于各向异性介质的假设，广义胡克定律通过刚度矩阵将各应变分量表示为应力分量的线性组合形式，即

$$\left\{c_{ij}\right\}=\begin{bmatrix} c_{11} & c_{12} & c_{13} & c_{14} & c_{15} & c_{16} \\ c_{21} & c_{22} & c_{23} & c_{24} & c_{25} & c_{26} \\ c_{31} & c_{32} & c_{33} & c_{34} & c_{35} & c_{36} \\ c_{41} & c_{42} & c_{43} & c_{44} & c_{45} & c_{46} \\ c_{51} & c_{52} & c_{53} & c_{54} & c_{55} & c_{56} \\ c_{61} & c_{62} & c_{63} & c_{64} & c_{65} & c_{66} \end{bmatrix} \tag{7-27}$$

由于这个矩阵是对称的，$c_{ij}=c_{ji}$，因此每种弹性介质的弹性常数可以简化为 21 个独立的常数。对于各向同性介质，其弹性特征与方向无关，只需用两个独立的拉梅常数 λ 和 μ 来表示，这两个参数通过组合可以独立的描述杨氏模量 E、泊松比 σ、体积模量 K 以及纵、横波速度 v_{p}、v_{s} 等。

为了描述各向异性介质，一般要定义其对称轴（图 7.38）。最简单的例子是垂直对称轴（VTI），这种情况对于水平的页岩沉积序列是合适的，但对于陡倾角的各向异性地层是不合适的。对于倾斜地层的各向异性，应考虑倾斜对称轴（TTI）。与相应的各向同性的结果相比，在 TTI 介质中，应用 VTI 的成像方法降低了成像的效果（Audebert 2006）。

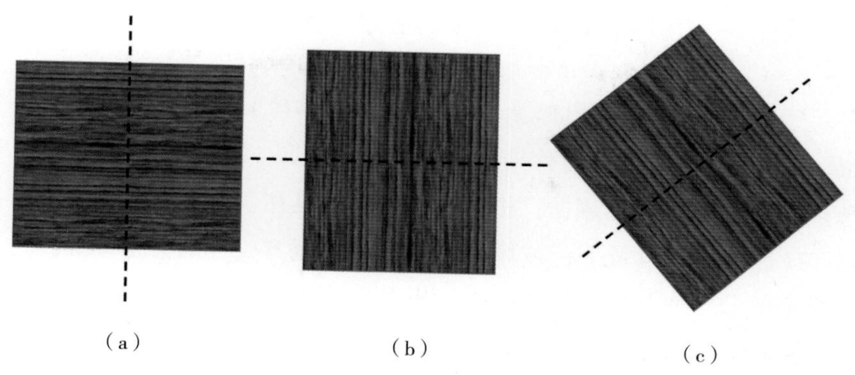

（a）　　（b）　　（c）

图 7.38　各向异性介质对称轴

（a）VTI介质；（b）HTI介质；（c）TTI介质

在 VTI 介质中，$c_{11}=c_{22}$，$c_{13}=c_{23}$，$c_{44}=c_{55}$，$c_{12}=c_{11}-2c_{44}$，从而独立参数数由 9 个减少到 5 个，Thomsen（1986）又对 VTI 介质的弹性常数进行了重新定义，巧妙地用更具物理意义的参数来描述该类介质，五个参数分别为沿垂直方向的纵波、横波速度 v_{p_0}、v_{s_0} 以及描述各向异性程度的 δ、ε 和 γ，其中 ε 表示纵波各向异性，γ 表示横波各向异性，δ 表示变异系数，表达式如下：

$$v_{\mathrm{p}_0}=\sqrt{\frac{c_{33}}{\rho}},\quad v_{\mathrm{s}_0}=\sqrt{\frac{c_{44}}{\rho}} \tag{7-28}$$

$$\varepsilon=\frac{c_{11}-c_{33}}{2c_{33}} \tag{7-29}$$

$$\delta=\frac{\left(c_{13}+c_{44}\right)^2-\left(c_{33}-c_{44}\right)^2}{2c_{33}\left(c_{33}-c_{44}\right)} \tag{7-30}$$

$$\gamma=\frac{c_{66}-c_{44}}{2c_{44}} \tag{7-31}$$

可以看出，描述纵波各向异性参数主要有 v_{p_0}、δ 和 ε 三个参数，而 δ 和 ε 分别描述深度误差和远炮检距的剩余动校时差。δ 参数可很容易地通过井深与地震数据深度偏移成果深度的匹配误差得到（Isaac 和 Lawton，2002），而 ε 参数可通过远炮检距的剩余时差分析或层析反演得到。对于具有倾斜对称轴的 TTI 各向异性介质，只要求出地层的倾角 θ 和方位角 φ，可应用坐标旋转矩阵对对称轴进行旋转以达到与垂直对称轴一致的效果，这比用原来对应于倾斜对称轴的计算框架内的弹性系数的方式容易得多。坐标旋转矩阵如下：

$$\begin{bmatrix} \cos\theta\cos\phi & \cos\theta\sin\phi & -\sin\theta \\ -\sin\phi & \cos\phi & 0 \\ \sin\theta\cos\phi & \sin\theta\sin\phi & \cos\theta \end{bmatrix} \tag{7-32}$$

其中 ϕ，θ 分别为 TTI 介质对称轴的方位角和倾角。

海底节点采集的是宽方位数据，相比拖缆数据，其在各向异性速度建模中有明显优势。通过 TTI 速度分析以及下行波场镜面成像进行宽方位、高分辨率、多尺度层析更新得到的模型的分辨率和成像质量有大幅提升和改善。图 7.39 展示了 TTI 各向异性速度建模中的各向异性参数场。

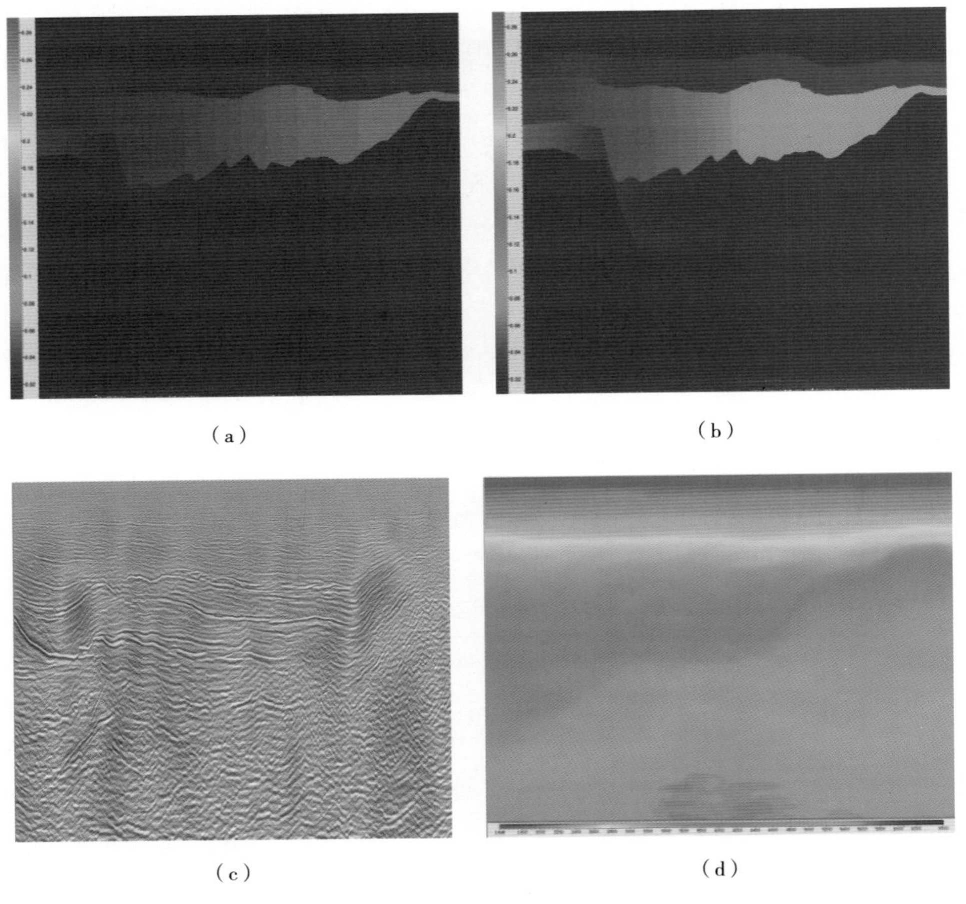

图 7.39　某海底节点项目 TTI 各向异性参数场

（a）δ场；（b）ε 场；（c）倾角场（与剖面叠合显示）；（d）各向异性速度场

图 7.40 展示了某工区海底节点地震资料通过 TTI 各向异性速度建模迭代取得较为准确的速度场后，应用 TTI 各向异性叠前深度偏移的剖面，与各向同性叠前深度偏移相比成像质量明显改进，井震符合性更好。

图 7.40　各向同性与 TTI 各向异性偏移结果对比

（a）各向同性偏移结果；（b）TTI各向异性偏移结果

7.4.4　多方位网格层析

对于常规拖缆资料的采集，大多具有一个优势方位，不考虑速度随方位角的变化情况。但地下介质的非均质性是真实存在的，特别是对于小的速度异常体，可能在有些方位可以观测到，而在其他方位观测不到。由于海底节点地震数据是宽方位或全方位采集，可以充分考虑速度方位各向异性的影响。

Ian F. Jones（2010）详细阐述了“观察到的”方位各向异性可能由三部分组成：第一，可能是由于地下介质裂缝的存在而表现的速度随方位的真实变化；第二，可能是由于局部的不均匀性造成（图 7.41）；第三，是在地下速度建模时不可避免的倾角估计的误差引起的（由于真实速度的变化量是与构造视倾角的变化成比例的，因此速度模型中倾角误差将会引起随方位变化的速度误差）。

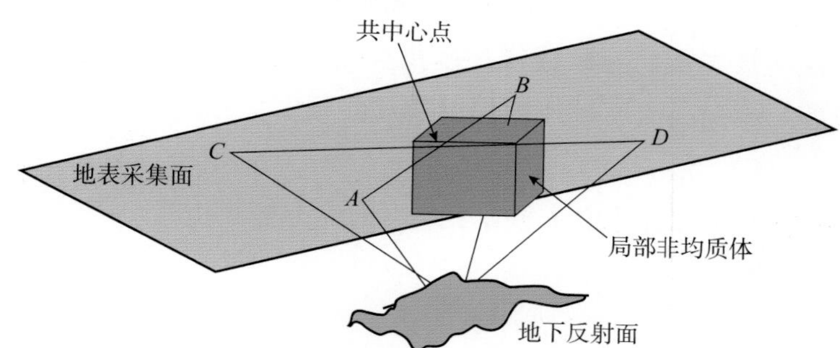

图 7.41　相同中点位置与相同炮检距但方位角不同的两组射线路径（Ian F. Jones，2010）

炮检对A–B的射线路径遇到了速度异常，炮检对C–D的射线路径则没有遇到异常

多方位网格层析可利用更丰富的方位信息作为约束来获得更加高精度的速度模型。分别对不同方位的数据进行偏移，对成像道集进行 RMO 拾取以更新模型。根据与照明变化相关的拾取质量对各个方位施加不同的权重，以提高更新质量。最后采用逐步细化尺度的阻尼最小二乘求解，在每个尺度上通过预处理平滑算子以提高解的收敛性。如图 7.42 所示的由方位角和偏移距组成的蝴蝶道集表明，经过多方位网格层析迭代后，道集的拉平程度更好。

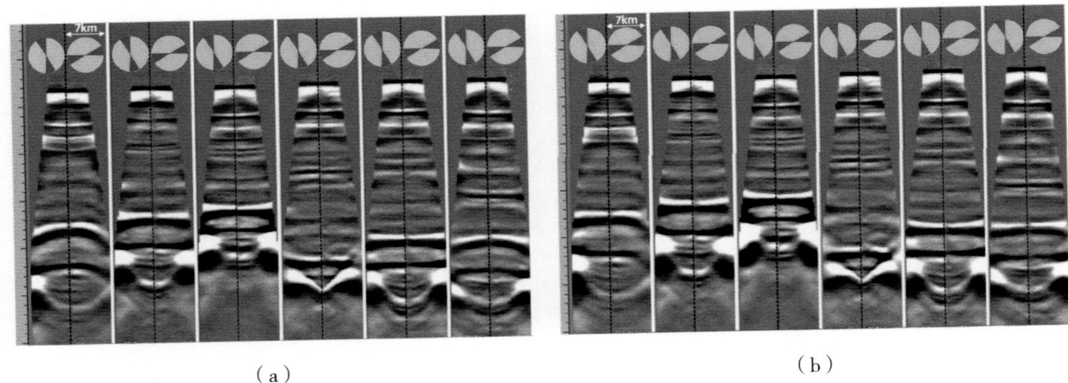

（a）　　（b）

图 7.42　多方位网格层析前后道集对比（Sabaresan Mothi，2013）

（a）多方位网格层析前；（b）多方位网格层析后

多方位网格层析成像技术可以利用介质的速度方位各向异性特征进行速度迭代，进而提高速度模型精度，其相应的偏移成像精度也更高，得到的地下信息更可靠。多方位网格层析成像技术是宽 / 全方位三维地震速度建模技术中比较实用的一项技术，它既可以考虑宽方位资料速度方位各向异性的影响，又可以在建模成本和进度上进行较好地控制。从应用该方法的效果看，速度模型的精度得到进一步提高，成像效果好，地下信息更符合实际地质情况。

多方位网格层析速度建模技术是以网格层析技术为基础，充分利用宽方位数据将方位角进行划分，通过多个方位角数据的引入使得网格层析速度更新时考虑方位角变化的影响。这项技术和已有的建模技术可以相互融合或在建模过程中的不同阶段加以应用，来进一步提高深度域速度模型的建立精度，有效提高成像质量（方勇等，2016）。

将地下划分为许多具有速度（慢度）信息的立方体小格，即可以建立三维多方位网格层析反演的矩阵：

$$\begin{bmatrix}\Delta t_1\\ \Delta t_2\\ \Delta t_3\\ \vdots\\ \Delta t_n\end{bmatrix}=\begin{bmatrix}l_{1,1,1,\beta,\theta_1} & l_{1,1,2,\beta,\theta_1} & \cdots & l_{i,j,k,\beta,\theta_1}\\ l_{1,1,1,\beta,\theta_2} & l_{1,1,2,\beta,\theta_2} & \cdots & l_{i,j,k,\beta,\theta_2}\\ l_{1,1,1,\beta,\theta_3} & l_{1,1,2,\beta,\theta_3} & \cdots & l_{i,j,k,\beta,\theta_3}\\ \vdots & \vdots & & \vdots\\ l_{1,1,1,\beta,\theta_n} & l_{1,1,2,\beta,\theta_n} & \cdots & l_{i,j,k,\beta,\theta_n}\end{bmatrix}\begin{bmatrix}\Delta s_1\\ \Delta s_2\\ \Delta s_3\\ \vdots\\ \Delta s_n\end{bmatrix} \tag{7-33}$$

其中，Δt 表示道集中某一道的走时误差，$l_{i,\ j,\ k}$ 表示道集中在三维空间网格中的射线路径长度，Δs 表示某网格中的慢度误差，θ 表示不同的方位角，β 是射线出射的倾角。

多方位网格层析成像基于上述理论进行速度模型建立，其主要实现过程如图 7.43 所示。首先将 OVT 道集分成 3 ～ 6 个子方位角道集，使用初始速度模型分别进行各向异性叠前深度偏移工作，并在各自叠前深度偏移结果上进行 RMO（剩余时差）、反射层倾角、同相轴连续度等属性的拾取，调整不合适的属性拾取量。将不同方位得到的属性数据作为多方位网格层析成像反演过程的输入，通过交互射线追踪等方式选择合适的参数建立和求解矩阵，并最终得到一个更新的速度模型。若新速度模型能使 CRP 道集平直，符合地质规律，能满足井震误差等要求，则可以将其作为最终速度模型进行叠前深度偏移工作。反之，则需要再进行一轮新的多方位网格层析成像工作。按照这种方法一直迭代下去，直到新速度模型满足要求（Williams M，2002；Cordsen A，2002；Cambois G，2002）。

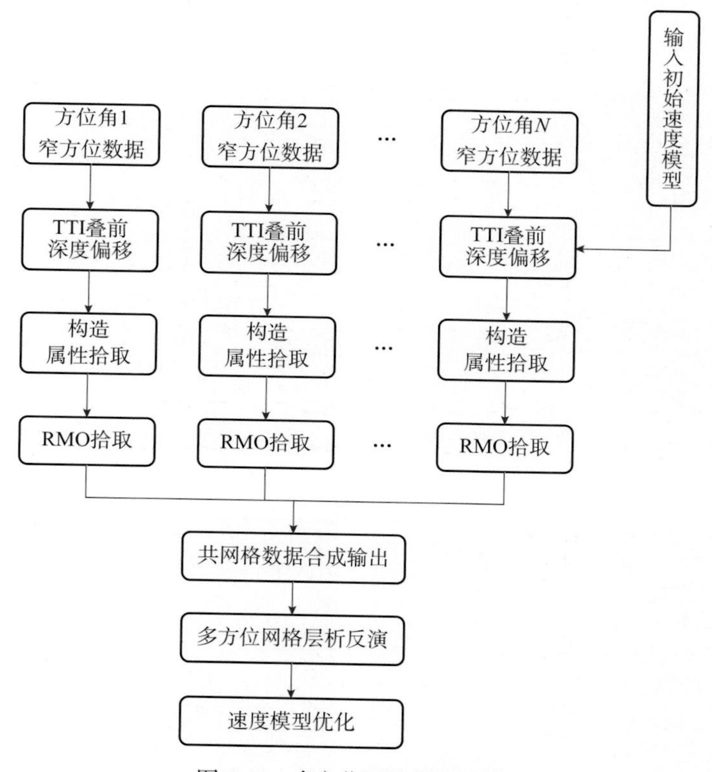

图 7.43　多方位网格层析流程

图 7.44 所展示的例子为某海洋项目 TTI 多方位网格层析对速度场进行更新得到的结果，在常规网格层析更新的速度基础上，将数据按照方位角分成 6 个分区开展多方位网格层析，来进一步优化具有复杂构造背景的速度场，特别是对小尺度速度扰动的刻画有较大提升。

通过对多方位网格层析成像技术及应用实例的分析和研究表明，多方位网格层析成像能够充分发挥海底节点全方位地震数据处理的优势，提供精度更高的速度模型和更好的偏移成像结果。

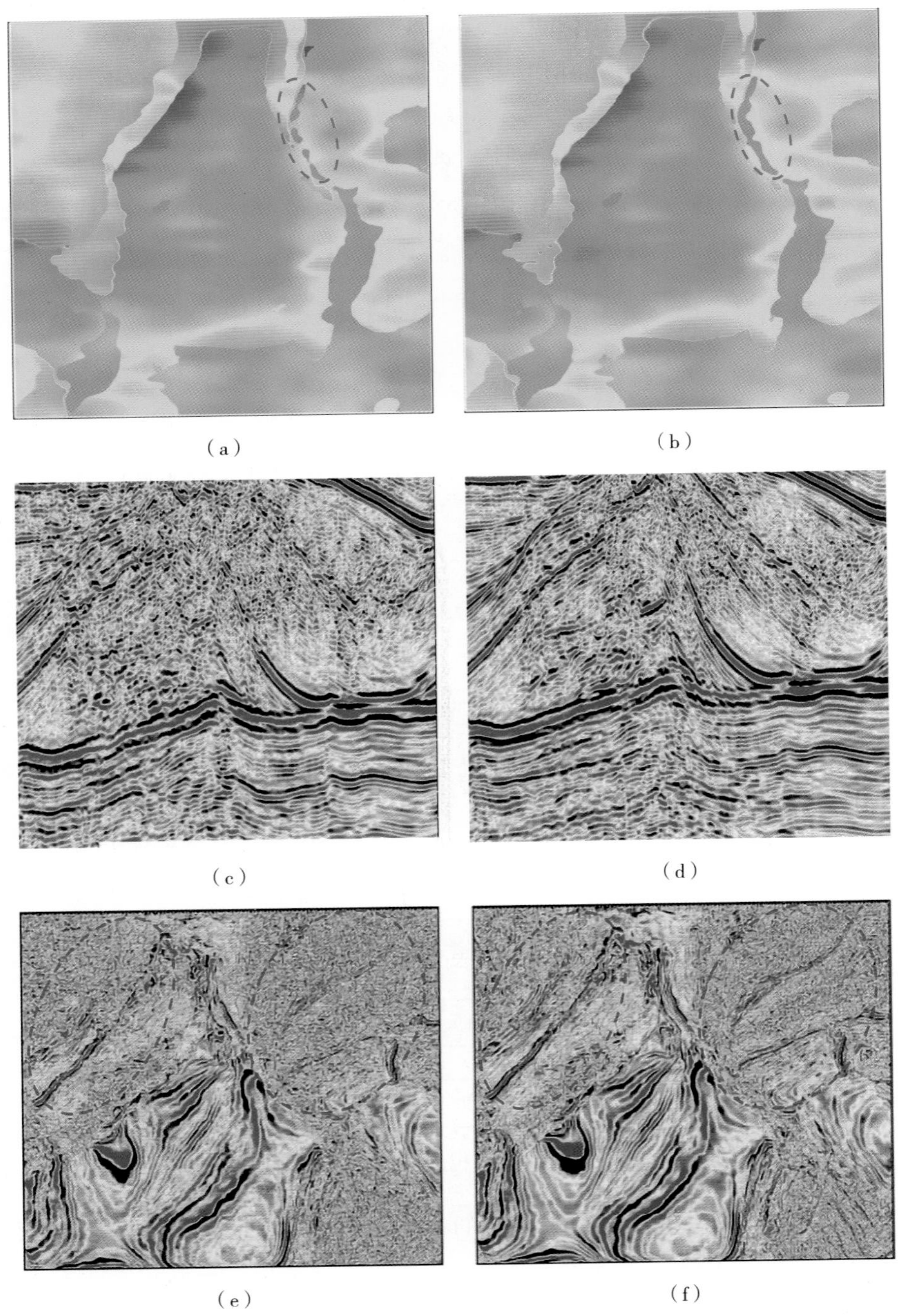

图 7.44　多方位网格层析效果分析（方勇，2016）

（a）初始速度模型的深度切片；（b）多方位网格层析更新后速度模型的深度切片；（c）初始速度模型的偏移结果；（d）多方位网格层析更新后偏移结果；（e）初始速度模型的偏移结果深度切片；（f）多方位网格层析更新后速度模型的偏移结果深度切片

7.4.5 全波形反演

全波形反演（full waveform inversion，FWI）技术最早由 Tarantora（1984）进行了完备的阐述，但当时的实用化推广受到了计算机资源的制约，近年来随着计算机技术的发展，已逐渐发展为地球物理勘探领域的研究热点和海洋地震资料处理的必备技术。目前已投入生产应用的潜行波全波形反演技术利用叠前地震波场中的早至波运动学与动力学信息，来反演复杂地质背景下的介质层速度等参数。具体实现过程中，潜行波全波形反演是在正则化约束下通过更新迭代初始模型进而减小计算数据与观测数据之间的误差，逐步逼近真实模型。由于海底节点地震资料具有低频长偏移距的优势，所以更适合潜行波全波形反演技术的应用。

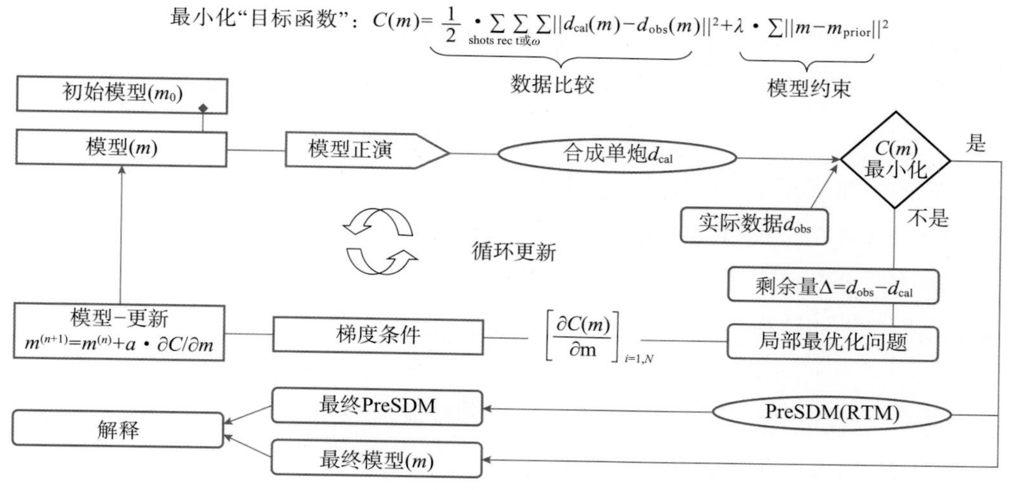

图 7.45 潜行波全波形反演（FWI）流程图（Etienne Robein，2012）

由于地震波场（特别是反射波）与反演参数之间的严重非线性关系会导致反演过程中产生跳周现象（cycle-skipping）而陷入局部极值，如图 7.46a 所示，当正演模拟数据与实际地震数据的相位差大于子波的半个周期时，跳周现象就会发生。如图 7.46c 所示，全波形反演的全局最小点对应真实速度模型，除此之外，在全波形反演中还存在许多局部极小点，跳周现象是全波形反演难以得到唯一解的重要原因之一。

潜行波全波形反演技术对地震数据的低频信号、正演子波、初始速度模型准确性有较高的要求。因此在实施潜行波全波形反演的过程中应重点做好以下几个方面工作：

（1）确定反演的最大地下深度：炮检距范围的长短决定了潜行波全波形反演能够反演地下地层速度的深度，越长的炮检距数据可以接收到穿透深度更大的地震波，这就会大大提升全波形反演速度模型的可用深度范围，一般来说，潜行波全波形反演的深度为最大炮检距范围的三分之一。

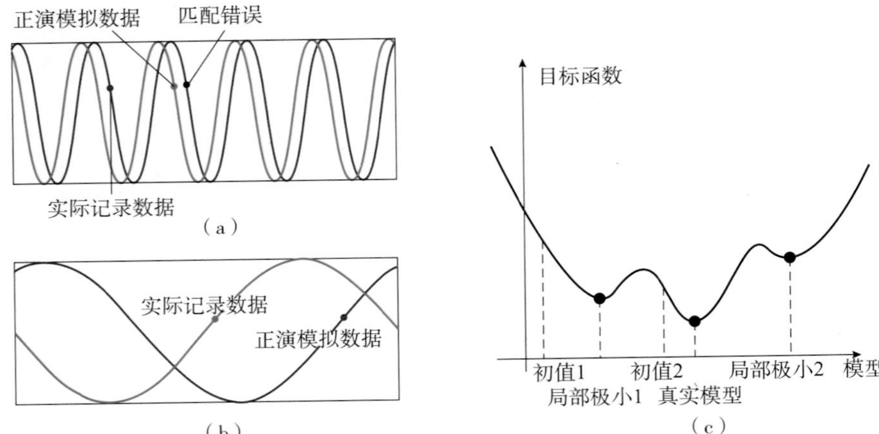

图 7.46 跳周现象说明

(a)高频信号互相关时容易产生跳周现象；(b)低频信号互相关时不容易产生跳周现象(Wenyi Hu，2012)；(c)全局极小和局部极小值示意图

(2)初始速度模型的准确性：好的初始模型对于减少潜行波 FWI 过程中的跳周现象并取得反演成功至关重要，因此在实施潜行波 FWI 前要用常规的速度建模技术得到尽可能准确的速度模型作为 FWI 的初始模型，并且在输入 FWI 使用之前通过井资料标定等手段做仔细的检查分析。

(3)地震数据的低频信号：低频信号对于建立一个相对准确的背景速度场、减少潜行波 FWI 过程中的跳周现象也非常重要。在反演前的预处理阶段要尽可能保护好低频信号，采取有效措施提高低频信号的信噪比。

(4)子波求取：从 FWI 的基本原理可以看出，模拟合成记录与实测记录之间的残差驱动了 FWI 算法，因此求取一个用于正演的准确子波是 FWI 技术的基础也是非常关键的一步。

(5)质量控制：由于 FWI 是一项高新技术，对地震资料的要求、处理人员地球物理知识和经验、处理解释一体化结合都要求苛刻，因此无论是 FWI 前的预处理工作还是 FWI 过程中的参数选择、收敛性分析、最终模型的准确性都需要进行严格科学的过程质量控制，才能保证最终反演结果高质高效。

Peng 等(2018)用一个模型数据来展示 FWI 的建模能力，首先用声波方程根据 BP2004 模型(Billette and Brandsberg-Dahl，2005)正演生成合成数据。图 7.47a 显示了部分速度模型，可以看出该部分模型具有非常复杂的盐丘形态；而 FWI 的初始速度模型是不包含盐丘填充的重度平滑模型，如图 7.47b 所示；图 7.47c 是 FWI 的反演结果，除盐丘边界外，该速度模型与真实模型非常接近。在这个例子中，FWI 用一个距离精确模型较远的初始速度场开始，近乎完美地完成了复杂盐丘模型的反演与刻画工作。

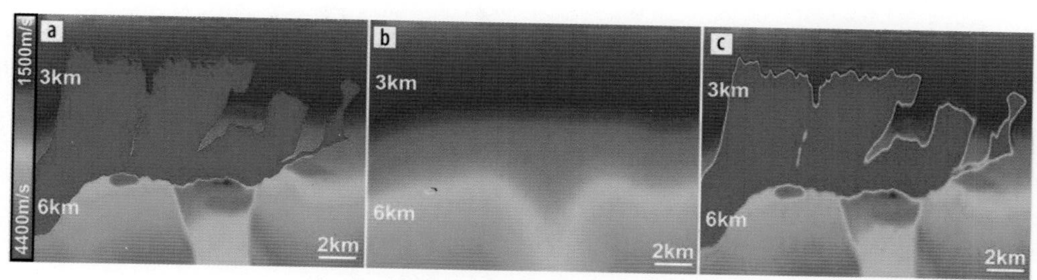

图 7.47 FWI 速度模型（Peng，2018）

（a）真实速度模型；（b）大平滑后的初始速度模型；（c）FWI的反演结果（从0.5 Hz开始）

但值得注意的是，为了得到这样一个较好的速度反演结果，所用的正演模型具有30km 的超长偏移距，同时含有低至 0.5Hz 的低频信号，这在实际数据中是很难获得的，特别是这样低频的有效信号。通常海洋采集的地震数据，其最低频率是从 4Hz 开始的，有些采集方式可以低至 1 ~ 2Hz。图 7.48b 和 7.48c 分别展示了 FWI 最低频率是 2Hz 和4Hz 时的结果，即使拥有 30km 的超长偏移距，缺少低频信号导致 FWI 失败。在某种程度下，低频信号的缺失可以通过给定一个较好的初始模型来替代，因为更准确的初始模型可以有效抑制跳周现象。图 7.49a 展示的初始速度场包含一个错误解释的盐顶模型，不同于只包含沉积层的大平滑速度场，2Hz 的起始频率和 30km 偏移距的数据可以成功反演速度模型（图 7.49b）。但若提高 FWI 的起始频率至 4Hz，同时限制偏移距范围到 9km，FWI 仍然会失败。

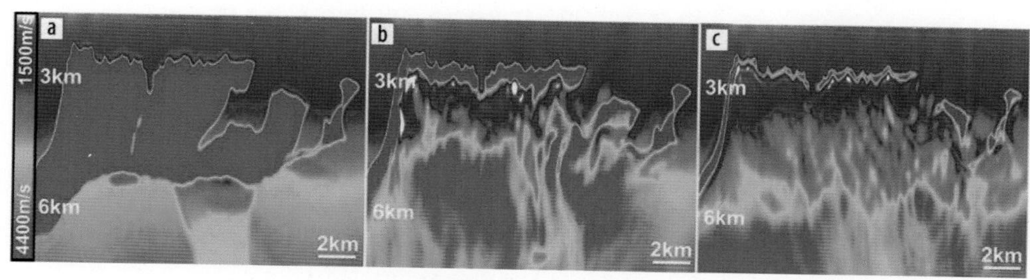

图 7.48 不同起始频率 FWI 模型（Peng，2018）

（a）起始频率为 0.5 Hz;（b）起始频率为 2Hz;（c）起始频率为 4Hz

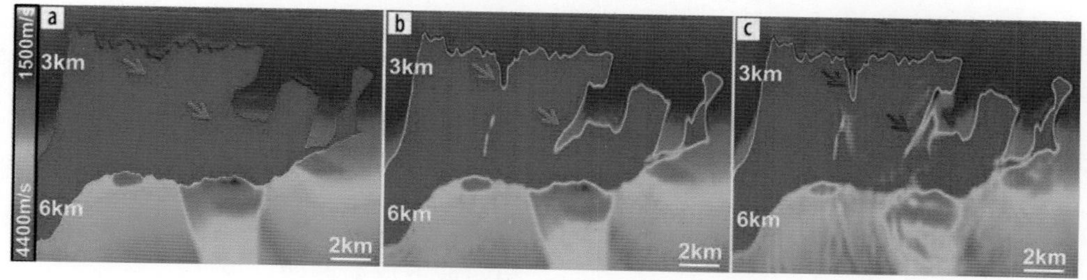

图 7.49 不同参数 FWI 模型（Peng，2018）

（a）初始速度场包含一个错误解释的盐顶模型（绿色箭头标出）；（b）FWI利用起始频率2Hz和30km偏移距数据的反演结果；（c）FWI利用起始频率4Hz和9km偏移距数据的反演结果

图 7.50 为某海洋勘探项目采用潜行波 FWI 前后速度模型与剖面叠合图展示。相对于传统的层析反演方法，潜行波 FWI 后，速度细节更加丰富，剖面高频成分明显增加，整体构造形态更加合理，层位刻画更加精细，断层成像也更加清晰。潜行波 FWI 的反演结果与常规层析法相比具有更高的纵横向分辨率，更符合地质规律，较好地提高了地震成像精度。

（a）

（b）

图 7.50　FWI 前后速度与剖面叠合图

（a）为初始速度模型与叠前深度偏移剖面叠合图，（b）为FWI反演速度模型与叠前深度偏移剖面叠合图

7.5　叠前深度偏移成像

7.5.1　各向异性克希霍夫叠前深度偏移

对于海底节点地震资料克希霍夫深度域成像来说，常规的上行波成像和下行波的镜面成像都与时间偏移类似。上行波深度偏移需给定准确的炮、检点深度用于旅行时的计算，下行波也就是多次波的成像过程则不能按照常规上行波的方式进行。由于下行波场（即拖缆资料中的检波点鬼波）来自于上行波场在水面处的反射，也即海面充当镜子反射浅表层结构的图像（图 7.51），这样一阶的多次波可以用于“镜面成像”。目前下行波镜像偏移已经成为海底节点地震资料处理的一个常规步骤。

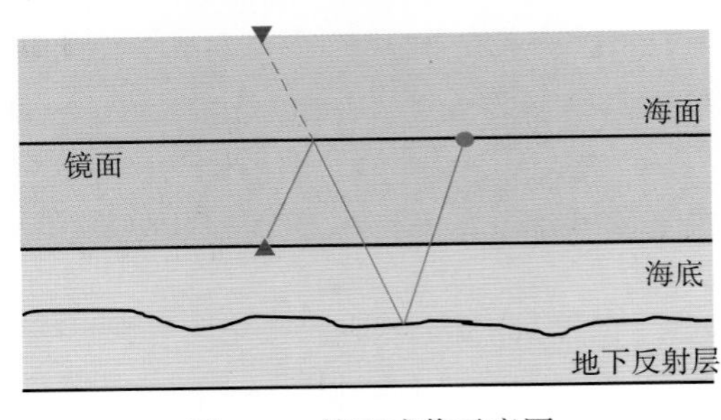

图 7.51　镜面成像示意图

下行的一阶多次波成像即所谓的镜像偏移，提供了比一次波成像更好且更大范围的地下反射照明，这是因为多次波的射线路径可以覆盖一次反射波无法到达的阴影区。图 7.52 给出了上行波和下行波的照

明情况，从图中可以看出，射线数相同的情况下，下行波场的射线路径分布范围更宽。

对于海底节点地震采集数据，下行波的近海底成像好于上行波，特别是在深水区尤为明显，主要的原因是下行波的照明范围更广。另外，下行波场（检波点虚反射）不易受到近海底的速度扰动影响，对小扰动不敏感的优势是弱化了散射、振幅变化和静校正等问题。这是因为下行波的接收点距离海底以下的速度异常体更远，具有更长的传播路径，其经过近海底速度扰动后又在水层中传播了两次（分别是向上一次和向下一次），而潮汐、季节导致的水体变化对一次波的影响更大。相比一次反射波，多次波（下行波）成像改善的另一个原因是：它的传播路径更接近于垂直方向，虽然减小传播角度更适应成像算法的限制，但也限制了 AVO 反演的有效性。

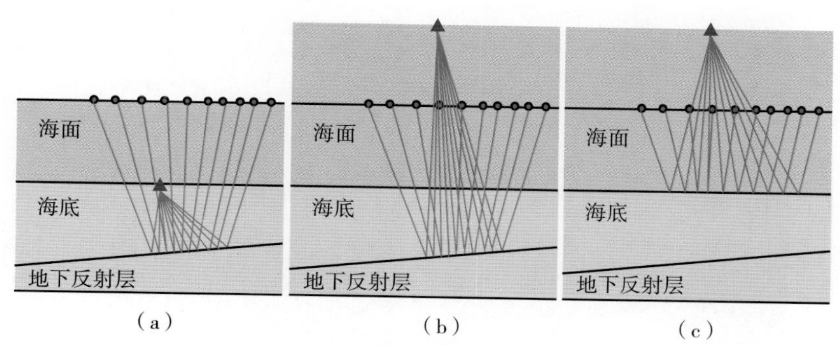

图 7.52　上下行波场照明度对比

（a）上行波照明范围；（b）下行波照明范围；（c）下行波可对海底成像示意图

图 7.52 展示了上行波和下行波照明范围的对比，可以看出上行波照明比下行波照明范围要小，特别是下行波可以对海底进行成像，而上行波不能；另外下行波改进成像的因素是速度异常体及海底以下的散射，下行波场的检波点比上行波场的检波点距离速度异常体更远。

上述提到的镜像偏移可以提高近海底的照明度，但照明实际上不仅仅和海底节点采集方式有关，还依赖于速度模型。因此对于给定的（真实）速度模型，常规成像可能比镜面成像在某些局部的近海底区域提供更好的照明度。这时，上下行波场联合成像可能会比单独的镜面成像带来更多的改进。但联合成像的计算效率很可能是常规偏移或镜像偏移的两倍。

同时需要注意的是，镜面成像提供的更宽照明度是以降低照明覆盖次数为代价的。例如，在图 7.52a 和 7.52b 中射线数目相同，但在镜像情况下（图 7.50b）它们分布在更广的区域。但在海底节点地震勘探中如果可以获得可靠的、更好的数据质量，覆盖次数的降低是可以忽略的。

另一个有趣的现象是，常规上行波成像比下行波镜面成像具有对起伏海面效应不敏感的优点。在恶劣的海况下，水柱的高度是随时间和空间变化的，炮点和检波点鬼波也都受到影响。常规上行波成像虽然也受炮点鬼影的影响，但不受检波点鬼影的影响。不过在海洋地震资料处理中，正常地震采集作业的浪高为几米量级，这种影响通常认为可以忽略。

镜像偏移本身不是一种新的偏移算法，而是一种新的解决问题的思路，即把检波点放到镜像面之后，利用上行波的偏移算法进行偏移。图 7.53 是叠前深度偏移层速度场，该速度场经过层位层析及多方位网格层析处理后得到，速度的变化基本反映了地质构造情况，将带有镜像水底的速度场作为深度偏移速度。

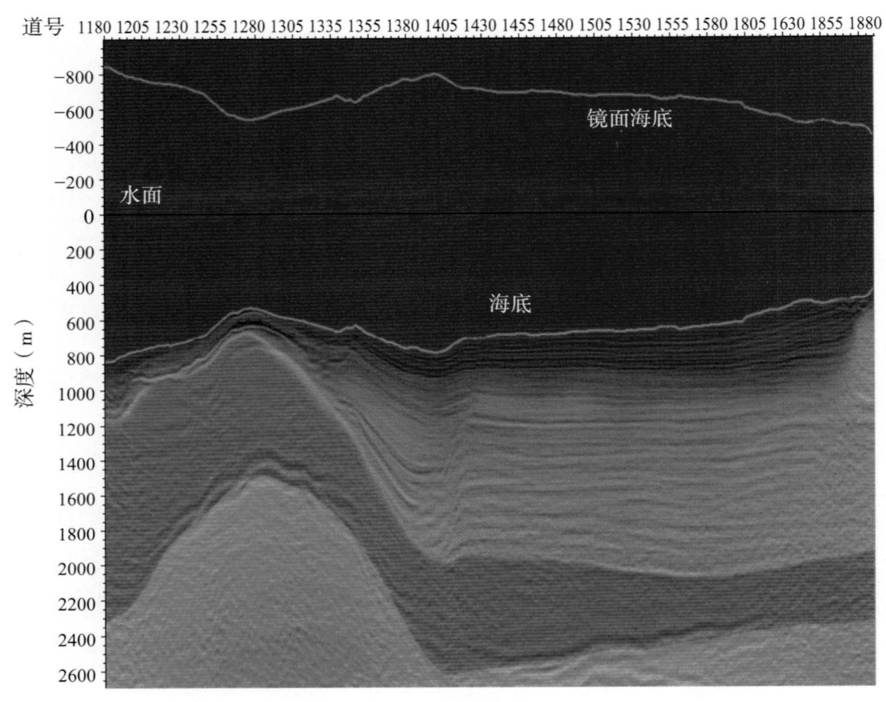

图 7.53　深度偏移速度场

图 7.54 和图 7.55 展示了上行波偏移和下行波镜像偏移处理的结果，从图 7.54 切片来看，下行波成像采集脚印得到有效的解决。从图 7.55 偏移剖面看，上行波在海底不成像，存在严重的采集脚印现象，下行波镜像偏移成果在海底及近海底的成像优势明显，有较好的连续性，盐顶及其边界的刻画更清楚，从沉积层看，下行波镜像偏移结果分辨率优于上行波，而从中深层看，两者成像效果相当。

海底节点的炮点和检波点位于两个独立的面上，常规处理方式不再适用；由于检波点分布较为稀疏，常规一次反射波照明范围有限，利用常规的一次波成像会使海底及海底附近成像较差，基于下行波的镜像偏移技术是一种有效的解决方案。

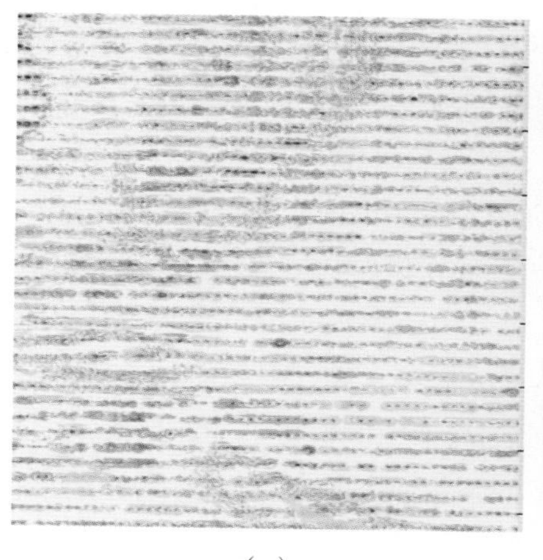

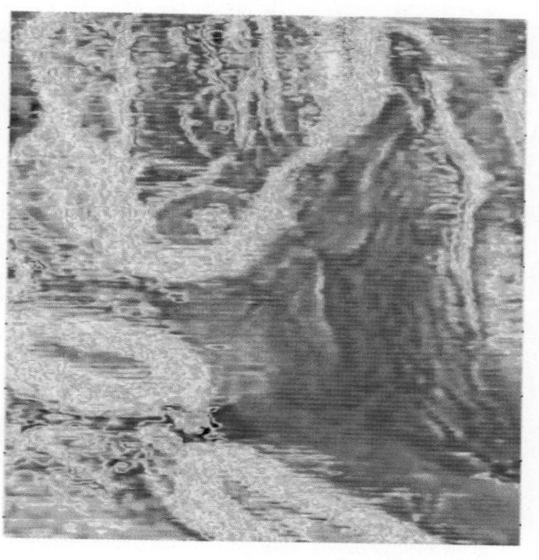

（a）　　（b）

图 7.54　上下行波海底成像效果分析

（a）上行波成像海底切片；（b）下行波镜像成像海底切片

（a）　　（b）

图 7.55　上下行波各向异性叠前深度偏移效果对比

（a）上行波偏移剖面；（b）下行波镜像成像剖面

7.5.2　各向异性逆时偏移

工业界常用的偏移方法如克希霍夫积分法、单程波和双程波方法都适用于海底节点地震数据的上行波及下行波偏移。偏移实质上就是将反射波同相轴“反传播”到产生反射的位置，也即将反射波移回到真实的地下空间位置，对地下构造进行精确的成像。克希霍夫偏移是基于射线追踪的偏移方法，这是目前工业界最基础也是最常用的一种偏移方法。但在遇到复杂地质构造或高陡构造时，克希霍夫偏移的成像质量明显受到限制，而逆时偏移（RTM）成像精度高且无倾角限制，能够适应复杂的地质条件。

叠前逆时偏移的成像依据的是Claerbout提出的时间一致性成像原理。震源波场向下传播，检波点波场逆时传播，在两个波场同时发生的位置，便是成像界面的位置所在，即时间一致性成像原理。

逆时偏移的实现过程可以用如下步骤来描述：

（1）在震源位置放置震源，利用波动方程对震源波场进行时间方向的正向外推，同时记录所有空间位置上的波场值；

（2）将检波点接收的波场逆时外推，从最大时刻开始，对所有的检波点，在每个时刻都加入相应时间的地震记录，同时记录此时所有空间位置上的波场值；

（3）在地下所有空间位置的网格点上，对震源波场和检波点波场施加成像条件，得到每个时刻的成像结果；

（4）在地下所有空间位置的网格点上，对上一步所有时间的波场值进行求和，输出结果，此时的结果即为逆时偏移的成像结果。

在海底节点地震数据的成像处理中，RTM有很多优势。首先海底节点地震数据处理过程中大多基于共检波点数据集，克希霍夫偏移的输入数据要求为共CMP域数据，RTM偏移要求的输入数据格式为共炮点或共检波点道集。在参数及流程测试时，如果使用RTM偏移结果作为中间结果质控，只需要对特定的检波线或检波点开展实验并偏移即可，而克希霍夫偏移则需要更大的数据范围做参数试验，同时还要做从检波点域到CMP域的数据分选，这就无形中耗费了更多的资源和时间。因此从这个方面看，RTM作为海底节点地震数据的参数试验等中间过程质控的工具，既实用又高效。其次海底节点地震勘探区域多为复杂构造如盐丘发育地区，RTM对于陡倾角构造的成像优势就显得尤为重要。图7.56展示了Seam模型的克希霍夫偏移与RTM偏移结果对比，用准确的速度场对上行波数据分别进行克希霍夫偏移和RTM偏移，从偏移剖面可以看

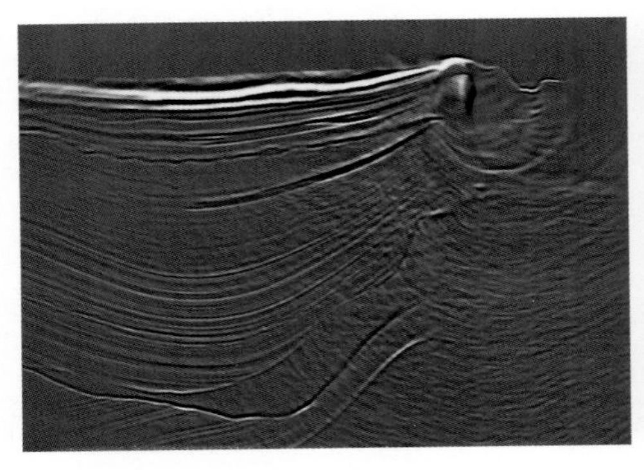

（a）

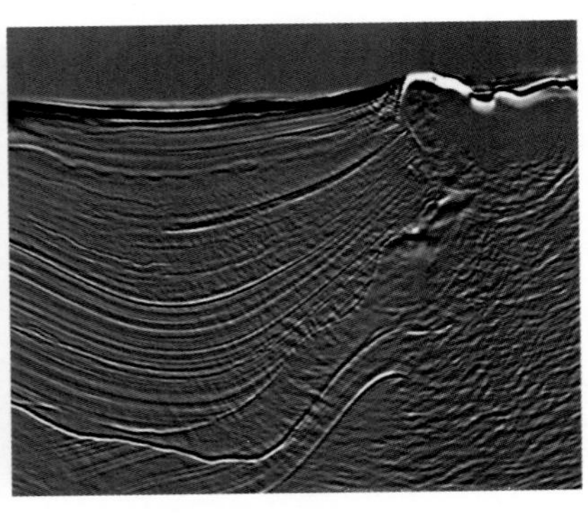

（b）

图7.56　海底节点采集的Seam模型数据偏移成像方法对比

（a）克希霍夫偏移；（b）RTM偏移结果

出，RTM 偏移对于陡倾角构造的成像有较大的改善。

Duveneck 和 Bakker（2011）利用盐丘模型分析了 TTI RTM 成像的优势，图 7.57 分别展示了该模型的速度场 v_p 及其各向异性 ε 场、δ 场和 θ 场，图 7.58 是 RTM 偏移的结果对比。其中 VTI RTM 偏移和 TTI RTM 偏移所用的速度场都是图 7.57a 所示的 TTI 速度场，该速度对于 VTI RTM 偏移时明显速度偏高，导致同相轴成像位置偏差。结果表明 VTI RTM 偏移对于陡倾角地层的成像效果远不如 TTI RTM 偏移效果。

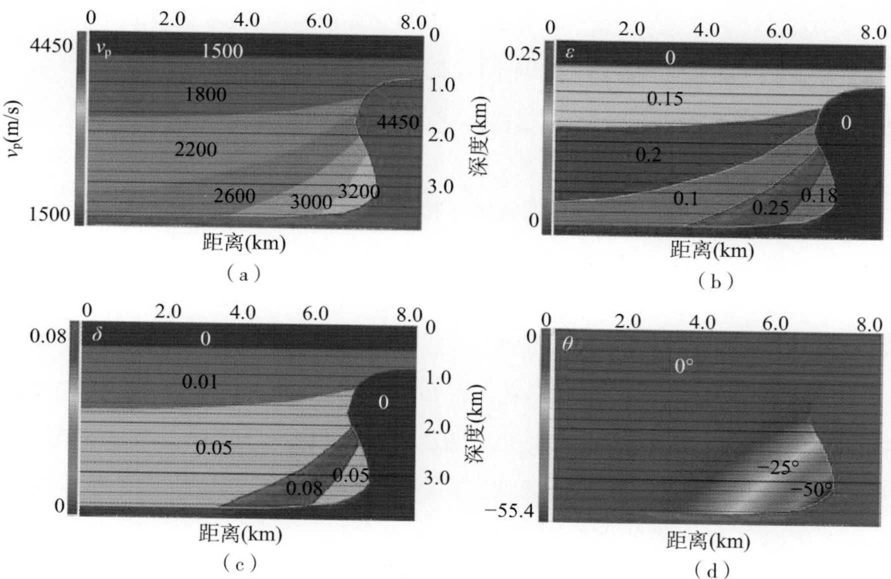

图 7.57　TTI 模型的参数场（Duveneck & Bakker，2011）

（a）v_p（0°）；（b）ε；（c）δ；（d）θ

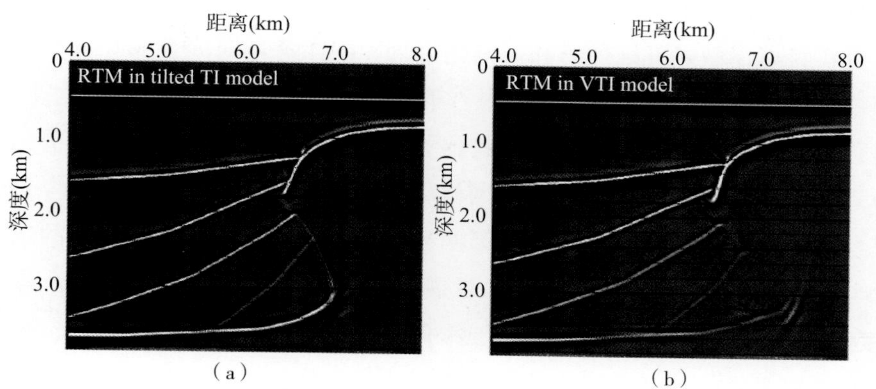

图 7.58　TTI RTM 偏移结果和 VTI RTM 偏移结果对比（Duveneck & Bakker，2011）

（a）TTI RTM（b）VTI RTM（偏移时均使用图7.57a所示速度场）

图 7.59 所示某海底节点项目的 VTI 深度偏移与 TTI 深度偏移成像结果对比，从图中可以明显看出，通过 TTI 叠前深度建模和 TTI 叠前偏移，使得工区内陡倾角同相轴成像效果得到了明显改进。

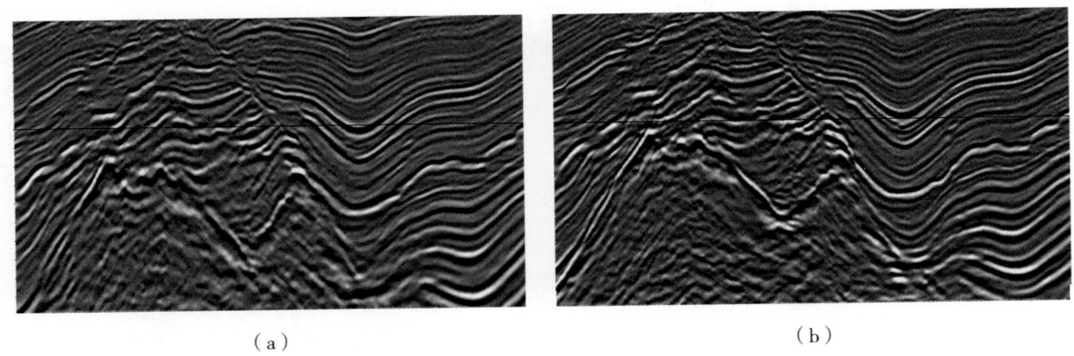

（a）　　　　（b）

图 7.59　VTI 叠前深度偏移与 TTI 叠前深度偏移结果对比

（a）VTI深度偏移成像结果；（b）TTI深度偏移成像结果

7.6　小结

海底节点地震资料高精度成像技术是近年来地球物理研究的热点，由于海底节点地震资料具有高密度、宽方位、宽频、长偏移距的特点，为各种先进的速度建模方法和偏移方法应用奠定了良好的数据基础，同时由于海底节点地震采集方式的特殊性，做好海底节点地震资料成像处理尤为重要。

提高海底节点地震资料成像质量，第一需要从采集设计开始，按照 FWI 的要求进行接收偏移距长度的设计，保证满足高精度速度反演的要求，同时针对复杂地质目标进行照明度分析，做到全方位观测，获得宽频特别是低频信号。第二是做好偏移成像前的预处理工作。做好前期的去噪、信号反褶积、上下行波场分离、去多次波的基础上，根据资料特点，做好五维插值和规则化处理、OVT 叠前时间偏移和方位各向异性校正工作，得到高质量叠前时间偏移成果。第三是努力建立一个准确的深度速度模型。在建模过程中首先要做好海水变速模型的建立，然后充分利用好地质钻井信息，发挥好海底节点地震资料的优势，充分利用网格层析、多方位网格层析、FWI 等先进技术求准求好各向异性参数场和层速度场。第四是要做好偏移方法和偏移参数的选择，目前海底节点地震资料叠前深度偏移技术发展很快，除了常规的方法以外，各向异性 RTM 偏移、多次波偏移、Q 偏移、最小二乘偏移已经进入工业化生产阶段，因此在处理过程中要根据资料的特点做好充分的试验，选择最佳的偏移方法和参数，力求最佳的偏移成像效果。第五要做好处理解释一体化工作，在整个偏移成像处理中要充分引用地质思维，综合应用好本区物探、地质、钻井资料，提高速度建模的精度，提高偏移成像质量，做好偏移过程的质量控制。第六是要做好偏移后道集的保真高分辨率处理工作。偏移后 CIG 道集的处理已经成为海底节点地震资料处理的一个重要阶段，在处理过程中要按照保 AVO 处理的要求做好每一步的处理质量控制工作，做到保真高分辨率处理，为 AVO 预测和叠前反演奠定基础。

总之，成像处理是整个海底节点地震资料处理过程中的最关键环节，做好它是一个技术密集型、经验密集型、知识密集型的多学科团队工作。海底节点偏移成像技术仍在快速发展中，期望将来还会有更新、更好、更智能化的偏移成像技术出现！

参考文献

陈双全，王尚旭，季敏 . 2005. 基于信号保真的地震数据插值 [J]. 石油地球物理勘探（5）：43–45，144，16.

方勇，温铁民，李虹，等 . 2016. 多方位网格层析成像技术及应用效果 [J]. 物探化探计算技术，38（5）：677–680.

甘其刚，杨振武，彭大钧. 2004. 振幅随方位角变化裂缝检测技术及其应用 [J]. 石油物探，43（4）：373–376.

李昂，张丽艳，杨建国，等 . 2021. 宽方位地震 OVT 域方位各向异性校正技术 [J]. 石油地球物理勘探，56（01）：62–68，6.

李慧，成德安，金婧 . 2013. 网格层析成像速度建模方法与应用 [J]. 石油地球物理勘探，48（S1）：12–16，202，4.

刘振东，何和英，黄德芹 . 2001. 外推算子预测去噪方法 [J]. 石油物探（1）：26–32，19.

刘喜武，刘滨，刘静波. 2004. 非均匀地震数据重建方法及应用 [J]. 石油物探，43（5）：423–426.

秦晓华，李虹，张一波，等 . 2020. 全波形反演技术探索及其在海洋拖缆资料中的应用 [C]// SPG/SEG 南京 2020 年国际地球物理会议 .

苏世龙，王永明，黄志. 2010. 两种数据规则化地震处理技术应用探讨 [J]. 勘探地球物理进展，33（3）：200–206.

王征，庄祖垠，金明霞. 2009. 海上三维拖缆地震资料面元中心化技术及其应用 [J]. 石油物探，48（3）：258–261.

王狮虎，钱忠平，王成祥，等 . 2019. 海底地震数据积分法叠前时间域成像方法 [J]. 石油地球物理勘探，54（3）：551–557，485.

吴义明，朱广生，石礼娟，等 . 2001. 一种改进的线性预测算法 [J]. 石油物探（2）：29–35.

岳玉波，张建磊，张超阳，等 . 2020. 基于时变数据映射的地震叠加成像方法 [J]. 石油地球物理勘探，55（2）：331–340.

张丽艳，李昂，张向辉，等 . 2020. 宽方位地震 OVT 域五维数据插值技术 [C]// SPG/SEG 南京 2020 年国际地球物理会议 .

张一波，于明，李振勇，等 . 2019. OBN 地震资料的关键处理技术——镜像成像技术 [C]// 中国石油学会 2019 年物探技术研讨会论文集 .

郑多明，邹义，关宝珠，等 . 2020. 基于 OVT 域五维道集碳酸盐岩叠前裂缝预测技术 [J]. 物探化探计算技术，42（1）：9–16.

Audebert F S, Pettenati A, Dirks V. 2006. TTI Anisotropic Depth Migration – Which Tilt Estimate Should We Use?[J]. SEG Technical Program Expanded Abstracts, 3541.

Billette F J, Brandsberg–Dahl S. 2005. The 2004 BP velocity benchmark[C]//67th EAGE Conference & Exhibition.

Cambois G, Ronen S, Zhu X. 2002. Wide–azimuth acquisition: True 3D at last![J]. The Leading Edge, 21(8):763.

Cary P W . 1999. Common–offset–vector gathers: An alternative to cross–spreads for wide–azimuth 3–D surveys[J]. SEG Technical Program Expanded Abstracts, 18(1):1496.

Chen S, Mellor T, Furber A, et al. 2020. Multi–azimuth acquisition and high–resolution model building and imaging from shallow to deep reservoir—A case study from offshore Morocco[C]// SEG International Exposition and Annual Meeting. OnePetro.

Cordsen A, Galbraith M. 2002. Narrow–versus wide–azimuth land 3D seismic surveys[J]. The Leading Edge, 21(8):764–770.

Downton J. 2010. Acquisition requirements for COV migration and azimuthal AVO[C]//Expanded Abstracts of Geography of Canada Conference.

Duveneck E, Bakker P M. 2011. Stable P–wave modeling for reverse–time migration in tilted TI media[J]. Geophysics, 76(2): S65–S75.

Godfrey R J, Kristiansen P, Armstrong B, et al. 1949. Imaging the Foinaven ghost[J]. Seg Expanded Abstracts, 17(1):1333.

Hardy R, Jones S M, Hobbs R W. 2007. Imaging the Water Column Using Seismic Reflection Data[C]//69th EAGE Conference and Exhibition incorporating SPE EUROPEC 2007.

Isaac J H，Lawton D C. 2002. Practical determination of anisotropic P–wave parameters from surface seismic data[C]//CSEG, ANI–1.

Jones I F. 2010. An Introduction To: Velocity Model Building[J]. The Leading Edge,(11): 325–370.

Jouno F, Martinez A, Ferreira D, et al. 2019. Illuminating Santos Basin's pre–salt with OBN data: Potential and challenges of FWI[C]// SEG Technical Program Expanded Abstracts 2019.

Michell S , Shen X , Brenders A , et al. 2017. Automatic velocity model building with complex salt: Can computers finally do an interpreter's job?[C]// Seg Technical Program Expanded.

Moldoveanu N, Nesladek N, Vigh D. 2020. Wide–azimuth towed–streamer and large–scale OBN acquisition: A combined solution[C]// SEG Technical Program Expanded Abstracts 2020.

Mothi S, Schwarz K, Zhu H. 2013. Impact of full–azimuth and long–offset acquisition on Full Waveform Inversion in deep water Gulf of Mexico[C]//2013 SEG Annual Meeting. OnePetro.

Peng C, Wang M, Chazalnoel N, Gomes A, et al. 2018. Subsalt imaging improvement possibilities through a combination of FWI and reflection FWI[J]. The Leading Edge.

Perz M, Zheng Y. 2008. Common–Offset and Common–Offset–Vector Migration of 3D Wide Azimuth Land Data: A Comparison of Two Approaches[C]//Expanded Abstracts Cseg Annual Meeting.

Robein E. 2012. Seismic Imaging—A Review of the Techniques, their Principles, Merits and Limitations[M].

Roberts M, Dy T, Ji S, et al. 1949. Improving atlantis TTI model building: OBN+NATS, prism waves & 3D RTM angle gathers[C]// SEG Technical Program Expanded.

Shen X , Ahmed I , Brenders A , et al. 2017. Salt model building at Atlantis with full–waveform inversion[C]// SEG Technical Program Expanded Abstracts 2017.

Side, Jin. 2010. 5D seismic data regularization by a damped least–norm Fourier inversion[J]. Geophysics, 75(6)： 103–111.

Starr J. 2020. Method of creating common–offset/common–azimuth gathers in 3–D seismic surveys and method of conducting reflection attribute variation analysis: 6026059[P]. 2000–02–15.

Tarantola, Albert. 1984. Inversion of seismic reflection data in the acoustic approximation[J]. Geophysics, 49(8):1259–1266.

Thomsen, Leon. 1986. Weak elastic anisotropy[J]. Geophysics, 51(10):1954–1966.

Vermeer G J O. 1998. Creating image gathers in the absence of proper common–offset gathers[J]. Exploration Geophysics, 29(4):636–642.

Vermeer G J O. 2005. Processing orthogonal geometry—what is missing?[M]//SEG Technical Program Expanded Abstracts 2005. Society of Exploration Geophysicists,2201–2204.

Williams M, Jenner E. 2002. Interpreting seismic data in the presence of azimuthal anisotropy; or azimuthal anisotropy in the presence of the seismic interpretation[J]. The Leading Edge, 21(8):771–774.

X Li. 2008. An introduction to common offset vector trace gathering [J]. CSEG Recorder, 33(9): 28–34.

8

海底节点地震资料应用实例

8.1 概述

与传统的窄方位（NAZ）拖缆采集相比，海底节点地震勘探具有采集施工灵活、超长偏移距接收、全方位、高覆盖、可重复性和宽频、多分量的优点，近年来成为海洋地震勘探的热点技术方法，在海洋复杂油气田勘探和油气藏开发中正发挥越来越重要的作用。

海底节点地震采集节点及炮点布置不受海域障碍物的影响，克服了传统拖缆数据无法在海域障碍复杂区作业造成地震成像空白区的问题。海底节点地震数据得到的全方位、超长排列和丰富的低频信息为FWI应用奠定了良好的基础，推动了海底节点FWI技术的快速发展，在多个复杂构造区提高速度建模和成像精度方面应用获得成功。此外，海底节点地震观测受海底和海面人工设施影响相对较小，进行时移地震勘探可以有效地保证采集参数、炮点与检波点位置的可重复性，提高了四维地震观测精度，有利于实施时移地震改善油藏监测效果，成为海洋四维观测的主要工作手段。

本章简要介绍国内外海底节点地震勘探技术在提高复杂区地震成像精度、FWI速度建模、解决海域障碍物问题以及四维地震油藏监测方面的成功案例。

8.2 高密度、全方位海底节点地震改善低信噪比目标区资料品质

8.2.1 中国某海区勘探实例

中国某海区盆地是在古生代基底上发展起来的新生代拉张裂谷盆地，资源量丰富，油气富集。随着勘探程度不断深入，对资料品质要求越来越高，以往拖缆和海底电缆采集资料并不能满足勘探需求，为此近年来在该区尝试海底节点采集，节点网格密度为50m×200m（节点间距50m，节点线距200m），炮点网格为50m×50m（炮点距和炮线距均为50m），炮道密度115万道/km^2，覆盖次数达720次，最大炮检距10km，通过采用系统的海底节点技术处理后，成像品质得到大幅度改善，图8.1和图8.2分别展示了主测线和联络线成果剖面对比，仔细分析可见，与原拖缆地震资料相比，海底节

点成果剖面信噪比得到大幅提高，断点干脆，断面及基底成像清楚，地层接触关系清晰，为解释人员提供真实可靠的高质量成果。

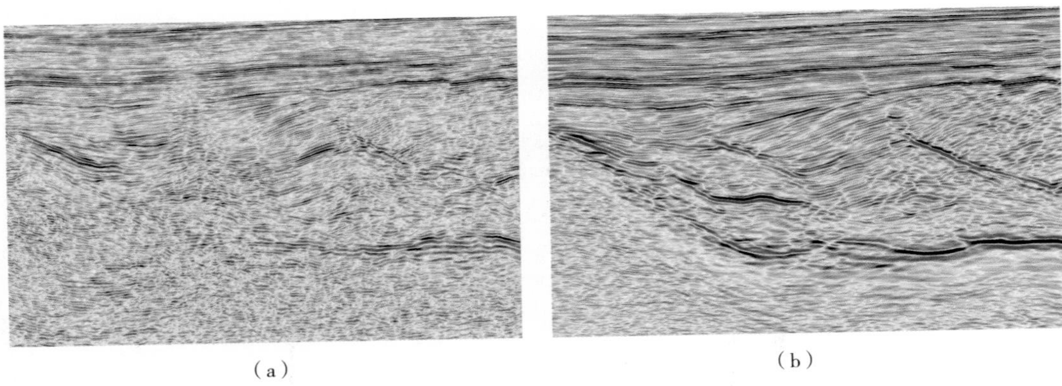

（a）　　（b）

图 8.1　拖缆与海底节点地震资料成果对比（主测线）

（a）原拖缆资料偏移成果剖面；（b）三维海底节点叠前偏移成果剖面；

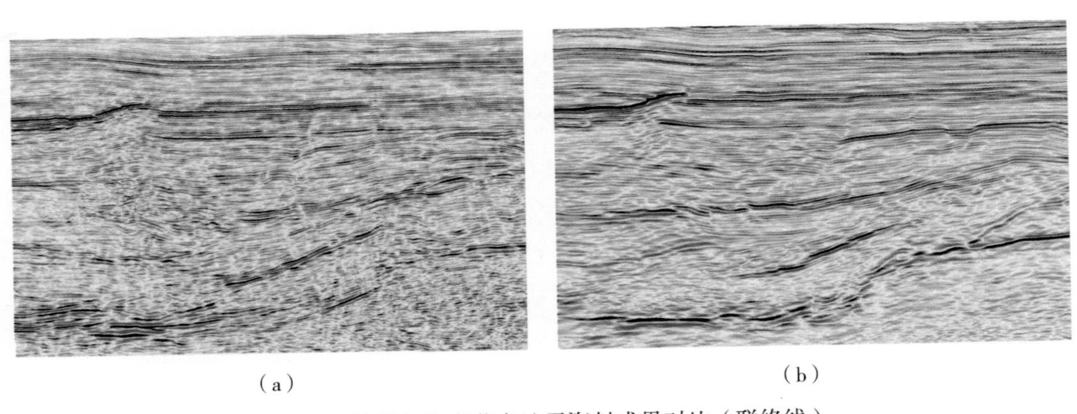

（a）　　（b）

图 8.2　拖缆与海底节点地震资料成果对比（联络线）

（a）原拖缆资料偏移成果剖面；（b）三维海底节点叠前偏移成果剖面

8.2.2　特立尼达哥伦布盆地勘探实例

特立尼达近海的哥伦布盆地是世界上油气最丰富的地区之一，该区以往一直采用拖缆技术采集地震资料，随着勘探程度不断加深，对成像精度要求也相应提高，高密度、宽方位海底地震数据采集技术得到发展。2011—2013 年，BP 特立尼达和多巴哥公司（BPTT）进行高密度海底电缆采集，地震资料品质得到显著改善，在此基础上获得新的勘探发现。然而随着油田从勘探阶段转入开发阶段，对资料品质有了更高的要求，浅层气吸收问题和强烈方位各向异性问题非常严重，已经成了影响资料品质的瓶颈，为了解决该问题，2016—2017 年，BP 决定在该区进行高密度、全方位海底节点采集，利用双源船混采技术提高采集效率，节点网格密度为 50m × 300m（节点间距

50m，节点线距 300m），炮点网格为 50m × 50m（炮点距和炮线距均为 50m），炮道密度达 680 万道 /km^2，覆盖次数达 4250 次，最大炮检距 18km，通过采用先进海底节点技术资料处理后，成像品质得到大幅度提高，如图 8.3 所示，相比拖缆资料成果剖面，海底节点地震资料成果剖面信噪比得到大幅提升，断点、断面更清晰（John C. Naranjo，2018）。

（a） （b）

图 8.3 拖缆与宽方位高密度海底节点成果对比（John C. Naranjo，2018）

（a）拖缆资料深度偏移成果剖面；（b）海底节点资料深度偏移成果剖面；

8.2.3 澳大利亚 Gorgon 气田勘探实例

澳大利亚西北部 Gorgon 气田是澳大利亚历史上最大的气田，水深 200 ~ 800m，距 Barrow 岛约 70km。前期资源探明和开发主要使用常规拖缆采集地震数据，资料虽然经过多轮处理，但受限于拖缆资料的局限性（低覆盖，窄方位等），地震资料依然存在严重的断层阴影问题，下覆地层产生很多构造假象，如图 8.4a 所示，严重影响储层评价。而产生这种现象的原因有两个，一是断层两侧速度的剧烈变化，精确速度建模比较困难；二是地震射线在断层下方照明不足，覆盖次数少，信噪比低。因此需要宽方位、高密度数据来改善速度模型和地震射线照明度，使得海底节点地震勘探技术成为最佳解决方案（Unnikrishnan Chambath，2019）。

Gorgon 气田海底节点数据于 2015—2016 年采集，采用 CASE Abyss 节点接收。节点分布在 375m × 375m 的交错网格上，炮点网格为 37.5m × 37.5m（炮点距和炮线距均为 37.5m），最大炮检距 17km，其中 8km 炮检距以内资料横纵比为 1，炮道密度为 82.2 万道 /km^2，覆盖次数 289 次。通过对海底节点地震资料时间域和深度域偏移技术的应用处理，地震资料成像品质得到明显改善。图 8.4 展示了拖缆与海底节点地震资料成果剖面及储层预测平面图对比，仔细分析可见海底节点地震资料信噪比得到显著提高，断层阴影问题得到解决，假断层消失，地下构造得到有效落实，降低储层预测的不确定性，减少了勘探风险。

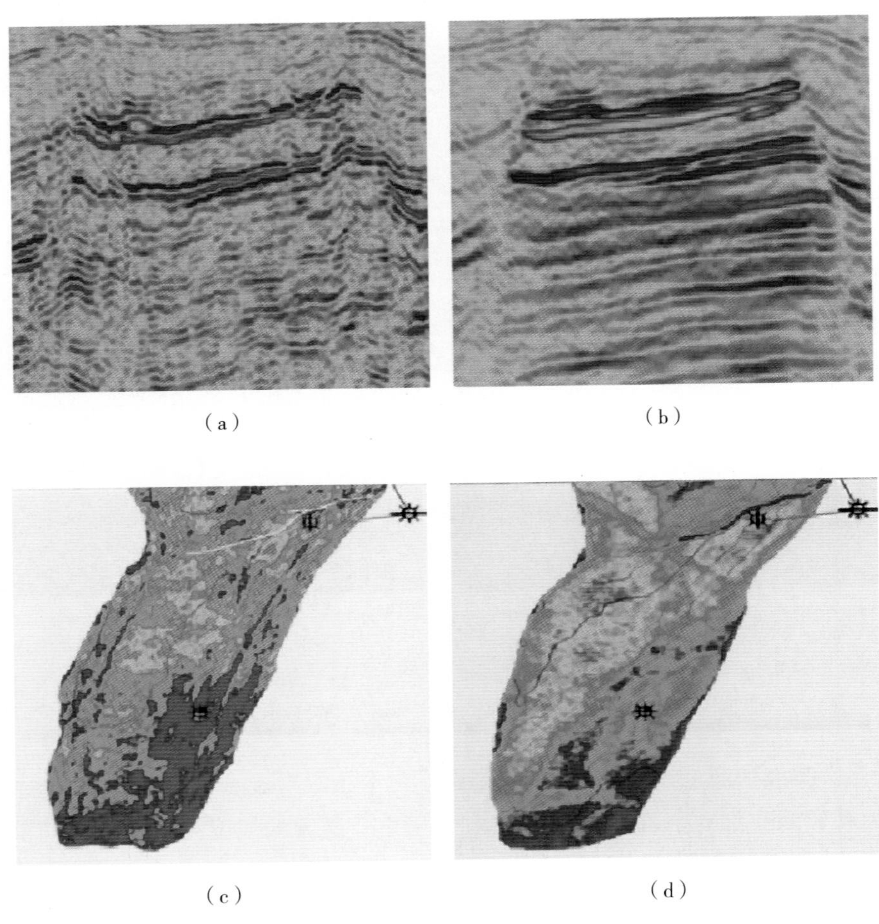

图 8.4 剖面及解释成果对比（Unnikrishnan Chambath，2019）
（a）拖缆深度偏移成果剖面；（b）海底节点深度偏移成果剖面；
（c）拖缆资料储层预测平面图；（d）海底节点资料储层预测平面图

8.2.4 尼日利亚 Egina 油田勘探实例

尼日利亚 Egina 油田是近年来在尼日尔三角洲近海深水新发现的油田。该区水深 1400 ~ 1750m，主力油藏上覆地层发育大量断层，以至于前期拖缆资料成像不佳，为此 2017 年进行海底节点地震勘探，节点网格密度为 300m × 346m，炮点网格密度为 37.5m × 37.5m，炮道密度 81.5 万道 /km^2，覆盖次数 286 次，通过精细处理取得明显效果。图 8.5 展示了海底节点采集与拖缆采集深度偏移剖面及沿层相干切片对比，仔细分析可见海底节点资料偏移成果剖面信噪比得到明显提高，波组特征清晰，断点、断面成像清楚，从沿层相干切片也可以看出海底节点成果资料断裂系统刻画更清晰，有利于对工区断层的解释和认识。

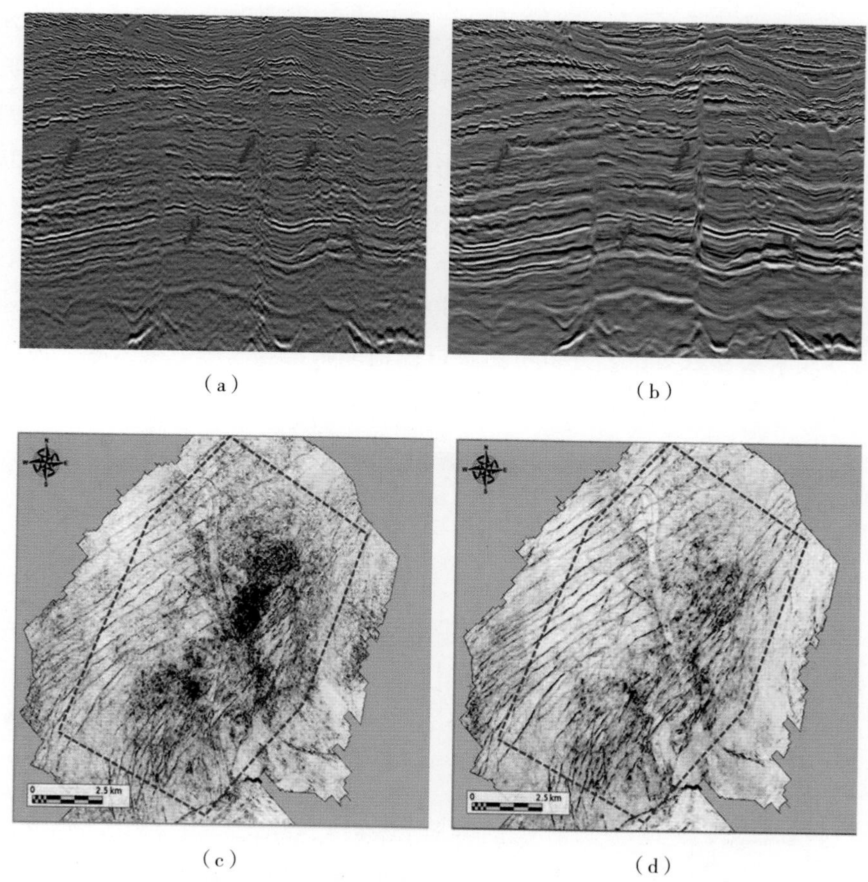

图 8.5　拖缆与海底节点地震资料成果对比（Suyang Chen，2020）

（a）拖缆深度偏移成果剖面；（b）海底节点深度偏移成果剖面；

（c）拖缆成果沿层相干切片；（d）海底节点成果沿层相干切片；

8.3　长偏移距、富低频海底节点地震资料提高复杂构造区成像精度

海底节点采集具有宽方位（甚至全方位）、低频信息丰富、长偏移距的特点，这为FWI速度建模提供了良好的数据基础，通过海底节点FWI技术应用，速度模型精度得到有效提高，成像品质得到明显改善。

8.3.1　印度尼西亚 Tangguh 气田应用实例

Tangguh 气田是印度尼西亚最大的天然气田，位于印度尼西亚群岛东部。其主要目的层为中侏罗统 Roabiba 组砂岩（图 8.6），一方面该区潮汐作用强，海底不规则，沟渠、冲沟、沙波非常发育，拖缆和海底电缆施工均受到一定限制；另一方面受上覆地层复杂断裂系统、气云区以及强烈的喀斯特碳酸盐等影响，地震波在传播中发生强烈的散射和衰减，导致地震资料成像不佳，尤其是对浅层气云和碳酸盐溶洞的刻画不清，无法在设

计井位时准确避免灾害，严重影响钻井开发，增加勘探风险（Christopher Birt，2019）。

Tangguh 工区由不同年度、不同方式采集多块三维地震组成，如图 8.6 所示，包括 1997 年拖缆采集，2005 年和 2011 年的海底电缆采集。尽管经历多轮次处理，但是受上覆地层断层、气云区、碳酸盐溶洞的影响，偏移成果资料依然不能满足开发需求。为了提高成像品质，解决上述问题，2018 年在该区进行海底节点试验，节点网格密度为 50m × 200m，炮点网格密度为 25m × 50m，最大炮检距 19km，其中 4.5km 炮检距范围内覆盖次数为 1562 次，炮道密度大于 500 万道 /km^2。表 8.1 展示了工区不同年度、不同采集方式采集参数对比，分析可见较以往拖缆采集和海底电缆采集，海底节点观测系统在覆盖次数、炮道密度和最大炮检距等方面进行了强化。

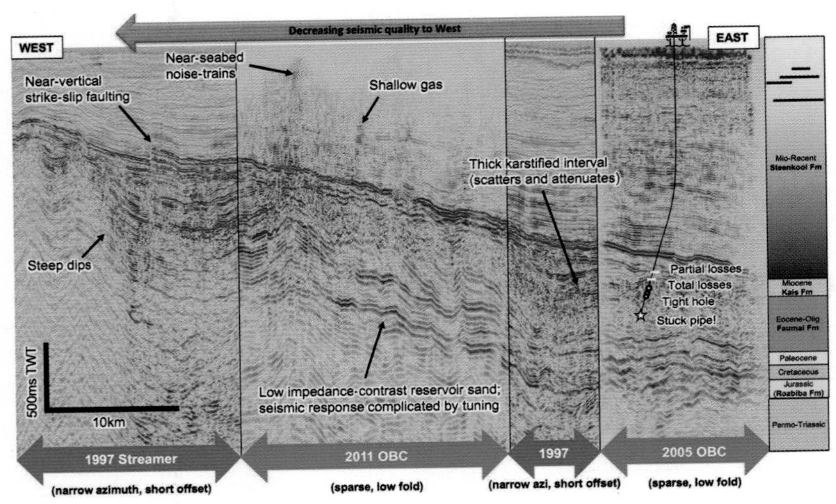

图 8.6　Tangguh 油田东西向成果剖面及地质柱状图（Christopher Birt，2019）

表 8.1　不同年度采集参数对比（Christopher Birt，2019）

采集年度	采集方式	面积（km^2）	方位角	成像选取最大炮检距（km）	炮道密度（道数/km^2）	覆盖次数	实际采集最大炮检距（km）
1997	拖缆	1485	窄方位	3.0	100000	30	3.0
2005	OBC	70	全方位	3.5	230000	71	12.5
2011	OBC	244	全方位	3.5	350000	300	9
2018	OBN	735	全方位	4.5	>5000000	1562	19

在处理过程中，充分利用海底节点资料全方位、长偏移距、低频信息丰富的优势，进行海底节点 FWI 精细速度建模，提高模型精度，图 8.7 展示了 2015 年拖缆资料和海底节点资料速度模型与剖面叠合图显示，其中 2015 年拖缆资料速度模型作为海底节点 FWI 反演的初始模型，仔细对比可见，通过海底节点 FWI 技术，海底节点资料速度模

型比拖缆资料速度模型精度更高，把近地表速度异常体、浅层高速的断面和气云区以及深层较低速度的碳酸盐溶洞精准地刻画出来，进而提高成像精度。图 8.8 展示了偏移成果对比，可以看出全方位、高密度的海底节点成果剖面目的层成像品质得到大幅提升，为解释提供可靠数据基础，可以有效指导井位部署，降低勘探风险。

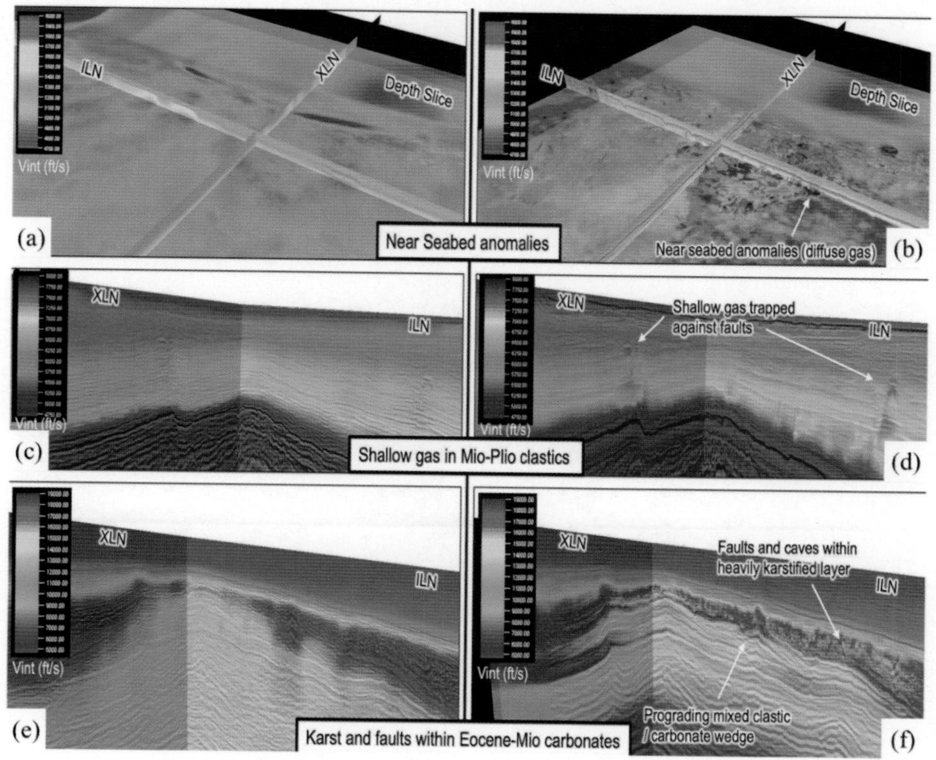

图 8.7　拖缆和海底节点速度模型与剖面叠合图对比（Christopher Birt，2019）

（a）（c）（e）为短偏移距拖缆资料速度模型与剖面叠合图；（b）（d）（f）为长偏移距海底节点资料速度模型与剖面叠合图；（a）拖缆资料对近海底速度异常刻画；（b）海底节点资料对近海底速度异常刻画；（c）拖缆资料对气云刻画；（d）海底节点资料对气云刻画；（e）拖缆资料对碳酸盐刻画；（f）海底节点资料对碳酸盐刻画

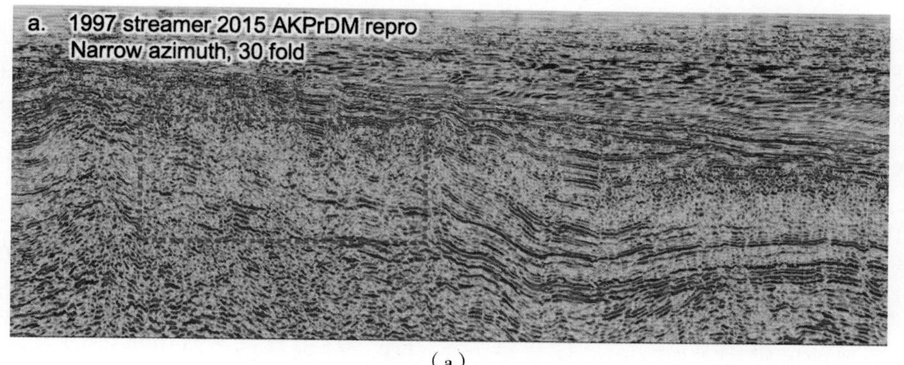

（a）

图 8.8　不同采集方式克希霍夫深度偏移剖面对比（Christopher Birt，2019）

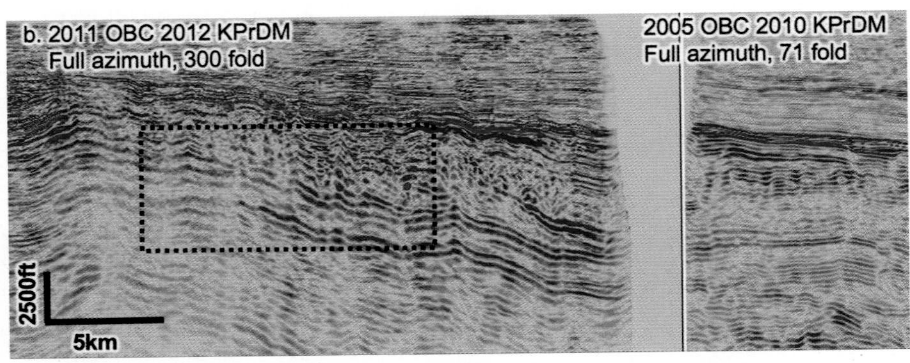

（b）

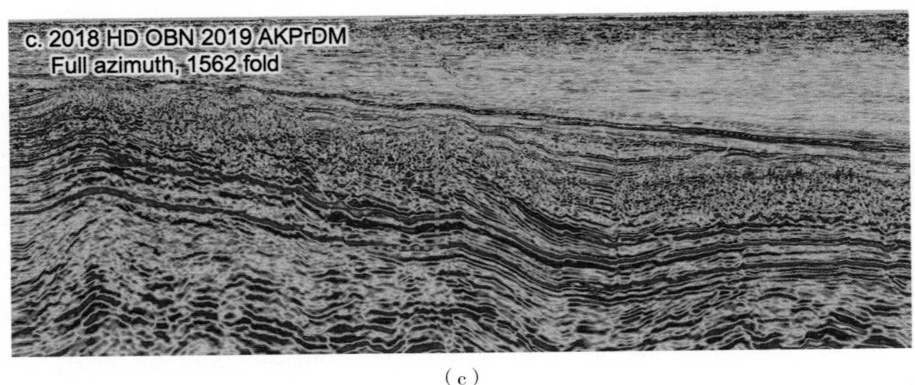

（c）

图 8.8　不同采集方式克希霍夫深度偏移剖面对比（续）

（a）2015年拖缆重新处理成果剖面；（b）2012年海底电缆成果剖面；（c）海底节点成果剖面

8.3.2　墨西哥湾盐下成像应用实例

众所周知，墨西哥湾地区主要是盐构造形成丰富的构造油气圈闭。针对复杂的盐构造，依然面临诸多挑战。虽然进行过海底节点地震勘探，但是在 Greater Mars–Ursa 区，由于目的层比较深，盐构造比较发育，盐边界及盐下成像依然不理想，因此 2019 年尝试采用新一代稀疏节点超长炮检距海底节点地震资料来提高建模精度。根据勘探目标设计海底节点网格密度为 1000m × 1000m，炮点网格密度为 50m × 100m，共布设 3000 个节点覆盖工区 2700km^2 的区域面积，采用三源船高效混采技术进行施工，采集到的原始资料有效信号低频信息丰富，低频有效信息可达 1.6Hz，最大炮检距达 65km，为改善工区 15km 深度内速度模型精度做好准备。在处理过程中充分发挥海底节点地震资料低频信息丰富及长偏移距优势，利用 FWI 技术有效提高深度偏移速度模型精度，图 8.9 展示了超长炮检距富低频信息海底节点地震数据 FWI 速度模型与前期宽方位海底电缆资料速度模型（FWI 初始速度模型）对比，仔细分析，可以发现无论是浅层的速度异常体，还是中间的盐体轮廓以及深层的盐下构造，甚至深层 15km 位置处基底轮廓，FWI 都能有效提高模型精度，进而改善成像品质，同时也验证了新一代稀疏节点、超长炮检距的海底节点采集方式的有效性（Henrik Roende，2020）。

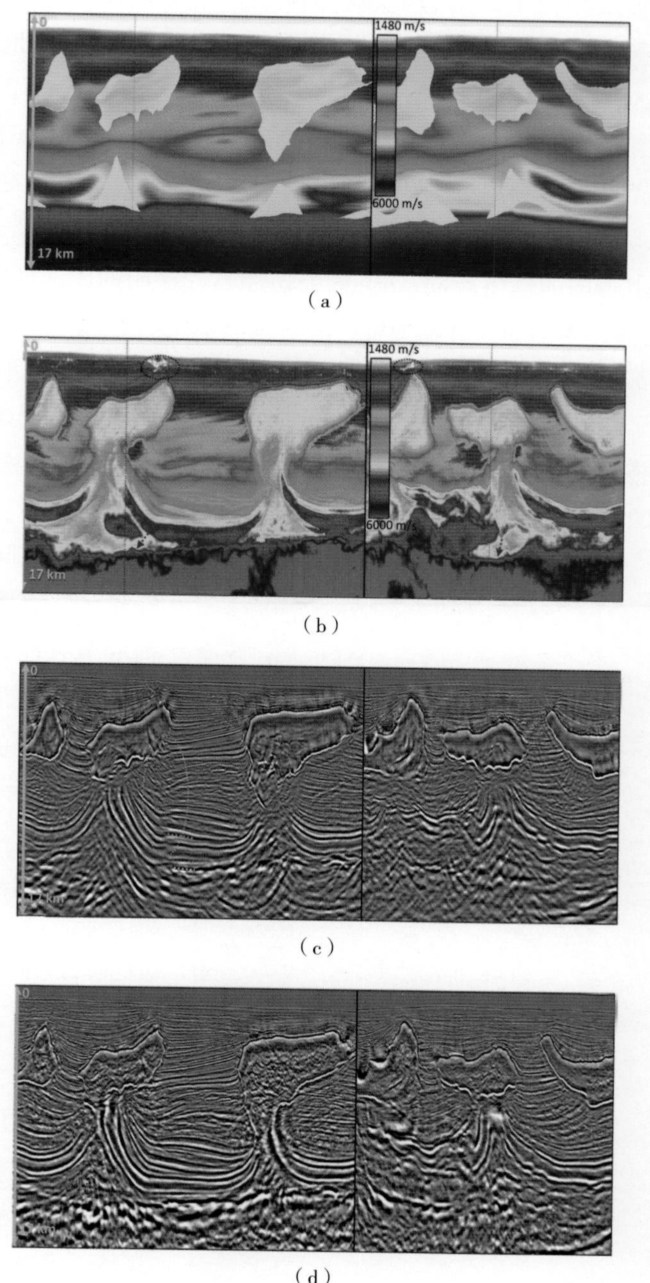

图 8.9　宽方位海底电缆和海底节点速度模型及逆时偏移剖面对比（Henrik Roende，2020）

（a）宽方位海底电缆资料速度模型；（b）海底节点长偏移距资料FWI速度模型；（c）前期海底电缆资料RTM剖面；（d）应用超长偏移距FWI速度模型的RTM剖面

8.4 海底节点地震勘探有效填补海面障碍区地下成像缺失

在海洋拖缆地震勘探中，当遇到如石油开采平台、桥梁、人工岛等复杂海域障碍物区域时，地震采集时拖缆船必须绕开障碍物，这样就会在三维地震工区形成较大的地震数据空白区，严重影响该区域位置的地震成像质量。而海底节点放在海底，地震采集可以不受其影响而正常进行，可以在该区域获得高质量的地下地震成果数据。Apache 公司在福蒂斯油田利用海底节点技术成功对钻井平台下方气藏进行成像，为钻井提供有效依据，降低勘探风险（Koster，2011）。

福蒂斯油田由美国油气生产商 Apache 公司经营，探明的原油储量 50 亿桶，目前已经开采了 26 亿桶，为了加大开发力度，通过地震监测指导油气开采，然而所有的三维地震监测项目都是在开发平台建成后进行，拖缆地震船必须绕开平台进行施工，此外平台附近铺设了输油管道和电缆，进一步增加了施工难度。图 8.10 展示了受工区钻井平台的影响，拖缆地震资料成果剖面无法对浅层进行成像，即无法对浅层气的聚集特征及可能造成的钻井灾害进行分析评估，增加了勘探风险。

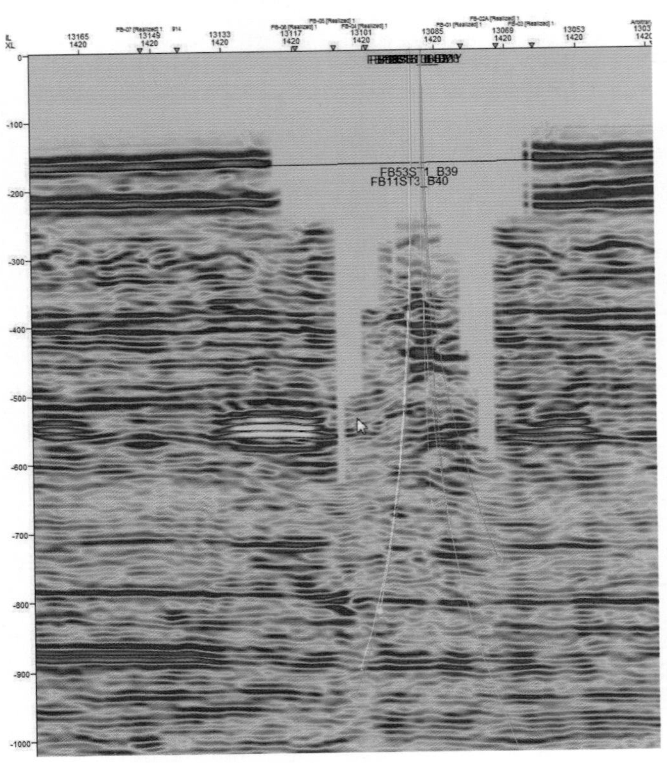

图 8.10 福蒂斯油田钻井平台下方拖缆地震资料成果剖面（Koster，2011）

针对该问题，海底电缆作业也无法有效解决，因此尝试海底节点地震勘探，根据平台及输油管道及电缆分布，合理设计节点分布和炮点分布，如图 8.11 所示，在平台下方共布设节点 154 个，节点间距为 58m，炮点间距为 10m，螺旋炮线距为 10m。通过对采集数据进行处理取得了令人满意的效果。图 8.12 展示了海底节点和拖缆采集偏移剖面对比，从中可以看出，海底节点地震勘探的地震照明覆盖了包括采油平台的所有区域，成像比较完整，填补拖缆采集资料成像空白区，为钻井提供可靠数据基础，有效避免了钻井事故。

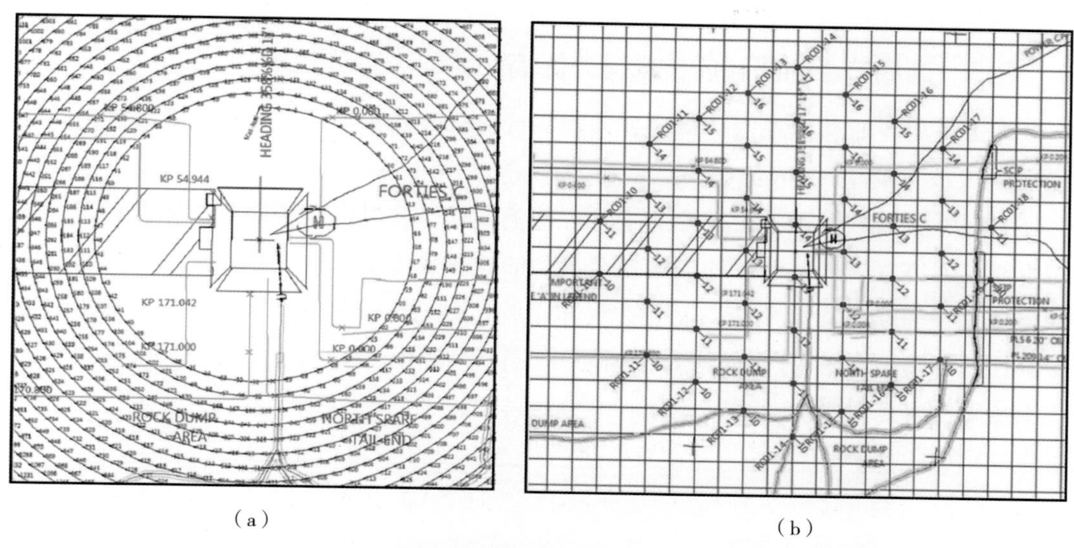

（a）　（b）

图 8.11　钻井平台下方海底节点采集节点及炮点位置（Koster，2011）

（a）炮点位置；（b）海底节点位置

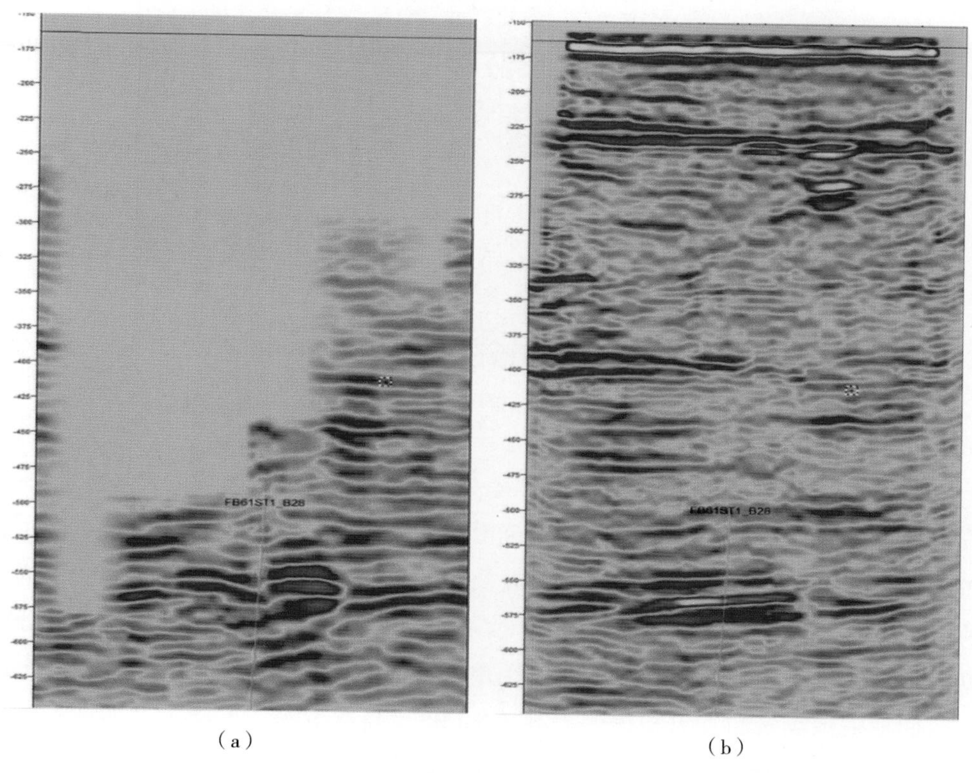

（a）　（b）

图 8.12　钻井平台下方拖缆采集与海底节点采集偏移剖面对比（Koster，2011）

（a）拖缆采集资料成果剖面；（b）海底节点采集资料成果剖面

8.5 海底节点时移地震技术有力提高油藏动态监测效果

实践证明，时移地震监测是提高采收率行之有效的技术，海底节点采集可重复性推动了该技术的应用。尼日利亚 Bonga 油田位于西非海岸深水区（图 8.13）。该油田 1995 年发现，储层主要为上中新世叠加浊流河道砂体，纵向及横向非均质性较强，采用水驱开发方式，因此储层的连通性及水驱油效率成为制约油藏产能的主要因素。该油田分别在 2000 年、2008 年和 2012 年进行了三期海洋拖揽地震采集，由于拖缆采集重复性差，2010 年和 2018 年进行了两期海底节点采集，通过海底节点时移地震技术实现油藏采收率最大化（Understanding Aikulola，2020）。

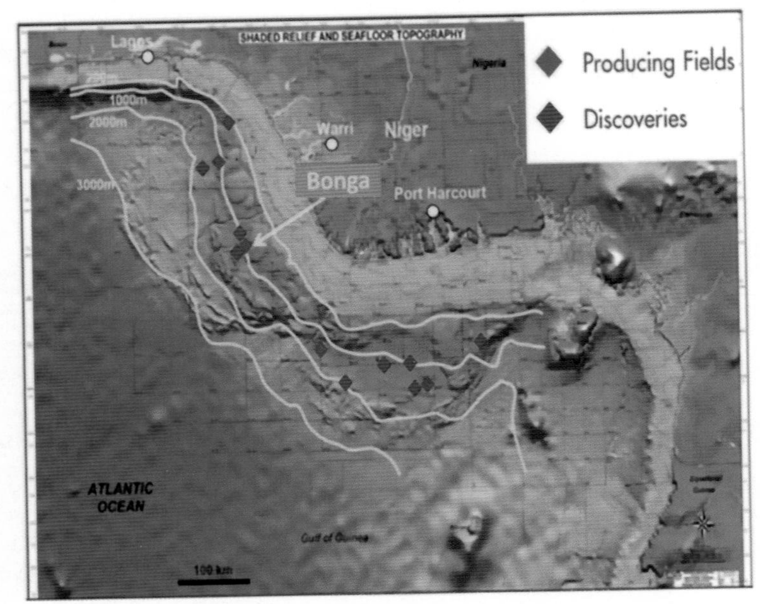

图 8.13　尼日利亚 Bonga 油田位置图（Understanding Aikulola，2020）

图 8.14 展示了三期拖揽资料的振幅差异，分析可以看到油藏内部在水驱油过程中发生的变化：即油被水置换后，波阻抗增加，振幅增强，如图中蓝色区域所示，进而可以通过振幅的变化刻画出注入水的波及范围及剩余油富集区。但是，受水面浮式生产储泄油装置的影响，拖揽监测地震信噪比较低、缺少近偏移距数据以及分方位数据差异较大，导致拖揽地震资料重复性差，即使在没有受到生产影响的油藏上覆地层，两期拖揽地震资料均方根振幅差异（NRMS）高达 12%，原则上两期地震差异为 0，明显存在不合理现象。而海底节点采集不受浮式生产储泄油装置的影响，可重复性更强，两期资料油藏上覆地层均方根振幅差异仅为 6%（图 8.15），比拖缆地震资料具有更大的优势。

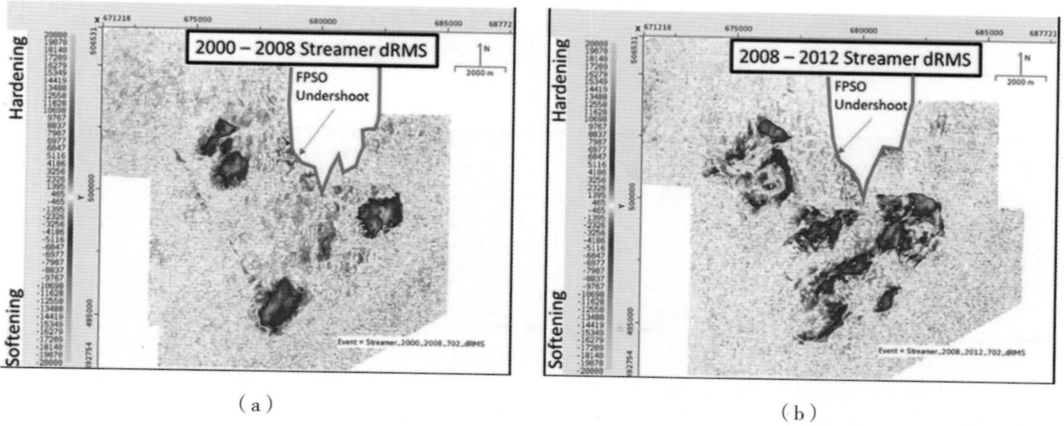

（a）　　　　　　（b）

图 8.14　拖缆时移地震振幅变化平面图（Understanding Aikulola，2020）

（a）2000—2008年振幅变化平面图；（b）2008—2012年振幅变化平面图

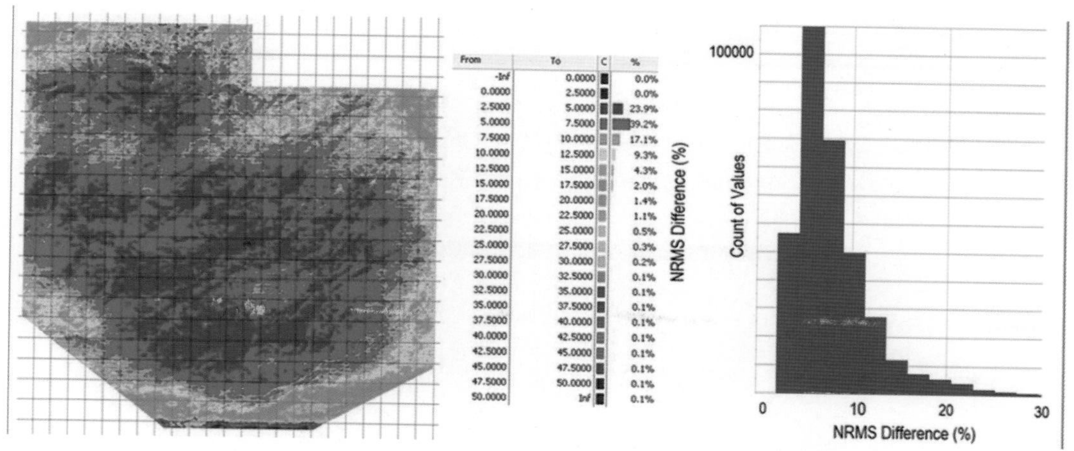

From	To	C	%
-Inf	0.0000		0.0%
0.0000	2.5000		0.0%
2.5000	5.0000		23.9%
5.0000	7.5000		39.2%
7.5000	10.0000		17.1%
10.0000	12.5000		9.3%
12.5000	15.0000		4.3%
15.0000	17.5000		2.0%
17.5000	20.0000		1.4%
20.0000	22.5000		1.1%
22.5000	25.0000		0.5%
25.0000	27.5000		0.3%
27.5000	30.0000		0.2%
30.0000	32.5000		0.1%
32.5000	35.0000		0.1%
35.0000	37.5000		0.1%
37.5000	40.0000		0.1%
40.0000	42.5000		0.1%
42.5000	45.0000		0.1%
45.0000	47.5000		0.1%
47.5000	50.0000		0.1%
50.0000	Inf		0.1%

图 8.15　海底节点时移地震均方根振幅差异统计分析图（Understanding Aikulola，2020）

为了提高采收率，充分利用海底节点时移地震检测结果分析注水井和生产井间的连通性。以该油田 689 油藏为例（图 8.16 所示），储层预测结果表明：B55 注水井和 B52 生产井位于同一套砂体，生产 6 个月后，B52 井见水，考虑 B55 井与 B52 井是连通的，注入水便可快速突破 B52 井，但实际测试结果表明 B55 井与 B52 井不连通。而图 8.16 海底节点时移地震检测结果明确反映出 B55 与 B52 并不连通，B55 的注入水没有向 B52 井移动，而是向相反的水体方向移动，从而导致了 B55 井南部的黄色异常区域，因此可以根据海底节点时移地震检测结果调整注水方案。

除此之外还可以利用海底节点时移地震检测结果刻画水驱前缘，进而指导加密井部署。以 740 油藏为例（图 8.17），B39 井注水很长一段时间后，B40 井仍然没有受效。为快速提高产能，根据该油藏海底节点时移地震检测振幅差异分析水驱前缘后在更靠近 B40 井的区域部署一口新注水井 B39RD，通过后续生产数据分析，新部署的 B39RD 注水井有效推动了 B40 井的产能提高。

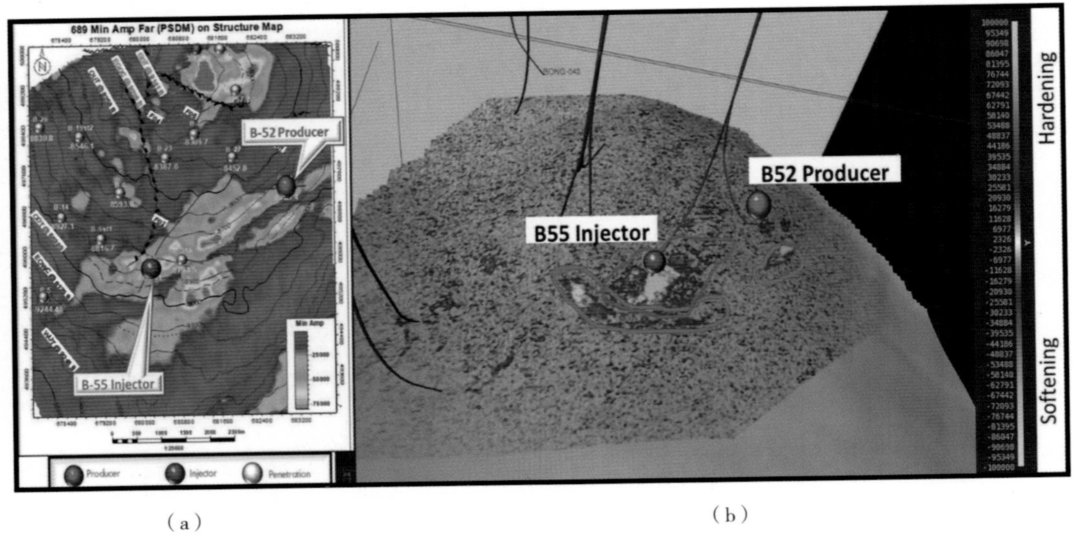

（a）　　　　　　　　　　（b）

图 8.16　689 油藏海底节点时移地震检测结果分析（Understanding Aikulola，2020）

（a）储层预测结果与构造叠合图；（b）海底节点时移地震检测振幅差异

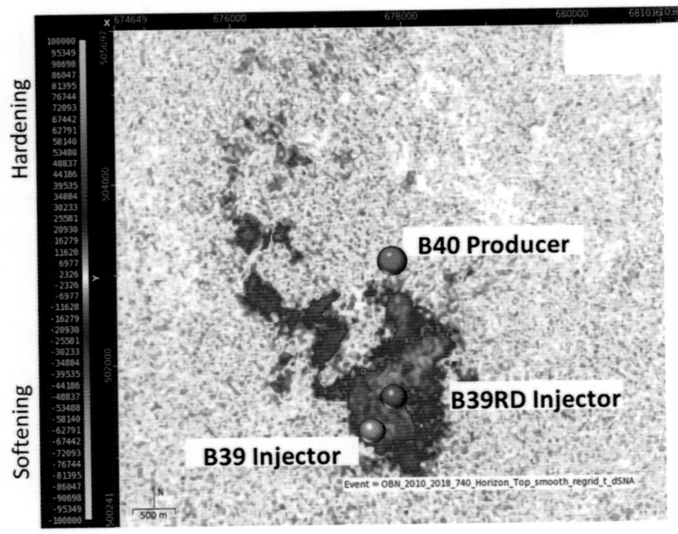

图 8.17　740 油藏海底节点时移地震检测振幅差异（Understanding Aikulola，2020）

8.6　小结

上述实例表明，海底节点地震资料在提高复杂构造、盐下、岩性、碳酸盐岩、深层油气藏成像精度，尤其是气云区成像、复杂海上障碍区成像以及高质量时移地震等方面具有常规海洋地震勘探无法比拟的独特优势。随着海洋油气勘探开发力度不断加大，海底节点地震勘探技术和智能化水平的不断进步，海底节点地震勘探技术将发挥越来越重要的作用。

参考文献

Cantillo J, Boelle J L, Lafram P A, et al. 2010. Ocean bottom nodes (OBN) repeatability and 4D[M]//SEG Technical Program Expanded Abstracts 2010. Society of Exploration Geophysicists, 61–65.

Chambath U, Ganivet V, Birdus S, et al. 2019. Processing the first full azimuth OBN survey in Australia: a step change in imaging quality[J]. ASEG Extended Abstracts, (1): 1–4.

Detomo R, Quadt E, Pirmez C, et al. 2012. Ocean Bottom Node Seismic: Learnings from Bonga, Deepwater Offshore Nigeria[C]//SEG Technical Program Expanded Abstracts 2012.

Kiyashchenko D, Wong W F, Cherief D, et al. 2020. Unlocking seismic monitoring of stiff reservoirs with 4D OBN: a case study from Brazil pre–salt[M]//SEG Technical Program Expanded Abstracts 2020. Society of Exploration Geophysicists, 3759–3763.

Moldoveanu N, Nesladek N, Vigh D. 2020. Wide–azimuth towed–streamer and large–scale OBN acquisition: A combined solution[M]//SEG Technical Program Expanded Abstracts 2020. Society of Exploration Geophysicists, 16–20.

Nolte B, Rollins F, Li Q, et al. 2019. Salt velocity model building with FWI on OBN data: Example from Mad Dog, Gulf of Mexico[M]//SEG Technical Program Expanded Abstracts 2019. Society of Exploration Geophysicists, 1275–1279.

Tham* M, Brice T, Sazykin A, et al. 2017. A cost–effective and efficient solution for marine seismic acquisition in obstructed areas – Acquiring ocean–bottom and towed–streamer seismic data with a single multipurpose vessel[C]//SEG 2017 Workshop: OBN/OBC Technologies and Applications, Beijing, China, 4–6 September 2017. Society of Exploration Geophysicists, 9–12.

Wolfarth S, Priyambodo D, Deng P, et al. 2019. Targeted High–End Processing to Deliver a Rapid P–Image from the Tangguh ISS® OBN survey[C]//81st EAGE Conference and Exhibition 2019. European Association of Geoscientists & Engineers,(1): 1–5.

Xing H, He Y, Huang Y, et al. 2020. Ultralong offset OBN: Path to better subsalt image[M]//SEG Technical Program Expanded Abstracts 2020. Society of Exploration Geophysicists,2938–2942.

9

海底节点地震资料处理技术发展方向

9.1 概述

近年来，随着计算机能力的不断提升和海底节点地震资料本身的独特优势，海底节点地震资料处理技术发展快速，高效混采分离技术、长偏移距各向异性 FWI、多次波成像、最小二乘（Q）偏移等高新技术已经进入实用化阶段并已取得很好的效果，海底节点转换波处理技术和时移地震技术在快速发展中，本章展示了我国物探技术研究人员和国外同行在海底节点高新技术方面最新研究成果及应用实例，对了解海底节点地震资料处理技术最新发展动态和把握海底节点地震资料高新处理技术发展方向具有很好的借鉴意义。

9.2 混采数据分离处理技术

近年来，陆上高密度、高效地震数据采集技术得到了迅猛发展。国内外油公司和地球物理服务公司都在不断探索提高地震勘探采集效率的方式，先后提出了滑动扫描（日效 1500 ~ 2000 炮）、同步激发滑动扫描（DS3，日效 10000 炮以上）等技术，并在中东和北非得到广泛应用。2006 年 BP 公司提出独立同步激发（ISS，日效 20000 炮以上）技术，2008 年在利比亚利用该技术成功完成 13000km^2 三维项目采集。阿曼国家石油公司（PDO）提出了超高效混采方法（Ultra High Productivity，UHP），日效可达到 3 ~ 5 万炮（宋家文等，2019）。

海底节点地震勘探较常规拖缆采集有许多优势，但其缺点是成本高、周期长，为了解决这一难题，海上近年来高密度高效采集发展迅速，多船多源同步激发（ISS）已经成为提升海洋海底节点地震采集效率、降低采集成本的重要手段，目前在国际许多海底节点地震勘探项目中，单源多船、双源多船同步激发已经大面积推广使用，特别在墨西哥湾大面积海底节点采集项目中已用单船 3 源 + 多船同步激发模式（ISS），有效地缩短了采集时间，极大地提高了地震采集效率，降低了成本，混采分离处理技术目前已是高效混采地震资料进入处理阶段前的基本处理环节，高效混采技术的快速发展也推动混采分离处理技术得到快速发展和进步。

现有的混采地震数据分离处理技术主要有 3 类方法：噪声压制类方法、反演类方法和预测—相减类方法。噪声压制类方法计算效率高、算法简单，是一种较易实现的混采地震数据分离处理方法，但保真度相对较差；反演类方法目前已经是国际混采分离较为流行的一类方法，特别是基于字典学习的稀疏反演方法利用特定变换域上相干信号与非相干混叠噪声的稀疏性差异来分离干扰源，相比于噪声压制类方法，该类方法可以获得更高信噪比和保真度的结果，但由于该类方法对稀疏基的要求较高，因此计算效率有待进一步提高；预测—相减类方法与反演类方法类似，可以获得精度更高的分离效果，但由于受预测波场的影响较大，因此，算法稳定性较差，实际使用较少（石太昆，徐海等，2020）。

与陆上数据激发不同，由于海底节点采集时在船上激发，气枪多源交叉激发时间间隔较短，对这类数据混采分离处理就具有更大的挑战性。在反演类方法中，各种稀疏变换被用于数据分离，包括傅里叶变换（Abma 等，2010 年；Song 等，2019），Curvelet 变换（Lin 和 Herrmann，2009）和 Seislet 变换（Chen 等，2014）。炮点时间变化对这些方法至关重要，原来在陆地上很容易实现的事情，但由于在海洋勘探中恒定的航速和正常的行驶路线的原因，并不总能满足要求。因此，在放炮时间上施加一定范围内（如 ±250ms）的抖动时间来降低震源同步的风险。当涉及一船双源同步采集时，混叠噪声的随机性主要取决于抖动时间，这会造成很大影响源分离的挑战。Li 等（2019）提出了基于反演的去噪方法及其应用可控震源同步数据的有效性。

海底节点混采数据可以表示为：

$$d_{obs}=\boldsymbol{\Gamma m} \tag{9-1}$$

其中 d_{obs} 是检波器处接收到的混采数据，$\boldsymbol{m}$ 是未混叠的信号模型，$\boldsymbol{\Gamma}$ 是描述所有震源放炮时间和位置的混叠算子。反问题是要找到一个具有稀疏约束满足正演模型的解，我们可以定义目标函数为：

$$J(\boldsymbol{m}) = \left\|d_{obs}-\boldsymbol{\Gamma m}\right\|_2^2+\lambda\left\|\boldsymbol{Fm}\right\| \tag{9-2}$$

$\boldsymbol{F}$ 代表二维 / 三维快速傅里叶变换，在傅里叶变换中对信号模型施加 L_0 约束，这里 λ 为正则化项参数。宋家文等（2019）展示了一种求方程（9-2）近似解的迭代方法。它从通过对傅里叶域中的信号设置阈值开始进行信号估算，然后根据估算出的信号模型进行噪声预测，最后从混采数据中减去噪声来更新信号模型，用衰减后阈值重复这个过程直到信号和噪声完全分离为止。

但在海底节点数据混采分离处理中，又遇到了新的问题，图 9.1 显示了一个海底节点野外混采的炮点位置图。除了常规生产炮外，还有很多不规则的非生产炮，如软启动（驱赶海洋哺乳动物以免其受到伤害）和坏炮。所有炮的信号由节点连续记录，其中非生产炮在常规处理中通常被丢弃，但在混采分离中需要以适当的方式进行处理，否则有可能对生产炮造成伤害。为了解决这个问题，宋家文等（2020）提出了一种把生产炮和非生产炮放在一起处理在反演过程中分离的方法，即首先对所有炮进行规则化，然后计算每条炮线上重复炮的数量。如果它们的比例达到用户定义的阈值，这些重复的炮就被定位在新插入的炮线上，通过三维野外海底节点实际例子应用验证了该方法的有效性。

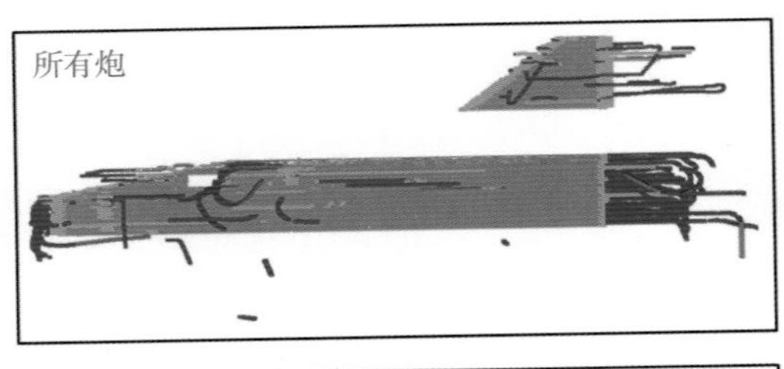

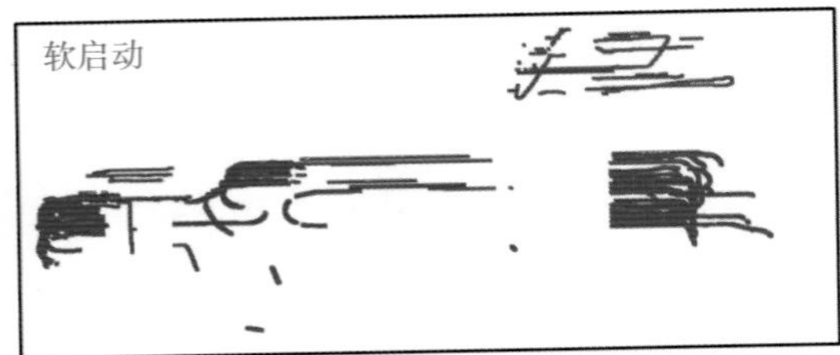

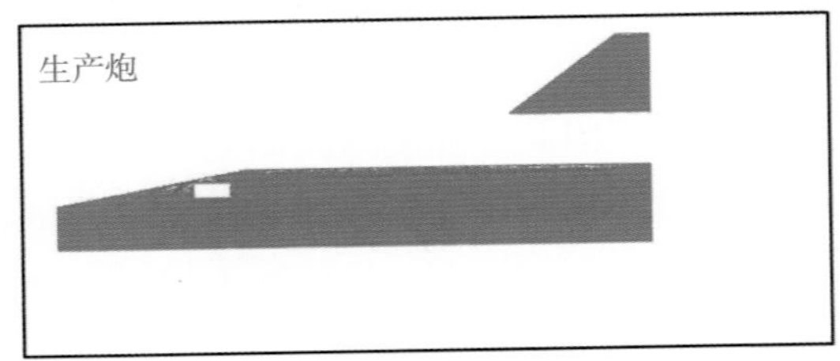

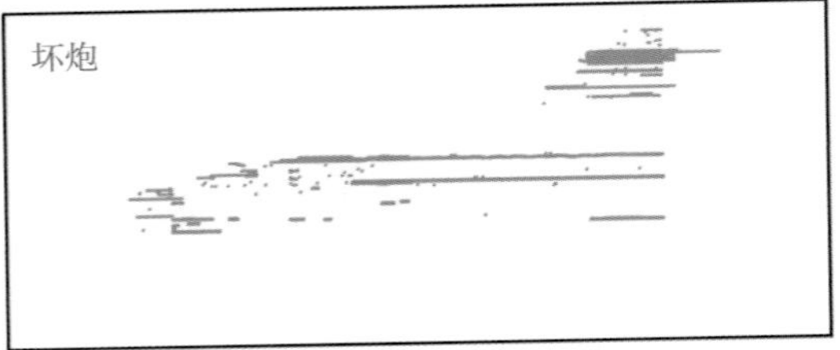

图 9.1　在野外海底节点采集中的炮点分布图（宋家文等，2020）

如图 9.2a 所示，我们可以看到非相干混叠噪声严重干扰了相干信号，这些混叠噪声包括生产干扰和非生产噪声干扰。原来的混采分离算法成功消除了生产干扰（图 9.2b），但还有些来自非生产炮的残留噪声。

相比之下，改进后的算法能够同时更有效地去除生产和非生产干扰，高保真地恢复相干信号，如见图 9.2c 所示。图 9.2d 显示了一个混叠后的炮集，其主激发源距离接收线较远，振幅较弱。主激发源主要受两种震源污染：一种是红色箭头表示的强振幅生产炮，另一个是蓝色箭头指示的相对较弱振幅的非生产炮。从图 9.2e 可以看出，主激发源信号得到良好地恢复后无可见信号和噪声泄漏，这证实了改进方法对野外同步激发海底节点数据的有效性。

基于反演的混采分离方法可以高精度地对海底节点同步激发数据进行混采分离，有效压制了来自不同船舶的混叠噪声，改进后的混采分离算法考虑到非生产炮的影响并成功地消除它们产生的干扰。

为了进一步提高混采分离的精度和效率，许多研究人员研究把噪声压制类方法、反演类方法和预测—相减类方法三种分离方法进行组合应用，以实现它们之间的优势互补。

另一种具有重要研究价值的处理方式是直接对混采地震数据进行偏移成像处理。Fromyr 等直接对混采地震数据进行成像试验，得到了和常规采集方法精度相当的成像效果（Fromyr E，2008），但该试验的缺点是混采数据震源间距都在 8000m 以上，因距离过大而难以满足实际高效率采集方式的要求。Dai 等（Dai W，2011）对混采地震数据直接进行叠加或偏移处理，可以较好地压制混叠炮噪声，采用最小二乘逆时偏移对混采地震数据进行了处理，改善了成像效果，如图 9.3 所示（模型大小 16km × 16km × 3.7km，模型表面均匀布设 10201 个检波点，按均匀方式采用多源激发 1089 炮）（石太昆，徐海等，2020）。

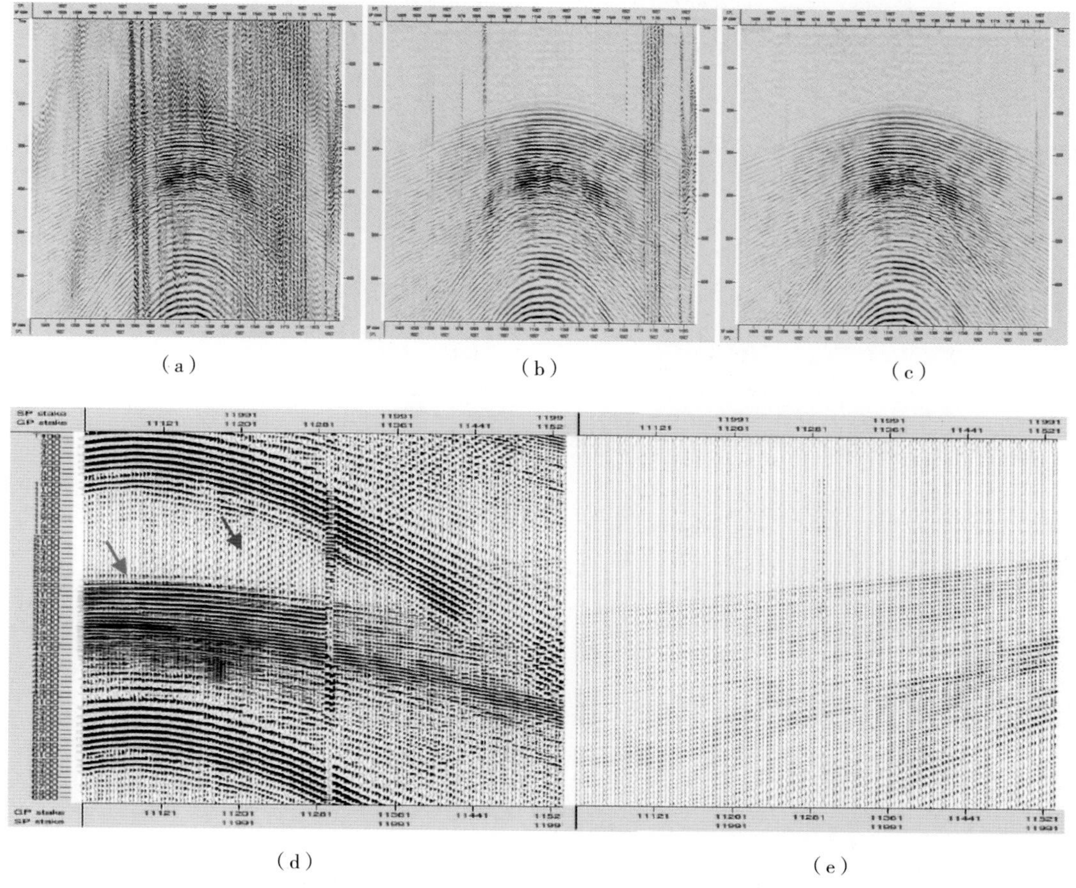

图 9.2 野外混采的海底节点数据分离结果（宋家文，2020）

（a）混采得到的某海底节点道集；（b）常规稀疏反演法混采分离得到的某海底节点道集；（c）改进稀疏反演法混采分离得到的某海底节点道集；（d）同步激发混采得到的炮集；e）改进稀疏反演法混采分离后得到的炮集

目前对混采地震数据直接进行偏移成像的方法研究仅限于简单构造情况，对复杂构造地区资料还不能获得理想的成像效果，该技术仍在继续不断发展和深化研究中。由于对混采地震数据直接应用最小二乘偏移需要通过多次迭代来优化成像效果，要获得满意的成像效果需要巨大的计算工作量，因此短时间内还很难应用于实际资料处理中。先采用反演类方法进行混采分离后再进行成像处理仍然是目前混采地震数据分离处理的最保真最有效方法。随着计算机能力的提高和偏移/反演算法的不断进步，对混采数据直接进行偏移成像方法将不断走向成熟和实用，从而真正实现高精度高效率地震勘探。

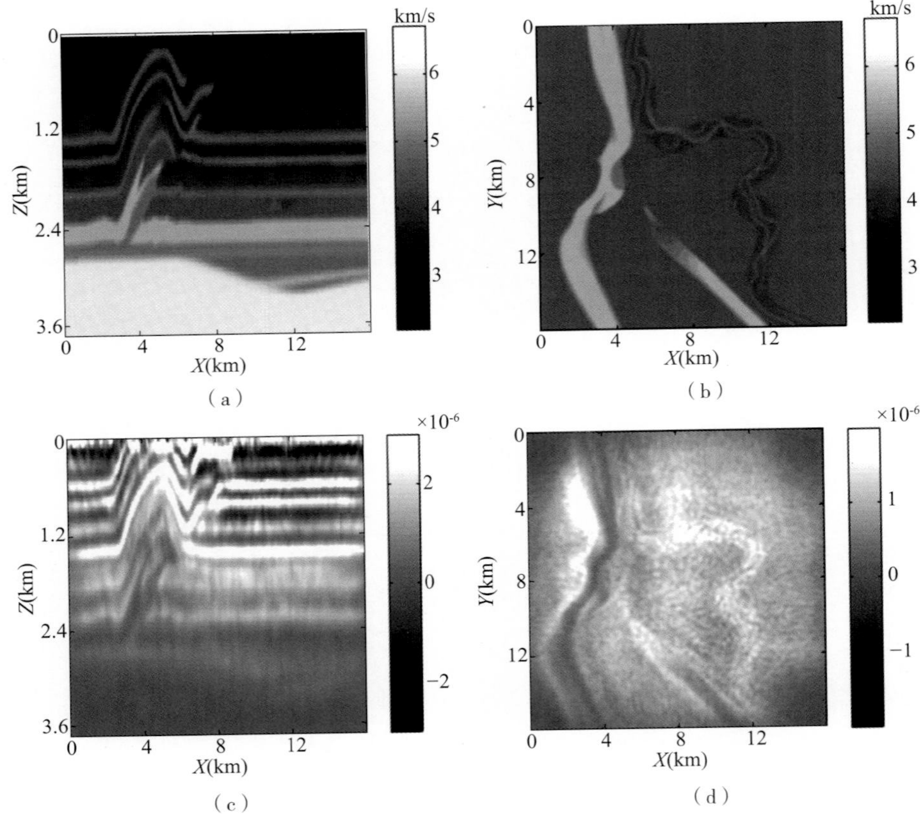

图 9.3　模型数据最小二乘逆时偏移混采分离结果对比（Wei Dai，2010）

（a）背景速度模型y=8000m垂直切片；（b）背景速度模型z=2100m水平切片；（c）对模型数据应用模型数据动态编码法多源最小二乘逆时偏移成像10次迭代后y=8000m垂直切片；（d）对模型数据应用动态编码法多源最小二乘逆时偏移成像10次迭代后z=2100m垂直切片

9.3　全波形反演技术（FWI）

深度域高精度介质参数模型建立及成像是地震资料处理的最终目标，准确的低频背景参数模型是成像准确的基础。由于受建模技术和计算机能力的限制，目前仍以速度为主体的单参数声波全波形反演为主，在第 7 章海底节点偏移成像内容中我们对潜行波单参数全波形反演的基本流程和关键参数做了简要的介绍。

随着技术的不断成熟和进步，海底节点地震资料高信噪比、富低频、宽方位、长偏移距数据必将为全波形反演技术应用和发展提供广阔的舞台和空间。

实际上，有时候潜行波全波形反演在偏移距长度受限情况下，难以对深层速度进行反演，人们开始研究利用反射波全波形反演来反演深层速度以弥补这种情况下潜行波全波形反演的缺陷，同时人们又把目光投向声波介质、黏弹性介质、弹性介质多参数全波形反演，在为复杂地质条件下的偏移成像提供更加准确的参数模型的同时，也可以为储层预测、岩性解释和油藏监测提供相应的岩石物性参数。

9.3.1 反射波全波形反演（RFWI）

传统潜行波全波形反演方法的实际应用效果受以下几个因素影响：可靠低频信息的地震数据、长偏移距的观测系统、准确的初始速度模型，而一般数据通常很难完全满足以上几个要求。为了解决传统全波形反演的问题，人们提出一系列新的方法，其中反射波全波形反演技术是一个重要的发展方向。

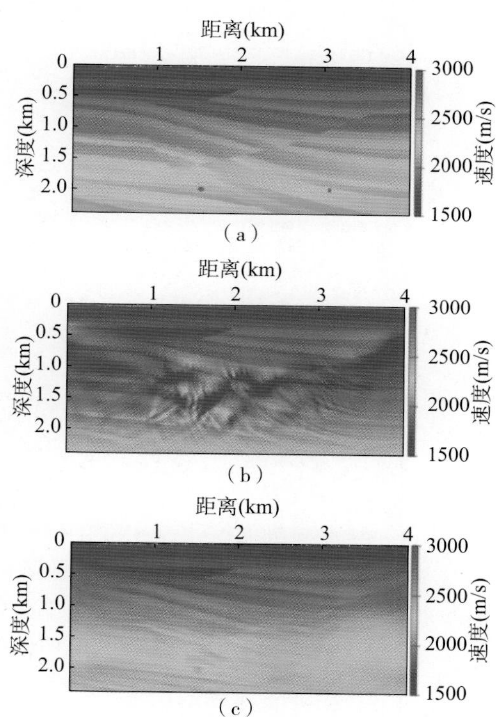

图 9.4　RFWI+ 常规 FWI 与只用传统潜行波 FWI 反演结果对比（Benxin Chi，2015）

（a）从Sigsbee2A 模型中提取出的部分速度模型；（b）只用常规FWI方法反演结果；（c）RFWI+常规FWI反演结果

在全波形反演的框架下，反射波全波形反演利用反射波能量重建模型深部背景速度（Xu 等，2012）。虽然反射波全波形反演可以较好地恢复模型深部背景速度，但相比于潜行波全波形反演，它涉及的理论基础更多，梯度构建更为复杂，并且计算量更大。因此，国内外关于反射波全波形反演的系统性研究较少。偏移与反偏移是反射波全波形反演的理论基础，偏移与反偏移的准确性直接影响观测记录与模拟记录能否顺利匹配（Benxin Chi，2015）。反射波全波形反演目标函数通常选用零延迟互相关目标函数来判断模拟数据与观测数据之间的相位匹配，减弱反演对振幅的依赖；此外，反射波全波形反演同时更新背景速度与扰动速度，可进一步减弱其对初始模型依赖性，如图9.4所示，RFWI+常规FWI的反演结果充分发挥了两种FWI方法的优势，在深层速度模型反演明显比只用常规潜行波FWI反演结果好。图9.5是使用RFWI来更新海底节点地震数据盐丘模型并改善岩下成像数据示例（Jianxiong Chen等，2018），可以看到RFWI有效地提高了深层复杂盐体速度反演的精度，改善了盐下构造的成像。

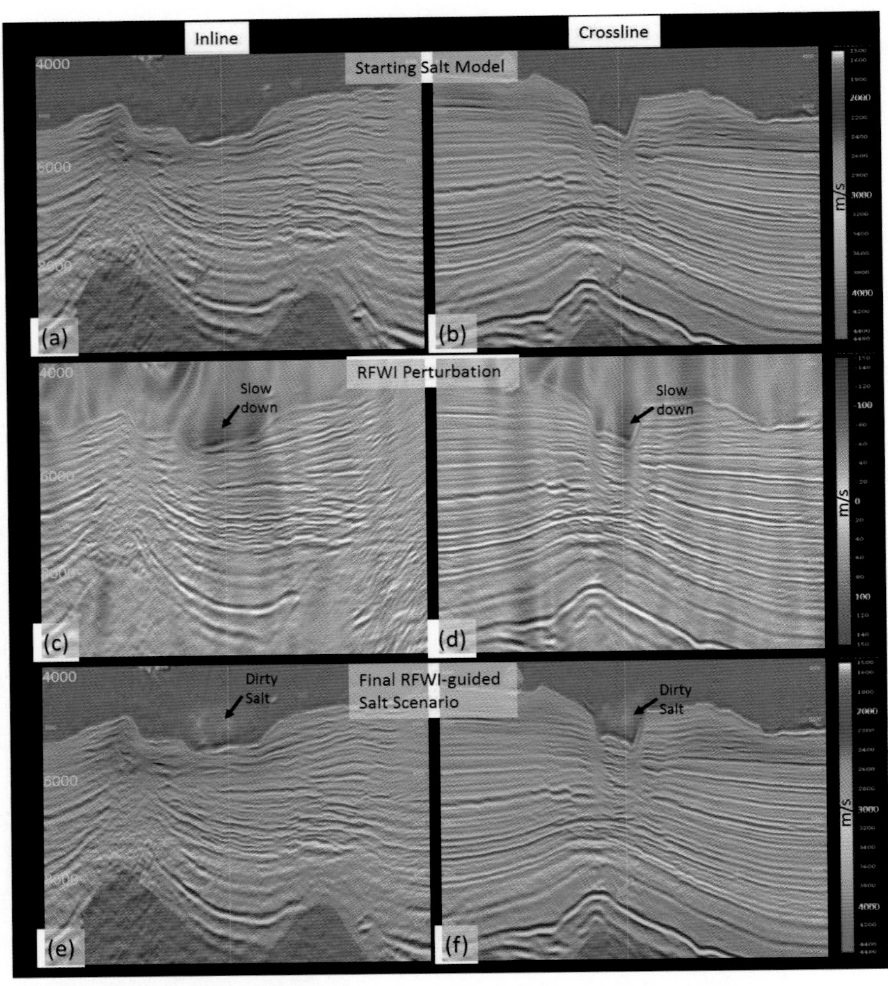

图9.5　墨西哥湾西部某实际数据RFWI成果对比（JianXiong Chen等，2018）

（a）和（b）是初始速度模型与RTM叠合显示；（c）和（d）RFWI速度更新量与RTM叠合显示；（e）和（f）是基于最终RFWI速度模型和RTM成像叠合显示

9.3.2　弹性波全波形反演

实际海底节点地震数据包含了纵波、转换横波等，基于声学假设的全波形反演在计算效率上具有很大的优势，但无法匹配转换横波及面波，势必会引入反演假象，难以满足油气储层特征的精确预测，而弹性波全波形反演不仅能够提供更加可靠的含油气构造特征，还可以用于分析岩性、孔隙度、孔隙流体等储层特征。

图 9.6 所示为一个简单的多波多分量数据，由数据上可以看到丰富的各种波形。虽然弹性波全波形反演可获取弹性介质参数，但有几个关键问题制约了其大规模应用。首先是其庞大的计算量，特别是在横波速度特别低的情况下，需要精细网格才能保证稳定的数值模拟，如何开发快速算法或者通过一些手段绕过低速区域是一个重要研究方向；其次是面波问题，如何在反演中利用面波是充分利用弹性波同时反演浅、中、深层速度模型的关键；最后是多参数反演算法，如何均衡和消除不同参数间的耦合是准确反演的关键（何兵红等，2020）。

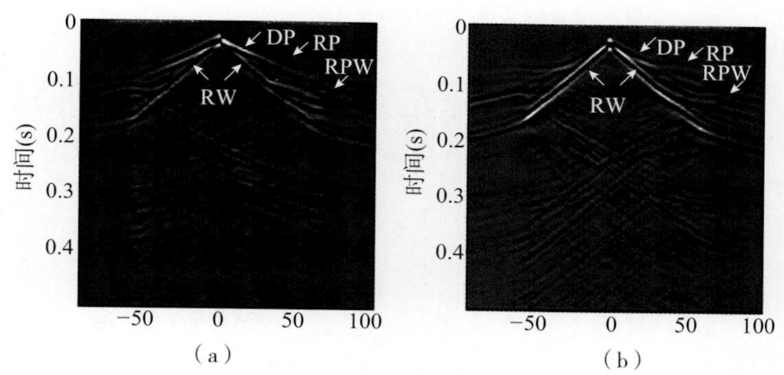

图 9.6　多波多分量地震记录（Romdhane 等，2011）

（a）水平分量波场；（b）垂直分量波场

其中DP、RP、RPW分别对应直达P波、折射P波、反射P波、RW为瑞利面波

充分利用海底节点地震数据中包含的横波信息反演地下介质中的横波速度模型可为油气储层的预测提供更多的证据，因此海底节点地震资料弹性波全波形反演将是下一个重点发展方向。

9.3.3 复杂介质多参数全波形反演

传统地震勘探主要以地球介质具有完全弹性和各向同性的物理假设为基础，介质的黏弹性引起的地震波衰减和各向异性引起的地震特性随方向变化被忽略，严重影响了地震资料解释的准确性。基于此研究学者采用黏弹性介质或各向异性介质或两种介质的组合作为理论假设进行地震波正演和反演，广义上黏弹性介质包含黏滞性声波介质和黏滞性弹性介质，也称为吸收衰减介质（何兵红等，2020）。

黏滞性参数是描述地下油气藏的一个重要参数，黏滞性参数可为油气藏、油水界面等的刻画提供更可靠的证据，对于油藏描述意义重大（Wang 等，2018），黏滞性参数的估计通常需要数据具有足够高的信噪比。由于海底节点地震数据相对信噪比较高，为黏滞性介质的波形反演提供了相对更可靠的原始数据。黏滞性介质波形反演的研究重点集中在有针对性的叠前地震数据处理、黏滞性介质中地震波传播机理研究、数值稳定的梯度计算方法等。

由于构造形变、地层的压实等地质运动的影响，对深层的油气藏，各向异性是普遍存在的。目前常用的各向异性模型包括由周期薄互层引起 VTI、由定向排列的垂直或近似垂直的高角度裂隙或裂缝引起的方位各向异性以及由薄互层和定向排列的裂隙组合形成的 ORT（正交晶系）各向异性模型。各向异性全波形反演实际上也是多参数全波形反演，由于宽方位的海底节点数据包含了更多的地下介质各向异性信息，通过波形反演获取其各向异性信息在增加对地下介质认识的同时也为更准确成像奠定了基础。如图 9.7 所示，目前国外已有一些各向异性全波形反演成功案例，接下来的研究重点在多参数反演算法、参数化研究、反演策略研究等。

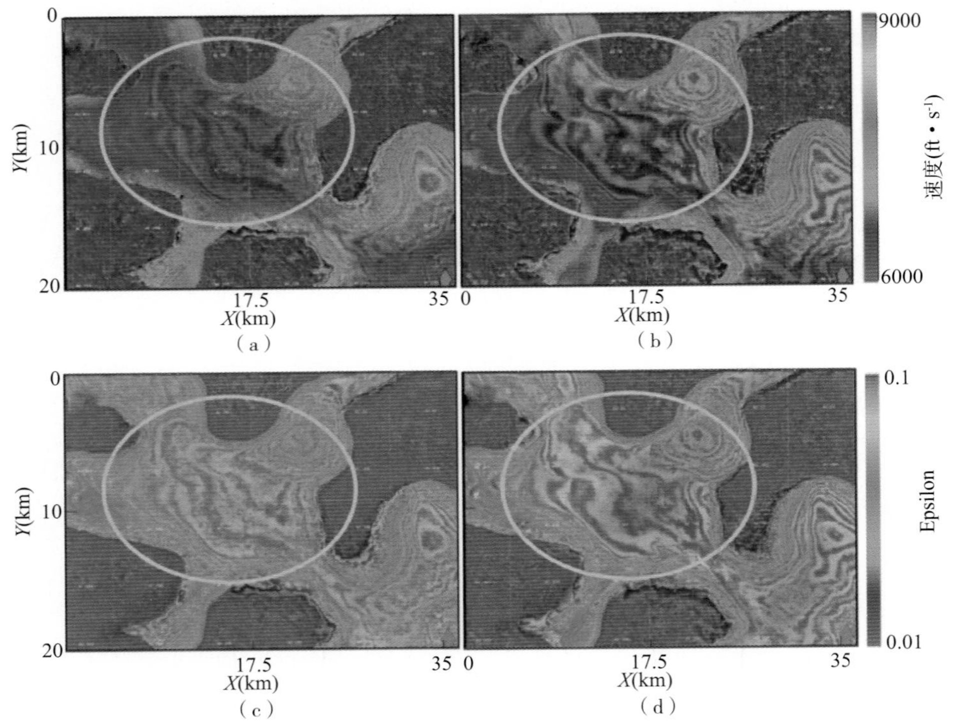

图 9.7　各向异性介质多参数全波形反演（Vigh 等，2014）

（a）初始速度；（b）FWI反演速度；

（c）初始各向异性参数；（d）FWI反演各向异性参数

9.4　多次波偏移成像技术

海洋地震资料含有各种类型多次波，而传统海洋处理成像方法在地震偏移成像前将多次波去除，偏移成像时仅利用地震一次反射波进行成像处理。其实，多次波与一次反射地震波传播一样，它也携带了丰富的地下结构信息甚至包含某些重要油气藏信息，近年来许多研究学者开始认识到多次波（表面相关多次波以及层间多次波）的重要性，试图将其用来改善地下地质体的成像质量。研究表明，与常规一次波成像相比，多次波成像具有以下三个优点：一是能够允许更小角度的反射波参与成像，有利于浅层反射层特别是海底反射的成像；二是提供更宽的地下照明范围，有助于扩展海底节点成像范围，提高速度建模精度；三是多次波成像具有更高密度更均衡的照明，弥补有些一次反射波照明不好的复杂构造区的不足（卢绍平，2019）。

在实际海洋海底节点地震勘探中，出于成本的考虑，震源与检波器的分布不对称，震源的分布密度远大于检波器，因此会产生区域照明与角度照明不足的问题，进而影响成像分辨率。目前海底节点地震资料处理中，将海底节点检波器接收到的海底与自由表面一阶多次波做为虚拟震源进行克希霍夫镜像偏移处理，有效地解决了常规海底节点下行波浅层成像照明不足的问题，并已取得很好的效果，成为多次波利用的很好实例。

实际上多次波在地下传播也符合地球物理学规律，能够用波动方程进行精确求解，因此多次波也可以用来做偏移成像，提供除反射波外的额外地下照明。多次波成像的基本概念最早由 Berkhoutand Verschuur 于 1994 年提出，它利用波动方程深度偏移成像方法对多次波进行成像，与常规去除多次波思维完全不同，它是充分利用多次波进行成像的全新方法，多年以来许多研究人员不断进行尝试（Muijs 等，2007；Guitton 等，2007；Berkhout 等，2009；Whitmore 等，2010；Liu，2011）。多次波成像中使用的虚拟震源在空间和时间分布上都比较复杂，多次波成像的巨大挑战在于不同阶数多次波地震波场之间的互相关将会产生大量的串扰噪声（卢绍平，2019），如图 9.8 所示，这些串扰噪声分布在整个成像剖面中，破坏了有效成像的结构和振幅，串扰噪声很难消除并且大大降低了多次波成像的价值。

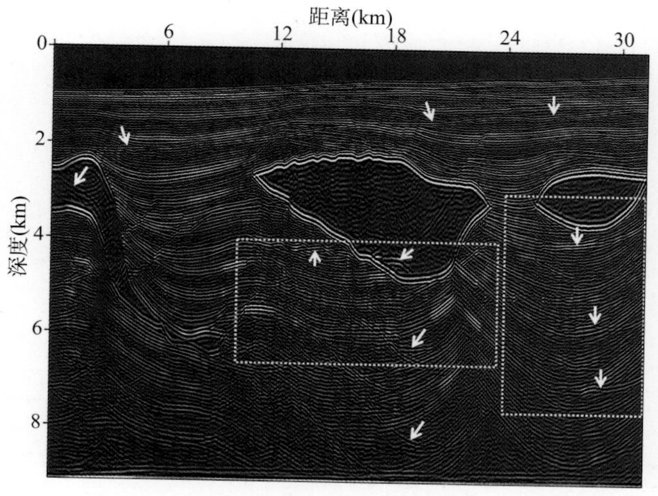

图 9.8　表面多次波双程波动方程偏移成像结果（刘伊克，2018）

注：白色箭头所示为串感应干扰，矩形区域较为严重

卢绍平等（2018）分析了串感应产生的原因并最终总结了有效解决单程波动方程偏移串扰噪声的两种方法：反褶积成像条件 + 最小二乘反演成像。通过上述方法使得单程波动方程多次波成像技术可以在实际生产中推广应用，有效地提高了偏移成像的效果，如图 9.9 所示。

为解决复杂构造的偏移成像问题，Zhiping Yang 在 2015 年提出在海洋海底节点项目处理中采用双程波动方程多次波偏移成像技术（RTMM）改善复杂盐丘下覆地层的成像精度取得了不错的效果，如图 9.10 所示，同时他也指出双程波动方程多次波成像技术在取得较好效果的同时，其主要挑战和难题也是如何解决串感应问题。

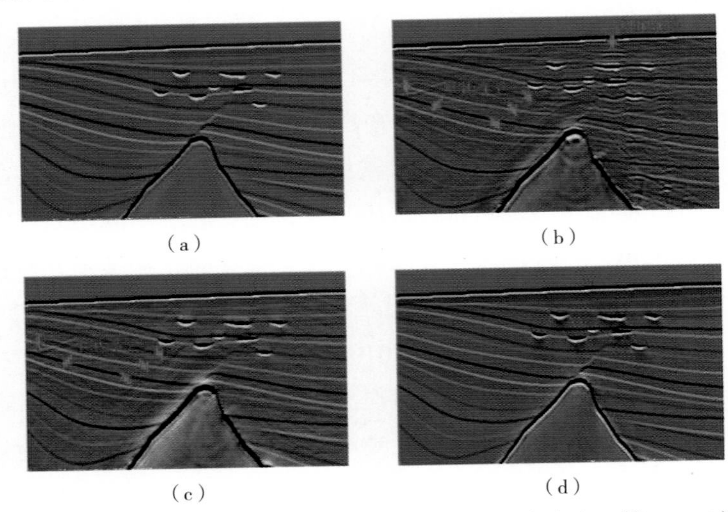

图 9.9　单程波动方程多次波成像技术偏移成像效果（Lu 等，2019）

（a）展示的是模拟数据的反射系数；（b）是运用传统成像方法产生的多次波成像结果；（c）是反褶积成像条件下的多次波成像结果，该方法压制了很多的串扰噪声；（d）是最小二乘反演的结果

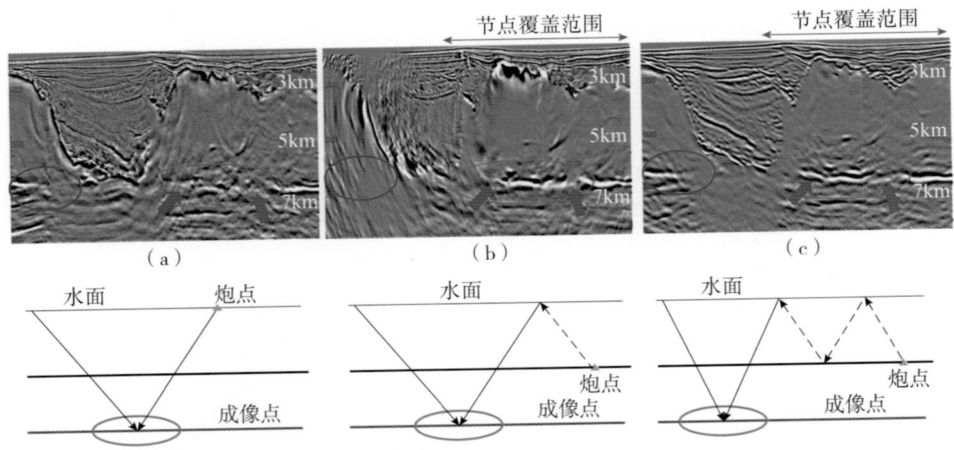

图 9.10　对盐体偏移成像后的 Inline 方向显示（Zhiping Yang 等，2015）

（a）WATS RTM；（b）OBN RTM；（c）OBN RTMM（每个偏移结果下面是对应的射线路径图）

为了避开在表面相关多次波波动方程偏移成像结果出现严重的串扰假象问题，Tu 和 Herrmann（2015）等学者采用了最小平方反演的方式来解决表面相关多次波成像中的串扰假象问题，如图 9.11 所示。

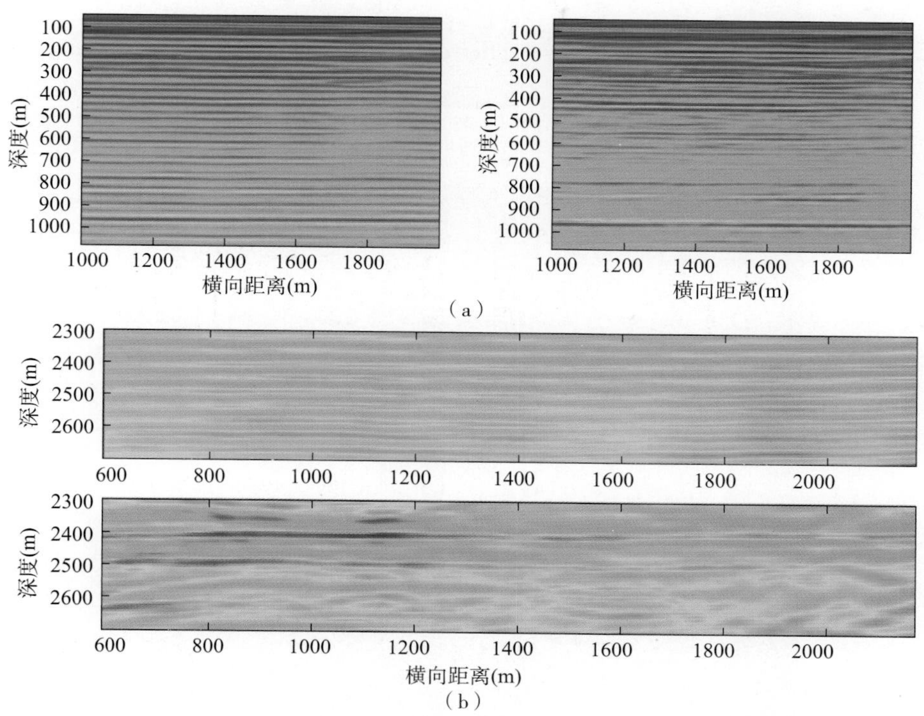

图 9.11　多次波 RTM 成像与多次波最小二乘反演成像对比（Herrmann，2015）

（a）左图为多次波RTM成像，右图为多次波最小二乘反演成像结果；（b）上图为多次波RTM成像结果，下图为多次波最小二乘反演成像结果；对比可以看出，多次波逆时偏移成像（RTMM）存在严重串感相干干扰，而基于稀疏反演的多次波成像方法很好地克服了串感相干干扰问题，得到了高质量成像数据

Berkhout（2012；2014b）提出一种 FWM（Full Wavefield Migration，全波场偏移）方法，它可以利用包含多次波（表面相关多次波和层间多次波）在内的全部波场进行偏移，在该过程中，表面相关多次波和层间多次波是同时成像的。FWM 是一个反演过程，反偏移算子采用的 FWMod（全波场模拟方法）利用成像结果模拟数据，然后再反馈到偏移数据中，通过最小化模拟数据和偏移数据之间的残差来更新成像结果。Soni 和 Verschuur（2014）以及 Davydenko 和 Verschuur（2016）做了 FWM 的相关研究，如图 9.12 所示。

总之，海洋多次波成像方法目前正处在快速研究和发展中，随着计算机能力不断扩大，基于稀疏反演和 FWM 技术研究的不断深入，多次波的充分利用将具有广阔的应用前景。

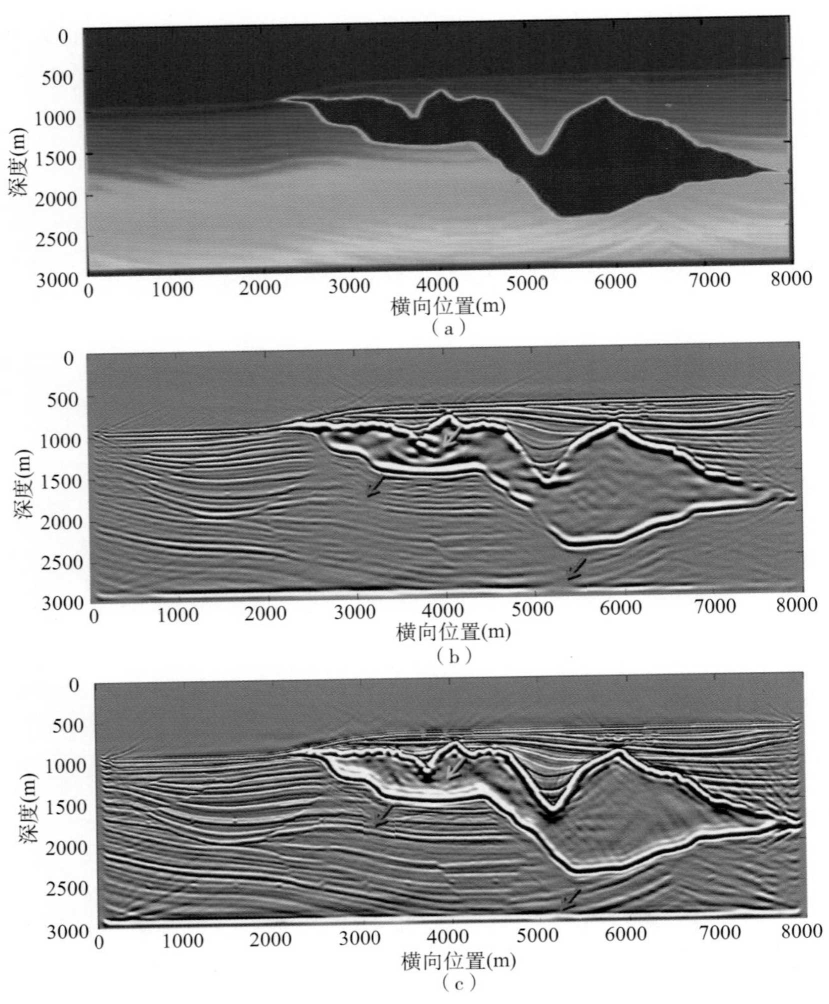

图 9.12　Sigsbee 模型的全波场偏移（FWM）（Verschuur1，2016）

（a）真速度模型；（b）有效反射波偏移（FWM的第一步）；（c）最终FWM成像。注意黄箭头所示处的层间多次波串干扰明显减少，红箭头所示处透射损失影响明显改善，FWM成像剖面纵向分辨率明显提高

9.5　最小二乘偏移

最小二乘偏移技术是目前业界成像技术研究的热点，也是偏移成像技术的重要发展方向。同常规偏移相比，该技术不但可以有效地提高成像剖面的分辨率，还可以消除观测系统等因素对成像振幅的影响，提高成像振幅的准确性。

在线性反演框架下，最小二乘偏移是要寻找一个最优的偏移成像结果 $\boldsymbol{m}$，使得观测数据与预处理数据的 L2 范数误差最小。目标函数的具体定义为：

$$J=\frac{1}{2}\left\|\boldsymbol{d}_{\mathrm{obs}}-\boldsymbol{d}_{\mathrm{cal}}\right\|^{2}=\frac{1}{2}\left\|\boldsymbol{d}_{\mathrm{obs}}-\boldsymbol{L}\boldsymbol{m}\right\|^{2} \tag{9-3}$$

式中，$\boldsymbol{d}_{obs}$ 是实际观测地震数据，$\boldsymbol{d}_{cal}$ 是由成像结果 $\boldsymbol{m}$ 和正演算子 $\boldsymbol{L}$ 所计算的预测数据。要使得目标函数达到最小值，必须令其梯度为零，则有如下的正则方程：

$$\boldsymbol{L}^{\mathrm{T}}\boldsymbol{L}\boldsymbol{m} = \boldsymbol{L}^{\mathrm{T}}\boldsymbol{d}_{obs} \tag{9-4}$$

进而有成像结果的估计值：

$$\hat{\boldsymbol{m}} = \left(\boldsymbol{L}^{\mathrm{T}}\boldsymbol{L}\right)^{-1}\boldsymbol{L}^{\mathrm{T}}\boldsymbol{d}_{obs} \tag{9-5}$$

式中，$\boldsymbol{L}^{\mathrm{T}}\boldsymbol{L}$ 为 Hessian 矩阵，可以用 $\boldsymbol{H}$ 来表示。最小二乘偏移中，波场算子 $\boldsymbol{L}$ 可以是克希霍夫算子，也可以是单程波算子或双程波算子，分别对应于最小二乘克希霍夫偏移、最小二乘单程波偏移和最小二乘逆时偏移。由于 Hessian 矩阵非常巨大，难以对其逆进行估算，因此最小二乘偏移的实现方式，一种是在数据域通过迭代求解的方式来近似 Hessian 矩阵的逆；另一种是首先求取某些稀疏样点的 Hessian 矩阵（也就是 PSF），然后在成像域进行成像剖面的迭代更新。

随着海底节点地震勘探推广应用范围不断扩大和计算机能力的快速进步，海底节点地震数据最小二乘偏移技术近年来发展很快，许多地球物理公司已在实际海底节点地震数据处理中开始试应用该项技术并见到明显效果。

9.5.1 声波最小二乘逆时偏移

在声波最小二乘逆时偏移方面，TGS 公司的 Hao 等（2020）以及 CGG 公司的 Liu 等（2020）利用近似的 Hessian（PSF）矩阵，通过成像域的反演对墨西哥湾某区块的海底节点逆时偏移结果进行照明补偿，其偏移速度场是通过全波形反演获得的。对偏移数据沿海底取均方根振幅对比（图 9.13）可以看出，通过成像域的最小二乘偏移能够在一定程度上消除偏移结果的采集脚印。传统的 RTM 和 LSRTM 结果的对比如图 9.14 所示，可以看出最小二乘逆时偏移能够提升成像效果。

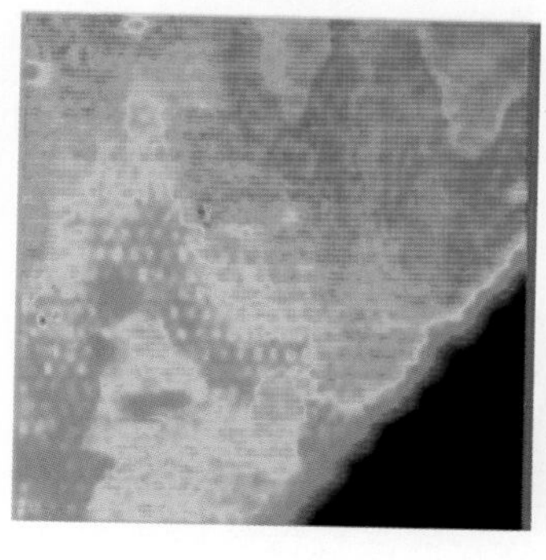

（a）

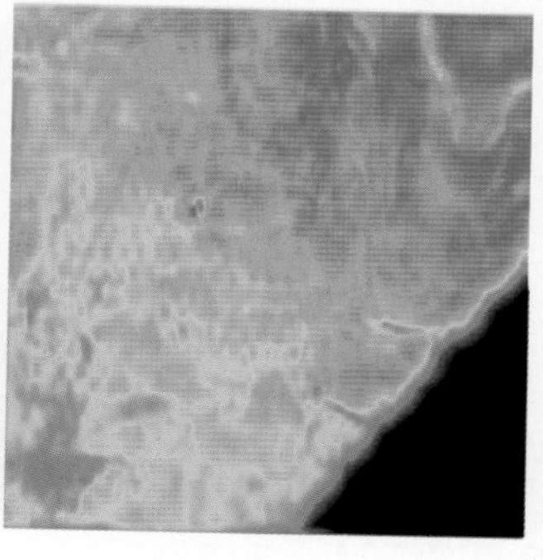

（b）

图 9.13　沿海底均方根振幅对比（Hao 等，2020）

（a）RTM偏移；（b）LSRTM偏移

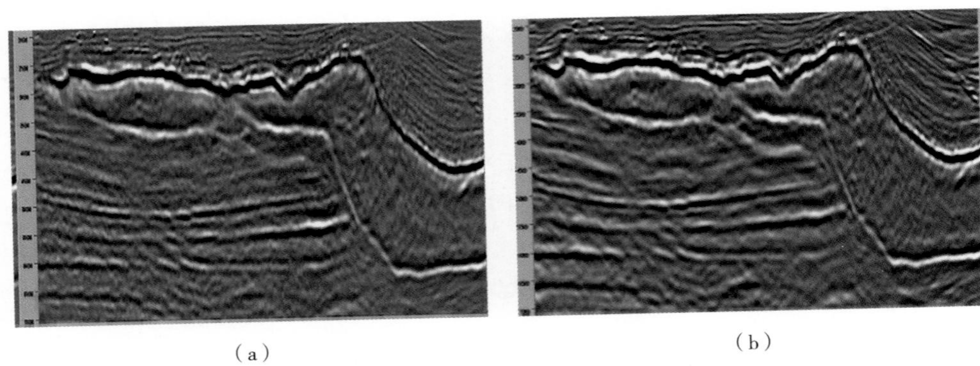

（a）　　（b）

图 9.14　常规 RTM 和 LSRTM 偏移结果对比（Hao 等，2020）

（a）RTM偏移；（b）LSRTM偏移

9.5.2　声波最小二乘 *Q* 克希霍夫偏移

Chen 等（2020）对于墨西哥湾采集的海底节点数据运用了积分法最小二乘 *Q* 偏移，所用的速度场和 *Q* 场均由全波形反演提供，由于目标区强烈的吸收衰减使得射线类的速度建模方法（如网格层析）无法获得较高分辨率的速度场，针对这一问题，首先使用时间延迟全波形反演（Time−Lag FWI）反演出速度场 1.7 ~ 11Hz 的低频，由于海底节点数据中具有丰富的低频信息（小于 3Hz），因此该方法可以很好地得到高分辨率的速度场，然后利用 *Q*FWI 对海底节点数据中 1.7 ~ 4Hz 的信息进行 *Q* 场的迭代计算，为了验证所得到的 *Q* 场是否正确，进行了传统积分法偏移和 *Q* 偏移的结果对比，结果如图 9.15 所示，可以看出 *Q* 偏移具有更高的分辨率和信噪比。

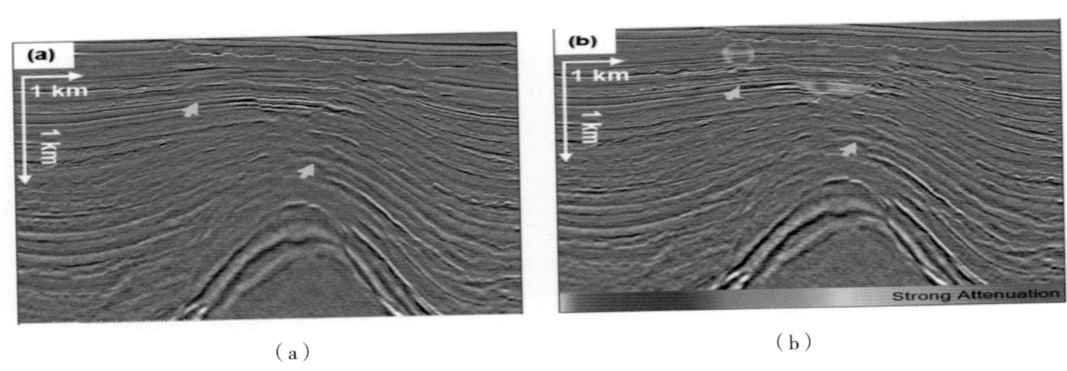

（a）　　（b）

图 9.15　不同方法偏移结果对比（Chen 等，2020）

（a）常规偏移结果；（b）最小二乘*Q*偏移结果

在最小二乘 *Q* 偏移中，利用 Hessian 矩阵在曲波域进行加速，偏移结果的对比如图 9.16 所示。可以看出与常规 *Q* 偏移相比，其所用的最小二乘 *Q* 偏移不仅可以提升成像结果的信噪比（蓝色箭头），还能够提升气藏下覆地层的照明（黄色箭头）。

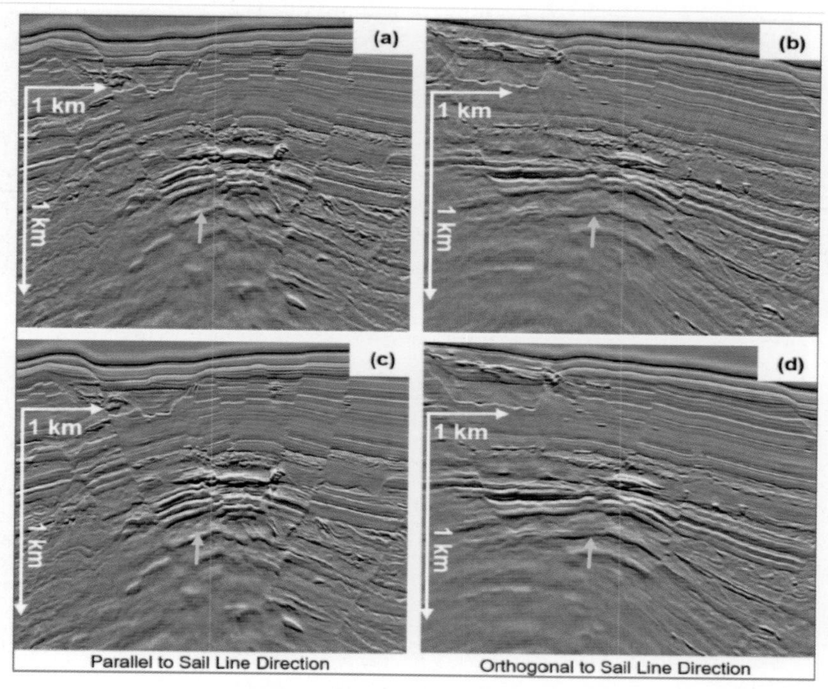

图 9.16　常规 Q 偏移结果与最小二乘 Q 偏移结果对比（Chen 等，2020）

（a）主侧线方向常规Q偏移结果；（b）主侧线方向最小二乘Q偏移结果；

（c）联络线方向常规Q偏移结果；（d）联络线方向最小二乘Q偏移结果

9.5.3　TTI 各向异性最小二乘 *Q* 逆时偏移

Jin 等（2020），对于墨西哥湾某区块的海底节点数据进行黏弹性 TTI 最小二乘逆时偏移，在进行最小二乘偏移过程中，通过求取 Hessian 矩阵的逆，将最小二乘偏移过程转化为一个反褶积的过程，TTI 速度场由网格层析得到，Q 场由全波形反演得到。其所用的方法和传统偏移方法（RTM）的对比如图 9.17 所示，图 9.17 中方框圈出部分的波数谱如图 9.18 所示，可以看出文章中所用的偏移方法成像效果提升明显。

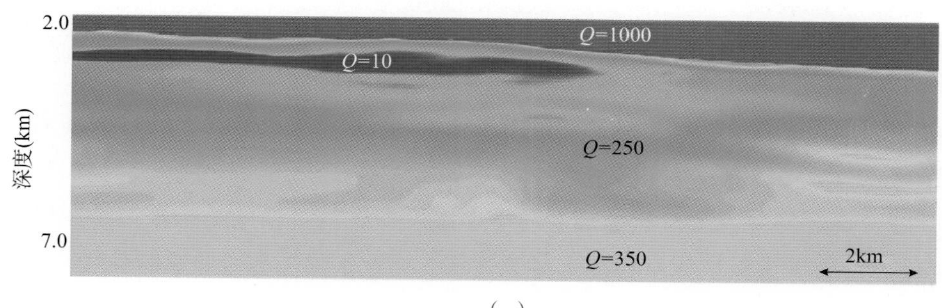

（a）

图 9.17　TTI 各向异性介质最小二乘 Q 偏移效果对比（Jin 等，2020）

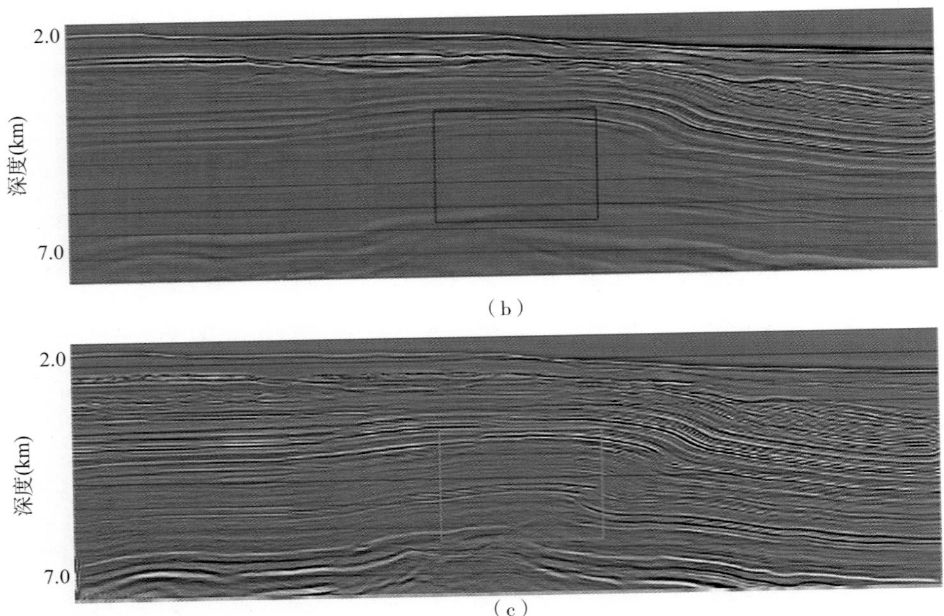

图 9.17　TTI 各向异性介质最小二乘 Q 偏移效果对比（续）

（a）Q场；（b）RTM偏移；（c）最小二乘TTI Q逆时偏移

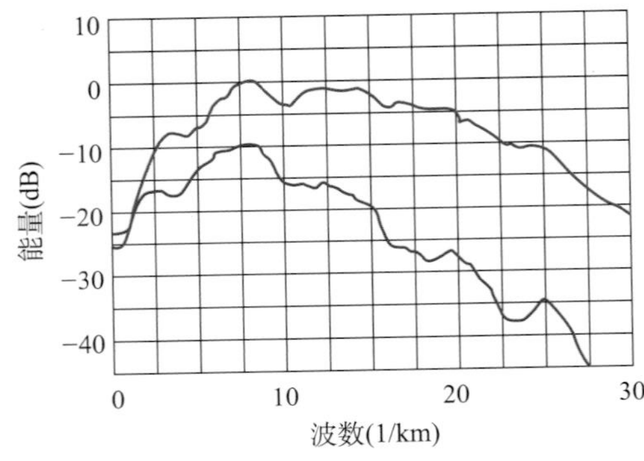

图 9.18　传统 RTM 偏移波数谱（红色）和最小二乘 TTI Q 逆时偏移波数谱（绿色）对比（Jin 等，2020）

9.5.4　近似 ORT 各向异性最小二乘 Q 克希霍夫偏移

BP 的 Kareem 等（2018）利用正交晶系各向异性积分法最小二乘 Q 偏移对国外某三维区块进行成像。其中利用 TTI 反射波层析和全波形反演（Hu 等，2018）进行速度建模。该区块之前曾经进行过拖缆及海底电缆勘探，从之前的结果来看，成像主要面临的问题为：（1）该区块浅层存在丰富的气藏，导致了强烈的吸收衰减作用；（2）通过之前的速度建模可以看出，该区块具有强烈的方位各向异性。基于以上两点，利用正交晶系各向异性（ORT）最小二乘 Q 偏移可以有效提升成像效果。在进行成像之前首先进行了混采分离、去噪、去多次波、振幅校正、OVT 道集抽取等处理，海底节点数据 OVT 道集被分为 6 个不同方位角的数据体，利用前期勘探所得到的速度模型作为初始模型，分别对 6 个不同方位角数据体进行 TTI 潜行波全波形反演，得到 6 个不同方位角 TTI 潜行波 FWI 速度数据体，然后再对 6 个不同方位角数据进行 TTI 反射波全波形反演，用得到的 6 个不同方位角数据 TTI 全波形反演速度数据对相应的数据进行 TTI Q 叠前深度偏移，最后把 6 个不同方位角偏移数据作为输入，应用多方位网格层析，就得到最终用于偏移的近似正交晶系各向异性速度场。用近似正交晶系各向异性速度场和 Q 场对海底节点 OVT 数据进行近似正交晶系各向异性 Q 克希霍夫偏移，取得了较好的效果。如图 9.17 所示是原拖缆数据和最新海底节点数据的偏移结果对比，可以看出成像效果明显改善。

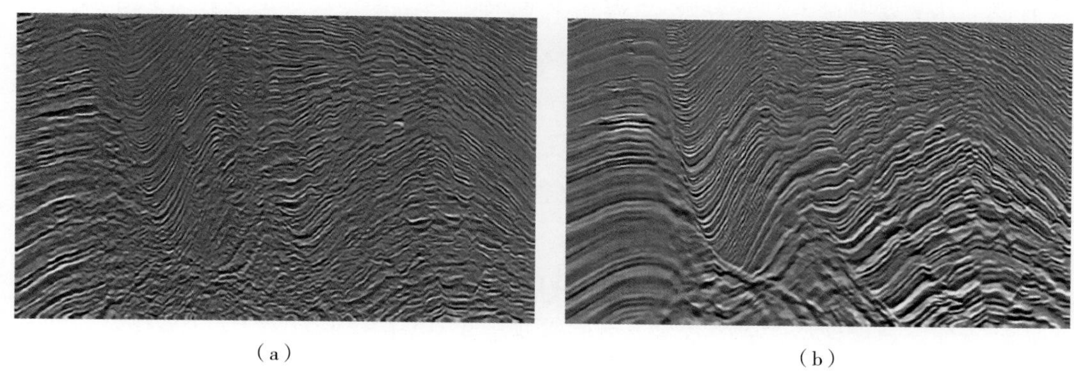

（a） （b）

图 9.19　拖缆数据与海底节点数据偏移效果对比（Kareem 等，2018）

（a）原拖缆数据克希霍夫偏移结果；（b）海底节点数据近似正交晶系各向异性Q克希霍夫偏移结果

从上述实例可以看出，海底节点地震数据处理中，各向异性最小二乘 Q（克希霍夫偏移、逆时偏移）偏移、多参数全波形反演技术已经开始在实际处理应用并取得成效。

9.6 转换波处理技术

海底节点地震勘探除了记录 P 波信息外，还记录 PS 波信息，因此海底节点地震数据处理目标首先是要得到高品质纵波成像数据，然后就要通过转换波处理技术流程的应用求得与 P 波数据相对应的高质量 PS 波成像数据，以满足 P 波与 PS 波联合反演、识别气云模糊带、裂缝各向异性表征的需要。

在海底节点地震勘探中，由于观测方式为海面激发海底接收的特殊性，再加上海底节点的稀疏性，海底节点转换波数据处理技术与陆地转换波地震勘探有很大差别。由于激发接收点之间海水层的影响及崎岖海底的存在，使得波的传播比陆地更为复杂，对波场传播规律及成像方法的研究是需要重点解决的问题，海底节点地震资料 PS 波成像处理技术的主要挑战为横波静校正求取、对包含 P 波和 S 波的各向异性深度—速度模型的建立、PS 波叠前深度偏移等关键技术（Holden 等，2016）。目前，海底节点转换波处理技术国际上发展较快，海底节点项目转换波时间域成像处理已进入生产试验阶段（Christopher Birt 等，2020），并已取得了较好的效果，但国内海底节点转换波处理技术仍处于研究起步阶段，还有大量的研究工作要做。

海底节点数据转换波处理面临的挑战之一是解决横波静校正问题。海洋地震资料的纵波静校正问题不大，然而横波速度几乎与空隙充填流体无关，这就意味着对于 P 波和 S 波而言，风化层底面有不同的深度，速度分层可能也不同。在 P 波处理中替换速度往往与直接在潜水面以下的速度有关，在 S 波处理中，选择合适的替换速度是比较困难的，因为常常没有这样明显的速度变化。海底节点转换波静校正问题的提出主要有以下几个原因：（1）近海底层 S 波速度未知；（2）S 波速度横向变化大；（3）P 与 S 波静校正基准面的一致性与选择；（4）PS 波初至淹没在 P 波初至之后，难以有效提取。由于油气藏一般都位于较深的层位，当近海底层的横波速度模型存在误差时，静校正计算会出现误差导致 PS 波成像变差，而且还会导致深部目标层 PS 波深度域成像精度的降低，因此求取准确的近海底层的横波速度结构也是 PS 波时间域和深度域处理的关键环节。

面波反演（surface-wave inversion，SWI）能够从面波的频散曲线中提取高分辨率的近地表横波速度模型，成为浅水近海底横波速度模型构建的有力工具（Xia 等，1999；Socco and Strobbia，2004；Hou 等，2016，吴志强等，2020）。面波（Scholte 波）速度随着频率变化，对于某一频率值，高阶 Scholte 波对应着较高的相速度，Scholte 波的穿透能力随着阶数增加而增大，随着频率增加而减小。一般情况下 Scholte 波的波长大约 10 ~ 250m，但其要受到频率和表层地质结构的影响。如果震源距离海底比较近，那么 Scholte 波的能量是非常强的，在炮集上很容易识别，与反射波相比呈现出低频低速的特点，并且只出现在近炮检距范围内（一般小于 200m）。随着炮点距海底距离的增加，Scholte 波的能量减小。当水深超过 200m 时，很少能见到 Scholte 波信号，所以对于深海海底节点来说，该面波反演方法就难以发挥作用，近海底层的横波速度结构准确求取和横波静校正的计算都是一个重要挑战。

海底节点数据转换波深度域成像处理的第二个挑战是 PP-PS 深度速度模型构建。要满足 PP、PS 波场高精度成像需求，首先要构建准确的深度—速度模型。对于多波多分量地震勘探来说，转换波速度分析是至关重要的一步。转换波由于是纵波激发横波接收，其速度分析分为纵波速度分析和横波速度分析两部分。因此速度分析要先进行纵波数据处理，得到纵波速度，然后再在纵波速度基础上进行横波速度分析。纵波速度分析的结果会直接影响转换波处理质量，这也是转换波速度分析较为复杂的原因。

另外，转换波的信噪比较纵波更低，同相轴往往很难追踪，这也增加了转换波速度分析的难度。

弹性波 FWI（EFWI）能同时获取纵、横波速度、密度等参数，在纵波源激发情况下，采用 PP 波场计算纵波速度梯度、利用 PS 波场计算横波速度梯度压制多参数反演造成的串扰噪声，进而构建纵、横波速度模型，提高 PS 波成像精度。

海底节点转换波地震数据成像处理的另一个挑战是海底节点转换波深度偏移成像。海底节点地震数据处理目标不仅是改善纵波成像品质，也要提供同样高质量的与之相对应的 PS 波成像数据，以满足 PP–PS 波联合反演的需要。对于 PS 成像，S 波照明范围总是比 P 波照明在角度上受到更大的限制，这是因为较低的横波速度导致反射能量几乎沿着垂直于检波点方向传播，另外由于横波能量不在水体向上传播到海面上，故无法进行时间域和深度域 PS 镜面偏移成像，因此 PS 波浅层的信噪比较低。

尽管面临上述诸多的挑战，海底节点地震资料的 PS 波处理技术发展仍然是前景广阔的领域。BP 在印度尼西亚 Tangguh 气田的海底节点采集项目于 2017 年由东方地球物理公司承担并高质量完成采集，该项目是采用海底节点独立同步激发混合采集技术的超高密度宽方位角三维勘探（Christopher Birt 等，2020）。CGG 公司在调查区西部受浅层气影响特别大的区域进行转换波处理。如图 9.20b 所示，与图 9.20a 所示的 P 波成像剖面相比，PS 成像剖面虽然频率较低，由于 S 波不受油气的影响，在浅层气云影响区得到了较好的成像，对比也可以看出在浅层气体下部地层 PS 波成像比 PZ 波成像也有了明显改善。

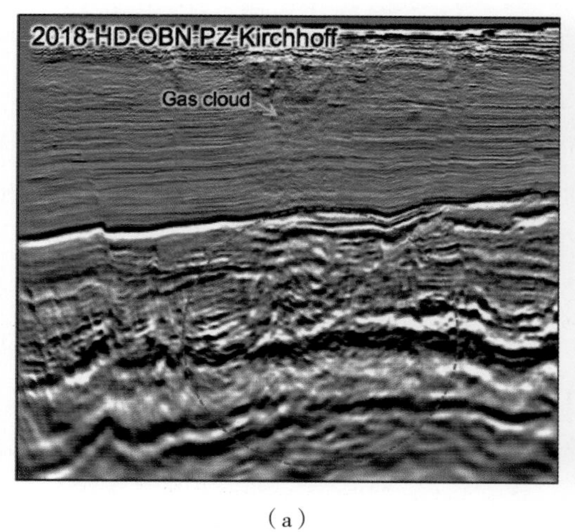

（a）

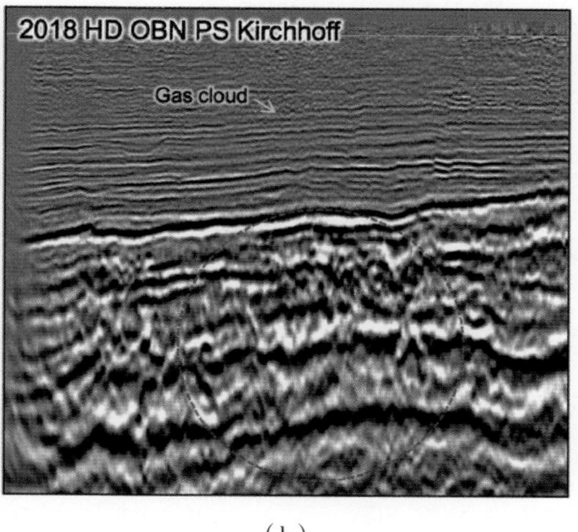

（b）

图 9.20　气云区海底节点 P 波与 PS 波偏移成像剖面对比（Christopher Birtet 等，2020）

（a）海底节点P波偏移剖面；（b）海底节点PS转换波偏移剖面

9.7 小结

近年来，尽管国际油价持续低迷，但国际大石油公司对海底节点地震勘探的工作量投入却在不断加大，从近几年的 SEG、EAGE 发表的应用论文来看，海底节点地震勘探技术发展的主要重点始终聚焦在“降低海底节点地震采集成本、提高海底节点地震资料处理成像精度、提高勘探开发成效”上，下步海底节点地震勘探整体发展方向为：

（1）采集技术向高效、智能方向发展。通过着力提高海底节点采集的自动化程度并采用多源多船同步激发技术、自动放收的智能机器人技术、低成本节点技术来大幅度提高采集效率，降低地震勘探成本。

（2）处理技术向精确成像、多波多分量处理方向迈进。三维海底节点采集得到的是“宽频、全方位角、全波场、大偏移距”高质量地震数据，这为 P 波全波形反演（FWI）、最小二乘正交晶系各向异性 Q 偏移等精确成像处理新技术应用提供了良好的数据基础，应用后能有效提高复杂地质目标的成像质量；海底节点转换波资料处理技术目前发展较快，纵横波联合处理技术的进步将为提高油气藏勘探开发效益发挥重要作用。

（3）解释技术向多维数据解释、全波信息联合应用方向拓展。综合利用高品质全方位的 P 波 OVT 域五维道集、各向异性深度偏移成像成果和多波多分量数据偏移成果，通过叠前多维和多波数据联合解释做好做准主要目标层构造图、叠前反演、叠前裂缝预测、油气预测等，为油气田勘探开发提供多维度、全波化的地震地质资料支撑；对重要有条件的开发区采用时移地震资料采集处理成果可以精细研究油田开发中的油藏在不同时期的变化规律，在多维化方面又增加了一个时间维度，为油田高效开发指明方向，提高开发成效。

总之，随着海底节点地震勘探技术的不断进步，作业成本的不断降低，它一定会以其丰富而高质量的成像成果协助广大石油地质工作者在中国和世界上找到和开发好更多、更大的海洋油气藏，一定会为中国的能源安全做出更大的贡献。

参考文献

邓利锋 . 2019. 反射波全波形反演方法研究 [D]. 大庆：东北石油大学 .

何兵红，杨林，方伍宝 , 等 . 2020. 多参数全波形反演研究进展 [J]. 物探化探计算技术，（3）：295–306.

侯志强，尹文笋，胡伟等．2019．基于 FCT 校正的 OBN 地震资料弹性波逆时偏移 [J]. 中国海上油气，31（3）：75–83.

黄少华，任志明，李振春，等．2019．纵横波分离的多震源弹性波全波形反演 [J]. 石油地球物理勘探，54（5）：1084–1093，1105.

刘伊克，刘学建，张延保，等 . 2018. 地震多次波成像 [J]. 地球物理学报，61（3）：13.

卢绍平 . 2019. 多次波成像方法及应用 [C]// 中国地球科学联合学术年会 .

罗宾 . 2012. 地震资料叠前偏移成像——方法、原理和优缺点分析 [M]. 王克斌，曹孟起，王永明，等，译 . 北京：石油工业出版社 .

石太昆，徐海，黄亮，等 . 2020. 混采地震数据高效高精度分离处理方法研究进展 [J]. 石油物探，59（5）：703–712.

宋家文，李培明，王文闯，等 . 2019. 基于稀疏反演的高效混采数据分离方法 [J]. 石油地球物理勘探，54（2）：268–273.

王汉闯，陶春辉，陈生昌，等 . 2017. 基于稀疏约束和多源激发的地震数据高效采集方法 [J]. 地球物理学报，60（9）：3518–3538.

王连坤，方伍宝，段心标，等. 2016. 全波形反演初始模型建立策略研究综述 [J]. 地球物理学进展，31（4）：1678–1687.

王庆，张建中，黄忠来. 2015. 时间域地震全波形反演方法展 [J]. 地球物理学进展，30（6）：2797–2806.

吴国忱 . 2006. 各向异性介质地震波传播与成像 [M]. 东营：石油大学出版社 .

吴志强，张训华，赵维娜，等. 2021. 海底节点（OBN）地震勘探：进展与成果 [J]. 地球物理学进展，36（1）：412–424.

杨勤勇，胡光辉，王立歆 . 2014. 全波形反演研究现状及发展趋势 [J]. 石油物探，53（1）：77–83.

张盼，韩立国，巩向博，等. 2018. 基于各向异性全变分约束的多震源弹性波全波形反演 [J]. 地球物理学报，61（2）：716–732.

张如伟，李洪奇，张宝金，等 . 2017. OBS 观测系统反射点与转换点轨迹的计算方法 [J]. 石油地球物理勘探，52（4）：660–668，622.

张省 . 2014. OBS 多分量地震数据成像关键技术研究 [D]. 青岛：中国海洋大学 .

Abma R L, Manning T, Tanis M, et al. 2010. High quality separation of simultaneous sources by sparse inversion[C]//72nd EAGE Conference and Exhibition incorporating SPE EUROPEC 2010. European Association of Geoscientists & Engineers.

Bagainl C, Daly M, Moore I. 2012. The acquisition and processing of dithered slip–sweep vibroseis data[J]. Geophysical prospecting, 60(4): 618–639.

Berkhout A J, Verschuur D J. 1994. Multiple technology: Part 2, migration of multiple reflections[M]//SEG Technical Program Expanded Abstracts 1994. Society of Exploration Geophysicists,1497–1500.

Berkhout A J, Verschuur D J, Blacquière G. 2009. Seismic imaging with incoherent wavefields[M]//SEG Technical Program Expanded Abstracts 2009. Society of Exploration Geophysicists, 2894–2898.

Berkhout A J. 2012. Combining full wavefield migration and full waveform inversion, a glance into the future of seismic imaging[J]. Geophysics, 77(2): S43–S50.

Berkhout, Guus A J. 2015a. Review Paper: An outlook on the future of seismic imaging, Part I: forward and reverse modelling[J]. Geophysical Prospecting, 62(5):911–930.

Berkhout, Guus A J. 2015b. Review Paper: An outlook on the future of seismic imaging, Part II: Full–Wavefield Migration[J]. Geophysical Prospecting, 62(5):931–949.

Berkhout A J, Verschuur D J. 2016. Enriched seismic imaging by using multiple scattering[J]. The Leading Edge, 35(2): 128–133.

Birt C, Priyambodo D, Wolfarth S, et al. 2020. The value of high–density blended OBN seismic for drilling and reservoir description at the Tangguh gas fields, Eastern Indonesia[J]. The Leading Edge,39(8): 574–582.

Chen H, Cao S, Yuan S, et al. 2017. Robust iterative deblending of simultaneous–source data[C]//2017 SEG International Exposition and Annual Meeting. OnePetro.

Chen J, Lindsey B, Dubuisson J, et al. 2020. High–resolution imaging with least–squares Q Kirchhoff using velocity and Q updated by OBN FWI: Gulf of Mexico, Marlin–Dorado Field[M]//SEG Technical Program Expanded Abstracts 2020. Society of Exploration Geophysicists, 2933–2937.

Chen J, Sixta D, Raney G, et al. 2018. Improved sub–salt imaging from reflection full waveform inversion guided salt scenario interpretation: A case history from deep water Gulf of Mexico[M]//SEG Technical Program Expanded Abstracts 2018. Society of Exploration Geophysicists, 3773–3777.

Chen Y, Fomel S, Hu J. 2014. Iterative deblending of simultaneous–source seismic data using seislet–domain shaping regularization[J]. Geophysics, 79(5): V179–V189.

Chi B, Dong L, Liu Y. 2015. Correlation–based reflection full–waveform inversion[J]. Geophysics, 80(4): R189–R202.

Dai W, Fowler P, Schuster G T. 2012. Multi–source least–squares reverse time migration[J]. Geophysical Prospecting,60(4):681–695.

Dai W,Wang X, Schuster G T. 2011. Least–squares migration of multisource data with a deblurring filter[J].Geophysics,76(5):R135–R146.

Fromyr E, Cambois G, Loyd R, et al. 2008. Flam–A simultaneous source wide azimuth test[C]//2008 SEG Annual Meeting. OnePetro.

Guitton A, Valenciano A, Bevc D, et al. 2007. Smoothing imaging condition for shot-profile migration[J]. Geophysics, 72(3): S149–S154.

Holden J, Fritz D, Bukola O, et al. 2016. Sparse Nodes and Shallow Water-PS Imaging Challenges on the Alwyn North Field[C]//78th EAGE Conference and Exhibition 2016. European Association of Geoscientists & Engineers, (1): 1–5.

Hou S, Zheng D, Miao X G, et al. 2016. Multi-modal surface wave inversion and application to North Sea OBN data[C]//78th EAGE Conference and Exhibition 2016. European Association of Geoscientists & Engineers, (1): 1–5.

Jiawen S, Peiming L, Pengyuan S, et al. 2020. Deblending of simultaneous OBN data via sparse inversion[C]//SEG International Exposition and Annual Meeting. OnePetro.

Jin H, Ahmed I, Mika J, et al. 2018. Azimuthally sectored TTI FWI and imaging for orthorhombic data using OBN data: A case study from offshore Trinidad[C]//2018 SEG International Exposition and Annual Meeting. OnePetro.

Jin S, Kuehl H, Kiehn M, et al. 2019. Visco-acoustic least-squares reverse time migration in TTI media and application to OBN data[C]//SEG International Exposition and Annual Meeting. OnePetro.

Kim Y, Gruzinov I, Guo M, et al. 2009. Source separation of simultaneous source OBC data[M]// SEG Technical Program Expanded Abstracts 2009. Society of Exploration Geophysicists, 51–55.

Lailly P, Santosa F. 1984. Migration methods: Partial but efficient solutions to the seismic inverse problem[J]. Inverse problems of acoustic and elastic waves, 51: 1387–1403.

Li P, Song J, Zhang S, et al. 2019. Deblending by sparse inversion: Case study on land data from Oman: 89th Annual International Meeting[C]//SEG, Expanded Abstracts, 97–101.

Lin F, Asmerom B, Huang R, et al. 2018. Improving subsalt reservoir imaging with reflection FWI: An OBN case study at Conger field, Gulf of Mexico[M]//SEG Technical Program Expanded Abstracts 2018. Society of Exploration Geophysicists,1088–1092.

Lin T T Y, Herrmann F J. 2009. Designing simultaneous acquisitions with compressive sensing[C]//71st EAGE Conference and Exhibition incorporating SPE EUROPEC 2009.

Liu Y, Chang X, Jin D, et al. 2011. Reverse time migration of multiples for subsalt imaging[J]. Geophysics, 76(5): WB209–WB216.

Liu Y, Chen Y, Ma H, et al. 2019. Least-squares RTM with ocean bottom nodes: Potentials and challenges[C]//SEG International Exposition and Annual Meeting. OnePetro.

Lu S, Whitmore D N, Valenciano A A, et al. 2015. Separated-wavefield imaging using primary and multiple energy[J]. The Leading Edge, 34(7): 770–778.

Lu S, Whitmore N, Valenciano A, et al. 2016. A practical crosstalk attenuation method for separated wavefield imaging[M]//SEG Technical Program Expanded Abstracts 2016. Society of Exploration Geophysicists, 4235–4239.

Lu S, Liu F, Chemingui N, et al. 2018. Least-squares full-wavefield migration[J]. The Leading Edge, 37(1): 46–51.

Mei J, Zhang Z, Lin F, et al. 2019. Sparse nodes for velocity: Learnings from Atlantis OBN full-waveform inversion test[C]//SEG International Exposition and Annual Meeting. OnePetro.

Muijs R, Robertsson J O, Holliger K. 2007. Prestack depth migration of primary and surface-related multiple reflections: Part I—Imaging[J]. Geophysics, 72(2): S59–S69.

Nolte B , Rollins F , Li Q , et al. 2019. Salt velocity model building with FWI on OBN data: Example from Mad Dog, Gulf of Mexico[C]// SEG Technical Program Expanded Abstracts 2019.

Peng C, Wang M, Chazalnoel N, et al. 2018. Subsalt imaging improvement possibilities through a combination of FWI and reflection FWI[J]. The Leading Edge, 37(1): 52–57.

Roende H, Dan C, Yi H, et al. 2020. Interpreter' s Corner: New-generation simultaneous shooting sparse OBN survey and FWI delineate deep subsalt structures in the Greater Mars-Ursa area[J]. The Leading Edge, 39(11):828–833.

Romdhane A ,Grandjean G , Brossier R , et al. 2011. Shallow-structure characterization by 2D elastic full-waveform inversion[J]. Geophysics, 76(3):R81–R93.

Sirgue L, Barkved O, Dellinger J, et al. 2010. Full waveform inversion: the next leap forward in imaging at Valhall[J]. First Break, 28(4): 65–70.

Socco L V, Strobbia C. 2004. Surface wave methods for near-surface characterization: a tutorial[J]. Near Surface Geophysics, 2(4):165 - 185.

Song J, Li P, Qian Z, et al. 2019. Simultaneous vibroseis data separation through sparse inversion[J]. The Leading Edge, 38(8): 625–629.

Song J , Li P , Wang W , et al. 2019. Separating Highly-Blended 3D Land Data by Sparse Inversion[C]// 81st EAGE Conference and Exhibition 2019.

Tang Y, Biondib. 2009. Least-squares migration inversion of blended data[J].Expanded Abstracts of 79th Annual Internat SEG Mtg,2859–2863.

Tarantola A. 1984a. Inversion of seismic reflection data in the acoustic approximation[J]. Geophysics, 49, 1259–1266.

Tarantola A. 1984b. Linearized inversion of seismic reflection data[J]. Geophysical Prospecting, 32,998–1015.

Tu N, Herrmann F J. 2015. Fast imaging with surface-related multiples by sparse inversion[J]. Geophysical Journal International, 201(1): 304–317.

Verschuur D J, Berkhout A J. 2009. Target-oriented, least-squares imaging of blended data[C]//2009 SEG Annual Meeting. OnePetro.

Vigh D, Cheng X, Jiao K, et al. 2014. Multiparameter Full Waveform Inversion on Long-offset Broadband Acquisition-A Case Study[C]//76th EAGE Conference and Exhibition 2014. European Association of Geoscientists & Engineers, (1): 1–5.

Vigh D, Cheng X, Xu Z, et al. 2020. Sparse-node long-offset velocity model building in the Gulf of Mexico[C]// SEG Technical Program Expanded Abstracts 2020.

Vigh D, Jiao K, Cheng X, et al. 2017. Seeing below the diving wave penetration with full-waveform inversion[M]//SEG Technical Program Expanded Abstracts 2017. Society of Exploration Geophysicists, 1466–1470.

Vincent K, Paramo P, Nolte B, et al. 2018. Solving Trinidad's imaging challenges through orthorhombic and least-squares Q migration of high-density full-azimuth OBN data[M]//SEG Technical Program Expanded Abstracts 2018. Society of Exploration Geophysicists, 4131–4135.

Virieux J, Operto S. 2009. An overview of full-waveform inversion in exploration geophysics[J]. Geophysics, 74(6): WCC1–WCC26.

Wang M, Xie Y, Xiao B, et al. 2018. Visco-acoustic full-waveform inversion in the presence of complex gas clouds[C]//SEG Technical Program Expanded Abstracts 2018.

Wang P, Zhang Z, Mei J, et al. 2019. Full-waveform inversion for salt: A coming of age[J]. The Leading Edge, 38(3): 204–213.

Whitmore N D, Valenciano A A, Sollner W, et al. 2010. Imaging of primaries and multiples using a dual-sensor towed streamer[M]//SEG Technical Program Expanded Abstracts 2010. Society of Exploration Geophysicists, 3187–3192.

Wu S, G Blacqui è re, Groenestijn G. 2015. Shot repetition: an alternative approach to blending in marine seismic[C]// SEG Technical Program Expanded Abstracts 2015.

Xia J, Miller R, Park C. 1999. Estimation of near-surface shear-wave velocity by inversion of Rayleigh waves[J]. Geophysics, 64(3):691–700.

Xing H, He Y, Huang Y, et al. 2020. Ultralong offset OBN: Path to better subsalt image[M]//SEG Technical Program Expanded Abstracts 2020. Society of Exploration

Geophysicists,2938–2942.

Xu S , Wang D , Chen F , et al. 2012. Full Waveform Inversion for Reflected Seismic Data[C]//74th EAGE Conference and Exhibition incorporating EUROPEC 2012. European Association of Geoscientists & Engineers, cp–293–00729.

Xue Z , Zhang Z , Lin F , et al. 2020. Full–waveform inversion for sparse OBN data[C]//SEG Technical Program Expanded Abstracts 2020.

Yang Z, Hembd J, Chen H, et al. 2015. Reverse time migration of multiples: Applications and challenges[J]. The Leading Edge, 34(7): 780–786.